全国普通高等医学院校药学类专业“十三五”规划教材

药物制剂设备

（供药学类专业用）

主　编　王　沛

副主编　刘永忠　庞　红

编　者　（以姓氏笔画为序）

于　波（长春中医药大学）　　王　沛（长春中医药大学）

王　锐（黑龙江中医药大学）　　甘春丽（哈尔滨医科大学）

礼　彤（沈阳药科大学）　　刘　娜（云南中医学院）

刘永忠（江西中医药大学）　　李瑞海（辽宁中医药大学）

庞　红（湖北中医药大学）　　郭　强（牡丹江医学院）

中国医药科技出版社

内容提要

本教材是全国普通高等医学院校药学类专业"十三五"规划教材之一。主要介绍了临床上及规模生产中常见的药物制剂剂型的生产设备。以制药工艺过程的具体生产岗位为切入点，着重介绍了各生产岗位所涉及的设备，内容主要包括：散剂制剂设备，颗粒剂制剂设备，胶囊剂制剂设备，片剂制剂设备，丸剂制剂设备，合剂制剂设备，无菌制剂设备，制药单元操作设备，输送机械设备。重点介绍了机械设备的工作原理、设计参数、动力配备原则、设备构造原理、技术参数、生产能力、使用操作要点、维修、保养注意事项等。

本教材在介绍理论知识的同时，注重引入实际案例，以培养学生理论联系实际的应用能力和分析、解决问题的能力；每章还有"学习导引""知识链接""本章小结""思考题"等模块，以增强教材内容的指导性、可读性和趣味性。同时，为丰富教学资源，增强教学互动，更好地满足教学需要，本教材免费配套有中国医药科技出版社"医药学堂"在线学习平台（含电子教材、教学课件、图片、视频和习题集）。本教材可供药学专业、药物制剂专业、制药工程专业及中药制药专业的本科生使用。

图书在版编目（CIP）数据

药物制剂设备/王沛主编．—北京：中国医药科技出版社，2016.1
全国普通高等医学院校药学类专业"十三五"规划教材
ISBN 978－7－5067－7893－0
Ⅰ．①药…　Ⅱ．①王…　Ⅲ．①制剂机械－高等学校－教材　Ⅳ．①TQ460.5

中国版本图书馆 CIP 数据核字（2016）第 000468 号

美术编辑　陈君杞
版式设计　郭小平

出版　中国医药科技出版社
地址　北京市海淀区文慧园北路甲 22 号
邮编　100082
电话　发行：010－62227427　邮购：010－62236938
网址　www.cmstp.com
规格　787×1092mm 1/16
印张　19 1/4
字数　443 千字
版次　2016 年 1 月第 1 版
印次　2018 年 7 月第 2 次印刷
印刷　三河市双峰印刷装订有限公司
经销　全国各地新华书店
书号　ISBN 978－7－5067－7893－0
定价　44.00 元

全国普通高等医学院校药学类专业“十三五”规划教材

出 版 说 明

全国普通高等医学院校药学类专业“十三五”规划教材，是在深入贯彻教育部有关教育教学改革和我国医药卫生体制改革新精神，进一步落实《国家中长期教育改革和发展规划纲要》（2010－2020年）的形势下，结合教育部的专业培养目标和全国医学院校培养应用型、创新型药学专门人才的教学实际，在教育部、国家卫生和计划生育委员会、国家食品药品监督管理总局的支持下，由中国医药科技出版社组织全国近100所高等医学院校约400位具有丰富教学经验和较高学术水平的专家教授悉心编撰而成。本套教材的编写，注重理论知识与实践应用相结合、药学与医学知识相结合，强化培养学生的实践能力和创新能力，满足行业发展的需要。

本套教材主要特点如下：

1. 强化理论与实践相结合，满足培养应用型人才需求

针对培养医药卫生行业应用型药学人才的需求，本套教材克服以往教材重理论轻实践、重化工轻医学的不足，在介绍理论知识的同时，注重引入与药品生产、质检、使用、流通等相关的“实例分析/案例解析”内容，以培养学生理论联系实际的应用能力和分析问题、解决问题的能力，并做到理论知识深入浅出、难度适宜。

2. 切合医学院校教学实际，突显教材内容的针对性和适应性

本套教材的编者分别来自全国近100所高等医学院校教学、科研、医疗一线实践经验丰富、学术水平较高的专家教授，在编写教材过程中，编者们始终坚持从全国各医学院校药学教学和人才培养需求以及药学专业就业岗位的实际要求出发，从而保证教材内容具有较强的针对性、适应性和权威性。

3. 紧跟学科发展、适应行业规范要求，具有先进性和行业特色

教材内容既紧跟学科发展，及时吸收新知识，又体现国家药品标准［《中国药典》（2015年版）］、药品管理相关法律法规及行业规范和2015年版《国家执业药师资格考试》（《大纲》《指南》）的要求，同时做到专业课程教材内容与就业岗位的知识和能力要求相对接，满足药学教育教学适应医药卫生事业发展要求。

4. 创新编写模式，提升学习能力

在遵循“三基、五性、三特定”教材建设规律的基础上，在必设“实例分析/案例解析”

模块的同时，还引入“学习导引”“知识链接”“知识拓展”“练习题”（“思考题”）等编写模块，以增强教材内容的指导性、可读性和趣味性，培养学生学习的自觉性和主动性，提升学生学习能力。

5. 搭建在线学习平台，丰富教学资源、促进信息化教学

本套教材在编写出版纸质教材的同时，均免费为师生搭建与纸质教材相配套的“医药学堂”在线学习平台（含数字教材、教学课件、图片、视频、动画及练习题等），使教学资源更加丰富和多样化、立体化，更好地满足在线教学信息发布、师生答疑互动及学生在线测试等教学需求，提升教学管理水平，促进学生自主学习，为提高教育教学水平和质量提供支撑。

本套教材共计29门理论课程的主干教材和9门配套的实验指导教材，将于2016年1月由中国医药科技出版社出版发行。主要供全国普通高等医学院校药学类专业教学使用，也可供医药行业从业人员学习参考。

编写出版本套高质量的教材，得到了全国知名药学专家的精心指导，以及各有关院校领导和编者的大力支持，在此一并表示衷心感谢。希望本套教材的出版，将会受到广大师生的欢迎，对促进我国普通高等医学院校药学类专业教育教学改革和药学类专业人才培养作出积极贡献。希望广大师生在教学中积极使用本套教材，并提出宝贵意见，以便修订完善，共同打造精品教材。

中国医药科技出版社
2016年1月

全国普通高等医学院校药学类专业“十三五”规划教材

书　　目

序号	教材名称	主编	ISBN
1	高等数学	艾国平　李宗学	978-7-5067-7894-7
2	物理学	章新友　白翠珍	978-7-5067-7902-9
3	物理化学	高　静　马丽英	978-7-5067-7903-6
4	无机化学	刘　君　张爱平	978-7-5067-7904-3
5	分析化学	高金波　吴　红	978-7-5067-7905-0
6	仪器分析	吕玉光	978-7-5067-7890-9
7	有机化学	赵正保　项光亚	978-7-5067-7906-7
8	人体解剖生理学	李富德　梅仁彪	978-7-5067-7895-4
9	微生物学与免疫学	张雄鹰	978-7-5067-7897-8
10	临床医学概论	高明奇　尹忠诚	978-7-5067-7898-5
11	生物化学	杨　红　郑晓珂	978-7-5067-7899-2
12	药理学	魏敏杰　周　红	978-7-5067-7900-5
13	临床药物治疗学	曹　霞　陈美娟	978-7-5067-7901-2
14	临床药理学	印晓星　张庆柱	978-7-5067-7889-3
15	药物毒理学	宋丽华	978-7-5067-7891-6
16	天然药物化学	阮汉利　张　宇	978-7-5067-7908-1
17	药物化学	孟繁浩　李柱来	978-7-5067-7907-4
18	药物分析	张振秋　马　宁	978-7-5067-7896-1
19	药用植物学	董诚明　王丽红	978-7-5067-7860-2
20	生药学	张东方　税丕先	978-7-5067-7861-9
21	药剂学	孟胜男　胡容峰	978-7-5067-7881-7
22	生物药剂学与药物动力学	张淑秋　王建新	978-7-5067-7882-4
23	药物制剂设备	王　沛	978-7-5067-7893-0
24	中医药学概要	周　晔　张金莲	978-7-5067-7883-1
25	药事管理学	田　侃　吕雄文	978-7-5067-7884-8
26	药物设计学	姜凤超	978-7-5067-7885-5
27	生物技术制药	冯美卿	978-7-5067-7886-2
28	波谱解析技术的应用	冯卫生	978-7-5067-7887-9
29	药学服务实务	许杜娟	978-7-5067-7888-6

注：29门主干教材均配套有中国医药科技出版社“医药学堂”在线学习平台。

全国普通高等医学院校药学类专业“十三五”规划教材

配套教材书目

序号	教材名称	主编	ISBN
1	物理化学实验指导	高　静　马丽英	978-7-5067-8006-3
2	分析化学实验指导	高金波　吴　红	978-7-5067-7933-3
3	生物化学实验指导	杨　红	978-7-5067-7929-6
4	药理学实验指导	周　红　魏敏杰	978-7-5067-7931-9
5	药物化学实验指导	李柱来　孟繁浩	978-7-5067-7928-9
6	药物分析实验指导	张振秋　马　宁	978-7-5067-7927-2
7	仪器分析实验指导	余邦良	978-7-5067-7932-6
8	生药学实验指导	张东方　税丕先	978-7-5067-7930-2
9	药剂学实验指导	孟胜男　胡容峰	978-7-5067-7934-0

前言

PREFACE

本教材作为全国普通高等医学院校药学类专业“十三五”规划教材之一，是根据本套教材编写总体思想、原则和要求编撰而成。

药物制剂设备是药学专业、药物制剂专业、制药工程专业及中药制药专业的主干专业课之一。药物制剂设备是在制药理论基础知识的指导下，结合具体的制药生产工艺，运用现代科学手段，研究制剂生产工艺及其设备的选型、配备与使用的应用科学，也是一门制药理论与制药实践相结合的综合性学科。

随着药物剂型现代化进程的加快，新剂型层出不穷，要求制剂设备不断更新和完善，以适应制药生产的需要。为了更好地满足这一需求，特聘请了具有多年教学与实践经验的专家共同撰写此教材。

药物制剂设备是以药物剂型为主线，以制药工艺过程的具体生产岗位为切入点，着重介绍了各生产岗位所涉及的设备，包括结构原理、设计参数、各项技术指标等，同时讲述了具体的典型设备的使用、维修、保养等相关注意事项。随着制药进程的不断深入，对药物剂型工艺的层层剖析，将所涉及的制药设备逐一展现。

药物制剂设备研究的内容主要包括：散剂制剂设备，颗粒剂制剂设备，胶囊剂制剂设备，片剂制剂设备，丸剂制剂设备，合剂制剂设备，无菌制剂设备，制剂单元操作设备，输送机械设备。其中，着重介绍了机械设备的工作原理、动力配备原则、设备构造原理、技术参数、生产能力、使用操作要点、维修、保养注意事项等。

同时，为丰富教学资源，增强教学互动，本教材免费配套在线学习平台（含电子教材、教学课件、图片、视频和习题集等），欢迎广大师生使用。

本教材既可供全国高等医学院校药学专业、药物制剂专业、制药工程专业及中药制药专业等教学使用，也可作为生物制药等专业的学生以及制药企业的工程技术人员的参考书。

本教材在编写的过程中得到了中国医药科技出版社、各参编院校、研究院所、制药机械企业及制药企业的大力支持，在此，我们深表感谢。由于水平所限，教材中难免存在一些不足之处，希望广大师生在使用中提出宝贵意见，我们将不断修订完善。

编　者

2015 年 11 月

目录

CONTENTS

第一章　绪　论

学习导引

知识要求

1. **掌握**　药物制剂设备背景及研究的内容；药物制剂设备分类；制剂设备常用的材料。
2. **熟悉**　药物制剂设备的管理和运行测试。
3. **了解**　药物制剂设备故障规律及防范。

能力要求

1. 通过对药物制剂设备的发展历程、研究内容、设备分类、设备常用材料的学习，对药物制剂设备形成整体的认识。

2. 对设备的管理和运行测试及设备故障规律与防范有整体的了解。

药物制剂设备课程主要学习运用制药工程学的原理和方法，研究和探讨药物制剂过程中所涉及的设备的使用、维修、保养及注意事项等一系列操作要点。它所涉及的是有机械设备参与的、没有化学反应的、纯物理过程的单元加工制造过程。

随着近年来医药工业的迅速发展，药物制剂机械设备等也取得了长足的发展。临床药品是与人的生命健康息息相关的产品，药品生产离不开生产机械设备，这些设施设备都必须要严格符合药品生产质量管理规范的要求，这样才能保证药品的质量，满足广大人民群众临床用药的需求，为人类身体健康提供可靠的保障。

一、制药设备的历史沿革

中药传统的制药工具，是随着中医药的发展而产生的，同时与人们的饮食生活有直接关系。古代劳动人民为求生存，在与自然界的长期斗争中，发展了生产力，随之出现了以木、石、陶、瓷、铜、铁等原料制作的生产工具和生活用具，使某些生活、生产器具被逐渐用来修治加工药材和制作成药，后来发展成了专门的简单制药工具。

新中国成立以来，我国医药工业从无到有，从小到大，工艺不断革新，产量不断扩大。全球医药市场品种以年平均7%左右的速度增长；而我国占有相当大的比重，已经连续20多年保持超过10%年均增长率。不但在一定程度上满足了国内临床用药的需要，而且药品出口也逐年增长。由于药品生产的迅速发展，必然推动制药工业及设备的进展，尤其是近年来，通过广大科技人员和制药企业职工的技术改造和技术革新，在制药设备的改造和研制方面投入了大量的精力，取得了显著成绩。不但在扩大生产能力，减轻繁重的体力劳动，改善劳动保护和环境卫生方面做出了一定的贡献，而且在某些方面还具有我国自己的特色和创造性。

制药设备的发展状况是制药行业发展水平的重要标志。尤其是在药物制剂生产的过程中，只有先进的设备与合适的生产工艺相结合，才能使制药过程的制药工艺条件得以顺利实现，制造出优质合格的产品。制药工业是大批量、规模化、自动化生产，离不开机械设备这一重要的生产工具，所以制药设备在整个工业化生产中起着举足轻重的作用。

制药设备企业作为制药行业的上游行业，其始终受到下游企业需求和上游的材料、自动化技术、机械动力技术等的影响。随着下游的制药企业的行业标准 GMP（Good Manufacturing Practice）的实施，其对高效、节能、系统化与自动化的制药设备要求的严格化加大，制药设备行业也将迎来新的发展契机。制药设备的集成化和自动化生产，无论从节省人工成本、提高生产效率的角度，还是从减少人为因素对于制药过程的污染等角度来看，都是未来制药设备发展的必然选择。

我国高度重视中药产业的技术改造和升级，但与中药制备工艺相适应的制药装备研究仍较落后，中药前处理设备在应用方面的配套性和衔接性仍然较差，国内现有设备的技术水准与西方制药装备巨头的差距仍然较大，实现中药制药装备的标准化与现代化任重而道远。

二、药物制剂设备研究的内容

药物制剂设备是指在药物生产操作过程中，根据药性原理，为了达到药性要求而采取的一系列重要操作，如提取、浓缩、分离、干燥、造粒等单元操作过程，最终将药物原料制成各种可供临床应用的剂型，诸如散剂、颗粒剂、胶囊剂、丸剂、片剂、合剂、无菌制剂等所使用的设备。

《药物制剂设备》是以药物剂型的制药工艺路线为主线，以制药理论为基础，以单元操作为切入点，重点叙述各剂型工艺过程岗位操作点所涉及的设备，其中包括设备的原理、使用、维修、保养等一系列技术参数和对设备的具体操作描述。

药物制剂设备研究的内容主要包括：散剂、颗粒剂、胶囊剂、丸剂、片剂、合剂、无菌制剂、制药单元操作设备以及制药通用设备（药料输送机械设备）等的原理，设计生产能力、设备构造原理、技术参数、实际生产能力以及设备的使用、维修、保养等项内容。

三、药物制剂设备分类

制剂设备是实施药物制剂生产操作的关键因素，设备的密闭性、先进性、自动化程度的高低，直接影响药品的质量。不同剂型药品的生产操作及制剂设备大多不同，同一操作单元的设备选择也往往是多类型、多规格的，所以对机械设备进行合理的归纳分类，是十分必要的。制剂机械设备的生产制造从属性上应属于机械工业的子行业之一，为区别制药机械设备的生产制造和其他机械的生产制造，从行业角度将完成制药工艺的生产设备统称为制药机械，从广义上说制药设备和制剂机械设备所包含的内容是相近的，可按 GB/T15692 标准分类，具体分类如下。

1. 原料药机械及设备 实现生物、化学物质转化，利用动、植、矿物制取医药原料的工艺设备及机械。包括摇瓶机、发酵罐、搪玻璃设备、结晶机、离心机、分离机、过滤设备、提取设备、蒸发器、回收设备、换热器、干燥设备、筛分设备、沉淀设备等。

2. 制剂机械及设备 将药物制成各种剂型的机械与设备。包括打片机械、针剂机械（包括小容量注射剂、大容量注射）、粉针剂机械、硬胶囊剂机械、软胶囊剂机械、丸剂机械、软膏剂机械、栓剂机械、口服液机械、滴眼剂机械、颗粒剂机械等。

其中，制剂机械按剂型分为 14 类。

（1）片剂机械 将中、西原料药与辅料经混合、造粒、压片、包衣等工序制成各种形状片剂的机械与设备。

（2）水针剂机械 将灭菌或无菌药液灌封于安瓿等容器内，制成注射针剂的机械与设备。

（3）西林瓶粉、水针剂机械 将无菌生物制剂药液或粉末灌封于西林瓶内，制成注射针剂的机械与设备。

（4）大输液剂机械 将无菌药液灌封于输液容器内，制成大剂量注射剂的机械与设备。

（5）硬胶囊剂机械 将药物充填于空心胶囊内的制剂机械设备。

（6）软胶囊剂机械 将药液包裹于明胶膜内的制剂机械设备。

（7）丸剂机械 将药物细粉或浸膏与赋形剂混合，制成丸剂的机械与设备。

（8）软膏剂机械 将药物与基质混匀，配成软膏，定量灌装于软管内的制剂机械与设备。

（9）栓剂机械 将药物与基质混合，制成栓剂的机械与设备。

（10）合剂机械 将药液灌封于口服液瓶内的制剂机械与设备。

（11）药膜剂机械 将药物溶解于或分散于多聚物质薄膜内的制剂机械与设备。

（12）气雾剂机械 将药物和抛射剂灌注于耐压容器中，使药物以雾状喷出的制剂机械与设备。

（13）滴眼剂机械 将无菌的药液灌封于容器内，制成滴眼药剂的制剂机械与设备。

（14）糖浆剂机械 将药物与糖浆混合后制成口吸糖浆剂的机械与设备。

3. 药用粉碎机械及设备 用于药物粉碎（含研磨）并符合药品生产要求的机械。包括万能粉碎机、超大型微粉碎机、锤式粉碎机、气流粉碎机、齿式粉碎机、超低温粉碎机、粗碎机、组合式粉碎机、针形磨、球磨机等。

4. 饮片机械及设备 对天然药用动、植物进行选取、洗、润、切、烘等方法制备中药饮片的机械。包括选药机、洗药机、烘干机、润药机、炒药机等。

5. 制备工艺用水设备 采用各种方法制取药用纯水（含蒸馏水）的设备。包括多效蒸馏水机、热压式蒸馏水机、电渗析设备、反渗透设备、离子交换纯水设备、纯水蒸气发生器、水处理设备等。

6. 药品包装机械及设备 完成药品包装过程以及与包装相关的机械与设备。包括小袋包装机、泡罩包装机、瓶装机、印字机、贴标签机、装盒机、捆扎机、拉管机、安瓿制造机、制瓶机、吹瓶机、铝管冲挤机、硬胶囊壳机生产自动线等。

7. 药物检测设备 检测各种药物制品或半制品的机械与设备。包括测定仪、崩解仪、溶出试验仪、融变仪、脆碎度仪、冻力仪等。

8. 辅助制药机械及设备 包括空调净化设备、局部层流罩、送料传输装置、提升加料设备、管道弯头卡箍及阀门、不锈钢卫生泵、冲头冲模等。

四、制剂机械设备常用材料

设备材料可分为金属材料和非金属材料两大类，其中金属材料可分为黑色金属和有色金属，非金属材料可分为陶瓷材料、高分子材料和复合材料。

（一）金属材料

金属材料包括金属和金属合金。

1. 黑色金属 黑色金属包括铸铁、钢、合金钢、不锈耐酸钢，其性能优越、价格低廉、应用广泛。

铸铁：铸铁是含碳量大于2.11%的铁碳合金，有灰口铸铁、白口铸铁、可锻铸铁、球墨铸铁等，其中灰口铸铁具有良好的铸造性、减摩性、减震性、切削加工性等，在制剂设备中应用最广泛，但其也有机械强度低、塑性和韧性差的缺点，多做机床床身、底座、箱体、箱盖等受压但不易受冲击的部件。

钢：钢是含碳量小于2.11%的铁碳合金。按组成可分为碳素钢和合金钢，按用途可分为结构钢、工具钢和特殊钢，按所含有害杂质（硫、磷等）的多少可分为普通钢、优质钢和高级优质钢。这类材料使用非常广泛，根据其强度、塑性韧性、硬度等性能特点，可分别用于制作铁钉、铁丝、薄板、钢管、容器、紧固件、轴类、弹簧、连杆、齿轮、刃具、模具、量具等。

合金钢：为了改善金属材料的性能，在铁碳合金中特意加入一些合金元素即为合金钢。用于制造加工工具、各种工程结构和机器零件等。特意加入的合金元素对铁碳合金性能会发生很大的影响，诸如降低原有材料的临界淬火速度，可使大尺寸的重要零件通过淬火及回火来改善材料的机械性能，同时又可使零件的淬火易于进行，由于不需要很大的冷却速度，因而大大减少了淬火过程中的应力与变形；增加铁碳合金组织的分散度，不需经特殊热处理就可以得到具有耐冲击的细而均匀的组织，因而适于制作那些不经特殊热处理就具有较高机械性能的构件；提高铁素体的强度，铁素体的晶格中溶入镍、铬、锰、硅及其他合金元素后，会因晶格发生扭曲而使之强化，这对提高低合金钢的强度极有意义；提高铁碳合金材料的高温强度及抗氧化性能，这是由于加入的金属形成了阻止氧通过的膜层（氧化铝、氧化硅、氧化铬等）。

目前常用的合金元素有：铬、锰、镍、硅、铝、钼、钒、钛和稀有元素等。

铬：它是合金钢中的主加元素之一，在化学性能方面不仅能提高金属耐腐蚀性能，也能提高抗高温氧化性能。

锰：可提高钢的强度。增加锰的含量对低温冲击韧性有好处。

镍：很少单独使用，通常要和铬配合在一起。铬钢中加入镍以后，能提高耐腐蚀性能与低温冲击韧性，并改善工艺性能。

硅：可提高强度、高温疲劳强度、耐热性和耐 H_2S 等介质的腐蚀性。硅含量增高，可降低钢的塑性和冲击韧性。

铝：为强脱氧剂，显著细化晶粒，提高冲击韧性，降低冷脆性，还能提高钢的抗氧化性和耐热性，对抵抗 H_2S 等介质腐蚀有良好作用。

钼：可提高钢的高温强度、高温硬度，细化晶粒，防止回火脆性。钼能抗氢腐蚀。

钒：可提高钢的高温强度，细化晶粒，提高淬硬性。

钛：为强脱氧剂，可提高钢的强度，细化晶粒，提高韧性，提高耐热性。

不锈耐酸钢：不锈耐酸钢是不锈钢和耐酸钢的总称。严格讲不锈钢是指能够抵抗空气等弱腐蚀介质腐蚀的钢；耐酸钢是指能抵抗酸和其他强烈腐蚀性介质的钢。而耐酸钢一般都具有不锈的性能。根据所含主要合金元素的不同，不锈钢分为以铬为主的铬不锈钢和以铬、镍为主的铬镍不锈钢；目前还发展了节镍（无镍）不锈钢。

（1）铬不锈钢　在铬不锈钢中，起耐腐蚀作用的主要元素是铬，铬能固溶于铁的晶格中形成固溶体。在氧化性介质中，铬能生成一层稳定而致密的氧化膜，对钢材起保护作用而且耐腐蚀。铬钢中铬含量越高，钢材的耐蚀性也就越好。

（2）铬镍不锈钢　为了改变钢材的组织结构，并扩大铬钢的耐蚀范围，可在铬钢中加入镍构成铬镍不锈钢。铬镍不锈钢的典型钢号是1Cr18Ni9，其中含 $C \leqslant 0.14\%$，Cr17%～19%，Ni8%～11%，具有较高的强度极限、极好的塑性和韧性，它的焊接性能和冷弯成型等工艺性也很好，是目前用来制造设备的最广泛的一类不锈钢。

（3）节镍或无镍不锈钢　为了适应我国镍的资源较缺的情况，我国生产了多种节镍或无镍不锈钢。节镍的办法是保持以铬为主要耐蚀元素，而以形成或稳定的元素锰和氮代替全部或部分镍。

2. 有色金属　有色金属是指黑色金属以外的金属及其合金，为重要的特殊用途材料，其种类繁多，制剂设备中常用铝和铝合金、铜和铜合金。此处仅介绍铜和铜合金。

铜和铜合金：工业纯铜（紫铜）一般只作导电和导热材料，特殊黄铜有较好的强度、耐腐蚀性、可加工性，在机器制造中应用较多；青铜有较好的耐磨减磨性能、耐腐蚀性、塑性，在机器制造中应用也较多。

（二）非金属材料

非金属材料是指金属材料以外的其他材料。

1. 高分子材料　高分子材料包括塑料、橡胶、合成纤维等。其中工程塑料运用最广，它包括热塑性塑料和热固性塑料。

（1）热塑性塑料　热塑性塑料受热软化，能塑造成形，冷后变硬，此过程有可逆性，能反复进行。具有加工成型简便、机械性能较好的优点。氟塑料、聚酰亚胺还有耐腐蚀性、耐热性、耐磨性、绝缘性等特殊性能，是优良的高级工程材料，但聚乙烯、聚丙烯、聚苯乙烯等的耐热性、刚性却较差。

（2）热固性塑料　热固性塑料包括酚醛塑料、环氧树脂、氨基塑料、聚苯二甲酸二丙烯树脂等。此类塑料在一定条件下加入添加剂能发生化学反应而致固化，此后受热不软化，加溶剂不溶解。其耐热和耐压性好，但机械性能较差。

2. 陶瓷材料　陶瓷材料包括各种陶器、耐火材料等。

（1）传统工业陶瓷　传统工业陶瓷主要有绝缘瓷、化工瓷、多孔过滤陶瓷。绝缘瓷一般作绝缘器件，化工瓷作重要器件、耐腐蚀的容器和管道及设备等。

（2）特种陶瓷　特种陶瓷亦称新型陶瓷，是很好的高温耐火结构材料。一般用作耐火坩埚及高速切削工具等，还可作耐高温涂料、磨料和砂轮。

（3）金属陶瓷　金属陶瓷是既有金属的高强度和高韧性，又有陶瓷的高硬度、高耐火度、高耐腐蚀性的优良工程材料，用作高速工具、模具、刃具。

3. 复合材料　复合材料中最常用的是玻璃钢（玻璃纤维增强工程塑料），它是以玻璃纤维为增强剂，以热塑性或热固性树脂为黏结剂分别制成热塑性玻璃钢和热固性玻璃钢。热塑性玻璃钢的机械性能超过某些金属，可代替一些有色金属制造轴承（架）、齿轮等精密机件。热固性玻璃钢既有质量轻以及比强度、介电性能、耐腐蚀性、成型性好的优点，也有刚度和耐热性较差、易老化和蠕变的缺点，一般用作形状复杂的机器构件和护罩。

五、设备管理

设备是企业物质系统的重要组成部分，是企业生产的重要物质与技术保证，设备技术状态的好坏，直接影响企业生产的安全性与产品质量的好坏。设备是为了组织生产，对投入的劳动力和原材料所提供的各种相关劳动手段的总称，它是固定资产重要的组成部分。设备管理是以企业生产经营目标为依据，以设备为研究对象，追求设备寿命周期费用最经济与设备效能最高为目标，运用一系列的综合管理知识，通过一系列技术手段对设备的价值运动进行规划、设计、制造、选型、购置、安装、使用、维修、改造、更新直到报废的全过程的科学管理。设备管理涉及很多内容，对企业而言，就是如何通过采用现代的科学的管理方法与技术，把设备不稳定的因素消灭在萌芽状态，以使设备利用率增加，维修成本降低，提高企业安全生产与环境保护的业务水平，更好为实现企业的经营目标服务，增强企业竞争力。设备管理从产生发展至今，经历了一系列的发展创新，主要体现在以下方面：

（一）设备管理的发展历程

自从人类使用机械以来，就伴随有设备的管理工作，只是由于当时的设备简单，管理工作单纯，仅凭操作者个人的经验行事。随着工业生产的发展，设备现代化水平的提高，设备在现代大生产中的作用与影响日益扩大，加上管理科学技术的进步，设备管理也得到了相应的重视和发展，逐步形成一门独立的设备管理学科。观其发展过程，大致可以分为四个阶段。

1. 事后维修阶段 资本主义工业生产刚开始时，由于设备简单、修理方便、耗时少，一般都是在设备使用到出现故障时才进行修理，这就是事后维修制度，此时设备修理由设备操作人员承担。后来随着工业生产的发展，结构复杂的设备大量投入使用，设备修理难度不断增大，技术要求也越来越高，专业性越来越强，于是，企业主、资本家便从操作人员中分离一部分人员专门从事设备修理工作。为了便于管理和提高工效，他们把这部分人员统一组织起来，建立相应的设备维修机构，并制定适应当时生产需要的最基本管理制度。在西方工业发达国家，这种制度一直持续到20世纪30年代，而在我国，则延续到20世纪40年代末期。

2. 设备预防维修管理阶段 由于像飞机那样高度复杂机器的出现，以及社会化大生产的诞生，机器设备的完好程度对生产的影响越来越大。任何一台主要设备或一个主要生产环节出了问题，就会影响生产的全局，造成重大的经济损失。1925年前后，美国首先提出了预防维修的概念，对影响设备正常运行的故障，采取“预防为主”、“防患于未然”的措施，以降低停工损失费用和维修费用。主要做法是定期检查设备，对设备进行预防性维修，在故障尚处于萌芽状态时加以控制或采取预防措施，以避免突发事故。

苏联在20世纪30年代末期开始推行设备预防维修制度，除了对设备进行定期检查和计划修理外，还强调设备的日常维修。

预防维修比事后修理有明显的优越性。预先制定检修计划，对生产计划的冲击小，采取预防为主的维修措施，可减少设备恶性事故的发生和停工损失，延长设备的使用寿命，提高设备的完好率，有利于保证产品的产量和质量。

20世纪50年代初期我国引进计划预修制度，对于建立我国自己的设备管理体制、促进生产发展起到了积极的作用。经过多年实践，在“以我为主，博采众长”精神的指导下，对引进的计划预修制度进行了研究和改进，创造出具有我国特色的计划预修制度。

其主要特点是：

（1）计划预修与事后修理相结合　对生产中所处地位比较重要的设备实行计划预修，而对一般设备实行事后修理或按设备使用状况进行修理。

（2）合理确定修理周期　设备的检修周期不是根据理想磨损情况，而是根据各主要设备的具体情况来定。如按设备的设计水平、制造和安装质量、役龄和使用条件、使用强度等情况确定其修理周期，使修理周期和结构更符合实际情况，更加合理。

（3）正确采用项目　设备通常包括保养、小修、中修和大修几个环节，但我国不少企业采用项目修理代替设备中修，或者采用几次项目修理代替设备大修，使修理作业量更均衡，节省了修理工时。

（4）修理与改造相结合　我国多数企业往往结合设备修理对原设备进行局部改进或改装，使大修与设备改造结合起来，延长了设备的使用寿命。

（5）强调设备保养维护与检修结合　这是我国设备预防维修制的最大特色之一。设备保养与设备检修一样重要，若能及时发现和处理设备在运行中出现的异常，就能保证设备正常运行，减轻和延缓设备的磨损，可延长设备的物质寿命。

20世纪60年代，我国许多先进企业在总结实行多年计划预修制的基础上，吸收三级保养的优点，创立了一种新的设备维修管理制度——计划保修制。其主要特点是：根据设备的结构特点和使用情况的不同，定时或定运行里程对设备施行规格不同的保养，并以此为基础制定设备的维修周期。这种制度突出了维护保养在设备管理与维修工作中的地位，打破了操作人员和维护人员之间分工的绝对化界限，有利于充分调动操作人员管好设备的积极性，使设备管理工作建立在广泛的群众基础之上。

3. 设备系统管理阶段　随着科学技术的发展，尤其是宇宙开发技术的兴起，以及系统理论的普遍应用，1954年，美国通用电器公司提出了“生产维修”的概念，强调要系统地管理设备，对关键设备采取重点维护政策，以提高企业的综合经济效益。主要内容有：

（1）对维修费用低的寿命型故障，且零部件易于更换的，采用定期更换策略。

（2）对维修费用高的偶发性故障，且零部件更换困难的，运用状态监测方法，根据实际需要，随时维修。

（3）对维修费用十分昂贵的零部件，应考虑无维修设计，消除故障根源，避免发生故障。

20世纪60年代末期，美国企业界又提出设备管理“后勤学”的观点，它是从制造厂作为设备用户后勤支援的要求出发，强调对设备的系统管理。设备在设计阶段就必须考虑其可靠性、维修性及其必要的后勤支援方案。设备出厂后，要在图样资料、技术参数、检测手段、备件供应以及人员培训方面为用户提供良好的、周到的服务，以使用户达到设备寿命周期费用最经济的目标。

日本首先在汽车工业和家电工业提出了可靠性和维修性观点，以及无维修设计和无故障设计的要求。

至此，设备管理已从传统的维修管理转为重视先天设计和制造的系统管理，设备管理进入了一个新的阶段。

4. 设备综合管理阶段　体现设备综合管理思想的两个典型代表是“设备综合工程学”和“全员生产维修制”。

由英国1971年提出的“设备综合工程学”是以设备寿命周期费用最经济为设备管理目标。

对设备进行综合管理，紧紧围绕四方面内容展开工作：

（1）以工业管理工程、运筹学、质量管理、价值工程等一系列工程技术方法，管好、用好、修好、经营好机器设备。对同等技术的设备，认真进行价格、运转、维修费用、折旧、经济寿命等方面的计算和比较，把好经济效益关。建立和健全合理的管理体制，充分发挥人员、机器和备件的效益。

（2）研究设备的可靠性与维修性。无论是新设备设计，还是老设备改造，都必须重视设备的可靠性和维修性问题，因为提高可靠性和维修性可减少故障和维修作业时间，达到提高设备有效利用率的目的。

（3）以设备的一生为研究和管理对象，即运用系统工程的观点，把设备规划、设计、制造、安装、调试、使用、维修、改造、折旧和报废一生的全过程作为研究和管理对象。

（4）促进设备工作循环过程的信息反馈。设备使用部门要把有关设备的运行记录和长期经验积累所发现的缺陷，提供给维修部门和设备制造厂家，以便他们综合掌握设备的技术状况，进行必要的改造或在新设备设计时进行改进。

知识拓展

全员生产维修制

20世纪70年代初期，日本推行的“全员生产维修制”，是一种全效率、全系统和全员参加的设备管理和维修制度。它以设备的综合效率最高为目标，要求在生产维修过程中，自始至终做到优质高产低成本，按时交货，安全生产无公害，操作人员精神饱满。

“全系统”，是对设备寿命周期实行全过程管理，从设计阶段起就要对设备的维修方法和手段予以认真考虑，既抓设备前期阶段的先天不足，又抓使用维修和改造阶段的故障分析，达到排除故障的目的。

“全员参加”，是指上至企业最高领导，下到每位操作人员都参加生产维修活动。

在设备综合管理阶段，设备维修的方针是：建立以操作工岗位点检为基础的设备维修制；实行重点设备专门管理，避免过剩维修；定期检测设备的精度指标；注意维修记录和资料的统计及分析。

综合管理是设备管理现代化的重要标志。其主要表现有：

（1）设备管理由低水平向制度化、标准化、系列化和程序化发展。1987年国务院正式颁布了《全民所有制工业交通企业设备管理条例》，使设备管理达到“四化”有了方向和依据。

（2）由设备定期大小修、按期按时检修，向预知检修、按需检修发展。状态监测技术、网络技术、计算机辅助管理在许多企业得到应用。

（3）由不讲究经济效益的纯维修型管理，向修、管、用并重，追求设备一生最佳效益的综合型管理发展。实行设备目标管理，重视设备可靠性、维修性研究，加强设备投产前的前期管理和使用中的信息反馈，努力提高设备折旧、改造和更新的决策水平以及设备的综合经济效益。

（4）由单一固定型维修方式，向多种维修方式、集中检修和联合检修发展。设备维修从企业内部走向了社会，从封闭式走向开放式、联合式，这是设备管理现代化的一个必然趋势。

（5）由单纯行政管理向运用经济手段管理发展。随着经济承包责任制的推广，运用经济杠杆代替单靠行政命令，按章办事的设备管理方法正在大多数企业推行。

（6）维修技术向新工艺、新材料、新工具和新技术发展。如热喷涂、喷焊、堆焊、电刷镀、化学堵漏技术，废渣、废水利用新工艺，以及防腐蚀、耐磨蚀新材料，得到了广泛应用。

（二）设备管理发展趋势

随着工业化、经济全球化、信息化的发展，机械制造、自动控制等方面出现了新的突破，使企业设备的科学管理出现了新的趋势，主要表现在以下几个方面：

1. 设备管理全员化 所谓全员化，就是以提高设备的效率为目标，建立以设备全寿命周期的设备管理系统，实行全员参与管理的一种设备管理与维修制度。从纵的方面讲，就是企业最高领导到生产操作人员，全都参加设备管理工作；从横的方面讲，就是与设备设计、制造、使用、维修等有关人员组织到设备管理中来，发挥各自的专业性，提高设备性能。

2. 设备的全效率 设备的全效率，就是以尽可能少的寿命周期费用，来获得成本低、按期交货、符合质量要求的安全生产成果。

3. 设备的全系统 设备实行全过程管理，全过程就是要求对设备的先天阶段和后天阶段进行系统管理，如果设备先天不足，即研究、设计、制造有缺陷，单靠后天的维修便会无济于事，因此，应该把设备的整个寿命周期，包括规划、设计、制造、安装、调试、使用、维修、改造，直到报废、更新等的过程作为管理对象，打破传统设备管理只集中在使用过程中注重维修的做法。

4. 设备采用的维修方法和措施系统化 在设备的设计研究阶段，要认真地考虑预防维修，提高设备的可靠性和维修性。尽量减少设备维修费用。现阶段，很多设备设计不考虑维修，不成形（模块化），导致可靠性与维修性差，使维修工作难度增加，设备停机时间增加，设备维修费用增加，影响生产连续性，以致影响产品质量。

5. 设备管理信息化 设备管理的信息化应该是以丰富、发达的全面管理信息为基础，通过先进的计算机和通信设备及网络技术设备，充分利用社会信息服务体系为设备管理服务，设备管理信息化是现代社会发展的必然趋势。主要表现在以下几个方面：①设备投资评价的信息化；②设备经济效益和社会效益评估的信息化；③设备使用信息化；④设备维修专业化，随着社会的进步，各类设备也有了质的改变，传统的维修组织方式已经不能满足现代化生产的需要，设备管理应该社会化、专业化、网络化，改变过去大而全，小而全的生产维修模式。由于设备系统越来越复杂，技术含量也越来越高，设备维护保养需要各专业技术人才的加入，建立起高效的维护保养体系，提高设备维修效率，减少维修人员，从而提高设备维修效率。

6. 设备系统自动化、集成化 现代制药设备发展的方向是自动化、集成化，由于设备系统越来越复杂，对设备的性能要求也越来越高，因而需要提高设备的可靠性。可靠性就是设备在其整个使用周期内保持所需性能。不可靠的设备显然不能有效工作，因为无论个别零配件的损坏还是技术性能降低到允许水平以下而造成停机，都会带来很大的损失，甚至安全风险。

7. 设备故障维修预防为先化 应用状态检测与故障诊断技术设备状态检测技术是通过检测设备或生产系统的各种监测数据与设备原始数据相对比分析设备运行情况。设备故障诊断技术是通过分析设备的运行状态，来确定其是否正常，早期发现故障，预测其发展趋势，采取措施恢复其良好的状态。采用故障诊断技术后，可以变事后维修为事前维修，变计划维修为预知维修；由定期维修转向预知维修管理信息化，设备状态检测技术，故障诊断技术的发展相结合的，预知维修所需的信息需要设备管理信息系统提供，对设备状态检测的各种参数进行分析，从而实现预知维修。

（三）现行 GMP 对制药设备的管理要求

制药设备几乎都与药物（药品）有直接、间接的接触，粉体、液体、颗粒、膏体等性状多样，在药物制备中结构通常应有利于物料的流动、位移、反应、交换及清洗等。实践证明设备内的凸凹、槽、台、棱角是最不利物料清除及清洗的，因此要求这些部位的结构要素应尽可能采用大的圆角、斜面、锥角等以免挂带和阻滞物料，这对固定、回转的容器及药机上的盛料、输料机构具有良好的自卸性和易清洗性是极为重要的。另外与药物有关的设备内表面及设备内工作的零件表面（如搅拌桨等）上尽可能不设计有台、沟，避免采用螺栓连接的结构，强调在设计中要贯彻这一原则。现在卫生结构的设计示例不少，如锥形容器、箱形设备内直角改圆角、易清洗结构的圆螺纹、卡箍式快开管件等。再如设备的清洗，特别是接触药物的制药机械，在更换品种时必须彻底清洗。对于不便搬动的设备，要求就地清洗（clean in place ，CIP ），有的还要就地灭菌（sterilization in place，SIP ）等。

设备分现有设备和新设备。GMP 管理内容主要包括新处方、新工艺和新拟的操作规程的适应性，在设计运行参数范围内，能否始终如一地制造出合格产品。另外，事先须进行设备清洗验证。新设备的验证工作包括审查设计，确认安装，运行测试等。

1. 设备的设计和选型 设备是药品加工的主体，代表着制药工程的技术水平。设备类型发展很快，型号多，在设计和选型的审查时必须结合已确认的项目范围和工艺流程，借助制造商提供的设备说明书，从实际出发结合 GMP 要求对生产线进行综合评估。

（1）与生产的产品和工艺流程相适应，全线配套且能满足生产规模的需要。

（2）设备材质（与药接触的部位）的性质稳定，不与所制药品中的药物发生化学反应，不吸附物料，不释放微粒。消毒、灭菌不变形、不变质。

（3）结构简单，易清洗、消毒，便于生产操作和维护保养。

（4）设备零件、计量仪表的通用性和标准化程度。仪器、仪表、衡器的适用范围和精密度应符合生产和检验要求。

（5）粉碎、过筛、制粒、压片等工序粉尘量大，设备的设计和选型应注意密封性和除尘能力。

（6）药品生产过程中用的压缩空气、惰性气体应有除油、除水、过滤等净化处理设施。尾气应有防止空气倒灌装置。

（7）压力容器、防爆装置等应符合国家有关规定。

（8）设备制造商的信誉、技术水平、培训能力以及是否符合 GMP 的要求。

药品的剂型不同，加工的设备类型不同。同一品种设计的工艺流程不同，生产用设备也有所不同。制剂辅助设备（如空气净化设备、制水设备）在制药工程中发挥着重要作用。不同设备的设计选型的审查内容是不同的。

2. 设备的安装

（1）开箱验收设备，查看制造商提供的有关技术资料（合格证书、使用说明书），应符合设计要求。

（2）确认安装房间、安装位置和安装人员。

（3）安装设备的通道，设备如何进入车间就应考虑如何出车间。有时应考虑采用装配式壁板或专门设置可拆卸的轻质门洞，以便不能通过标准门（道）的设备的进出。

（4）安装程序按工艺流程顺序排布，以便操作，防止遗漏出差错。或按工程进度安装，从安排在主框架就位之后开始到安排在墙上的最后一道漆完成后结束，或介于两者之间。这完全取决于设备是如何与结构发生关系的和如何运进房间而定。

（5）设备就位，制剂室设备应尽可能采用无基础设备。必须设置设备基础的，可采用移动或表面光洁的水磨石基础块，不影响地面光洁，且易清洁。安装设备的支架、紧固件能起到紧固、稳定、密封作用，且易清洁。其材质与设备应一致。

（6）接通动力系统、辅助系统。其中物料传送装置安装时应注意：①洁净级别高的洁净室使用的传动装置不得穿越较低级别区域；非无菌药品生产使用的传动装置，穿越不同洁净室时，应有防止污染措施；②传动装置的安装应加避震、消声装置。

（7）其他：阀门安装要方便操作。监测仪器、仪表安装要方便观察和使用。

3. 安装确认 安装确认是由设备制造商、安装单位、制药企业中工程、生产、质量方面派人员参加，对安装的设备进行试运行评估，以确保工艺设备、辅助设备在设计运行范围内和承受能力下能正常持续运行。设备安装结束，一般应做以下检查工作。

课堂互动

安装确认应做哪些检查工作？

（1）审查竣工图纸，能否准确地反映生产线的情况，与设计图纸是否一致。如果有改动，应附有改动的依据和批准改动的文件。

（2）仔细查看确认设备就位和管线连接情况。

（3）生产监控和检验用的仪器和仪表的准确性和精确度。

（4）设备与提供的工程服务系统是否匹配。

（5）检查并确认设备调试记录和标准操作规程（草案）。

六、设备的运行测试

先单机试运行，检查记录影响生产的关键部位的性能参数。再联动试车，将所有的开关都设定好，所有的保护措施都到位，所有的设备空转能按照要求组成一系统投入运行，协调运行。试车期间尽可能地查出问题，并针对存在的问题，提供现场解决方法。将检验的全过程编成文件。参考试车的结果制订维护保养和操作规程。

生产设备的性能测试是根据草拟并经审阅的操作规程对设备或系统进行足够的空载试验和模拟生产负载试验来确保该设备（系统）在设计范围内能准确运行，并达到规定的技术指标和使用要求。测试一般是先空白后药物。如果对测试的设备性能有相当把握，可以直接采用批生产验证。测试过程中除检查单机加工的中间品外，还有必要根据《药典》及有关标准检测最终制剂的质量。与此同时完善操作规程、原始记录和其他与生产有关的文件，以保证被验证过的设备在监控情况下生产的制剂产品具有一致性和重现性。

不同的制剂，不同的工艺路线装配不同的设备。口服固体制剂（片剂、胶囊剂、颗粒剂）主要生产设备有粉碎机、混合机、制粒机、干燥机、压片机、胶囊填充机、包衣机；灭菌制剂（小容量注射剂、输液、粉针剂）主要设备有洗瓶机、洗塞机、配料罐、注射用水系统、灭菌设备、过滤系统、灌封机、压塞机、冻干机；外用制剂（洗剂、软膏剂、栓剂、凝胶剂）生产设备主要包括制备罐、熔化罐、贮罐、灌装机、包装机；公用系统设备设施，主要有空气净化系统、工艺用水系统、压缩空气系统、真空系统、排水系统等。不同的设备，测试内容不同。举例如下。

（一）自动包衣机

测试项目：包衣锅旋转速度，进/排风量，进/排风温度，风量与温度的关系，锅内外压力差，喷雾均匀度、幅度、雾滴粒径及喷雾计量，进风过滤器的效率，振动和噪声。

样品检查：包衣时按设定的时间间隔取样，包薄膜衣前一小时每15分钟取样一次，第二小时每30分钟取样一次，每次3～6个样品，查看外观、重量变化及重量差异，最后还要检测溶出度（崩解时限）。

综合标准：制剂成品符合质量标准。设备运行参数：

1. 不超出设计上限 噪声小于85dB；过滤效率，大于5μm滤除率大于95%；轴承温度小于70℃。

2. 在调整范围内可调 风温、风量、压差、喷雾计量、转速不仅可调而且能满足工艺需要，就是设计极限运行也能保证产品质量。

（二）小容量注射剂拉丝灌封机

测试项目：灌装工位，进料压力、灌装速度、灌装有无溅洒、传动系统平稳度、缺瓶及缺瓶止灌；封口工位，火焰、安瓿转动、有无焦头和泄漏；灌封过程，容器损坏、成品率、生产能力、可见微粒和噪声。

样品检查：验证过程中，定期（每隔15分钟）取系列样品建立数据库。取样数量及频率依灌封设备的速度而定，通常要求每次从每个灌封头处取3个单元以上的样品，完成下述检验。

1. 测定装量1～2ml，每次取不少于5支；5～10ml，每次取不少于3支，用于注射器转移至量筒测量。

2. 检漏，常用真空染色法、高压消毒锅染色法检查。

3. 检查微粒，通常是全检，方法包括肉眼检查和自动化检查。

综合标准：产品，应符合质量标准。设备运行参数，运转平稳，噪声小于80dB；进瓿斗落瓿碎瓶率小于0.1%，缺瓶率小于0.5%，无瓶止灌率大于99%；封口工序安瓿转动每次不小于4转；安瓿出口处倾倒率小于0.1%；封口成品合格率不小于98%。生产能力不小于设计要求。

（三）软膏自动灌装封口机

测试项目：装量、灌装速度、杯盘到位率、封尾宽度和密封、批号打印、泄漏和泵体保温、噪声。

样品检查：设备运行处于稳态情况下，每隔15分钟取5个样品，持续时间300分钟，按药典方法检查。

合格标准：产品最低装量应符合质量标准。封尾宽度一致、平整、无泄漏，打印批号清楚；杯盘轴线与料嘴对位不小于99%；柱塞泵无泄漏，泵体温度、真空、压力可调；灌装速度，生产能力不小于设计能力的92%；运行平稳，噪声小于85dB。

设备运行试验至少三个批次，每批各试验结果均合规定，便确认本设备通过了验证，可报告建议生产使用。

知识链接

GMP对设备的要求内容

主要包括以下项目：

1. 设备的设计、选型，应该符合药品生产要求，应该易于清洗，消毒灭菌；便于生产作业和维修保养；应该能预防差错，减少环境污染。

2. 与药品直接接触的设备表面应该光洁，平整，容易清洗和消毒灭菌，设备材质应该耐腐蚀，不与药品发生化学变化，不会吸附和黏附药品。设备所使用的润滑剂，冷却剂等不得对药品和容器产生污染。

3. 与设备联结的主要管道应该标明物料和走向。

4. 纯水，注射用水的制备，储存和分配应该防止微生物的滋生、繁殖和污染。储罐和输送管道的材质应该无毒，耐腐蚀。管道的设计应该避免死角和盲管。储罐和管道要规定灭菌和清洗周期。注射用水的储存可以采用80℃以上保温，65℃以上循环或4℃以下，冰点以上保持。

5. 生产和检验用的仪器、仪表、量具、衡器等的适用范围和精密度应符合生产和检验要求，有明显的合格标识。定期校验，有校验标识。

6. 生产设备应该要有明显的状态标识，定期维修，保养和验证。设备安装、维修、保养的作业不得影响药品的质量。不合格的设备应该移出生产区域，在未移出前，应该有明显标识。

7. 生产和检验设备均应该有使用、维修、保养记录，并有指定人员管理。

七、设备故障规律及防范

很多企业高层领导认为设备管理就是设备的台账管理与维修，所以导致企业设备管理组织就是应急的组织，哪里坏往哪里跑。他们只认为生产是创造效益的，而设备管理的是花钱的。如果设备出了问题，影响了生产，他们才想到设备管理人员并责备他们工作没有做好，到底企业的设备管理处于什么样的位置，需要什么样的管理模式他们根本就没有考虑过。

据调查，国内有的企业设备前期管理环节薄弱，设备引进失误，投资不当，损失很大，有的设备长期不能投产，有的不能与实际生产环节配套，有的因使用管理不善，故障不断，使设备维修费用居高不下，严重影响企业效益。之所以出现这种状况，主要是因为没有认真地对设备管理进行策划、设计和系统思考。木桶理论也同样适用于企业中，如果仅仅设备管理这块木板最短，则会制约整个企业的发展水平，所以说，好的设备管理就会提升企业生产力，提高企业竞争力，因此研究设备故障规律并提高防范意识是很重要的。

制药设备在其运转的一生中，大体有设备投产初期、正常运转期及运转后期三个阶段，而每个时期故障的发生及防范都有其各自的规律特点。

（一）设备投产初期故障

设备正式投产前通常要经过预确认、安装确认、运行确认、性能确认四个步骤进行验收通过，但在投入运行后，初期故障总是会不同程度地反映出来。少则一月，多则一年，这一时期的故障通常可从下面几方面考虑：

1. 设备内在质量方面　如设备设计、零部件加工的缺陷导致的设备故障，这类故障在购置设备之前进行设计与选型是预防的重要手段。

2. 安装质量方面　该问题在设备投产后即会发生，这类故障可能在运行确认中得到解决，有的则要停产检修解决。安装质量是企业安装技术、人员素质、管理水平、计量检测手段等诸因素的综合反映。加强设备安装过程的科学管理是防范该类故障的有效措施，对这类故障的判断和处理有赖于安装验收规范，随机文件和工程技术文件的再次利用。

3. 操作不熟练或不严格按规程操作　该问题也是导致设备投产初期易出现故障的原因之一，防范的措施就是坚持操作工经过技术培训，考试考核合格后上岗，并保持操作工队伍的相对稳定，严格贯彻执行操作规程制度。

4. 设备维修工技术不熟练　由于维修工应知应会不足，或因判断错误，或处理方法不当也会把本来很好的设备弄出故障或者在处理故障过程中加剧故障的发展而致新的故障。因此，加强对维修工的技术培训是防范该类事故的主要方法。

（二）设备正常运转期故障

设备正常运转期，设备零部件经过磨合，投产初期故障已大量排除，工人熟练程度也提高了，因而故障减少。这一时期的设备故障通常可由下列因素诱发。

1. 故障易发生在设备易损件上或该换而未及时更换的零件上。

2. 经过一次检修换件之后，或未恢复设备性能或换上了质量不高甚至不合格的零件，或装配上的错误都会导致设备故障，这在实践中占有较大的比重。

3. 保修保养质量未达标而导致设备检修周期缩短，或外来因素（如异物进入设备）而导致故障，甚至造成事故。

4. 超速、超负荷等违章行为导致故障。

5. 在投产初期不易暴露的设备缺陷有可能在这个时期暴露出来，如非易损件的疲劳、复合应力的作用，材料微小裂纹的扩大等导致的故障。在前述几个方面的因素中，人为因素占有较大比重。因此，加强操作、维修队伍的管理和提高人员素质，及时供给合格优良备件，严格贯彻执行设备管理规程，建立健全以责任制为核心的各项规章制度，加强设备维护保养，定期按标准检查检修等，是防范这些设备故障，确保设备安全正常运转的有效措施。

（三）设备运转后期故障

设备运转后期进入了故障多发期，一方面设备经多年运行并经过无数次小修、中修和大修，换件较多，如果修理水平不高或检测手段缺乏，设备就很难恢复原有性能和保持良好状况；另一方面，即使是正常维修，零件也会老化或间隙增大等导致设备运转后期故障增多。不可忽视的是，前述两个时期曾经出现过的故障及其导致原因也有可能在设备动转后期重复出现。这一时期，更要重视老旧设备的维护保养和修理工作，但是经济上合算与否，有必要认真进行评价。因此，企业应从研究设备同期费用入手，根据承受能力，决定设备是一般维修、技术改造还是报废更新。

本章小结

本章通过对制药设备的回顾，阐述了药物制剂设备的研究内容，对制药设备即制剂设备进行了科学的分类，同时按类别对常用的制剂机械设备使用的材料加以介绍，按照GMP的要求介绍了设备管理、安装，试车的程序、要求、考核指标，以及常用设备的故障规律及规范措施等。

思考题

1. 制剂机械设备常用的合金元素有哪些？
2. 设备管理的发展历程可分为哪几阶段？
3. 我国特色的计划预修制度主要特点是什么？
4. 设备管理发展趋势主要表现在哪些方面？

（王沛）

第二章　散剂制剂设备

学习导引

知识要求

1. **掌握**　散剂制剂设备的基本结构、工作原理和适用范围。
2. **熟悉**　粉碎、筛分、混合、分剂量操作过程的基本原理和方法。
3. **了解**　散剂的制备工艺流程。

能力要求

1. 熟练掌握常见的散剂制剂设备的工作过程。
2. 学会应用所学知识解决散剂制剂设备的选型问题。

散剂是传统剂型，在我国的医药典籍《黄帝内经》《名医别录》《本草纲目》等中均有对散剂的记载。有“散者散也，去急病用之”的评价；有“汤散荡涤之急方，下咽易散而行速也”的论述；也有“先切细曝燥乃捣，有各有捣者，有合捣者……”的论述，这些都指出了散剂起效快、制备简单的特点。散剂应用历代颇多，现在仍是常用剂型之一，但制法已经有了一定的发展，在《中国药典》中收载有数十种中药散剂品种。

散剂具有表面积大、分散度大、奏效快的特点。而且其制备工艺简便，剂量可随证增减。但由于散剂表面积较大，故其气味、刺激性、吸湿性等相应地增大，所以腐蚀性强及易吸潮变质的药物不适宜配制成散剂。散剂通常是指药材或药材提取物经粉碎、混合而制成的粉末状剂型。

散剂按照医疗用途可分为内服散剂和外服散剂；按照药物性质可分为普通散剂和特殊散剂；按照药物组成可分为单方散剂和复方散剂；按照剂量可分为分剂量散剂和非剂量散剂。

一般散剂的制备过程为粉碎、筛分、混合、分剂量、包装等工序。

第一节　粉碎设备

粉碎是散剂制备过程中的重要工序，粉碎过程直接关系散剂的质量和应用性能。散剂颗粒尺寸的变化，将会影响其时效性和即时性。

粉碎过程应依据药物的结构性质与具体的用药需求，选择适当的设备对药料进行粉碎，粉碎设备的选择是保证粉碎质量的重要条件。

一、粉碎的目的

粉碎系指借机械力或其他方式将大块固体物料破碎成适宜程度的碎块或细粉的操作过程。

粉碎目的：①加速药物中有效成分的浸出或溶出。②有助于改善药物的流动性，促进散剂中各成分的混合均匀。③便于调剂和服用。④增加药物的表面积，促进药物的溶解与吸收，提高散剂的生物利用度，提高药物利用率。

值得注意的是粉碎也会产生一些不良作用，如晶型转变、热分解、黏附、凝聚性增大、密度减小等。因此实际生产中应根据药物的性质，在制备过程中采用合适的粉碎机，以达到一定的粉碎程度。

二、粉碎的基本原理

物质依靠分子间的内聚力而集结成一定形状的块状物。粉碎主要是利用外加力破坏分子间的内聚力来达到粉碎的目的，使药物由大块粒变成小颗粒，表面积增大，即将机械能转变成表面能的过程。

粉碎过程常用的外加力有压缩、撞击、研磨、剪切等。被粉碎的物料性质不同，粉碎程度不同，所施加的外力也有所不同。一般粗碎和中碎以撞击力与压缩力为主。超细粉碎以剪切力和研磨力为主。剪切方法对纤维状物料有效。撞击、压缩和研磨对脆性物质有效。实际粉碎过程是几种力综合作用的结果。

在这些外力的作用下物体内部产生相应的应力，当应力超过一定的弹性极限时，物料被粉碎或产生塑性变形，塑性变形达到一定程度后破碎。弹性变形范围内破碎称为弹性粉碎（脆性粉碎），塑性变形之后的破碎称为韧性粉碎。粉碎作用除与施加的机械外力有关外，也与干湿物料的聚集力和物料的流动状态有关。一般极性晶体药物的粉碎为弹性粉碎，粉碎较易。非极性晶体药物的粉碎为韧性粉碎，粉碎较难。

药物被粉碎时，其内部相应产生应力，当内应力超过药物本身的分子间的内聚力时即可引起药物的破碎，但药物粉碎时其实际破坏程度往往小于理论破坏程度。原因是药物的内部存在结构上的缺陷及裂纹，在外力作用下，会在缺陷、裂纹处产生应力集中，当应力超过药物的破坏强度时，即引起药物沿脆弱面破碎。另外，当药物没有小裂纹时，外力首先集中作用于药物的突出点上，产生较大局部应力和较高温度，使药物产生小裂纹，这些裂纹迅速伸展、传播，最终使药物破碎。通过实验测得，药物粉碎时所受实际破坏强度仅为理论值的1/1000～1/100。

三、粉碎的方法

根据药物的性质和使用要求，可将粉碎分成干法粉碎、湿法粉碎、单独粉碎、混合粉碎、低温粉碎、自由粉碎、闭塞粉碎、开路粉碎和闭路粉碎等方法，下面逐一介绍。

（一）干法粉碎与湿法粉碎

干法粉碎：系指通过干燥处理使药物中的含水量降至一定限度后再进行粉碎的方法。根据药物的性质可选用适宜的干燥方法，干燥温度一般不宜超过80℃。除特殊中药外，大多数药物均采用干法粉碎。

湿法粉碎：系指在药物中加入适当液体一起研磨粉碎的方法。通常所选的液体是以药物遇湿不膨胀，两者不起变化，不妨碍药效为原则。湿法粉碎可以减少粉尘飞扬。刺激性和有毒药物粉碎多用此法。液体也可减少物料的黏附性而提高研磨粉碎效果。

（二）单独粉碎与混合粉碎

单独粉碎：系指一味药材单独进行粉碎的方法。氧化性药物与还原性药物必须分开单独粉碎，以免引起爆炸；贵重药物为减少消耗，亦单独粉碎；刺激性药物单独粉碎便于劳动防护；含毒性成分药物为用药安全，应单独粉碎；需要特殊处理的药物应单独粉碎。

混合粉碎：系指两种以上的药料掺合一起进行粉碎的方法。这既可避免一些黏性物料或热塑性物料在单独粉碎的困难，又可使粉碎与混合操作同时进行，混合粉碎还可提高粉碎效果。如灰黄霉素和微晶纤维素（1∶9）混合粉碎后，灰黄霉素的结晶可变成无定形，因而溶出速率能增加2.5倍。

（三）低温粉碎

低温粉碎：系指利用药物在低温下脆性较大的特点进行粉碎的方法。对于常温下粉碎有困难的药物，如软化点和熔点较低的药物、热可塑性药物以及某些热敏性药物等，均可采用低温粉碎方法。

低温粉碎方法：①药料先进行冷却或在低温条件下，迅速通过高速撞击式粉碎机；②粉碎机壳内通入低温冷却水，在循环冷却下进行粉碎操作；③待粉碎的药料与干冰或液化氮气混合后进行粉碎操作；④组合上述方法进行粉碎操作。

（四）自由粉碎和闭塞粉碎

自由粉碎：在粉碎过程中，能及时地将已达到粒度要求的固体粉末从粉碎机中分出，而使粗粒子继续进行粉碎。自由粉碎的粉碎效率高，常用于连续操作。

闭塞粉碎：已达到粉碎要求的粉末仍滞留在粉碎机中和粗粉一起重复粉碎的操作。因闭塞粉碎中的细粉成了粉碎过程的缓冲物，影响粉碎效果且能耗较大，故只适用于小规模的间歇操作。

（五）开路粉碎和闭路粉碎

开路粉碎：是一边把物料连续地供给粉碎机，一边不断地从粉碎机中取出已粉碎的细粉物料的操作。该法的工艺流程简单，物料只一次通过粉碎机，操作方便，设备少，占地面积小，但成品粒度分布宽，适用于粗碎或粒度要求不高的粉碎。

闭路粉碎（循环粉碎）：将粉碎机与分级设备串联起来，经粉碎机粉碎的物料通过分级设备分出细粒子，而将粗颗粒重新送回粉碎机反复粉碎的操作。本法操作的动力消耗相对低，成品粒径可以任意选择，粒度分布均匀，成品质量高，纯度高。适合于粒度要求比较高的粉碎，但投资大。

四、粉碎设备

在制药工业中，粉碎设备的种类很多，应依据被粉碎药料的结构性质、散剂的粒度要求、粉碎设备的形式选择适宜的粉碎设备进行工作。下面介绍几种在生产中常用的粉碎设备。

（一）球磨机

球磨粉碎机是较古老的研磨设备之一，目前仍被广泛使用。球磨机（图2-1）具有一个回转筒体，筒内装有研磨介质。回转筒体主体是不锈钢、生铁或瓷制的圆柱筒，研磨介质是一定数量和大小的圆形钢球或瓷球。工作时，电动机通过联轴器和小齿轮带动大齿圈，使筒体缓慢转动。当筒体转动时，研磨介质随筒体上升至一定高度后向下滚落或滑动。药料在球

磨机的圆筒内受研磨介质的连续研磨、撞击和滚压作用而碎成细粉，并由出料口排出。可用于干法或湿法粉碎。

当球磨机旋转时，研磨介质由于受离心力的作用贴在筒体内壁上与筒体一起旋转，随之上升到一定高度时，因重力作用自由落下。在球磨机筒体旋转过程中，研磨介质还有滑动和滚动作用，使研磨介质相互产生摩擦、剪切和碰撞等力。物料在上述诸力的作用下研磨成细粉。

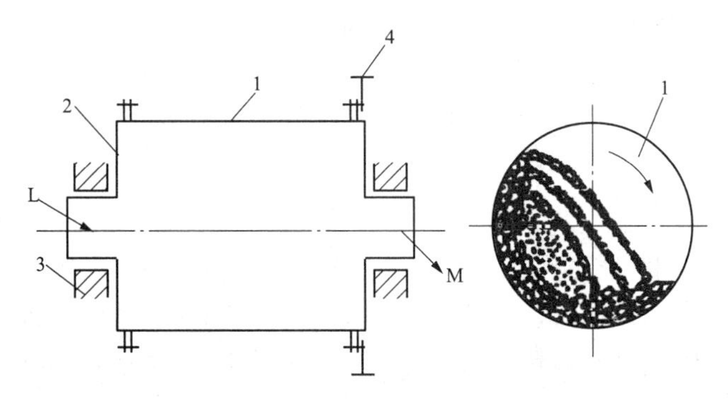

图 2－1 球磨机

1. 筒体；2. 端盖；3. 轴承；4. 大齿圈；L. 给料口；M. 排料口

粉碎效果与圆筒转速、球与物料的装量、球的大小与重量等有关。球磨机筒体的转速（图 2－2）对成品粒径的影响很大，研磨介质在不同转速下，它的运动轨迹有三种。

转速过低，研磨介质随筒壁上升至较低的高度后即沿筒壁向下滑动，或绕自身轴线旋转，研磨介质提升高度不够，冲击力小，研磨效果差，应尽可能避免。

转速适当，研磨介质连续不断地被提升，上升一定高度时向下滑动和滚动，两者均发生在物料内，此时研磨效率最高，物料被研磨成细粒子。

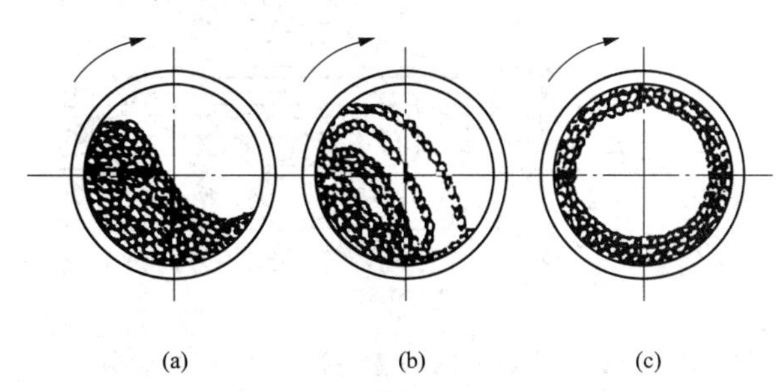

图 2－2 研磨介质运动规律

（a）转速过低；（b）转速适当；（c）转速过快

增加转速，研磨介质与物料贴附于筒壁，这时离心力起主导作用，与筒壁同步旋转，完全没有研磨作用。此时研磨介质之间以及研磨介质与筒壁之间不再有相对运动，物料的粉碎作用将停止。

球体开始发生离心运动状态的转速称为临界转速，与球磨机的直径有关。可由下式求解：

$$n_{临} = \frac{42.3}{\sqrt{D}} \tag{2-1}$$

式中，$n_{临}$ 为罐体临界转速（r/min）；D 为罐体直径（m）。

在实际生产应用中，球磨机的转速一般采用临界速度的75%。

研磨介质的材料有钢球、瓷球，还有无规则形状的鹅卵石等。研磨介质的密度和大小对研磨效率有影响。材料密度越大，研磨效率越高。研磨介质粒径越大，研磨成品粒径也越大，产量越高，反之。筒内填装圆球的数目不宜太多，占圆筒体积30%~35%。

球磨机结构简单，运行可靠，无需特别管理，且可密闭操作，因而操作粉尘少，劳动条件好。球磨机常用于结晶性或脆性药物的粉碎。密闭操作时，可用于毒性药、贵重药以及吸湿性、易氧化性和刺激性药物的粉碎。球磨机的缺点是体积庞大，笨重；运行时有强烈的振动和噪声，需有牢固的基础；工作效率低，能耗大；研磨介质与筒体衬板的损耗较大。

（二）振动磨

振动磨是一种超细机械粉碎机械。它是利用研磨介质在有一定振幅的筒体内对固体药料产生冲击、摩擦、剪切等作用而达到粉碎物料的目的。与球磨机不同，振动磨在工作时，其筒体内的研磨介质会产生强烈的高频振动，从而可在较短的时间内将药料研磨成细小颗粒。

图2-3是常见的振动磨结构示意图。惯性式振动磨是在主轴上装有不平衡物，当主轴旋转时，由不平衡所产生的惯性离心力使筒体发生振动。偏旋式振动磨是将筒体安装在偏心轴上，因偏心轴旋转而产生振动。

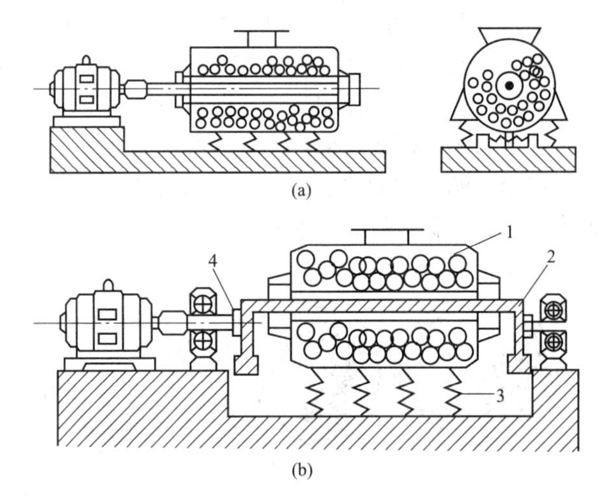

图2-3　惯性式（a）和偏旋式（b）振动磨

1. 筒体；2. 主轴；3. 弹簧；4. 轴承

单筒惯性式间歇操作振动磨的筒体支承于弹簧上，主轴穿过筒体，轴承装在筒体上。主轴的两端还设有偏心配重，并通过挠性联轴器与电动机相连。当电动机带动主轴快速旋转时，偏心配重的离心力使筒体产生近似于椭圆轨迹的运动，从而使筒体中的研磨介质及药料呈悬浮状态，研磨介质的抛射、撞击、研磨等均能起到粉碎物料的作用。

振动磨工作时，研磨介质在筒内的运动有以下几种方式：①研磨介质的高频振动。②研磨介质逆主轴旋转方向的循环运动。主轴是顺时针，则研磨介质按逆时针旋转。③研磨介质的自转运动。上述三种运动使研磨介质之间以及研磨介质与筒体内壁之间产生激烈的冲击、摩擦、剪切等作用。在短时间内使分散在研磨介质之间的药料被研磨成细小粒子。

由于振动磨采用较小直径的研磨介质，因而比球磨机的研磨表面积增大许多倍。此外，振动磨的研磨介质填充率可达 60% ~70%，所以研磨介质对物料的冲击频率比球磨机高出数万倍。

与球磨机相比，振动磨的粉碎比较高，粉碎速度较快，可使物料混合均匀，并能进行超细粉碎。缺点是对机械部件的强度和加工要求较高，运行时振动和噪声较大。

（三）气流粉碎机

气流粉碎机是一种重要的超细碎设备，又称流能磨，其工作原理是利用高速弹性气流喷出时形成的多相紊流场，使药物颗粒之间以及颗粒与器壁之间产生强烈的冲击、碰撞和摩擦，从而达到粉碎药物的目的。

在空气室的内壁上装有若干个喷嘴，高压气体由喷嘴以超音速喷入粉碎室，固体药物则由加料口经高压气体引射进入粉碎室。在粉碎室内，高速气流夹带着固体药物颗粒，并使其加速到 50 ~300m/s。在强烈的碰撞、冲击及高速气流的剪切作用下，固体颗粒被粉碎。粗细颗粒均随气流高速旋转，但所受离心力的大小不同。细小颗粒因所受的离心力较小，被气流夹带至分级涡并随气流一起由出料管排出，而粗颗粒因所受离心力较大在分级涡外继续被粉碎。

流能磨有扁平式、循环管式、对喷式等几种类型。

1. 扁平式气流磨 如图 2 -4 所示，高压气体经入口 5 进入高压气体分配室 1，高压气体分配室 1 与粉碎分级室 2 之间，由若干个气流喷嘴 3 相连，气体在自身高压下强行通过喷嘴时，会产生每秒高达几百甚至上千的气流速度。药料经过文丘里喷射式加料器 4，进入粉碎分级室 2 的粉碎区，在高速气流作用下发生粉碎。由于喷嘴与粉碎分级室 2 的半径成一锐角，所以气流夹带着被粉碎的颗粒作回转运动，把粉碎合格的颗粒推到粉碎分级室中心处，进入成品收集器 7，粗的颗粒由于离心力强于流动拽力，将被停留在粗粉区。

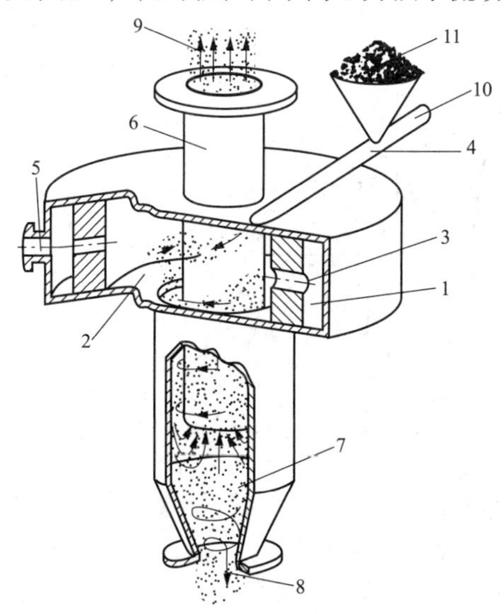

图 2 -4 扁平式气流磨

1. 高压气体分配室；2. 粉碎分级室；3. 气流喷嘴；4. 喷射式加料器；5. 高压气体入口；6. 废气流排出管；7. 成品收集器；8. 粗粒；9. 细粒；10. 压缩空气；11. 药料

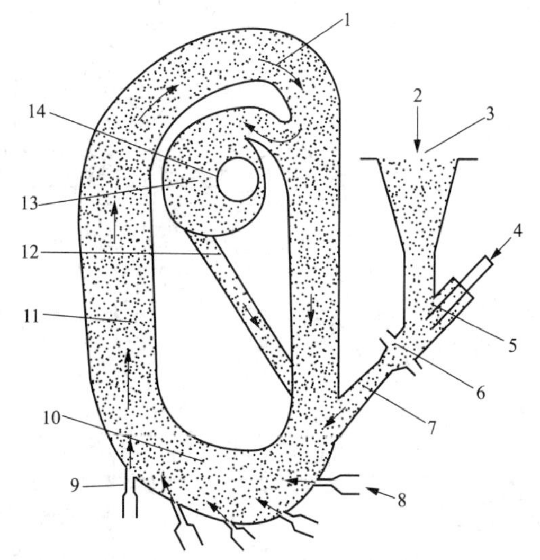

图 2 -5 循环管式气流磨

1. 一次分级腔；2. 原料；3. 进料管；4. 压缩空气进口；5. 加料喷射器；6. 混合室；7. 文丘里管；8. 压缩空气进口；9. 粉碎喷嘴；10. 粉碎腔；11. 上升管；12. 回料管；13. 二次分级腔；14. 出料口

2. 循环管式气流磨 循环管式流能磨（跑道式）由进料管、加料喷射器、一、二级分级腔、上升管、回料通道、出料口组成（图2－5）。

当其工作时，粉碎在O形管路内进行。压缩空气通过加料喷射器产生的射流，使原料由进料口被吸入粉碎腔。在粉碎腔外周有一系列喷嘴，喷嘴射流的流速很高，但各个层断面射流的流速不相等，颗粒随各层射流运动，因而颗粒之间的流速也不等，从而互相产生研磨和碰撞作用而粉碎。粉碎的微粉随气流经上升管导入一次分级腔。粗粒由于有较大离心力，经下降管（回料通道）返回粉碎腔循环粉碎。细粒子随气流进入二级分级腔，微粉从分级旋流中分出，由中心出口进入捕集系统而成为产品。

3. 对喷式气流磨 如图2－6为对喷式气流磨。两束载料气流在粉碎室中心附近正面相撞，药料跟随气流在碰撞中实现粉碎，接着在气流带动下移动，并进入上部的旋流分级区中。细粉经过分级器中心排出，进入旋风分离器继续捕集。粗粉沿分级器边缘向下运动，进入垂直管路，与喷入的气流汇合，再次在粉碎室内粉碎。如此循环，直到产品到达粒度要求为止。

气流粉碎机结构简单、紧凑；粉碎成品粒度细，可获得1～5μm以下的超微粉；经无菌处理后，可达到无菌粉碎的要求；由于压缩气体膨胀时的冷却作用，粉碎过程中的温度几乎不升高，故特别适用于热敏性药物，如抗生素、酶等的粉碎。缺点是能耗高、噪声大、运行时会产生振动，一旦操作不稳定，粉碎系统堵塞时会发生倒料现象，喷出大量粉尘，污染操作环境。

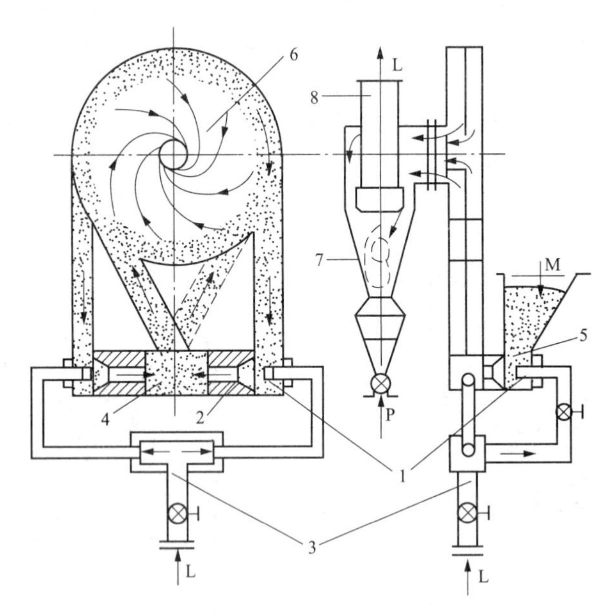

图2－6 对喷式气流磨

1. 喷嘴；2. 喷射泵；3. 压缩空气；4. 粉碎室；
5. 料仓；6. 旋流分级区；7. 旋风分离器；8. 滤尘器；
L. 气流；M. 药料；P. 产品

知识拓展

气流粉碎机的分类

气流粉碎机是一种重要的超细碎设备，是利用气流的强烈冲击，使药物之间产生相互摩擦、挤压而被粉碎的机器，根据产品粒度可将其可分为：

1. 粗粉气流粉碎机：粉碎粒度达到850μm以下的气流粉碎机。
2. 细粉气流粉碎机：粉碎粒度达到150μm ±6.6μm的气流粉碎机。
3. 超细气流粉碎机：粉碎粒度达到125μm ±5.8μm的气流粉碎机。
4. 超微气流粉碎机：粉碎粒度达到75μm ±4.1μm的气流粉碎机。
5. 纳米粉碎机：粉碎粒度达到纳米级的粉碎机。
6. 粗粉碎和超微粉碎分级联动机：由粗粉碎机和超微粉碎机有机组合而成的气流粉碎联动机。

（四）锤击式粉碎机

锤击式粉碎机是一种撞击式粉碎机，如图2－7所示，一般由机壳（铁壳）、高速旋转的中心轴（轴上安装有许多可自由摆动的钢锤）、加料斗、筛板以及产品排出管等组成。

主要部件锤子也是主要磨损件，通常用高锰钢或其他合金钢等制造。锤子的“迎料”面装置碳化钨保护套以提高耐磨性。衬板的工作面呈锯齿状，并可更换。

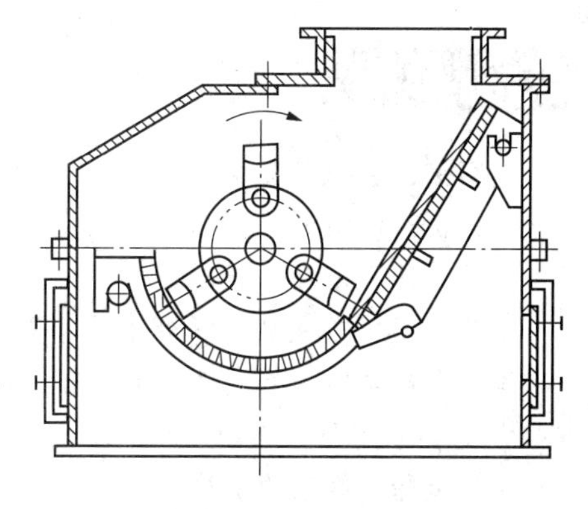

图2－7　锤式粉碎机

工作时，固体药物由加料斗加入，并被螺旋加料器连续定量地加入到粉碎室里。在粉碎室内，药料受到高速旋转的锤子的强大锤击作用，被锤击碎而破碎。粉碎的细料通过筛板进到排出管成为成品，不能通过筛板的粗料被继续在室内粉碎。机壳内有衬板，衬板的工作面呈锯齿状，这对于颗粒撞击内壁而被粉碎是有利的。选用不同孔径的筛板，可得到4～300目的细度的粉碎物料。但由于微细粒度时筛子容易堵塞，因此以30～100目为常见。

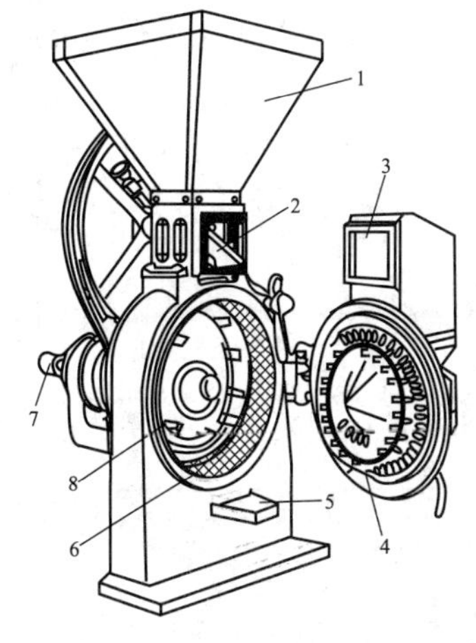

图2－8　万能磨粉机

1. 加料斗；2. 抖动装置；3. 入料口；4. 垫圈；5. 出粉口；6. 环状筛板；7. 水平轴；8. 钢齿

撞击式粉碎机的结构简单，操作方便，维修和更换易损部件容易。成品粒度比较均匀，其粒度可由锤头的形状、大小、转速以及筛板的目数来调节。但是其机械部件锤头易磨损，产热量大，筛孔易堵塞，过度粉碎的粉尘较多。它适用于各种中硬度以下，且磨蚀性弱的药料，应用广泛，但不适用于黏性固体药物的粉碎。

（五）万能磨粉机

万能磨粉机是一种应用较广的撞击式粉碎机，

如图2-8所示。它有若干圆钢齿（柱状）固定在高速旋转的甩盘和另一与之相对的固定盖上。

它在工作时，药料由加料斗加入，借拌动装置以一定的速度连续由加料口进入粉碎室。在粉碎室内有若干圆钢齿，由于惯性离心作用，药料从中心部位被甩向外壁，其过程中受钢齿的冲击作用而被粉碎。细粉经位于粉碎机底部的筛板排出，粗粉在粉碎机内重复粉碎。

操作时应先关闭塞盖，开动机械空转，当高速转动后再加入欲粉碎的药物，以免物料阻塞于钢齿间，增加电动机启动的负荷。加入的药物应大小适宜，必要时预先切成段块。

万能磨粉机适应范围广，宜用于粉碎干燥的非组织性药物，中草药的根、茎、皮等，故有“万能”之称。不宜用于腐蚀性药、剧毒药以及贵重药。由于粉碎过程中发热，也不宜用于含有大量挥发性成分和黏性药物。

万能磨粉机的生产能力及能量消耗，依其尺寸大小、粉碎度和被粉碎药物的性质不同而有较大的伸缩性。一般生产能力在30~300kg/h。

实例分析

实例： 散剂制备过程中，如何对粉碎设备进行养护？

分析： 1. 开机前应检查整机各紧固螺栓是否有松动，然后开机检查机器的空载启动、运行情况是否良好。

2. 高速运转的粉碎机开动后，等其转速稳定时再行加料。否则会因药物先进入粉碎室，引起发热，甚至烧坏电动机。

3. 药物中不应夹杂硬物，以免卡塞，引起电动机发热或烧坏。粉碎前应对药物进行精选以除去夹杂的硬物。

4. 各种转动机构如轴承、伞形齿轮等必须保持良好的润滑性，以保证机件的完好与正常运转。

5. 电动机及转动机构应用防护罩罩好，以保证安全。同时也应注意防尘、清洁与干燥。

6. 使用时不能超过电动机功率的负荷，以免启动困难、停车或烧毁电动机。

7. 电源必须符合电动机的要求，使用前应注意检查。一切电气设备都应装接地线，确保安全。

8. 各种粉碎机在每次使用后，应检查机件是否完整，清洁内外各部件，添加润滑油后罩好，必要时加以整修再行使用。

9. 粉碎刺激性和毒性药物时，必须按照《药品生产质量管理规范》的要求，特别注意劳动保护，严格按照安全操作规范进行操作。

第二节　筛分设备

固体药物被粉碎后，粉末中的颗粒有粗有细，为了适应制剂需求，就必须对其进行分档，这种操作即为筛分。

筛分即是用筛将粉末按规定的粒度要求分离开的操作过程，是制药生产中的基本单元操作之一，其目的是获得粒度比较均匀的药料。

一、筛分的目的

筛分（机械筛分）系指借助于筛网将不同粒度的药料按粒度大小进行分离的操作。筛分法操作简单，经济而且分级精度比较高。

筛分的目的是为了获得较均匀的粒子群或除去异物，筛分过程可用于直接制备成品，也可用于中间工序。这对药品质量以及制剂生产过程的顺利进行都有直接意义。

二、筛分的原理

筛分是借助具有一定孔眼或缝隙的筛面，使药料颗粒在筛面上运动，不同大小颗粒的药料在不同筛孔（缝隙）处落下，完成药料颗粒的分级。从筛面孔眼掉下的药料称为筛下料，停留在筛面上的药料称为筛上物。

药料分离通过筛网工具来操作的。理想状态下，用孔径为 D 的筛网来分离，可将药料分成大于 D 和小于 D 两部分。但实际由于固体粒子结构、密度等情况不同，会使粒径大的药料中残留有小粒子，小粒径的药料中混有大粒子。筛分的实际过程涉及效率问题。

三、药筛的种类

药筛是指按药典规定，全国统一用于药剂生产的筛，或称标准筛。在实际生产中，除某些科研外，也常使用工业用筛。这类筛的选用应与药筛标准相近，且不影响药剂的质量。药筛的性能、标准主要取决于筛网。

按制作方法的不同，药筛可分为编织筛和冲制筛两种：一种为冲制筛（冲眼或模压），另一种为编织筛。

冲制筛又称作筛板，是在金属板上冲击圆形、长方形、人字形等筛孔而制成，常装在锤击式、冲击式粉碎机的底部，与高速粉碎机过筛联动。这种筛坚固耐用，孔径不易变动，但筛孔不能很细。

编织网筛是用有一定机械强度的金属丝（如不锈钢丝、铜丝、铁丝包括镀锌的等）或其他非金属丝（尼龙丝、绢丝）编织而成，也有用马鬃或竹丝编织的。编织筛使用时，筛线易于移位，故常将金属筛线交叉处压扁固定。同冲制筛相比较，重量轻，有效面积大，且筛网有一定弹性，筛网本身还产生一定的颤动，有助于附在筛网上的细粒同筛网分离，避免堵塞，提高筛分效率。细粉一般使用编织筛或空气离析等方法筛选。

根据国家标准，药典中共规定了 9 种筛号，一号筛孔内径最大，依次减小，九号筛孔内径最小。

课堂互动

1. 药典中是如何规定的药筛型号?

答：根据国家标准，药典中共规定了9种筛号，一号筛孔内径最大，依次减小，九号筛孔内径最小。其规格如下所示。

筛号（号）	1	2	3	4	5	6	7	8	9
筛孔内径（mm）	2000	850	355	250	180	150	125	90	75
相当的标准筛（目）	10	24	50	65	80	100	120	150	200

注：每英寸（25.4mm）筛网长度上的孔数称为目，如每英寸有100个孔的标准筛称为100目筛。

目前制药工业中，习惯以目数来表示筛号及粉末粗细，多以每英寸长度有多少孔来表示。

2. 药典中是如何规定的粉末规格?

答：《中国药典》规定了六种粉末规格如下：

最粗粉：指能全部通过一号筛，但混有通过三号筛不超过20%的粉末。

粗　粉：指能全部通过二号筛，但混有通过四号筛不超过40%的粉末。

中　粉：指能全部通过三号筛，但混有通过五号筛不超过60%的粉末。

细　粉：指能全部通过五号筛，并含能通过六号筛不少于95%的粉末。

最细粉：指能全部通过六号筛，并含能通过七号筛不少于95%的粉末。

极细粉：指能全部通过八号筛，并含能通过九号筛不少于95%的粉末。

四、筛分设备

过筛设备种类很多，可根据对粉末粗细要求、粉末性质和数量来选用。

（一）悬挂式偏重筛粉机

悬挂式偏重筛粉机主要由电动机、偏重轮、筛网、毛刷、防护罩和接收器等组成，如图2－9所示。悬挂式偏重筛粉机的主轴下部有偏重轮，偏重轮一侧有偏心配重，偏心轮外有保护罩。工作时，电动机带动主轴和偏心轮高速旋转，由于偏心轮两侧重量不平衡而产生振动，使通过筛网的细粉很快落入接收器，而粗粉则留在筛网上。

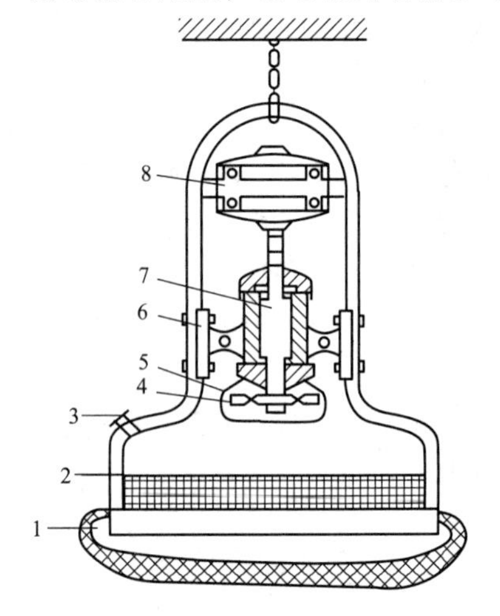

图2－9　悬挂式偏重筛粉机

1. 接收器；2. 筛子；3. 加料口；4. 偏重轮；5. 保护罩；6. 轴座；7. 主轴；8. 电动机

悬挂式偏重筛粉机可密闭操作，因而能有效防止粉尘飞扬。此外，根据需要可采用不同规格的筛网。悬挂式偏重筛粉机具有结构简单、体积小、造价低、粉尘少、效率高等优点，适用于矿物药、化学药和无黏性的药料。其缺点是间歇操作，生产能力较小。

（二）圆形振动筛粉机

圆形振动筛粉机又称三维振动筛粉机，利用不平衡的重锤分别发生水平和垂直方向的运动，造成筛网三维振动，使药料从不同出口排出。

如图2－10所示，圆形振动筛粉机主要由筛网、电动机、重锤、弹簧等组成。电动机的上轴和下轴均设有不平衡重锤，上轴穿过筛网并与其相连，筛框以弹簧支承于底座上。圆形振动筛粉机采用圆形的筛面与筛框结构，并配有圆形顶盖与底盘，连接处采用橡胶圈密封。振动装置垂直安装在底盘中心，底盘的圆周上安装若干个支撑弹簧与底座相连。

工作时，上部重锤使筛网产生水平圆周运动，下部重锤则使筛网产生垂直运动。筛框与筛面产生圆周方向的振动，同时因弹簧的作用引起上、下振动。当药料加到筛网中心部位后，将以一定的曲线轨迹向器壁运动。药料在筛面上产生的是从中心向圆周方向的漩涡运动，并作向上抛射运动，这样可有效地防止筛孔堵塞。药料的运动轨迹是一个复杂的空间三维曲线，调整上、下重锤角度，可改变物料的运动轨迹。

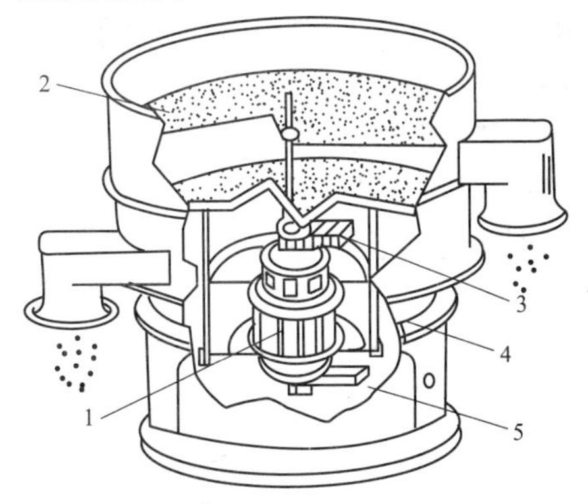

图2－10　圆形振动筛粉机

1. 电机；2. 筛网；3. 上部重锤；4. 弹簧；5. 下部重锤

圆形振动筛粉机的特点是：筛分效率高，精度在95%以上，可筛分80～400目粉粒产品。体积小，质量轻，安装简单，维修方便。出料口在360度圆周内可任意调整，便于工艺布置。电机变频调速。全封闭结构，无粉尘污染。可安装多层筛面（最多三层）。筛网具有较强的垂直方向运动，不易堵塞。故适宜筛分黏性较强及含油性粉末。

（三）电磁振动筛粉机

电磁振动筛粉机是一种利用较高频率（每秒200次以上）与较小振幅（振动幅度在3mm以内）造成往复振荡的筛分装置。

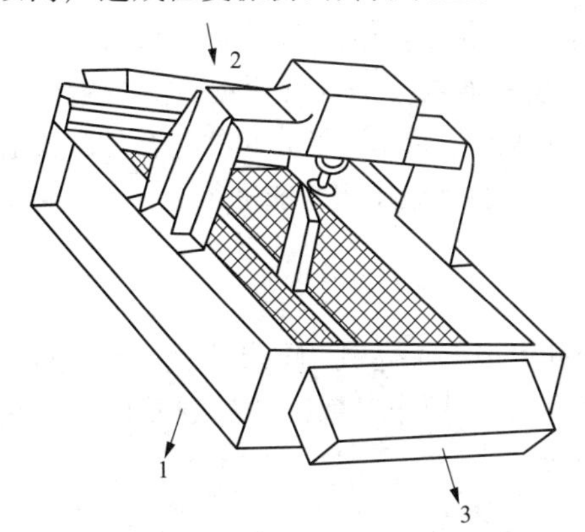

图2－11　电磁振动筛粉机

1. 细料出口；2. 加料口；3. 粗料出口

电磁振动筛粉机主要由接触器、筛网、电磁铁等部件组成，如图2－11所示。筛网一般倾斜放置，也可水平放置。筛网的一边装有弹簧，另一边装有衔铁。当弹簧将筛拉紧而使接触器相互接触时，电路接通。此时，电磁铁产生磁性而吸引衔铁，使筛向磁铁方向移动。当接触器被拉脱时，电路断开，电磁铁失去磁性，筛又重新被弹簧拉回。此后，接触器又重新接触而引起第二次的电磁吸引，如此往复，使筛网产生振动。由于筛网的振幅较小，频率较高，因而物料在筛网上呈跳动状态，有利于颗粒的分散，使细颗粒很容易通过筛网。电磁振动筛的筛分效率较高，可用于黏性较强的药物如含油或树脂药粉的筛分。

（四）摇动筛

摇动筛是将筛网制成的筛面装在机架上，并利用曲柄连杆机构使筛面作往复摇晃运动的筛分装置。筛面上的物料由于筛的摇动而获得惯性力，克服与筛面间的摩擦力，产生与筛面的相对运动，并且逐渐向卸料端移动。

摇动筛的优点是筛箱的振幅和运动轨迹由传动机构确定，不受偏心轴转速和筛上物料的影响，可以避免由于给料过多（或给料不均匀），而降低堵塞筛孔等现象。其缺点是筛分速度慢，处理量和筛分效率低，小量生产。可以适用于毒性、刺激性和质轻粉末，避免细粉飞扬。

工业上用的摇动筛有单箱式和双箱式（共轴）两类。单箱摇动筛构造比较简单，安装高度不大，检修方便。缺点是会将振动传给厂房建筑，所以其工作转速较低，一般只有250r/min左右。双箱摇动筛有两个筛箱，用吊杆平行悬挂在机架上，由一个偏心轴驱动，但相互错开180°，故2个筛箱总是反方向运动，使惯性力得到平衡，因此，转速可提到400～600r/min。双曲柄摇动筛主要由筛网、偏心轮、连杆、摇杆等组成，如图2－12所示。筛网通常为长方形，放置时保持水平或略有倾斜。筛框支承于摇杆或悬挂于支架上。工作时，旋转的偏心轮通过连杆使筛网作往复运动，物料由一端加入，其中的细颗粒通过筛网落于网下，粗颗粒则在筛网上运动至另一端排出。

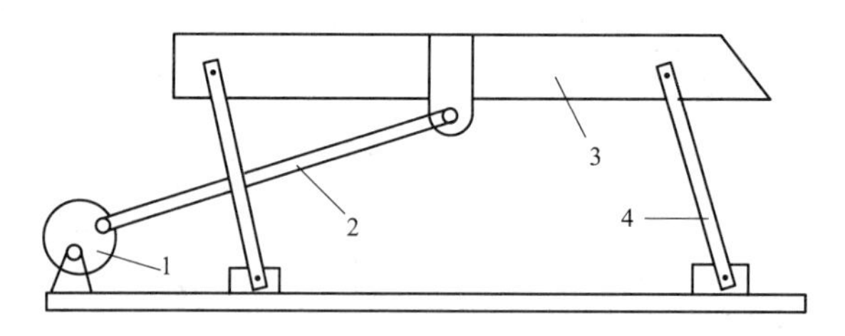

图2－12　双曲柄摇动筛结构示意图

1. 偏心轮；2. 摇杆；3. 筛；4. 连杆

双曲柄摇动筛所需功率较小，但维修费用较高，生产能力较低，常用于小规模生产。

第三节　混合设备

在散剂生产过程中，为获得含量均匀的物系，广泛使用各种混合方法和设备。

从广义上讲把两种以上组分的物质均匀混合的操作通称混合。但由于混合对象的物系不同，所用操作方法也不同。生产实际中通常把固－固、液－液组分的混合叫混合，少量固体与大量液体的混合叫搅拌，大量固体与少量液体的混合叫捏合。固－固组分间的混合是制备散剂等固体剂型生产中的一个基本操作。药料的混合需靠外加的机械作用才能进行。

一、混合的目的

混合系指用机械方法使两种或两种以上的固体颗粒相互分散而达到均匀状态的操作过程。

混合的目的是为了使药物各组分在制剂中均匀一致。混合操作对散剂的外观质量和内在质量都有重要意义。在散剂生产中，混合不好会影响药效。

二、混合的原理

药料粉粒在混合设备内的混合一般有以下三种形式。

1. 对流混合　固体粒子在机械转动的作用下，粒子群产生较大的位置移动所达到的总体混合，机械转动可由叶片、桨片、旋转的螺旋推进器完成。由于容器自身或桨叶的旋转使干粉粒滑动而达到混合均匀的一种形式。

2. 剪切混合　不同组成的粒子群间发生剪切作用而产生滑动平面，促使不同粒子群界面互相稀释，厚度减薄而达到的局部混合。由于固体粉粒各层之间的速度差而发生在各层之间的互相渗透而达到的一种混合形式。

3. 扩散混合　当颗粒进行无序运动时，改变了彼此的相对位置，称为扩散混合。扩散混

合中，单个颗粒发生的位移，不仅可以发生在不同粒子群的界面处，也可发生在粒子群内部。由两种粉粒互相扩散交换位置而达到混合的一种形式。

在混合操作过程中，混合并不以单一混合机制实现，而是对流混合、剪切混合、扩散混合等混合方式结合发生。混合操作在开始阶段进行非常快，这是因为开始阶段对流混合与剪切混合起主导作用，随后扩散混合的作用增加，达到一定混合程度后，混合与分离过程就呈动态平衡状态。

混合程度是衡量物料中粒子混合均一程度的指标。混合同时伴随着分离，不能完全均匀的混合，只能总体上较均匀。常用统计学方法考察混合程度。

在混合机内多种固体物料进行混合时，往往伴随分离现象。分离是与粒子混合相反的过程，妨碍良好的混合，也可使已混合好的混合物料重新分层，降低混合程度。在实际混合操作中影响混合速度及混合度的因素很多，使混合过程更为错综复杂，很难用单独因素一个个考察。总的来说可分为物料因素、设备因素和操作因素。

三、混合设备

混合设备通常由两个基本部件构成，即容器和提供能量的装置。由于固体颗粒的形状、尺寸、密度等的差异以及对混合要求的不同，提供能量的装置是多种多样的。按照结构和运行特点的差异，混合设备大致可分为固定型和旋转型混合机两类。

（一）固定型混合机

固定型混合机的特征是容器内安装有螺旋桨、叶片等机械搅拌装置，利用搅拌装置对物料所产生的剪切力可使物料混合均匀。

1. 槽形混合机 如图 2 – 13 所示，槽形混合机主要由混合槽、搅拌器、机架和驱动装置组成。搅拌器通常为螺带式，并水平安装于混合槽内，其轴与驱动装置相连。当螺带以一定的速度旋转时，螺带表面将推动与其接触的物料沿螺旋方向移动，从而使螺带推力面一侧的物料产生螺旋状的轴向运动，而四周的物料则向螺带中心运动，以填补因物料轴向运动而产生的“ 空缺”，结果使混合槽内的物料上下翻滚，从而达到使物料混合均匀的目的。

槽形混合机结构简单，操作维修方便，在药品生产中有着广泛的应用。缺点是混合强度小，混合时间长。此外，当颗粒密度相差较大时，密度大的颗粒易沉积于底部，故仅适用于密度相近的物料混合。

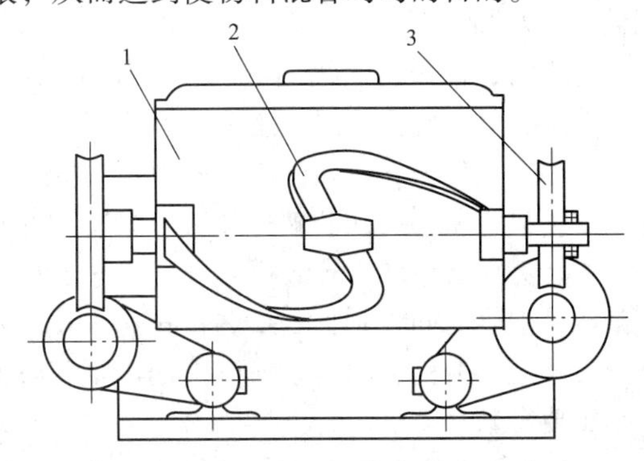

图 2 – 13 槽形混合机

1. 混合槽；2. 搅拌器；3. 蜗轮减速器

2. 双螺旋锥形混合机 双螺旋锥形混合机主要由锥形壳体和传动装置组成，壳体内装有两个与锥体壁平行的螺旋式推进器，图 2 – 14 是常见的双螺旋锥形混合机结构示意图。

工作时，螺旋式推进器既有公转又有自转。由于双螺旋的自转带动药料自下而上提升，结果形成两股对称的沿锥体壁上升的螺柱形药料流。同时，旋转臂带动螺旋杆公转，使螺柱体外的药料不断地混入螺柱体内。整个锥体内的药料不断混掺错位，并在锥体中心汇合后向下流动，从而使物料在短时间内混合均匀。

双螺旋锥形混合机可密闭操作，并具有混合效率高、清理方便、无粉尘等优点，对大多数粉粒状物料均能满足其混合要求，因而在制药工业中有着广泛的应用。

3. 圆盘形混合机 圆盘形混合机结构如图 2－15 所示。工作时，被混合的药料由加料口 1 和 2 分别进入高速旋转的环形圆盘 4 和下部圆盘 6，粒子在惯性离心力的作用下被散开。在这过程中粒子间相互混合，混合后的药料受出料挡板 8 阻挡，由出料口 7 排出。

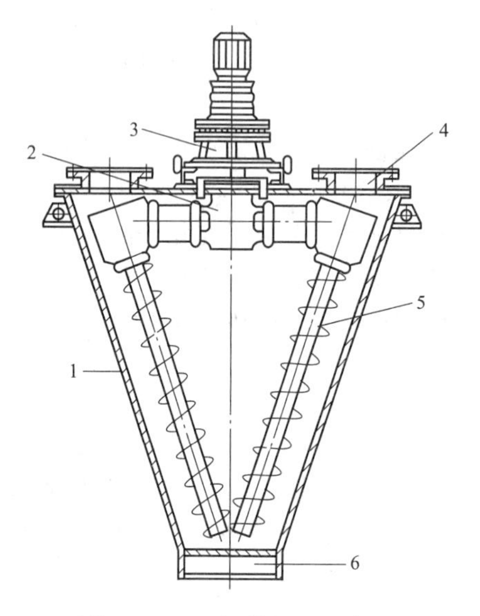

图 2－14 双螺旋锥形混合机

1. 锥形筒体；2. 传动装置；3. 减速器；4. 加料口；5. 螺旋杆；6. 出料口

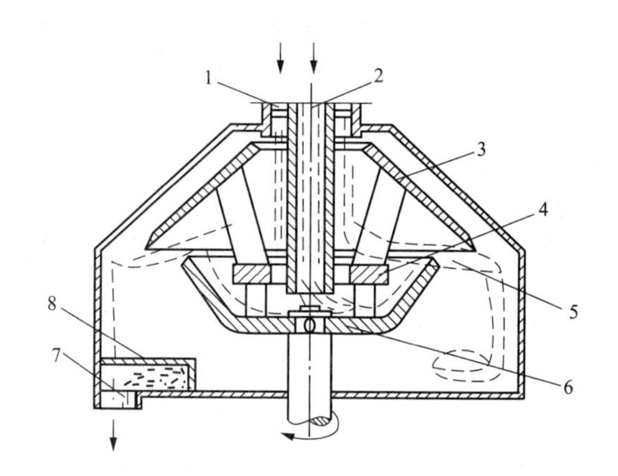

图 2－15 圆盘形混合机

1，2. 加料口；3. 上锥形板；4. 环形圆盘；5. 混合区；6. 下部圆盘；7. 出料口；8. 出料挡板

圆盘形混合机处理量大，可进行连续操作，操作时间短。混合程度与加料是否均匀有关，药料的混合比可通过加料器来调整。

（二）回转型混合机

回转型混合机的特征是有一个可以转动的混合筒。混合筒安装于水平轴上，形状可以是圆筒形、双圆锥形或 V 形等。

工作时，混合筒能绕轴旋转，使筒内药料反复分离与汇合，从而达到混合药料的目的。固体药料在转鼓内翻动时，主要依靠重力，可将轴不对称地固定在筒的两面上，由传动装置带动。不同的转鼓，机内的固体药料运动轨迹不同，因此混合程度也有差异。根据物料及过程要求不同，机内可加装破碎装置、加液装置或挡板，以改善混合效果。

回转型混合机的混合效果主要取决于旋转速度。转速太低，筒内药料分离与聚合的趋势将减弱，混合时间将延长。反之，转速太快，不同药料的细粉容易发生分离，导致混合效果下降，甚至会使药料附着于筒壁上而出现不混合的状况。因此，适宜转速是回转型混合机的一个重要参数。

回转型混合机具有结构简单、操作方便、运行和维修费用低等优点，是一种较为经济的混合机械。缺点是多采用间歇操作，生产能力较小，且加料和出料时会产生粉尘。此外，由于仅依靠混合筒的运动来实现药料之间的混合，故仅适用于密度相近且粒径分布较窄的药料混合。

1. V 形混合机 如图 2－16 所示，V 形混合机是按照颗粒落下、撞击摩擦运动原理设计的，它由两个圆筒 V 形交叉结合而成。它可以对流动性较差的粉体进行有效地分割、分流，强制产生扩散循环混合状态。常用于干颗粒或粉末的混合，一般适用于总混，每混一次为一个批号。

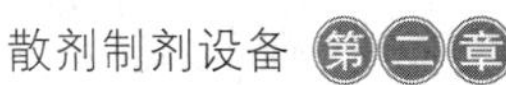

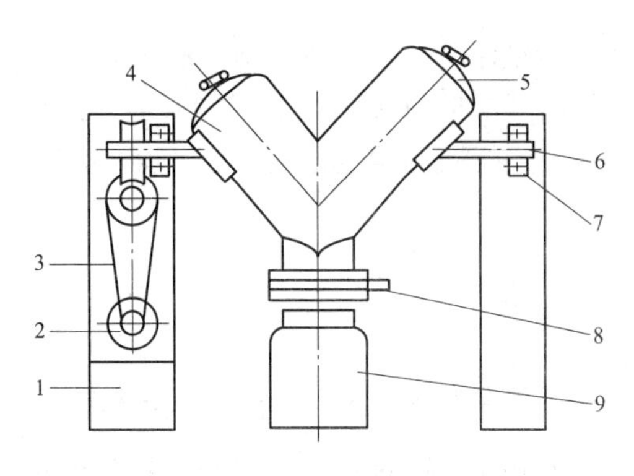

图 2－16　V 形混合机

1. 机座；2. 电动机；3. 传动皮带；4. 容器；
5. 端盖；6. 旋转轴；7. 轴承；8. 出料口；9. 盛料器

2. 二维运动混合机　图 2－17 为二维运动混合机，它在工作时，混合筒既转动又摆动，使药料可以更好地混合。它具有混合时间短、生产量大、出料方便的优点，适用于大批量的药料混合。该设备属于间歇操作过程。

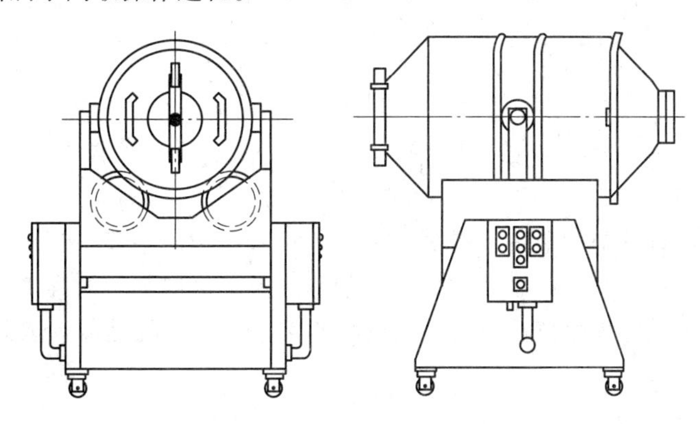

图 2－17　二维运动混合机

3. 三维运动混合机　图 2－18 为三维运动混合机，它由机座、传动机构、电器控制系统、混合筒等部分组成。它的混合容器是两端锥形的圆筒，筒体由两个带有万向节的轴连接，其中一个为主动轴，另一个为从动轴。

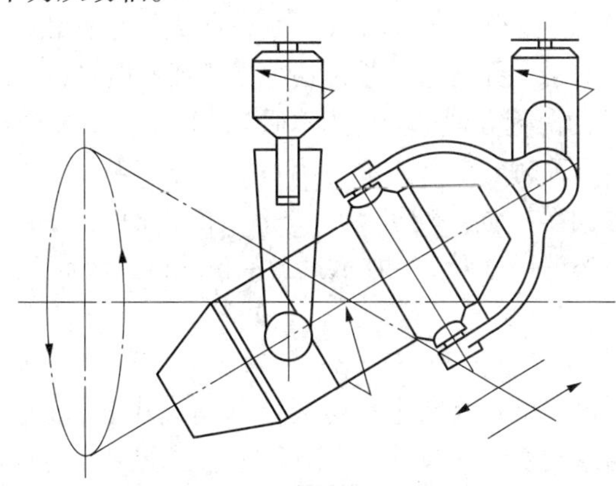

图 2－18　三维运动混合机

工作时，主动轴转动带动筒体运动。该设备利用三维摆动、平移转动和摇滚原理来产生强大的交替脉动，使药料在混合过程中加速扩散，同时避免混合所产生的药料积聚现象，对不同密度和粒度的药料都可以进行同时混合。该设备混合均匀度和填充率都高于一般混合机，它属于间歇操作的设备。

知识拓展

三偏心物料混合机的设计特点

三偏心物料混合机，混合桶体设计为三偏心结构，混合桶的中心轴线与混合桶的径向运动线偏离；混合桶的中心轴线与中间桶体中心线的交叉点为混合桶的中心点，混合桶的传动轴线与混合桶的径向运动线的交叉点为混合桶的运动中心点，混合桶的中心点与运动中心点偏离；中间桶体的截面中心轴线与混合桶运动轴线偏离。混合桶设计成由三种不同的几何形体组成，上桶体为锥台或平盖形，中间桶体为多边形或椭圆形，两端面平行，下桶体为偏心锥形，物料在混合运动过程中实现了不同的流速与不同的流向，以达到了多向错位交叉运动之目的，使物料混合达到最佳效果。

第四节　分装设备

分剂量系指将混合均匀的散剂，按剂量分成等重量份数的过程。常用方法有目测法、重量法和容量法三种，机械化生产多用容量法分剂量。为了保证剂量的准确性，应对药料的流动性、吸湿性、密度差等理化特性进行必要的实验考查。此过程是保证散剂剂量准确的最后步骤，也是关键的一步。

一、分剂量方法

常用的方法有目测法、重量法、容量法。目测法分剂量仅用于药房小剂量配制。重量法分剂量常用于毒性药和贵重细料药的散剂。容量法分剂量多用于机械化生产。

1. 目测法　系指称取总量的散剂，根据目力分成若干等份，每次以 3～6 包横列分包为宜。此法比较简单，但误差大，可达 10% 左右，故含毒性药物不用此法。

2. 重量法　系指用手秤或天平逐包称量。这种方法剂量准确，但效率不高。

3. 容量法　目前所用的散剂分剂量器是用木质、牛角、金属、塑料制成的一种容量药匙。因为散剂密度不同，更换品种时要求重新调节容量。由于药物的性质，粉末的疏紧程度，铲粉用力的轻重、快慢、方向等不同，均可影响分剂量的准确度，所以要注意条件的一致性。机械化大生产多用容量法来进行分剂量，如散剂自动包装机、散剂定量包装机等。

二、分剂量设备

大生产时的散剂自动包装机、散剂定量包装机都是应用容量法分剂量的原理来设计的，但其准确性受到药料的物理性质和分剂量的速度影响，在分装时，应及时检查并进行调整。

散剂定量包装机，如图 2－19 所示。主要由贮粉器、旋转盆、抄粉匙、传送装置等部分组成。

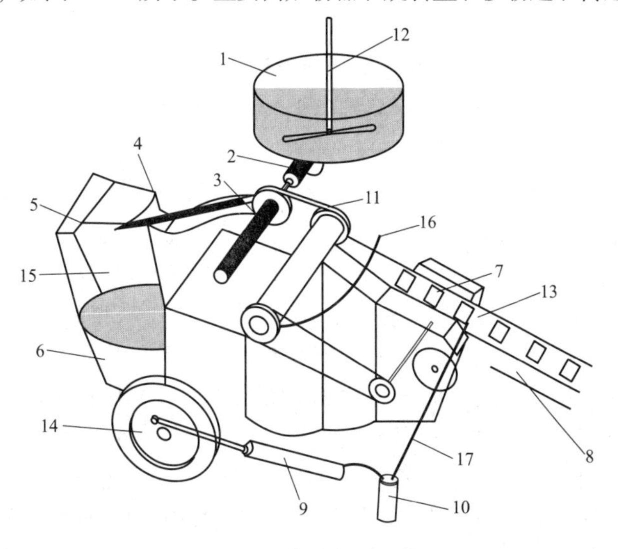

图 2－19　散剂定量包装机

1. 贮粉器；2. 螺旋输粉器；3. 轴承；4. 刮板；
5. 抄粉匙；6. 旋转盆；7. 空气吸纸器；8. 传送带；
9. 空气唧筒；10. 安全瓶；11. 链带；12. 搅拌器；
13. 纸；14. 偏心轮；15. 搅粉铲；16. 横杆；17. 通气管

工作时，先将散剂放置于贮粉器中，通过搅拌器的搅动使药料混合均匀，再由螺旋输粉器将药料输入旋转盆内。轴承转动带着链条运动，连接在链条上的抄粉匙即会抄满药料，经过刮板后，沿顺时针方向倒于右侧纸上，与此同时抄粉匙敲击横杆使匙内散剂掉落干净，如图 2－20 所示，是散剂分装过程中抄粉匙工作进程演示，即在偏心轮的带动下，空气唧筒间歇地吸气和吹气。当空气吸纸器与通气管和空气唧筒连接时，借助空气唧筒使空气吸纸器左右往复运动。空气吸纸器在左侧时，将已放有散剂的纸吸起，然后向右侧移送到传送带上，立即吹气，装有散剂的纸张就会落在传送带上而向前移动，最终完成定量分包的操作。

抄粉匙内散剂的剂量必须准确，由于不同药料的密度和剂量不同，须根据要求选用适宜的粉匙。

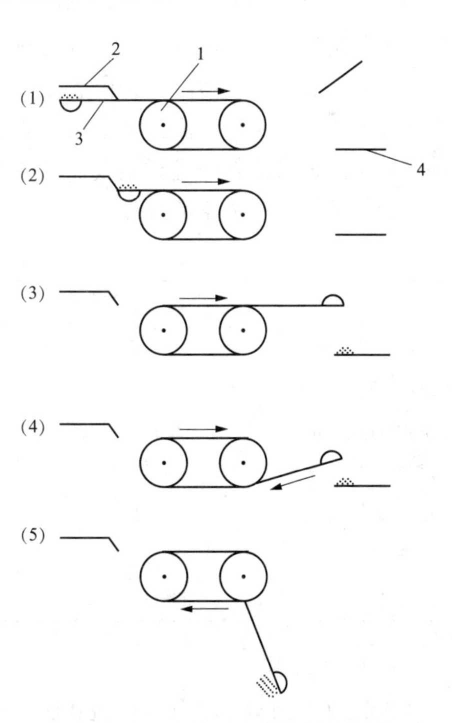

图 2－20　散剂分装设备的抄粉匙工作过程

1. 轴承；2. 刮板；3. 抄粉匙；4. 纸

第五节　典型设备规范操作

在此，详细介绍以下几种散剂工业生产中常用典型设备的规范操作和应用。

一、万能粉碎机组

以40-B型万能粉碎机组为例，40-B型脉冲万能粉碎机组由粉碎机、旋风分离和脉冲除尘箱三部分组成。适用于医药、化工、食品等行业。适用于粉碎干燥的脆性物料，属于粉碎与吸尘为一体的新一代粉碎设备。不适用于软化点低、黏度大的物料的粉碎。

1. 结构原理 粉碎机主轴上装有活动齿盘，活动齿盘上装有三圈活动牙齿，门上装有固定齿盘，固定齿盘上装有两圈带钢齿的固定齿圈。活动齿盘上的活动牙齿与固定齿圈相互交错排列，当主轴高速运转时，活动齿盘也同时运转，物料抛进榔头间的间隙。物料在与齿或物料彼此间的相互冲击、剪切、摩擦等综合作用力作用下，获得粉碎。成品经筛网过筛后，由粉碎室经筛网排出，进入捕集袋，粗料则继续粉碎。粉碎细度可用筛网调节。粉碎由吸尘箱经布袋过滤后回收利用。随过滤时间的增加，滤袋内表面黏附的粉尘也不断增加，滤袋阻力随之上升，从而影响除尘效果，采用自控清灰机构进行定时摇振清灰机构停机后自动摇振数十秒，使黏在滤袋内表的粉尘落到灰斗、抽屉或直接落到输送皮带上（脉冲控制通过设定脉冲控制阀喷射气流的时间来清除粉尘，在设备工作过程中也可同时进行）。生产过程中无粉尘飞扬，能改善工作条件，提高产品的利用率。

2. 设备特点与技术参数 本机组与粉碎物料相接触的零件全部采用不锈钢材料制造，有良好的耐腐蚀性，机架四周全部封闭，便于清洗，机壳内壁全部精细加工，达到表面平整、光滑，使物料产品符合国家药品质量管理规范的标准；风机部件采用通用标准风机，便于维修更换，并采用隔振设施，噪音小；滤料选用的是针刺毡圆筒滤袋，过滤效果好，使用寿命长；清灰机构采用电机带动连杆机构或脉冲气流除尘机构。电机带动连杆装置原理是电机带动连杆使滤袋抖动而清除滤袋内表面粉尘的方法，其控制装置分手控或自控两种，清灰时间由操作者决定。脉冲气流控制室由空压机产生压缩气体，储存在一个气包内，通过脉冲控制阀喷射出高速气流射向过滤袋筒，使滤筒外面黏附的灰尘抖落，从而达到清灰的目的。40-B型万能粉碎机组技术参数表见2-1。

表2-1 40-B型万能粉碎机组技术参数

型号	20B	30B	40B	60B
生产能力（kg/h）	30~150	100~300	100~800	200~1200
主电机功率（kW）	4	5.5	7.5	11
主轴转速（r/min）	4500	3800	3200	2500
进料粒度（mm）	<6	<10	<12	<12
粉碎细度（目）	20~120	20~120	20~120	20~120
重量（kg）	220	320	450	600
外形尺寸（长×宽×高）	1280×680×1660	1280×700×1660	1450×700×1800	1600×920×1890

3. 操作方法

（1）开机前检查　操作前检查粉碎机各部分是否存在故障：①检查安全装置（紧急按钮，限位开关）；②检查粉碎机料斗内有无异物；若有，需在电源关闭的情况下清除。戴好口罩、眼镜等防护装置。

（2）开机　确认无误后打开电源开关，开启风机电源；启动粉碎机，观察电流表，稳定后开始投料（电流为50A）；投料要均匀，避免粉碎机超负荷运转，严禁工作电流超过150A。

（3）关机　粉料完成后，先关闭电机电源；吸料结束，关闭风机电源。

4. 维护保养

（1）设备维护　凡装有油杯的地方，开车前应注入适当的润滑油，并检查旋转部分是否有足够的润滑油。检查一下机器所有紧固螺钉是否全部拧紧，尤其是应定期检查活动齿的固定螺母是否松动。检查上下皮带轮在同一平面内是否平行，皮带紧张是否适当。用手转动主轴时应无卡滞现象，主轴活动自如。检查电气的完整性，电器部分应可靠接地。主轴旋转方向必须符合防护罩上所示箭头方向，否则将损坏主机。开车前必须检查主机腔内有无铁屑等杂物。物料粉碎前必须经检查，不允许有金属等杂物。经上述检查完毕后才可开机，开机时，应先开吸尘风机，再开粉碎电机，关机时则相反。

（2）清洗方法　戴好工作手套，防止划伤，关掉电源和急停装置，用扳手拧松连接粉碎机上下之间的安装螺栓，松开手动螺盘，按顺序放置，打开电源，松开急停，打开液压开关，待液压指示灯亮起，将选择开关旋转至“开”，分别将筛网和料斗打开，用气枪清洗粉碎腔和筛网，确保活动部位之间的结合面清洗干净。清洗后，将选择开关旋转至“关”，分别将筛网和料斗关闭，关闭液压开关，按下急停，连接粉碎机上下之间的安装螺栓，按顺序装上手动螺盘，完成后，关闭设备电源。

5. 注意事项　本机必须安装于水平的地面上，校正水平面；机组电控箱盖，在工作时不得随意打开，如需调整清灰时间，应在停机和断电情况下进行调整；根据粉尘性质和含尘浓度的大小，调定清灰时间。

二、高效筛粉机

ZS-800 型高效筛粉机是根据国外资料，克服以往筛粉用量不足而研制而成的大容量筛粉机，凡原料和筛子的接触部分，外封面均用不锈钢制造，适于医药、食品、化工等行业的物料过筛之用。

1. 工作原理　ZS－800 型高效筛粉机是由立式振动电机整机一体组成一个震荡系统。电机主轴上下两端均有偏心激振重块与电机主轴固定不动。对特殊原料难于过筛可适当加重偏心重块的重量。从而达到筛选不同原料的特性。此时，物料不但受到很大水平的离心作用力，而且还受到很大垂直方向的作用力，使物料形成复合运动，产生高效筛粉的效果。

2. 设备特点与技术参数　ZS－800 型高效筛粉机是双层密闭式筛粉机（可根据用户需要定做多层密闭式筛粉机），用于连续去掉过大颗粒的物料筛选。ZS－800 型高效筛粉机由筛箱、传动激振装置、机座、底座四部分组成，本机可用单层或多层分级使用，结构紧凑，操作维修方便，运转平稳噪音低，处理物料量大，细度小，适应范围广。技术参数见表 2－2。

表 2－2　ZS－800 型高效筛粉机技术参数

型号	生产能力（kg） 根据不同物料和目数	振动频率 （次/分）	过筛目数 （目）	功率（kW）	外形尺寸	重量（kg）
ZS－800	200～2500	1500	12～200	0.75	868×1180	320
ZS－1000	250～29000	1500	12～200	1.5	1070×1180	430

3. 设备安装　筛粉机因振动较大应用底脚螺栓固定在水平地面上工作。在接上电源试车之前，要作一次彻底检查，检查各螺栓是否紧固、各零部件是否损坏。运转 100 小时后，机器上所有螺母、螺栓和紧固件都应彻底检查一遍，如有松动即要及时紧固。

4. 操作方法 筛粉机上、下两偏心激振重块的激振力，经长期实验，基本确定一般情况下无需调整，为了满足特殊原料的筛粉要求和筛粉效果，适当加大偏心重块的重量，可提高该振动电机的激振力，增加平旋型圆振动和微量上下摇摆振动。

5. 注意事项 不允许在未装筛子的情况下和未紧固的情况下开机。不允许超负载的情况下开机。不允许在机器运行时进行任意调节。筛粉机上的偏心块出厂时已调整到最佳角度，请勿任意调整。

三、槽形混合机

CH-20 型槽形混合机为卧式单桨混合机，结构合理，造型美观，体积小，运转平稳，噪音小，广泛用于制药、化工、食品等行业，以及医院制剂室等。

该设备适用于不同原料的粉状、糊状物质混合均匀，并在混合过程中保证物料不挥发、不变色，保证物料清洁。不适用于混合液体或黏度过大的物料。

1. 工作原理 CH－20 型槽形混合机采用蜗轮、蜗杆传动，机座在右端有一蜗轮减速箱，减速箱装有机械油，通过蜗杆、蜗轮传动把机油运送各部同时起润滑作用。搅拌桨为 S 形通轴式，它是通过搅拌减速器的动力蜗轮带动桨转动，从而达到混合所要求的效果。倒料方便，操作简单，在混合完毕后，可提起左边的手柄，向本机的前方转动，即可倒料。

2. 设备特点与技术参数 CH－20 型槽形混合机采用蜗轮、蜗杆传动，机座在右端有一蜗轮减速箱，减速箱装有机械油，通过蜗杆、蜗轮传动把机油运送各部同时起润滑作用。本机搅拌桨为 S 形通轴式，它是通过搅拌减速器的动力蜗轮带动桨转动，使不同物质物料得到充分混合，倒料方便，操作简单，在混合完毕后，可提起左边的手柄，向本机的前方转动，即可倒料。全封闭的防护罩壳采用高级不锈钢板精制而成，所以使整机的外观更加整洁，并便于清扫。技术参数见表 2－3。

表 2－3 CH－20 型槽式混合机技术参数

主要参数	容积	20L
	型式	槽形 S 式单桨
	工作转数	34r/min
	倒料角度	105°
	机器重量	40kg
	外形尺寸	550mm × 320mm × 620mm
电动机	功率	0. 75kg
	机座号	Y802－4
	转速	1390r/min
	电压	380V

3. 操作方法

（1）安装说明 本机为整台装箱，拆箱后，安放适当地点，垫平后即可使用，用地脚螺栓固定则更佳。电源为 380V 交流电。倒料角度由按钮开关控制，为防止运行失灵，损坏传动部件，需经常检查，确保运行可靠。

（2）使用说明 ①使用前应进行一次空运转试车，试车中观察各部件装置运转是否正常，是否有特殊噪音，减速器温度是否升高。②如情况正常，才可投入生产。杆螺栓拔出主轴，然后平稳拉出搅拌桨。搅拌桨装拆时应注意平稳，不得硬敲乱撬，以免撬弯变形。③调节两端螺栓，使桨叶在槽壳中间。④在运转中如需要铲刮槽壁物料，应使用工具，千万不可用手，以免造成工伤事故。⑤减速器的润滑采用油浸式，开车前须在左右减速箱注入30#机油，其油量为油标一半，倒料轴承采用油杯润滑，每班一次。为保持油质清洁，每六个月换新油一次。

4. 维护保养 CH－20型槽形混合机主控系统润滑保养：主要润滑依靠减速器内储存油来完成蜗轮、蜗杆及轴承润滑，所以要经常查看减速器内的油是否在油面线上，同时要求油质清洁。如经常使用，则需要保证每三个月换一次润滑油。

主控系统部件维修：定期检查应每月进行1～2次，主要检查蜗杆、蜗轮、轴承、轴套、油封等件是否磨损或损坏，如发现及时修理和更换。经常查看电器部分是否灵活、老化，同时还要保证电器的清洁以防杂物积存，造成电器故障。

每班用完后，下班前必须清除槽内的残留物，最好用木、竹器，以减少对不锈钢板的划伤，并同时用水去清洁干净，以备下次使用，如长时间不用，应用篷布罩好，保证室内通风干燥。

5. 注意事项 CH－20型槽形混合机在运转中如需要铲刮槽壁物料，应使用工具，千万不可用手，以免造成工伤事故。在使用中如发现机器震动异常或有不正常怪声，应立即停车检查。使用负荷不能过大，以搅拌电动机工作电流5.8A为正常。

6. 故障排除 本机出厂时在厂内已调试正常，如在运输中或在投放物料中发生不正常现象，应及时进行调整。如果出现搅拌桨与槽壳内两端不锈钢板由磨损现象应及时停机调整减速器两端螺栓。发现蜗杆出现漏油现象，应及时更换油封。出现漏料粉现象适当调紧在两端支架内的背帽。

四、三维混合机

HS－系列三维运动混合机利用独特的三角摆动平移转动及摇滚的原理，产生一股强力的交替脉冲运动使不同质的物料得到充分快速混合，是目前制药、化工、食品等行业生产的主流混合设备。该机能非常均匀混合流动性能好的粉状或颗粒状的物料，使混合的物料达到最佳效果。

1. 工作原理 HS系列三维运动混合机工作原理与传统的回转式混合机不尽相同，它在立方体三维空间上作独特的平移、转动、摇滚运动，使物料在混合筒内处于“旋转流动－平移－颠倒落体”等复杂的运动状态，即所谓的三向复合运动状态；产生一股交替脉冲，连续不断地推动物料，运动产生的湍动则有变化的能量梯度，从而使被混合的物料中各质点具有不同的运动状态，各质点在频繁的运动扩散中不断地改变自己所处的位置，产生满意的混合效果。

物料混合中最忌讳的有两点：一是混合运动中离心力的存在，它能使不同密度的被混合物料产生偏析；二是被混合物料成团块状和积聚运动，使物料不能有效的扩散掺和，三维运动混合机的运动状态克服了上述弊病。装料的筒体在主动轴的带动下平行移动及摇滚等复合运动，促使物料随着筒体作环向、径向和轴向的三向复合运动，从而使多种物料相互流动、扩散、掺杂以达到高均匀混合的目的。

2. 结构特征 由机座、驱动系统、三维运动机构、混合筒及电器控制系统等部分组成，与物料直接接触的混合筒采用优质不锈钢材料制造，筒体内壁经精密抛光，为使混料筒能在立体三维空间作复杂的平动、转动、摇滚运动，该机设计有独特的主动、从动双轴及二轴端三维运动摇臂结构；从动轴作柔性设计，使该机运动更加灵活、轻便；调试、维修更加方便。

混料筒置于两个空间交叉又互相垂直，分别位于三维运动摇臂连接的主、从动轴之间，混料筒由筒身、正锥台进料端，偏心锥台出料端、进料口及出料装置组成。

混料筒采用优质不锈钢精制，其内壁及外壁经抛光处理。筒体气密性好，平面光洁无死角、无残留、易清洗。进料口采用卡箍式法兰密封、操作方便，气密性好；出料采用独特设计的新型锥台，不对称设计更利于物料的均匀混合，放料时，出料口处于混合容器的最低位置，可以将物料放尽。

3. 设备特点与技术参数

（1）由于混合筒体具有多方向的运动，使筒体内的物料混合点多，混合效果显著，其混合均匀度要高于一般混合机的均匀度，药物含量的均匀度误差要低于一般混合机。同时 HS 系列三维运动混合机最大量容积比一般混合机最大容积为大，一般混合机最大容积通常为筒体全容积的 40%，而 HS 系列三维运动混合机最大量容积可达 85%。

（2）HS 系列三维摆动混合机的混合筒设计独特，机体内壁经过精密抛光，无死角，不污染物料，出料时物料在自重作用下顺利出料，不留剩余料，具有不污染、易出料、不积料易清洗等优点。

（3）物料在密闭状态下进行混合，对工作环境不会产生污染。

（4）高度低，回转空间小，占地面积少。

（5）振动小、噪音低、工位随意可调、安装维修方便、使用寿命长。HS 系列三维摆动混合机技术参数见表 2-4。

表 2-4　HS 系列三维摆动混合机技术参数

机器型号	HS-100	HS-200	HS-300	HS-400
总容量（L）	100	200	300	400
工作容积（L）	50~60	100~120	150~180	200~240
料筒转数（r/min）	0~12	0~12	0~11	0~11
电机功率（kW）	1.5	2.2	3.0	3.0
电压（V）	380	380	380	380
外形尺寸（mm）	1030×1210×1500	1550×1510×1500	1550×1510×1500	1550×1510×1500
机器重量（kg）	400	600	700	800

4. 操作方法　本机为整体设备，操作方便，运抵工作现场后，使用胶板垫平，然后固定，接通电源（本机三相四线 380V 带工作零线），打开该机后上门，再打开机体内电控箱内空气开关此时设备已供电，然后应检查各部紧固件有无松动现象。确认无误时，应空机启动运转，但要注意启动前应先将变频器调速旋钮回转至零处，再按启动按钮，慢慢旋转调速旋钮，来提高料筒适合的工作转数即可。

5. 注意事项　应经常检查各紧固件有无松动现象，经常使用时还要经常观察和倾听各部轴承转动是否正常，启动按钮，再慢慢旋转调速旋钮切记不可突然加快，以免损坏设备或造成其他的意外事故。轴承部分应在 3~6 个月更换润滑油。

6. 故障排除　本机在正常的工作时不会出现其他意外情况，应经常检查各紧固件有无松动现象，如有松动应及时紧固，经常使用还要经常观察和倾听各部轴承转动是否正常，出现异常应及时拆开查看有无磨损严重和损坏现象，发现应及时处理。

本章小结

本章主要对散剂制备工艺进行介绍，以粉碎设备、筛分设备、混合设备以及分装设备为切入点，以各个岗位的岗位操作法为主线，分别介绍了各项操作的目的、原理，设备的分类，适合应用的类型以及具体的方法，同时列举了该操作中的典型设备予以例证，详尽介绍了设备规范操作的程序和选型的依据。

思考题

1. 简述散剂的特点及其制备工艺过程。
2. 简述气流式粉碎机的工作原理。
3. 简述圆形振动筛粉机的特点。
4. 简述散剂定量包装机的基本结构。
5. 简述万能粉碎机的操作方法及注意事项。

（于波　郭强）

第三章　颗粒剂制剂设备

学习导引

知识要求

1. **掌握**　常用颗粒剂制备设备的机械原理、工作原理、使用注意事项。
2. **熟悉**　常用提取方法、物料干燥原理及工艺过程。
3. **了解**　现代常用提取技术。

能力要求

通过对颗粒剂的生产工艺过程、生产特点，典型的生产设备使用及维护要求的学习，学会解决颗粒剂制备生产中可能存在的一般性问题。

颗粒剂（granules）是将药物与适宜的辅料配合而制成的颗粒状制剂，一般可分为可溶性颗粒剂、混悬型颗粒剂和泡腾颗粒剂，若粒径在100～500μm范围内，又称为细粒剂。其主要特点是可以直接吞服，也可以用温水冲入水中饮入，应用和携带比较方便，溶出和吸收速度较快。颗粒剂制剂设备主要包括提取设备、分离设备、干燥设备、制粒设备等。

第一节　药物提取过程与操作

中药有效成分的提取是中药生产过程重要的单元操作，其工艺特点、工艺流程的选择和设备配置都直接关系被提取有效成分的数量和质量，从而进一步影响到产品的质量、经济效益等。广义的中药提取也称为分离，是指从中药材原料开始，经过一道或多道操作工序，最终得到所需的药物半成品或药品的全过程。

分离按照方法的不同通常分为机械方式和化工传质方式。机械方式即是榨取法，通过机械方法使含液固体组织发生体积变化和破裂，进而分离液体和固体；化工传质方式是用液体溶媒从固体药材中浸出有效成分的操作过程，又称为浸提、浸出或浸取，它是现代中药生产的重要提取方法。

一、常用的提取方法及工艺过程

中药材所含成分非常复杂，单单一味中药材，就可能含有上百种成分，并可能有多种临床用途，这些不同的临床用途关联着不同的有效成分与无效成分，将若干中药饮片依照一定方法制成不同的中药制剂，其提取液成分的复杂程度可想而知，不同中药提取液中成分的种类、数量、配比等均是合理提取的直接结果，并关系大生产中的物耗、能耗等，影响最终成型制剂的质量与疗效，因而中成药的制备，就必然需要依照现代化学成分与药理研究结果进行针对性的提取、精制，获得能起相应治疗作用的有效成分群，进而制成中药成型制剂。目前工业生产中常规的提取方法有：煎煮法、渗漉法、水蒸气蒸馏法、浸渍法、回流法等。

1. 煎煮法及工艺过程 煎煮法系指用水作溶剂，加热煮沸浸提药材成分的一种提取方法。又分为常压煎煮法和加压煎煮法。适用于有效成分能溶于水，且对湿、热较稳定的药材。

2. 浸渍法及工艺过程 浸渍法系指用定量的溶剂，在一定温度下，将药材浸泡一定的时间，以浸提药材成分的一种方法。常用于一些含有遇高温成分会被破坏或融化的药材的浸提，或药酒、酊剂等特殊制剂的制备。按提取温度可分为冷浸渍法、热浸渍法和重浸渍法三种。

（1）冷浸渍法 冷浸渍法是在室温下进行的操作，故称常温浸渍法。其操作是：取药材饮片，置入有盖容器中；加入定量的溶剂，密闭，在室温下浸渍 3～5 日或至规定时间，经常振摇或搅拌，过滤，压榨药渣，将压榨液与滤液合并，静置 24 小时后，过滤，即得浸渍液。此法可直接制得药酒和酊剂。若将浸渍液浓缩，可进一步制备梳浸膏、浸膏、片剂、颗粒剂等。

（2）热浸渍法 热浸渍法是将药材饮片置特制的罐中，加定量的溶剂（如白酒或稀醇），水浴或蒸汽加热，使在 40～60℃进行浸渍，以缩短浸渍时间（一般为 3～7 天），后同冷浸渍法操作。制备药酒时常用此法。由于浸渍温度高于室温，故浸出液冷却后有沉淀析出，应分离除去。

（3）重浸渍法 重浸渍法即多次浸渍法，此法可减少药渣吸附浸出液所引起的药物成分损失量。其操作是：将全部浸提溶剂分为几份，先用第一份浸渍后，药渣再用第二份溶剂浸渍，如此重复 2～3 次，最后将各份浸渍液合并处理，即得。

3. 水蒸气蒸馏法及工艺过程 水蒸气蒸馏法系指将含有挥发性成分的药材与水共蒸馏，使挥发性成分随水蒸气一并馏出的一种浸提方法。该法适用于大多数含有挥发性成分的药材的浸提，这些挥发性成分能随着水蒸气馏出而不被破坏，与水不发生反应且难溶或不溶于水中。水蒸气蒸馏法在实际生产中可采用水中蒸馏、水上蒸馏与通水蒸气蒸馏三种方法。

（1）水中蒸馏法 水中蒸馏法是将药材饮片或粗粉，用水浸润湿后，加适量水使药材完全浸没，直火加热或蒸汽夹层加热进行蒸馏，挥发油随着沸水的蒸汽蒸馏出来。此法适用于细粉状药材及遇热易于结块的中药材，不适用于含有淀粉、胶质等过多中药材挥发油的提取。该法优点是特别适合于蒸汽不易通过的粉末状药材，因药材直接浸没于沸水中，芳香油容易蒸出。但其最大缺点是容易产生焦煳，采用该法提取挥发油时，设备应该扁而宽阔以供给较大的蒸发面积，药材要适度粉碎后均匀装入容器中，快速蒸馏，因为只有快速蒸馏才能使水中的药材松散，上升的蒸汽才能充分透入并使挥发性成分有效蒸出。蒸汽产生的速度越快，数量越大，蒸馏的速度就越快，快速的蒸发可有效防止药材结成一团，使蒸汽与药材的有效接触面积得到保障，这样既能提高生产效率，又能提高得油率。

（2）水上蒸馏法 水上蒸馏法是将润湿的药材置于有孔隔板上，下面采用蒸汽夹层或蒸汽蛇管加热，使水沸腾产生蒸汽或直接通入蒸汽，使药材中挥发性成分随水蒸气馏出，经冷凝器后由油水分离器接收，含量较高者可直接分离出挥发油，含量较低者可能获得芳香水，视制剂要求再行蒸馏。此法要求药材的大小、长短、形态均匀，最适合于中药全草、叶类药材的挥发油提取。因原药材与水不直接接触，挥发油被破坏或水解的可能性较小。水上蒸馏法是一种典型的低压饱和水蒸气蒸馏，其最大缺点是不易蒸出高沸点成分，实际操作需用大量的蒸汽及较长的时间，这个缺点使其应用受到很大限制，仅适用于一定类型的药材，不如直接通水蒸气蒸馏法应用广泛。

（3）通水蒸气蒸馏法　通水蒸气蒸馏法亦称高压蒸汽蒸馏法，它与水上蒸馏法的不同之处在于它使用较高压力的蒸汽，较高的蒸汽温度能有效增加蒸馏速度，也可通过进气阀调节蒸汽量来控制蒸馏速度。蒸汽温度较高，会导致药材水分不足使油的扩散不完全，操作时应及时补充药材中的水分，因为此时药材的温度已不是操作压力下水的沸点，而是接近过热蒸汽的温度，必须防备温度上升过高，以及过热蒸汽将药材吹干，进而影响挥发油的蒸出。通常在蒸馏罐底部除喷入高压蒸汽外，再另加蒸汽蛇管，用于加热油水分离后的水，同时达到增加高压蒸汽温度与回收溶解于水中挥发油的目的。目前大部分药材的挥发油采用此法蒸馏，根据药材性质的不同，采用不同的处理方法与蒸馏方法，一般在蒸馏初期最好先用低压蒸汽，待大部分挥发油蒸出后再以高压蒸汽将其余的高沸点挥发油蒸出，防止过长时间的高压蒸汽引起某些挥发性成分的分解。

4. 渗漉法及工艺工程　渗漉法系将药材粗粉置于特定的渗漉装置中，连续添加溶剂使之通过药粉，溶剂自上而下流动，从下端出口连续流出浸出液的一种浸提方法。其适用于大多数需连续回流操作的中药材成分提取，但遇溶剂会软化的非组织药材，如松香、乳香等，因容易产生堵塞影响浸出液流出而不宜采用渗漉法。

渗漉法根据操作方法的不同，可分为单渗漉法、重渗漉法、加压渗漉法、逆流渗漉法。

（1）单渗漉法　单渗漉法一般包括药材粉碎、润湿、装筒、排气、浸渍、渗漉6个步骤。①粉碎：药材的粒度应适宜，过细易堵塞，吸附性增强，浸出效果差；过粗不易压紧，溶剂与药材的接触面小，不利于浸出。一般以《中国药典》规定的中等粉或粗粉规格为宜。②润湿：药粉在装渗漉筒前应先用浸提溶剂润湿，避免在渗漉筒中膨胀造成堵塞，影响渗漉操作正常进行。一般加药粉1倍量的溶剂，拌匀后视药材质地，密闭放置15分钟～6小时，以药粉充分地均匀润湿和膨胀为度。③装筒：药粉装入渗漉筒时应均匀，松紧一致。装得过松，溶剂很快流过药粉，浸出不完全；反之，又会使出液口堵塞，无法进行渗漉。④排气：药粉填装完毕，加入溶剂时应最大限度地排除药粉间隙中的空气，溶剂始终浸没药粉表面，否则药粉干涸开裂，再加溶剂从裂隙间流过而影响浸出。⑤浸渍：一般浸渍放置24～48小时，使溶剂充分渗透扩散，特别是制备高浓度制剂时更显得重要。⑥渗漉：渗漉速度应符合各项制剂项下的规定。若太快，则有效成分来不及渗出和扩散，浸出液浓度低；太慢则影响设备利用率和产量。一般药材1000g每分钟流出1～3ml为慢渗，1000g每分钟流出3～5ml为快渗。大量生产时，每小时流出液应相当于渗漉容器被利用容积的1/48～1/24。渗漉时要始终保持溶剂盖过药面12cm。有效成分是否渗漉完全，虽可由渗漉液的色、味、嗅等辨别，如有条件时还应做已知成分的定性反应来加以判定。若用渗漉法制备流浸膏时，先收集药物量85%的初漉液另器保存，续漉液经低温浓缩后与初漉液合并，调整至规定标准；若用渗漉法制备酊剂等浓度较低的浸出制剂时，不需要另器保存初漉液，可直接收集相当于欲制备量的3/4的渗漉液，即停止渗漉，压榨药渣，压榨液与渗漉液合并，添加乙醇至规定浓度与容量后，静置，过滤即得。

（2）重渗漉法　重渗漉法是将渗漉液重复用作新药粉的溶剂，进行多次渗漉以提高渗漉液浓度的方法。渗漉法所用的设备即为不同规格的渗漉桶（罐），通常为圆柱形或倒锥形不锈钢桶，筒的长度为直径的2～4倍，渗漉筒一般配备有密封盖，防止溶剂的挥发，桶内上下均配置相应规格的筛网，上筛网是防止药材漂浮逸出，下筛网起初滤过作用如图3－1。

5. 回流提取法及工艺过程 回流提取法指用乙醇等易挥发的有机溶剂提取药材成分，将浸出液加热蒸馏，其中挥发性溶剂馏出后又被冷凝，重复流回浸出器中浸提药材，这样周而复始，直至有效成分回流提取完全。广泛适用于受热不会被破坏的药材有效成分的浸提，本法提取速度快，提取效率高，但溶剂消耗量较大，操作较烦琐，技术要求高，提取药液的杂质多，溶剂只能循环使用，不能连续更新。药材中含脂溶性较强的成分，如含萜类等药材的提取常用该法。

常规操作：将药材饮片或粗粉装入适宜容器内，加溶剂浸没药材表面，浸泡一定时间后，加热、回流浸提至规定时间，将回流液滤出后，再添加新溶剂回流，合并各次回流液，用蒸馏法回收溶剂，即得浓缩液。影响浸提效果的加水量、浸提时间、浸提次数等因素均需要预先进行合理的优选。

回流法由于连续加热，浸出液在蒸发锅中受热时间较长，故不适用于受热易破坏的药材成分浸出。若在其装置上连接薄膜蒸发装置，则可克服此缺点。

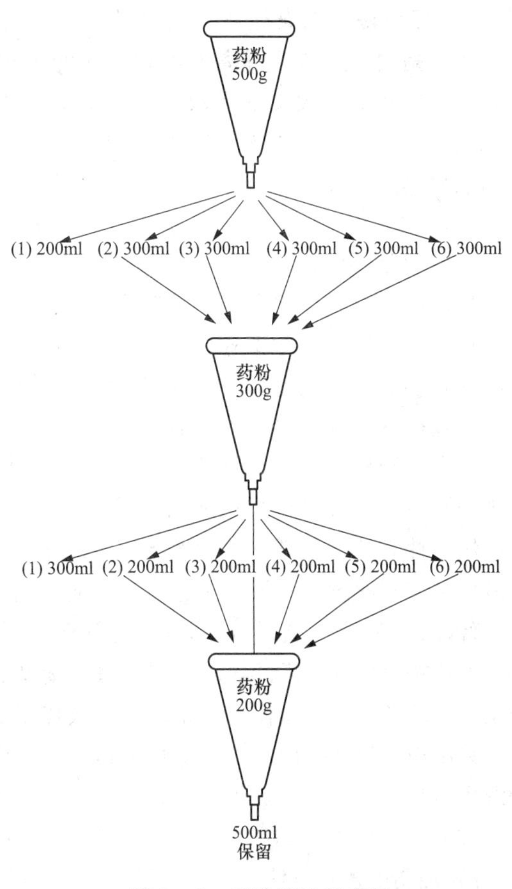

图 3－1 重渗漉法示意图

6. 索氏提取法及工艺过程 索氏提取法是在回流提取法的基础上进行有效改进的一种常用方法，亦称连续循环回流提取，它是利用溶剂回流及虹吸原理，使固体物质连续不断地被纯溶剂萃取，溶剂既可循环使用，又能不断更新。该法与渗漉法相比，具有溶剂耗用量最少、萃取效率高的特点。该法常用于脂溶性成分的提取，但因提取液受热时间长，故不适用于受热易分解、变色等不稳定成分的提取。

索氏提取法的基本操作是先将药材粉碎，以增加固液接触的面积。然后将药材粉末放在滤纸袋或筒内，置于索氏提取器中，装好的药粉的高度要低于提取器上虹吸管顶部，提取器的下端与盛有溶剂的容器相连，上面接回流冷凝管。加热，使溶剂沸腾，蒸汽通过提取器的支管上升，被冷凝后滴入提取器中，溶剂和药材接触进行提取，当溶剂面超过虹吸管的最高处时，含有提取物的溶剂虹吸回下部的容器，随之提取出一部分成分，溶剂在接收容器中继续受热，溶剂蒸发、回流，如此重复，使药材粉末不断为纯的溶剂所提取并将提取出的成分富集在下部容器中。整个过程经过渗透、溶解、扩散，提取筒内的药材始终与纯溶剂接触，逐渐将药材中的有效成分溶解在溶剂中，如此反复提取 4～10 小时可提取充分。

中药工业生产中所采用的相应规格索氏提取设备是动态的热流体循环提取方式，在提取过程中固体药材表面与提取溶剂之间始终存在较高浓度推动力，消除了溶剂层的外扩散阻力，从而在同等的提取条件下提取时间缩短、提取效率得到提高。索氏提取过程中溶剂的蒸发采用内循环式蒸发器，溶剂蒸发量大，可提高单位时间内提取次数见图 3－2。

7. 压榨法及工艺过程 压榨法又称为榨取法。压榨是用加压方法分离液体和固体的一种方法，它是中药的重要提取手段之一。例如，月见草油就是以压榨法从月见草的种子中得到的，又如药用蓖麻油、亚麻仁油、巴豆油都是以压榨法制取的。

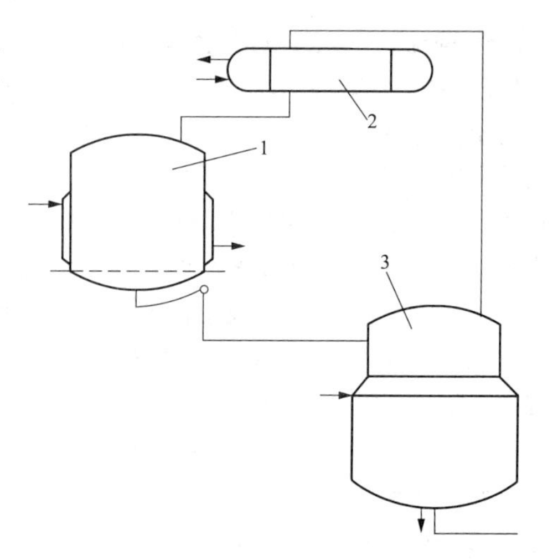

图3－2 索氏提取流程图

1. 提取罐；2. 冷凝器；3. 浓缩罐

（1）水溶性物质的压榨法 本法适用于刚采收的新鲜中药材或含水分高的根茎类和瓜果类药材的加工。榨取的对象为水溶性强的化合物，如水溶性蛋白、酶、氨基酸、多糖和含多种维生素的果汁或根茎汁类混合物。这种压榨法又分为干压榨法和湿压榨法。干压榨法是在压榨过程中不加水或不稀释压榨液，只用压力压到不再出汁为止，用这种方法只能榨出部分汁，不能把所有的有效成分都榨取出来，所以它的收率较低。此法已不常用。湿压榨法是在压榨过程中不断加水或稀汁，直到把全部汁或有效成分都压榨出来，这种方法已被广泛采用。

经压榨机压榨之后的残渣尚含大量水溶性成分，需要加少量水反复多次的压榨，直到残渣中的水溶性成分被压榨干为止。第一次榨出的原汁送入下一工序处理，加水稀释榨出的液体，采用逆流渗透浸出压榨，使其达到较高浓度后送入下一工序处理，这就是压榨收率较高的湿压榨法。

（2）脂溶性物质的压榨法 通常分为油脂的压榨方法和挥发油的压榨方法两种情况。

1）油脂的压榨方法 药用油脂在压榨前需进行预处理，首先除去灰尘、泥土、沙石、草根、茎叶等，同时要剥壳去皮；其次要蒸炒原料，在蒸炒前先润湿，调湿后蒸炒的目的是为了破坏细胞组织，提高压榨出油率。目前压榨法分轻榨、中榨及重榨三种。轻榨是预榨，即对高油分油料预先榨取部分油脂的一种方法；中榨主要用作高油分油料的预先取油；重榨在于一次压榨取油。

2）挥发油的压榨方法 适用于果实类中药材中芳香性成分的榨取，如陈皮、橙和柚的果实中芳香油的榨取，榨出的芳香油能保持原有的香味，质量远较水蒸气蒸馏的质量为好。压榨法根据所用压榨工具可分为两种。①挫榨法：它是用机械的刮磨、撞击、研磨等方法，使果皮油渗出，经挫榨器的漏斗收集于容器中。最常见的有针刺法的磨橘机，它的操作过程是：选取大小相似的柑橘类果实，用清水洗去污泥等，然后逐个放进一具有尖锐直刺的磨盘中，经快速的旋转滚动将果皮表面的油泡刺破；同时喷入清水把芳香油冲洗出来，再经过高速离心把油水分离，获得芳香油。此法操作简单、效率高，取出芳香油后的果实仍可食用。②机械压榨法：把新鲜的果实或果皮置于压榨机中压榨。如果是果实榨得的系芳香油和果汁的混合物，尚需要高温脱油器或离心机把芳香油分离出来，用高温脱油所制出的芳香油质量不高。如果用果皮则榨得芳香油及少量水分，经静置或过滤后可把水分除去。机械压榨法所用的设备种类很多，形式不一。

（3）压榨设备 常用的压榨设备有螺旋式连续压榨机、活塞式压榨机等。

1）螺旋式连续压榨机 其适用于果类药材的榨汁作业。主要工作部件为螺旋杆，采用不锈钢材料铸造后精加工而成。其直径沿废渣出口方向从始端到终端逐渐增大，螺旋逐渐减小，因此，其与圆筒筛相配合的容积也越来越小，果浆所受的压力越来越大，压缩比可达1：20，药汁通过圆筒筛的孔眼中流出。圆筒筛常用两个半圆筛合成，外加两个半圆形加强骨架，通过螺旋紧固成一体，螺旋杆终端成锥形，与调压头内锥形相对应。废渣从两者锥形部分的环状空隙中排出。通过调整空隙大小，即可改变出汁率。可根据物料性质和工艺要求，调整挤压压力，以保护设备正常工作。螺旋式压榨机虽然结构简单、故障少、生产效率高，但所制得的药汁中混浊物含量高，药汁氧化剧烈，出汁率低。

2）裹包式榨汁机　其主要用于制取瓜果类药材的药汁，通用性很广。一般是将瓜果浆用合成纤维挤压布包裹起来，每层果浆的厚度为3～15cm，层层摞齐堆码在支撑面上，层与层之间用隔板隔开，通过液压，挤压力高达2.5～3MPa。由于挤压层薄，汁液流出通道短，因而榨汁的时间短，一般周期为15～30分钟，生产能力在1～2t/h。裹包式榨汁机造价低、操作方便、出汁率高，但其效率低、劳动强度大、果浆及果汁氧化严重。目前国内外生产的全自动裹包式榨汁机的铺层、榨汁和排渣均采用连续作业，使小型裹包式榨汁机的缺点得到较大改善。

3）活塞式压榨机　其适用性广，是常用的一种机型。活塞在榨汁缸筒内做往复运动，榨汁缸筒也可沿导柱往复运动。榨汁部分的前端盖和活塞端面上设有滤汁板，为缩短出汁路径分成十几个小区域。榨汁时，汁液从出汁栓小孔流经活塞端面滤汁板，最后由榨汁缸筒的后端出汁口排出。一般物料经一次压榨后液汁不能榨取干净，须反复压榨几次。榨汁完毕后，退出榨汁体缸筒，排除残渣。这种压榨机挤压室能够绕中心轴旋转，有利于预排汁，提高充填量；但榨汁时渣饼厚，排汁路径长，因而榨汁时间很长。

4）带式榨汁机　其结构由机架、料斗、无级变速传动机构、压榨机构、调节压榨比机构和电器控制机构组成。工作时由电动机通过无级变速器带动链轮和上下两条履带板做同向转动，将经破碎的药材浆料喂入料斗均匀落到履带板上，经上、下履带板的输送同时进行压榨。药汁从下履带板的出汁孔流入汁槽，药渣从渣口排出。榨汁机履带一般由不锈钢板制成，表面覆有合成纤维滤布，或者由合成材料制成，带中有不锈钢丝夹层，榨汁时一次压榨完成。近年来，榨汁技术迅速发展，出现了许多新型组合式带式榨汁机，其结构大同小异，工作原理基本相同。

5）离心式压榨机　其利用离心力的工作原理使果汁、果肉分离。主要工作部件是差动旋转的锥状旋转螺旋和带有筛网的外筒。在离心力的作用下，果汁从圆筒筛的孔中甩出，流至出汁口，果渣从出渣口排出。这种榨汁机自动化程度高、工作效率高，常用于预排汁。

二、常用提取设备及原理

提取是一种利用有机或无机溶剂将原料药材中的可溶性组分溶解，使其进入液相，再将不溶性固体与溶液分开的单元操作。提取设备的种类很多，特点各异，可根据药材性质、设备特点和工艺要求来选用。下面介绍几种常用的提取设备。

1. 多功能提取罐　多功能提取罐主要由罐体、夹套、冷凝器等组成，其结构如图3－3所示。罐体常用不锈钢材料制造，罐外一般设有夹套，可通入水蒸气或冷却水。罐顶设有快开式加料口，药材由此加入。罐底是一个由气动装置控制启闭的活动底，提取液可经活动底上的滤板过滤后排出，而残渣则可通过打开活动底排出。罐内还设有可借气动装置提升的带有料叉的轴，其作用是防止药渣在罐内胀实或因架桥而难以排出。

多功能提取罐是一种典型的间歇式提取设备，具有提取效率高、操作方便、能耗少等优点，在制药生产中已广泛用于水提、醇提、回流提取、循环提取、渗漉提取、水蒸气蒸馏以及回收有机溶剂等。

2. 搅拌式提取器 此类提取器有卧式和立式两大类，常见的为立式搅拌式提取器。提取器底部设有多孔筛板，既能支承药材，又可过滤提取液。操作时，将药材与提取剂一起加入提取器内，在搅拌的情况下提取一定的时间，提取液经滤板过滤后由底部出口排出。

搅拌式提取器的特点是结构简单，操作方式灵活，既可间歇操作，又可半连续操作，常用于植物子的提取。但由于提取率和提取液的浓度均较低，因而不适合提取贵重或有效成分含量较低的药材。

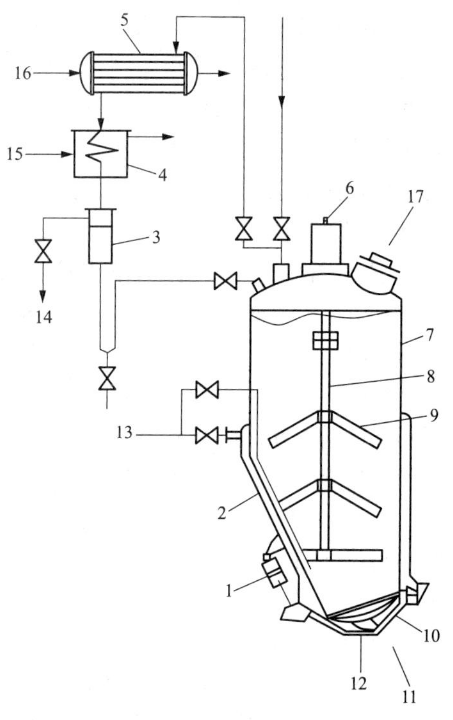

图3－3 多功能提取罐的结构示意图

1. 开启装置；2. 夹套；3. 油水分离器；4. 冷却器；5. 冷凝器；6. 搅拌减速装置；7. 罐体；8. 上下移动轴；9. 料叉；10. 带筛板的活动底；11. 残渣出口；12. 提取液出口；13. 水蒸气；14. 挥发油；15，16. 冷却水入口；17. 药材入口

3. 渗漉提取设备 渗漉提取的主要设备为渗漉筒或罐，可用玻璃、搪瓷、陶瓷、不锈钢等材料制造。渗漉筒的筒体主要有圆柱形和圆锥形两种，其结构如图3－4所示。一般情况下，膨胀性较小的药材多采用圆柱形渗漉筒。对于膨胀性较强的药材，则宜采用圆锥形，这是因为圆锥形渗漉筒的倾斜筒壁能很好地适应药材膨胀时的体积变化。此外，确定渗漉筒的适宜形状还应考虑提取剂的因素。由于以水或水溶液为提取剂时易使药粉膨胀，故宜选用圆锥形；而以有机溶剂为提取剂时则可选用圆柱形。

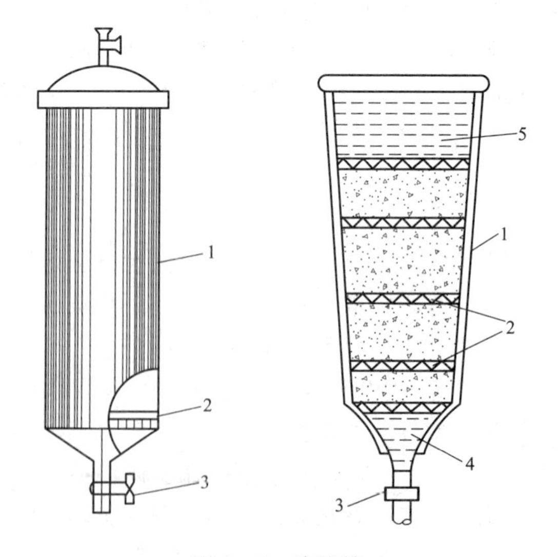

图3－4 渗漉筒

1. 渗漉筒；2. 筛板；3. 出口阀；4. 渗漉液；5. 提取剂

为增加提取剂与药材的接触时间，改善提取效果，渗漉筒可采用较大的高径比。当渗漉筒的高度较大时，渗漉筒下部的药材可能被其上部的药材及提取液压实，致使渗漉过程难以进行。为此，可在渗漉筒内设置若干块支承筛板，从而可避免下部床层被压实。

大规模渗漉提取多采用渗漉罐，图 3-5 是采用渗漉罐的提取工艺流程。渗漉提取结束时，可向渗漉罐的夹套内通入饱和水蒸气，使残留于药渣内的提取剂汽化，汽化后的蒸汽经冷凝器冷凝后收集于回收罐中。

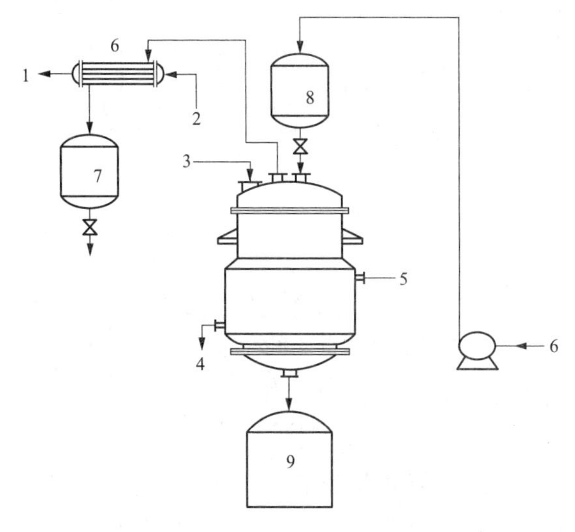

图 3-5　渗漉罐的提取工艺流程图

1，2. 冷却水；3. 中药材入口；4. 冷凝水；5. 水蒸气；
6. 提取剂输送泵；7. 提取剂回收罐；8. 提取剂储罐；9. 提取液储罐

4. U 形螺旋式提取器　此类提取器由浸渍式连续逆流提取器、输送器组成，其结构如图 3-6 所示。在螺旋形表面上设有许多小孔，提取剂可经小孔由一个螺旋进入下一个螺旋，从而实现与药材的逆流流动。操作时，药材由加料斗（图中未画出）进入进料管，在螺旋输送器的推动下，依次通过进料管、水平管和出料管，提取剂则按相反方向与药材成逆流流动。

U 形螺旋式提取器的加料和出料均可自动连续进行，并可密闭操作，因而适用于挥发性有机溶剂的提取操作，且劳动条件较好，常用于提取轻质及渗透性较强的药材。主要由进料管、出料管、水平管及三组螺旋组成。

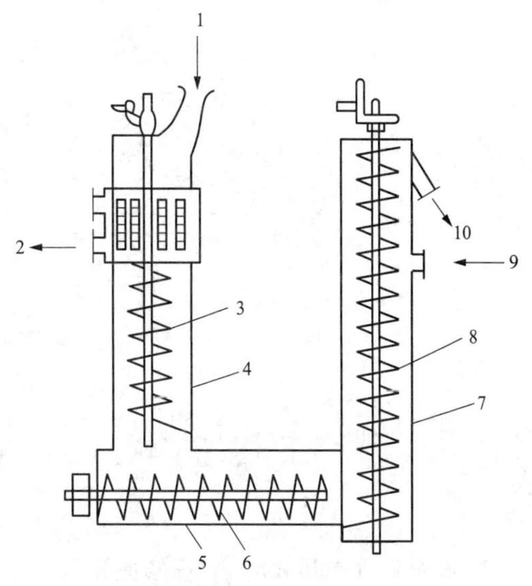

图 3-6　螺旋式提取器

1. 药材入口；2，9. 提取液出口；3，6，8. 螺旋输送器；4，5，7. 料管；10. 残渣出口

5. 螺旋推进式提取器　此类提取器是一种浸渍式连续逆流提取器，主要由壳体、螺旋推进器、出渣装置及夹套等组成，其结构如图 3-7 所示。提取器的上部壳体可以打开，下部壳体外部设有夹套。推进器可采用多孔螺旋板式，

也可将螺旋板改成桨叶，此时称为旋桨式提取器。提取器以一定角度倾斜安装，且推进器的螺旋板上设有小孔，以便于提取剂流动。当采用煎煮法时，可向夹套内通入水蒸气进行加热，产生的二次蒸汽可由上部排气口排出。

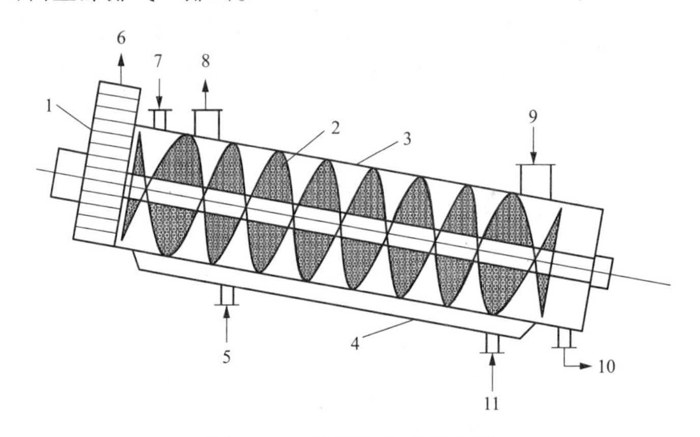

图 3－7　螺旋推进式提取器

1. 出渣装置；2. 螺旋推进器；3. 壳体；4. 夹套；
5. 水蒸气；6. 残渣；7. 提取剂；8. 二次蒸气；
9. 药材；10. 提取液；11. 冷凝水

6. 肯尼迪（Kennedy）式连续逆流提取器　此类提取器是一种浸渍式连续逆流提取器，主要由提取槽、桨、螺旋进料器及链式输送器等组成，其结构如图 3－8 所示。多个提取槽呈水平或倾斜排列，其断面均为半圆形，槽内设有带叶片的桨。工作时，药材在旋转桨叶的驱动下沿槽的排列方向顺序运动，而提取剂则沿相反方向与药材成逆流流动。此类提取器的优点是可通过改变桨的转速及叶片数来适应不同品种药材的提取。

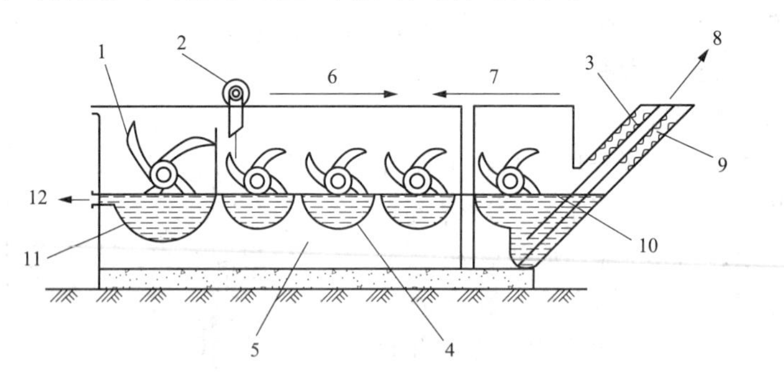

图 3－8　肯尼迪式连续逆流提取器

1. 桨；2. 螺旋推进器；3. 链式输送器；4. 提取槽；
5. 提取段；6. 药材运动方向；7. 提取剂流动方向；
8. 残渣出口；9. 新鲜提取剂喷淋；10. 提取剂液面；
11. 最后过滤部分；12. 提取液

7. 波尔曼（Bollman）式连续提取器　此类提取器是一种渗漉式连续提取器，主要由壳体、篮子、链条、链轮及循环泵等组成，其结构如图 3－9 所示。无端链条上悬挂若干篮子，篮子的底由多孔板或钢丝网制成。当链轮转动时，链条带动篮子按顺时针方向循环回转，每小时约回转一圈。工作时，半浓液将料斗内的药材冲入右侧的篮内。当篮子自上而下回转时，半浓液与篮内的药材并流接触，提取液流入全浓液槽，并由管道引出。当篮子回转至左侧时将自下而上回转，此时由高位槽喷出的新鲜提取剂与篮内的药材逆流接触，提取剂流入半浓液槽，然后由循环泵输送至半浓液高位槽。当篮子回转至提取器左上方时，篮内药材经片刻时间淋干后，随即自动翻转，残渣被倒入残渣槽，并由桨式输送器送走。

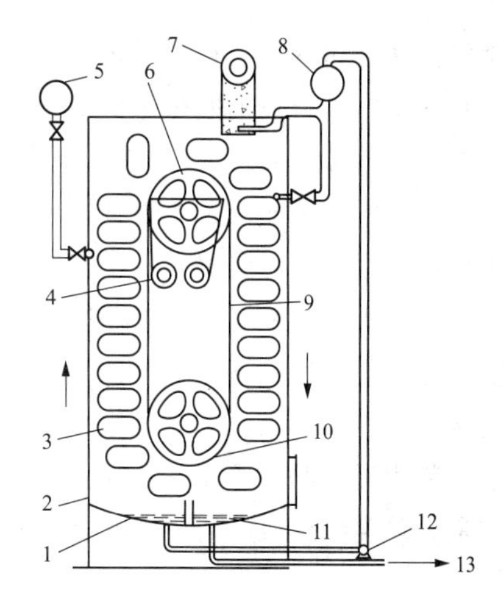

图3－9 波尔曼式连续提取器

1. 半浓液槽；2. 壳体；3. 篮子；4. 桨式输送器；5. 提取剂高位槽；6. 残渣槽；7. 药材料斗；8. 半浓液高位槽；9. 链条；10. 链轮；11. 全浓液槽；12. 循环泵；13. 提取液

波尔曼式连续提取器的特点是生产能力较大，缺点是提取剂与药材在设备内只能部分逆流，且存在沟流现象，因而效率较低。

8. 平转式连续提取器 此类提取器也是一种渗漉式连续提取器，主要由圆筒形容器、扇形料格、循环泵及传动装置等组成，其工作原理如图3－10所示。在圆筒形容器内间隔安装有12个扇形料格，料格底为活动底，打开后可将物料卸至器底的出渣器。工作时，在传动装置的驱动下，扇形料格沿顺时针方向转动。提取剂首先进入第1、2格，其提取液流入第1、2格下方的贮液槽，然后由泵输送至第3格，如此直至第8格，最终提取液由第8格引出。药材由第9格加入，加入后用少量的最终提取液润湿，其提取液与第8格的提取液汇集后排出。当扇形料格转动至第11格时，其下的活动底打开，将残渣排至出渣器。第12格为淋干格，其上不喷淋提取剂。

平转式连续提取器的优点是结构简单紧凑、生产量大，目前已成功地用于麻黄碱等植物性药材的提取。

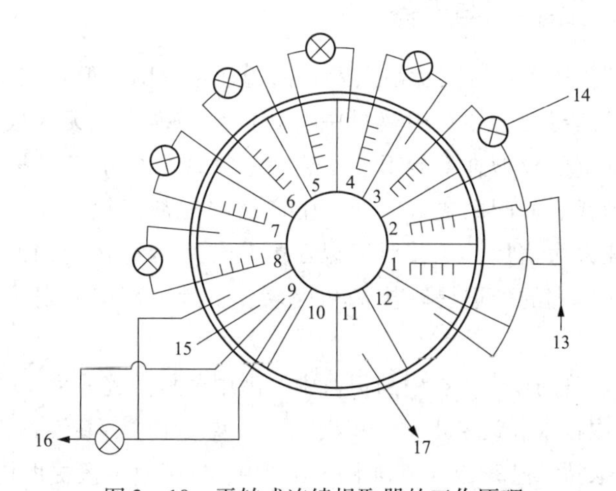

图3－10 平转式连续提取器的工作原理

1～12. 药材格；13. 提取剂；14. 泵；15. 药材提取液；16. 提取液；17. 残渣排除格

9. 罐组式逆流提取机组 图3－11是具有6个提取单元的罐组式逆流提取过程的工作原理。操作时，新鲜提取剂首先进入A单元，然后依次流过B、C、D和E单元，并由E单元排出提取液。在此过程中，F 单元进行出渣、投料等操作。由于 A 单元接触的是新鲜提取剂，因而该单元中的药材被提取得最为充分。经过一定时间的提取后，使新鲜提取剂首先进入 B 单元，然后依次流过 C、D、E 和 F 单元，并由 F 单元排出提取液。在此过程中，A 单元进行出渣、投料等操作。随后再使新鲜提取剂首先进入 C 单元，即开始下一个提取循环。由于提取剂要依次流过 5 个提取单元中的药粉层，因而最终提取液的浓度很高。显然，罐组式逆流提取过程实际上是一种半连续提取过程，又称为阶段连续逆流提取过程。

实际生产中，通过管道、阀门等将若干组提取单元以图 3－12 所示的方式组合在一起，即成为罐组式逆流提取机组。操作中可通过调节或改变提取单元组数、阶段提取时间、提取温度、溶剂用量、循环速度以及颗粒形状、尺寸等参数，达到缩短提取时间、降低提取剂用量，并最大限度地提取出药材中的有效成分的目的。

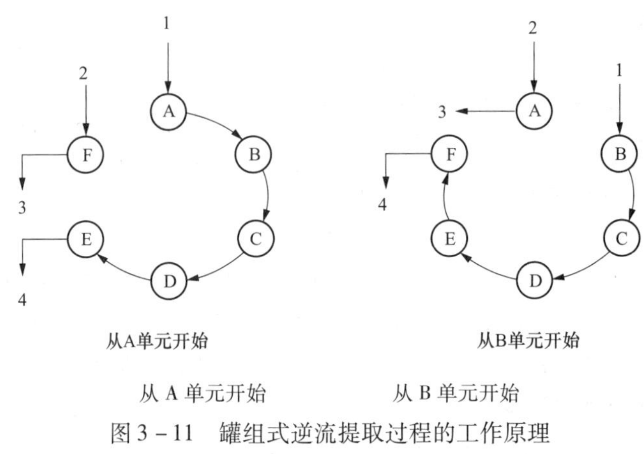

从 A 单元开始　　　　　从 B 单元开始

图 3－11　罐组式逆流提取过程的工作原理

1. 新鲜提取剂；2. 新鲜药材；3. 残渣；4. 提取液

三、现代常用提取技术与设备

常规中药提取工艺技术各有其优缺点及不同的适用范围，但存在下述一些共性问题：如过高的温度、过长的时间会导致中药材中有效成分的损失或无效成分的过度溶出，提取率较低、不利于制剂的成型，不能用于含热敏感性成分的中药材提取，工业生产中使用以多功能提取罐为代表的间歇式提取器，生产过程溶剂消耗量大、生产效率低，后续蒸发浓缩工艺的能耗大大增加，尤其对于以乙醇为代表的有机溶剂的提取，会大大增加生产成本。因而选择适宜的先进提取技术和提取设备是中药产业现代化生产中的现实需要和关键技术环节。

在大力提倡循环经济的今天，在中药提取中提高中药材的提取率、降低能耗的关键就在于改善和提高中药提取技术和设备水平，积极推广一些新工艺、新设备、新技术的应用。如动态连续罐组逆流提取技术已开始应用到中药生产中，它通过多段提取单元之间物料和溶剂的合理浓度梯度排列和相应的流程配置，结合物料的粒度、提取单元组数、提取温度和提取溶剂用量，循环组合，对物料进行逆流提取。此外还有超临界流体提取、超声场强化提取、微波场强化提取、酶法辅助提取等的新工艺与设备的大力推广运用，可以预计在不远的将来，它们将成为中药提取的主流工艺与设备。

课堂互动

动态连续罐组式逆流提取的原理是什么？最大优点是什么？
详见下文介绍。

1. 动态连续罐组式逆流提取工艺与设备

（1）工艺原理：中药材提取是采用适当的溶剂和方法使中药材中所含的有效成分或有效部位浸出的操作，提取时要求有效成分透过细胞膜渗出，这是一个浸提过程，它可分为湿润、渗透、解析、溶解、扩散等相互关联的阶段。溶剂进入药材细胞后可溶性成分大量溶解，当浸出溶剂溶解大量药物成分后，细胞内液体浓度显著增高，使细胞内外出现浓度差和渗透压差。所以，外侧纯溶剂或稀溶液向细胞内渗透，细胞内高浓度的液体可不断地向周围低浓度方向扩散，当内外浓度相等、渗透压平衡时，扩散终止。因此，浓度差是渗透或扩散的推动力，生产中最重要的是保持最大的浓度梯度。要达到快速完全地提取物料中的有效成分，就必须经常更新固液两相界面层，使浓度差保持在较高的水平，创造最大的浓度梯度是浸出设备设计的关键。动态逆流提取就是根据这一原理进行工作的，在提取过程中物料和溶剂同时做连续的逆流运动，物料在运动过程中不断改变与溶剂的接触情况，使物料在提取过程中与溶剂充分接触，同时在设备内部不断更新溶剂，溶剂在流动过程中不断获得物料的有效成分，浓度不断提高，在连续进液和连续出液的过程中，溶剂中存在连续的浓度梯度，从而使提取液可以获得比较快的浸出速度，也可以获得比较高的提取液浓度，并从相反方向流出。此项技术利用了固液两相浓度梯度差，逐级将物料中的有效成分扩散至起始浓度相对较低的提取液中，达到最大限度转移中药中有效溶解成分的目的。

动态连续罐组式逆流提取与一般的提取方法相比，具有以下显著的优点：①提高有效成分的收率。提取过程中固液两相浓度梯度大，溶液始终未达到饱和状态，溶剂与物料间的相对运动使溶剂与物料间界面层更新快，有效成分的收率和提取效率都得到提高。②能连续作业，生产效率高。动态逆流提取设备适于大规模生产，可连续不间断工作，产量大、生产效率高并节约能源。③应用范围广。动态逆流提取操作可在25～100℃之间任意选择，既适于热稳定性好的物料提取，又适于热敏性物料的提取；既适用于水为溶剂的提取，又适用于有机溶剂为溶剂的提取。④降低生产成本。动态逆流提取出液系数小，所需的提取溶剂少，浸出液浓度高，节省了溶剂即节省了溶剂回收的生产成本。

（2）工艺流程：罐组式逆流提取过程可分为“梯度形成阶段”和“逆流提取阶段”。以3单元罐罐组式逆流提取工艺为例，如图3－12所示，一个循环中由几个提取阶段组成，包含浓度梯度形成的过程，当某一阶段的提取结束时，即有效成分被提取完全后，可进行出药渣和加新药材操作，其他未被提取完全的单元，被提取好单元的下一单元的饱和溶液排到后续的浓缩工序，不饱和溶液按有效成分含量递减的反方向隔1个单元进行单元数减1次的迁移，新鲜溶剂加入到无溶液的单元。整个过程需要考察的工艺参数有药材的粉碎度、提取温度、溶剂用量、提取时间、提取单元组数，根据不同的药材性质对工艺参数进行优化，以获得工业生产中的最佳提取工艺。

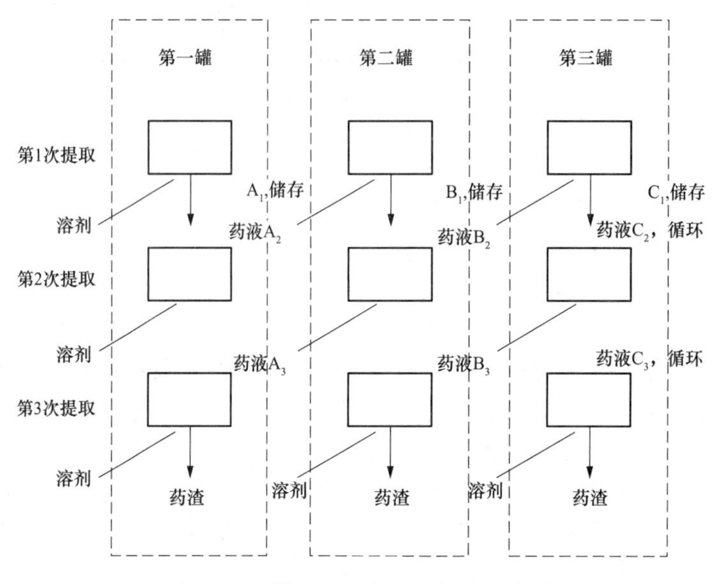

图 3－12 罐组式动态逆流提取示意图

具体操作：第一罐的 3 次提取为梯度形成阶段，即提取 3 次，每次均加入新溶剂，得 A_1、A_2、A_3，其中 A_1 储存。然后开始逆流提取阶段，A_2 作为第 2 罐第 1 次提取的溶剂，得 B_1，储存；A_3 作为第 2 罐第 2 次提取的溶剂，得 B_2；B_2 作为第 3 罐第 1 次提取的溶剂得 C_1，储存；依次循环提取。每罐最后一次提取，均加入纯溶剂。

（3）生产设备

1）罐组式动态逆流提取设备　罐组式动态逆流提取是将两个以上的动态提罐机组串联，提取溶剂沿着罐组内各罐药料的溶质浓度梯度逆向地由低向高顺次输送通过各罐，并与药料保持一定提取时间并多次套用。罐组式逆流提取整个过程可分为“梯度形成阶段”和“逆流提取阶段”，其中逆流提取阶段由与提取罐组数（提取单元）相等的几个提取阶段组成。每次循环提取前，先对最后一次提取的罐内药材投入溶剂，提取液作为最后罐药材的溶剂，最后一次提取的罐药材在排除药渣后，再投入干药材作为下一轮罐组循环提取的最末罐。

采用罐组式逆流提取工艺，能有效地利用固液两相的浓度梯度，增大浓度差，提取速度快，提取液的浓度逐步增高，提取周期缩短，提取时药材本体作滤层可提高澄明度。

该设备已广泛应用于根茎、花叶、全草等各类中药材的提取。罐组式动态逆流提取设备之所以能成为应用最为广泛的逆流提取设备，除具有上述优点外，该法对设备要求不高，多数厂家通过对现有多功能提取罐进行设备改造，即可采取罐组式逆流工艺进行提取。该工艺设备多用于具有成熟提取工艺且常年生产的大品种或大批量集中生产的品种或提取次数较多的药材。

2）螺旋式连续逆流提取设备　螺旋式连续逆流提取设备是一种较新型的动态提取设备，主要用于对天然植物尤其是中药材的有效成分进行提取。其结构主体为螺旋或螺旋桨推进式逆流浸出提取器或提取器组，该装置具有支架、简体、螺旋推进器、筛板等，螺旋推进器上具有刮板和排料板。工作时固体物料从首端连续加入，由螺旋叶片将它推往尾端，再经排渣机卸出。溶剂由尾端加入自由流向首端，经过滤排入提取液储罐。其间固体物料完全浸泡在溶液中，并受到螺旋桨片的搅动，溶质逐渐溶入液相，从而完成连续逆流提取过程。常用配套有冷凝器等辅助设备，实现溶剂的回收，如图 3－13 所示。

该法常常用于小品种或批量不大的生产品种，或是试验性生产，摸索工艺参数与操作条件等，该装置的载热体可为蒸汽、热水、导热油等，浸出温度为60～100℃，药材和溶剂在不断逆流翻动中加热，受热均匀，适用于热敏性药材的提取，同时整套装置属封闭系统，比较适宜于以挥发性有机溶剂为溶剂的提取体系，亦可用于以水为溶剂的提取体系。可以和自动化生产线相匹配。

此外螺旋式连续逆流提取设备可以实现常温提取、高温提取、超声提取、微波提取、有机溶剂提取等结合新技术手段的多样化生产。相应试验的结果显示对于热溶性的物料，高温提取和微波提取收率高；对于热不敏感的物料，有机溶剂提取和超声提取有显著效果。

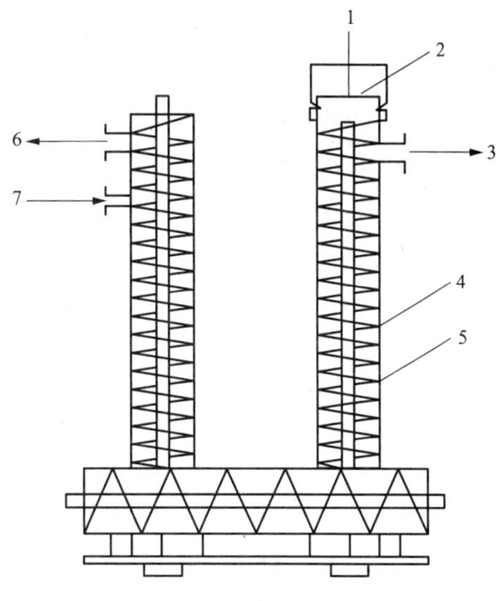

图3－13　螺旋推进式浸出器

1. 药材入口；2. 药材；3. 浸出液；4. 推进器；5. 提取管道；6. 药渣；7. 溶剂

3）U形槽式逆流提取机　U形槽链板逆流提取机采用U形提取槽，在链轮刮板推动下，药材由高端进入提取槽，与提取溶剂接触，进行充分提取后，药渣从另一高端提出，与溶剂分开。而溶剂靠提取槽的倾斜角度，从高端流向低处泵入药液储罐排出。其间药材与溶剂呈相反方向运动，从而实现逆流连续提取工艺，该机采用稍微倾斜的直线提取段和两端呈弧形上延的进、出料段共同组成U形提取槽，在提取槽内，采用由输送链条与刮板组成的物料链板推进器推动药材等物料与逆向流动的溶剂充分接触，从而完成药材等有效成分的提取过程。

该设备提取速度快，有效成分提取充分，提取收率高，溶剂耗量少，提取温度和时间参数易于控制，药材有效成分充分提取而非药用成分浸出较少，从而得到质量较好的提取液。与螺旋推进式逆流提取装置相比较，本装置由于采用链轮刮板推进药材，不易出现药材卡堵停机检修等现象。设备操作稳定性和生产能力均优于螺旋式逆流提取装置。对于不宜过分煎煮的药材可以选择中间投料口进料。也可以通过调速器改变送料速度，适于各种物料提取，也适于大批量连续性的生产，药材提取过程在与外界隔离状态下自行完成，所有接触物料的部分均采用不锈钢制造，易于清洗，完全符合《药品生产质量管理规范》（GMP）的要求。

2. 超临界液体萃取设备　超临界流体是指超出物质气液的临界温度、临界压力、临界容积状态下的高密度液体，这种液体具有气体与液体的双重特性。超临界液体对物质进行溶解和提取的过程就叫超临界液体萃取，该萃取技术是一项高新提取分离技术，主要优点是过程简单、无污染、选择性好，尤其适合于生物资源包括中药材有效成分的提取分离。

工艺原理：超临界流体与一般的气体、液体相比，它的密度、扩散系数和黏度有很大的差别，如临界点附近的气体密度与其液体类似，而黏度为通常气体的几倍，扩散系数为液体的100倍左右，超临界液体既具有液体对溶质有比较大的溶解度的特点，又具有气体易于扩散和运动的特性，传质速率大大高于液相过程。更重要的是在临界点附近，压力和温度微小的变化都可以引起液体密度很大的变化，并相应地表现为溶解度的变化。

工艺流程：CO_2气体经热交换器冷凝成液体，用加压泵将压力提到工艺过程所需压力，同时调节温度，使其成为超临界CO_2流体。超临界CO_2流体作为溶剂从萃取釜底部进入，与被萃取物充分接触，选择性萃取出所需要的化学成分。含溶解了萃取物的高压 CO_2 流体经节流阀降压到低于 CO_2 临界压力以下，进入分离釜。由于 CO_2 溶解度急剧下降而析出溶质，自动分离成溶质和 CO_2 气体两部分。前者作为过程中的产品，定期从分离釜底部放出，后者为循环 CO_2 气体，通过流量计，记录其累积流量和瞬时流量，最后将 CO_2 放空，经热交换器冷凝成 CO_2；液体再循环使用。整个分离过程中 CO_2 流体不断在萃取釜和分离釜间循环，从而有效地将需要分离萃取的有效组分从原药材中分离出来见图 3－14。

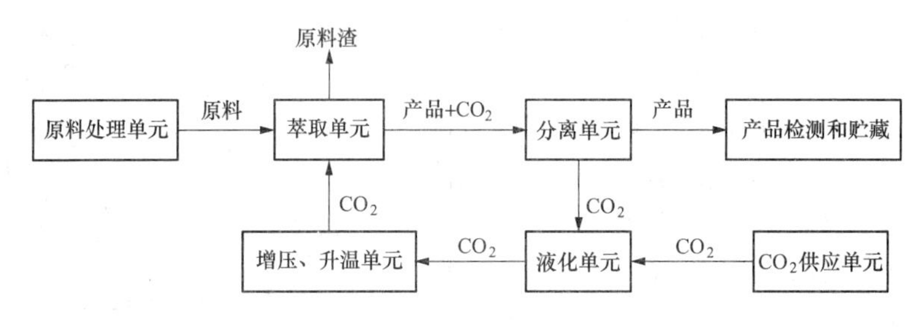

图 3－14　CO_2－超临界萃取工艺流程示意图

整个工艺过程可以是连续的、半连续的或间歇的。具体操作是先打开阀及气瓶阀门进气，用 CO_2 反复冲洗设备以排除空气。再启动高压阀升压，当压力升到预定压力时再调节减压阀，调整好分离器内的分离压力，然后打开放空阀接转子流量计测流量，通过调节各个阀门使萃取压力、分离压力及萃取过程中 CO_2 流量均稳定在所需操作条件，打开阀门进行全循环流程操作，萃取过程中从放料阀将萃取液取出。

3. 生产设备　超临界流体萃取工艺装置主要由萃取器和分离器两部分组成，并适当配合压缩装置和热交换设备。萃取器和分离器是该技术的基本装置，下面分类介绍。

（1）萃取器　超临界流体萃取器可分为容器型和柱型两种。容器型指萃取器的高径比较小的设备，较适用于固体物料的萃取；柱型指萃取器的高径比较大的设备，可适用于液体及固体物料。为了降低大型设备的加工难度和成本，建议尽可能选用柱型萃取器。对于不同形态物料需选用不同的萃取器。对于固体形物料，其高径比约在（1∶4）~（1∶5）之间；对于液体形物料，其高径比约为 1∶10。前者装卸料是间歇式的，后者进卸料可为连续式。中草药萃取多为固体（切制成片状或捣碎成粉粒状等），将物料装入吊篮内。如果物料是液体（如传统法人参提取液脱除溶剂），釜内尚需装入不锈钢环形填料。

1）容器型萃取釜：容器型萃取釜的设计应根据萃取工艺的要求，如体系性质、萃取方式、分离要求、处理能力及萃取系统的压力和温度等工艺参数，选择设备的形式、装卸料方式、设备材质、结构和制造方法等。

间歇式装卸料采用快开盖装置结构的釜盖。目前，国内全膛快开盖装置常用的有三类：一类是卡箍式，另一类是齿啮式，还有一类是剖分环式。卡箍式快开盖装置又可分为三种：一是手动式，即靠逐个拧紧或松开螺栓螺母；二是半自动式，靠手柄移动丝杆驱动卡箍；三是全自动式，靠气压/液压装置驱动卡箍沿导轨定向滑动。齿啮式快开盖装置也有两种：内齿啮式和外齿啮式。全自动卡箍式快开盖装置完成一次操作周期（即开盖、取出吊篮、装进放有物料的另一吊篮、关闭釜盖）约需 5 分钟；齿啮式快开盖装置完成一次操作周期约需 10 分钟。

萃取釜能否正常的连续运行在很大程度上取决于密封结构的完善性。当介质通过密封面的压力降小于密封面两侧的压力差时介质就会产生泄漏，萃取釜就无法正常工作。密封圈的选择不仅要满足医药卫生学的要求，还应满足过程操作的极限条件。由于 CO_2 对橡胶的穿透性强，大多数用橡胶做密封的萃取装置，不管采用什么规格型号的橡胶，通常只能使用3～5次就要更新。因而密封圈材料应选择硅橡胶和氟橡胶等合成橡胶或金属密封材料，而不能使用一般的非水性橡胶圈。对于工业化萃取釜宜用卡箍结构釜盖，采用自紧式密封。现有一种新的经过改进的O形环密封圈，密封效果好，装拆方便，使用寿命长，连续使用可达300次以上。

吊篮与萃取釜之间的密封也是非常重要的，它直接影响出品得率。设计萃取釜时，要考虑吊篮的装卸方便和安全问题，它可以是组合式的。

2）柱式萃取器：一般的柱式萃取器高度在3～7m之间。萃取柱常由多段构成，按其作用可分成4段。①分离段：在分离段，物料与超临界流体进行传质。分离段外部用夹套保温或沿柱高形成温度梯度，以便选择性分离某些组分。②连接段：用于连接两个分离段，并在其中设置支撑支持填料。一般情况下，连接段长度约为0.25m。每个连接段具有多个开口，分别用于进料、测温与取样等。通过连接段和分离段的有效组合，以及进料位置的变化，可以满足不同体系萃取的分离要求。③柱头：它的设计要考虑萃取剂与溶质的分离，最好设有扩大段，并用夹套保温。④柱底：用于萃取物的收集，可采用夹套保温，其设计应便于某些黏性物料的放出和清洗。

在进行液体原料的溶解度测定或进行少量样品的间歇操作时，一般采用柱式萃取器进行萃取。但萃取时，系统压力的波动容易造成萃取器内液体原料随同 CO_2 一起沿进气管道倒流。尽管系统装有单向阀，但还是很难防止液料的倒流。现有一种用于液体原料超临界及液态 CO_2 萃取的止逆分布器有效解决了液体原料的倒流问题，同时也可使 CO_2 在液体原料中均匀分布，强化传质。

（2）分离器　从萃取器出来的溶解有溶质的超临界流体，经减压阀（一般为针形阀）减压后，在阀门出口管中流体呈两相流状态，即存在气体相和液体相（或固体），若为液体相，其中包括萃取物和溶剂，以小液滴形式分散在气相中，然后经第二步溶剂蒸发，进行气液分离，分离出萃取物。当产物是一种混合物时，常常出现其中的轻组分被溶剂夹带，从而影响产物的得率。一般使用的分离器有如下一些形式（不分固体原料和液体原料）。

1）轴向进气分离器：轴向进气是最常用的一种分离器形式，其采用夹套式加热。它结构简单，使用清洗方便。但当进气的流速较大时会将未及时放出的萃取物吹起，进而形成的液滴会被 CO_2 夹带着带出分离器，从而导致萃取收率偏低，严重时会堵塞下游管道。

2）旋流式分离器：其可弥补轴向进气分离器的不足，它由旋流室和收集室两部分组成。

当萃取物是液体时，在旋流室底部可用接收器收集低溶剂含量的萃取物，当萃取物比较黏稠或呈膏状不易流动时，可设计成活动的底部接收器将萃取物取出，这种分离器不仅能破坏雾点，而且能供给足够的热量使溶剂蒸发。即使不经减压，这种分离器也有很好的分离效果。

3）内设换热器的分离器：它是一种高效分离器，其主要特点是在分离器的内部设有垂直式或倾斜式的壳管式换热器，利用自然对流和强制对流与超临界流体进行热交换。在进行这种分离器设计时，须考虑萃取物是否沉积于换热器表面，对温度是否敏感，以及产物和其他组分的回收价值。近年来，超临界流体萃取技术在我国得到了飞速进展，开发的设备按萃取溶剂计，小到几毫升，大到500～600L。国产的几十升的萃取设备比较完善，基本可以取代进口。

（3）设备要求与选型

1）超临界流体萃取装置的总体要求：①工作条件下安全可靠，能经受频繁开、关盖（萃取釜），抗疲劳性能好。②一般要求单人操作，在10分钟内就能完成萃取釜全膛的开启和关闭，一个周期性能好。③结构简单，便于制造，能长期连续使用（即能三班不间断运转）。④设置安全联锁装置。

高压泵有多种规格可供选择，特别是国产三柱塞高压泵能较好地满足超临界CO_2萃取产业化的要求，但其流量需要提高，有必要试制比40MPa工作压力更高的新型高压泵，并且系列化和标准化。同时，国产的适用于CO_2流体的高压阀（包括手动和自动）也需进一步研究和提高。积极采用PLC实现程序控制，PC机在线检测，提高装置的自动化和安全性。

2）超临界流体萃取装置的选型：根据实践经验，目前超临界CO_2萃取装置宜以中小型较为实际。大型装置如单釜大于1000L规模就不宜盲目使用。每套装置配置2～3个萃取釜效率会高一些。在装置规模选择上建议注意如下两点：①根据生产对象选型，超临界萃取装置是一种分离技术的通用设备。中型超临界萃取装置基本可满足一般生产需要。②决定装置的规模，不仅要考虑技术上可行，更要考虑经济上可行。超临界萃取属高压设备，投资费用昂贵，规模越大，投资费用越高。

四、微波强化提取工艺与设备

1. 工艺原理　微波提取技术（MAE）是利用频率为300～300000MHz的电磁波辐射提取物，在交频磁场、电场作用下，提取物内的极性分子取向随电场方向改变而变化，从而导致分子旋转、振动或摆动，加剧反应物分子运动及之间的碰撞频繁率，使分子在极短时间内达到活化状态，比传统加热形式均匀、高效。

由于微波萃取自身的技术特点，这项技术与现有的其他萃取技术相比具有以下特点。

（1）萃取速度快　被加热的物体往往是被放在对微波透明或半透明的容器中，且为热的不良导体，故物料迅速升温，大大缩短工时，节省50%～90%的时间。

（2）产品质量好　可以避免长时间高温引起的样品分解，从而有利于热不稳定成分的萃取。特别是微波在短时间内可使药材中的酶灭活，因此用于提取苷类等成分时具有更突出的优点。

（3）过程简单　简化工艺，降低溶剂用量，减少投资，节省能源，降低人力消耗。

（4）具有一定的萃取选择性能　极性较大的分子可以获得较多的微波能，利用这一性质可以选择性地提取极性分子，从而使产品的纯度提高，质量得以改善；还可以在同一装置中采用两种以上的萃取剂分别萃取所需成分，降低工艺费用。

2. 工艺流程　微波萃取系统的基本流程见图3－15。微波在中药提取领域的应用研究主要有两方面：一是微波用于促进非（弱）极性溶剂提取中药有效成分；二是微波在强极性介质（如水）溶剂提取技术中的应用。对于后者，一般有3种不同的工艺流程：一是微波直接辅助提取；二是“微波破壁法”，即先用微波进行润湿预处理，然后用溶剂浸提；三是“微波预处理法”对原料预先进行微波预处理，再进行微波辅助水提。

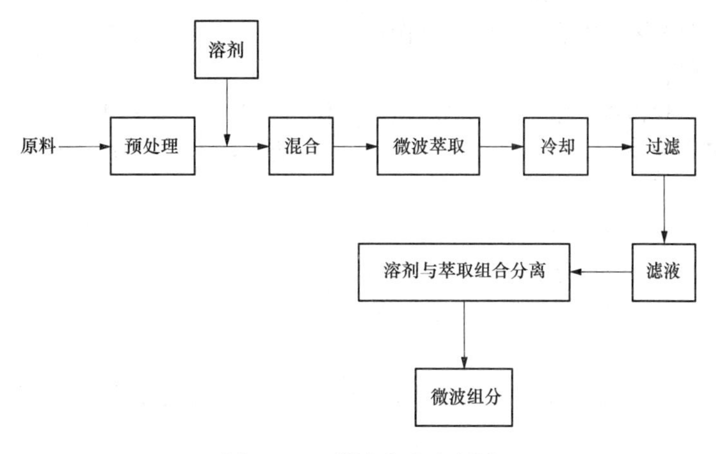

图 3－15　微波萃取流程图

3. 生产设备　微波萃取生产设备有密闭式微波提取体系、开罐式聚焦微波提取系统、在线微波提取系统。

五、超声强化提取工艺与设备

超声波是指频率 20～80kHz 的机械波，一般认为其空化效应、热效应和机械作用是超声技术应用于植物有效成分提取的理论依据。超声作用可以使非常坚硬的固体被粉碎。控制一定的超声频率和强度，使细胞周围形成微流，可使植物药材细胞被击破，使细胞壁不完整，有利于溶剂浸入细胞中，以增加有效成分在溶剂中的溶解度。另外，超声波的次级效应如机械振动、乳化、扩散等也能加速欲提取成分的释放、溶解及扩散，利于提取；与常规提取法相比，其具有提取时间短、产率高、无需加热等优点；而且超声提取是一个物理过程，其间无化学反应，减少了生物活性物质的改变，如图 3－16 所示。

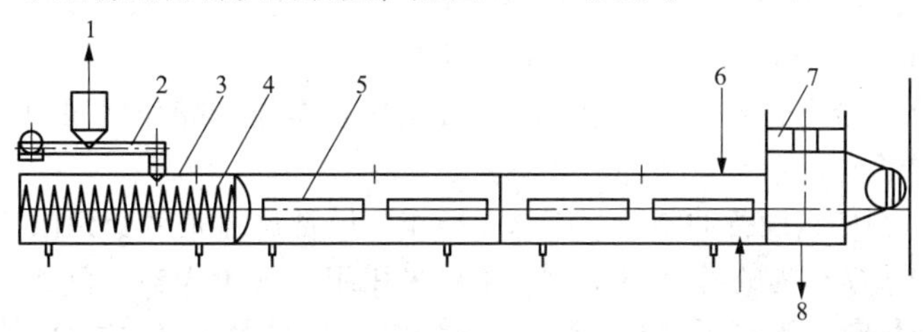

图 3－16　超声强化逆流提取机结构示意图

1. 原料；2. 进料装置；3. 提取筒；4. 螺旋输送器；
5. 超声波发生器；6. 溶剂；7. 排渣机；8. 料渣

（1）超声波热学机制　与其他形式的能一样，超声能也会转化成热能，生成热能的多少取决于介质对超声波的吸收。介质吸收超声波以及内摩擦消耗，使分子产生剧烈振动，超声波的机械能转化为介质的内能，引起介质温度升高，这种吸收超声能所引起的温度升高是稳定的。超声波的强度越大，产生的热作用越强。控制超声强度，可使中药组织内部的温度瞬间升高，加速有效成分的溶出，而不改变成分的性质。

（2）超声波机械机制　超声波的机械作用主要是由辐射压强和超声压强引起的。辐射压强可能引起两种效应，其一是简单的骚动效应；其二是在溶剂和悬浮体之间出现摩擦。这种骚动可使蛋白质变性，细胞组织变形。而辐射压强给予溶剂和悬浮体以不同的加速度，使溶剂分子的速度远大于悬浮体的速度，从而在它们之间产生摩擦，该力量足以断开两碳原子之键，使生物分子解聚。

（3）超声波空化作用　由于大能量的超声波作用于液体，当液体处于稀疏状态时，液体会被撕裂成很多小的空穴。这些空穴可在一瞬间闭合，闭合时产生瞬间高压，即称为空化效应。

超声波在媒介中传播可产生空化作用，空化作用产生极大的压力可瞬间造成生物细胞壁及整个生物体破裂。这种空化效应可细化各种物质以及制造乳浊液，加速待测物中的有效成分进入溶剂，进一步提取可以增加有效成分提取率。

第二节　干燥设备与干燥过程

每种干燥装置都有其特定的适用范围，而每种物料都可找到若干种能满足基本要求的干燥装置，但最适合的只能有一种。如选型不当，用户除了要承担不必要的一次性高昂采购成本外，还要在整个使用期内付出沉重的代价，诸如效率低、耗能高、运行成本高、产品质量差，甚至装置根本不能正常运行等。

在制剂生产中，关于干燥器的选择，通常要考虑以下各项因素。

1. 产品的质量　例如，在医药工业中许多产品要求无菌，避免高温分解，此时干燥器的选型主要从保证质量上考虑，其次才考虑经济性等问题。

2. 物料的特性　物料的特性不同，采用的干燥方法也不同。物料的特性包括物料形状、含水量、水分结合方式、热敏性等。例如，对于散粒状物料，以选用气流干燥器和沸腾干燥器为多。

3. 生产能力　生产能力不同，干燥方法也不尽相同。例如，当干燥大量浆液时可采用喷雾干燥，而生产能力低时宜用滚筒干燥。

4. 劳动条件　某些干燥器虽然经济适用，但劳动强度大、条件差，且生产不能连续化，这样的干燥器特别不宜处理高温、有毒、粉尘多的物料。

5. 经济性　在符合上述要求下，应使干燥器的投资费用和操作费用为最低，即采用适宜的或最优的干燥器形式。

6. 其他要求　例如，设备的制造、维修、操作及设备尺寸是否受到限制等也是应考虑的因素。此外，根据干燥过程的特点和要求，还可采用组合式干燥器。例如，对于最终含水量要求较高的可采用气流－沸腾干燥器；对于膏状物料，可采用沸腾－气流干燥器。

一、干燥技术与分类

湿物料进行干燥时，同时进行着两个过程：①热量由热空气传递给湿物料，使物料表面上的水分立即汽化，并通过物料表面处的气膜，向气流主体中扩散；②由于湿物料表面处水分汽化的结果，使物料内部与表面之间产生水分浓度差，于是水分即由内部向表面扩散。因此，在干燥过程中同时进行着传热和传质两个相反的过程。干燥过程的重要条件是必须具有传热和传质的推动力。物料表面蒸气压一定要大于干燥介质（空气）中的蒸气分压，压差越大，干燥过程进行得越快。

二、干燥器的分类

干燥器以加热方式的不同可分为对流式、传导式、辐射式和介电加热式干燥器，如表

3－1所示。制剂生产中常用的形式是对流干燥器。

表3－1　干燥器的分类

对流干燥器	传导干燥器	辐射干燥器	介电加热干燥器
箱式干燥器	盘架式真空干燥器		
气流干燥器	耙式真空干燥器		
转筒干燥器	滚筒干燥器	红外线干燥器	微波干燥器
流化干燥器	间接加热干燥器		
喷雾干燥器	冷冻干燥器		

三、常用干燥设备

用于进行干燥操作的设备。类型很多。根据操作压力可分为常压和减压（减压干燥器也称真空干燥器）。根据操作方法可分为间歇式和连续式。根据干燥介质可分为空气、烟道气或其他干燥介质。根据运动（物料移动和干燥介质流动）方式可分为并流、逆流和错流。制药中常用的干燥设备一般有以下几种：

（一）箱式干燥器

1. 结构与工作原理　箱式干燥器又称为盘架式干燥器。其中的物料是静置式的，是一种传统的间歇操作形式。因为它具有操作简单的优点，至今仍被采用。箱式干燥器的基本结构如图3－17所示，外壁通常为方箱形，用绝热材料保温。箱体内有多层框架，上面放置烘盘，被干燥物料放置盘中，空气经风机吹入过滤加热后与物料接触，物料中的水分或溶剂被热空气蒸发带走。达到规定的干燥时间后，取出物料。根据空气流与物料的接触方式的不同，箱式干燥器有两种形式：即热风沿着物料表面平行通过的称为平流式箱式干燥器；热风垂直穿过物料的则称为穿流式箱式干燥器（图3－18）。后者具有热利用效率高、干燥速度快等优点。

2. 箱式干燥器的特点　箱式干燥器的优点是构造简单，设备投资少，适应性较强。缺点是装卸物料的劳动强度大，设备利用率低，能耗高且产品质量不均匀。它适用于小规模、多品种、要求干燥条件变动大及干燥时间长等场合的干燥，特别适用于作为实验室或中试的干燥装置。

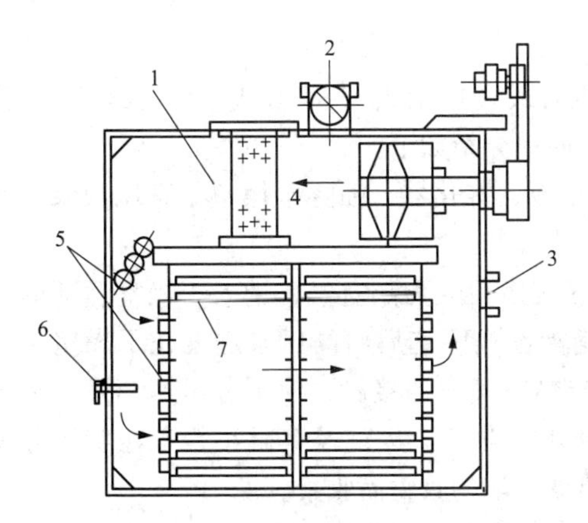

图3－17　箱式干燥箱（平流式）

1. 空气加热器；2. 排气口；3. 给气口；4. 送风机；5. 容器；6. 温度调节用感热管；7. 容器

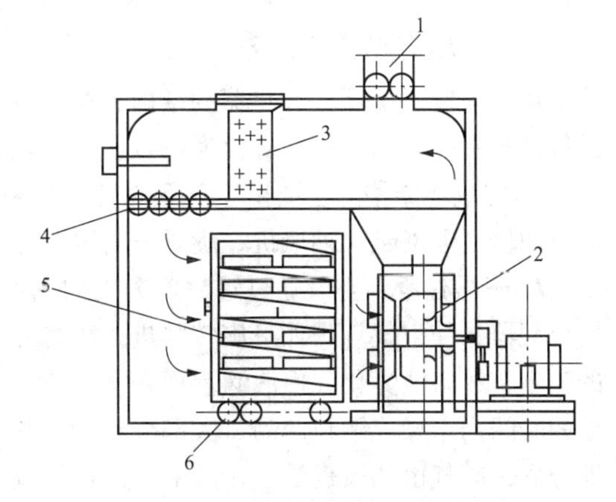

图3－18　箱式干燥箱（穿流式）

1. 排气口；2. 送风机；3. 空气加热器给气口；4. 整流板；5. 容器；6. 台车

（二）流化床干燥器

流化床干燥器又称沸腾床干燥器。加热空气从下部通入向上流动，穿过干燥室底部的气体分布板，将分布板上的湿物料吹松并悬浮在空气中，物料所处的状态称为流化态，进行流化态操作的设备叫流化床。制药行业所使用的流化床干燥装置可分为单层流化床、多层流化床、卧式多室流化床、塞流式流化床、振动流化床、机械搅拌流化床等多种类型。

单层流化床干燥器基本结构如图 3－19 所示，由鼓风机、加热器、螺旋加料器、流化干燥室、旋风分离器、袋滤器、气体分布板组成。流化床干燥器是用于湿颗粒干燥最常用的方法之一。它是利用热空气流使湿颗粒悬浮似“流化态”，热空气在湿颗粒间穿过，在动态下进行热交换带走水气，从而达到干燥目的。其特点是气流阻力较小，物料磨损较轻，热利用率较高，干燥速度快，产品质量好。一般湿颗粒流化干燥时间为 20 分钟左右，制品干湿度均匀，没有杂质。干燥时无需翻料且能自动出料，节省劳力，适合大规模生产。但流化床干燥器适用于干燥较硬的湿颗粒，否则会因料层的自重而发生黏结。

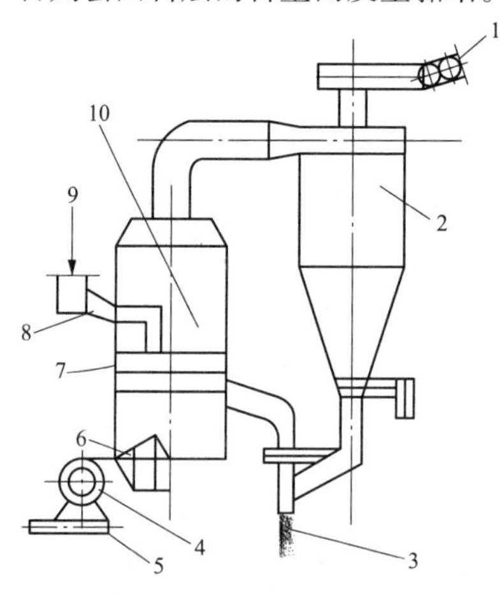

图 3－19　单层流化床干燥器

1. 空气出口；2. 旋风分离器；3. 干燥产品；4. 空气入口；5. 风机；
6. 加热器；7. 分布板；8. 进料器；9. 湿物料进料口；10. 沸腾室

（三）压力喷雾干燥器

压力喷雾干燥器按雾化器的结构分类，分为压力式（机械式）、离心式（转盘式）、气流式等三种形式。图 3－20 所示为压力喷雾干燥器，简单介绍如下。

1. 组成与结构　主要由空气预热器、气体分布板、雾化器、喷雾干燥室、高压液泵、无菌过滤器、贮液罐、抽风机、旋风分离器等部件组成。

2. 干燥过程　空气通过过滤器进入加热器，热交换后成为热空气，进入干燥室顶部的空气分配器，使空气均匀地呈旋转状进入干燥室；料液经过筛选后由高压泵送至在干燥室中部的喷嘴，将料液雾化，使液滴表面积大大增加，与热空气相遇接触，使水分迅速蒸发，在极短的时间内干燥成颗粒产品，大部分粉粒由塔底出料口收集，废气及其微小粉末经旋风分离器分离，废气由抽风机排出，粉末由设在旋风分离器下端的收粉筒收集。

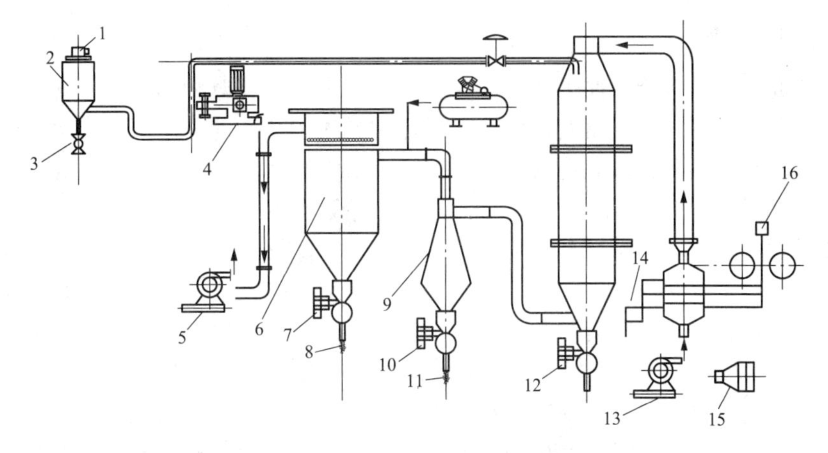

图 3-20　压力喷雾干燥器

1. 搅拌器；2. 料液；3. 球阀；4. 柱塞泵；5. 引风机；6. 布袋除尘器；
7，10，12. 抽风机；8，11. 干料；9. 旋风分离器；13. 鼓风机；
14. 冷凝水；15. 空气过滤器；16. 蒸汽

（四）红外干燥器

红外线干燥器由照射部分、冷却部分、传送带部分、排风部分和控制部分组成。如图 3-21 所示。

红外线干燥器的干燥原理：红外线是一种电磁波，它的波长介于可见光和微波之间，为 0.77～1000μm。在红外波长段内，一般把 0.77～3.0μm 称作近红外区，3.0～30.0μm 称为中红外区，30.0～1000μm 称作远红外区。当红外线照射到被干燥的物料时，若红外线的发射频率与被干燥物料中分子的运动频率相匹配，将使物料分子强烈振动，引起温度升高，进而气化水分子达到干燥目的。红外线越强，物料吸收红外线的能力越大，物料和红外光源之间的距离越短，干燥的速率越快。由于远红外线的频率与许多高分子及水等物质分子的固有频率相匹配，因而能够激发它们的强烈共振，制剂生产上常采用远红外光干燥物料。

远红外线干燥器的特点：①干燥速率快，生产效率高，特别适用于大面积、表层的加热干燥。②设备小，建设费用低，特别是远红外线烘道可缩短为原来的一半以上，因而建设费用低。若与微波干燥、高频干燥等相比，远红外加热干燥装置更简单、便宜。③干燥质量好。由于涂层表面和内部的物质分子同时吸收远红外辐射，因此加热均匀，产品的外观、力学性能等均有提高。④建造简便，易于推广。远红外或红外线辐射元件结构简单，烘道设计方便，便于施工安装。

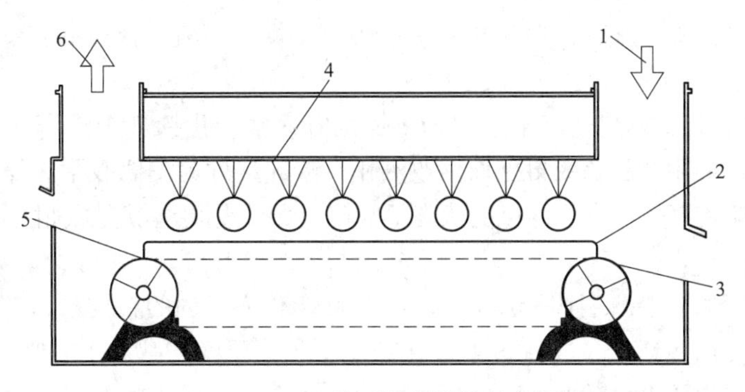

图 3-21　红外干燥器结构示意图

1. 空气入口；2. 物料；3. 出料口；4. 辐射体；5. 进料口；6. 空气出口

（五）减压干燥器

减压干燥是在密闭容器中抽去空气后进行干燥的方法，有时称为真空干燥。减压干燥除能加速干燥、降低温度外，还能使干燥产品疏松和易于粉碎。此外，由于抽去空气减少了空气影响，故对保证药剂质量有一定意义。

图3－22所示为一个大型减压干燥器。此器可供较大量药物减压干燥之用。加热蒸汽由1引入，通入夹层搁板内，冷凝水自干燥箱下部的出口2流出，3为列管式冷凝器，4为冷凝液收集器。此器分为上下两部，上部与冷凝器相连，并与真空泵通过侧口相连接，上部与下部之间用导管与阀门5相通。当蒸发干燥进行时将阀门5打开，冷凝液可直接流入收集器4的下部。收集满时，关闭阀门5使上部与下部隔离，并打开阀门6放入空气，冷凝液即可经下口龙头放出，这样可使操作过程不致中断。在干燥过程中，被干燥的物质往往起泡溢出盘外，不但污染干燥箱内部，而且能引起结构的损坏，所以使用时应适当地控制被干燥物料的量。减压干燥器一般用于胶丸、滴丸等的干燥。

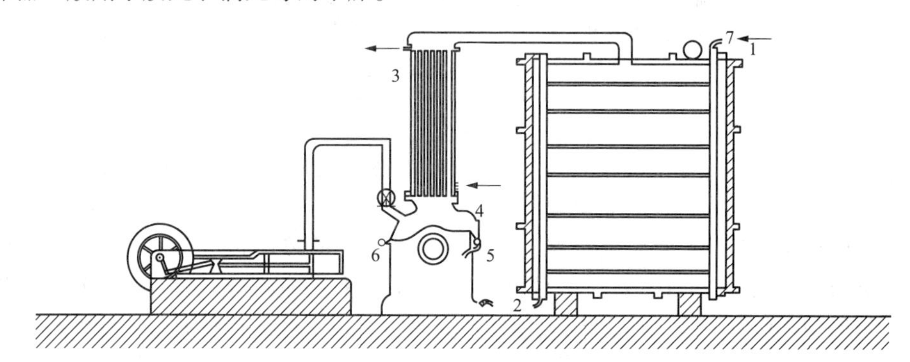

图3－22　减压干燥器

1. 蒸汽入口；2. 冷凝水出口；3. 列管式冷凝器；
4. 冷凝器收集液；5，6. 阀门；7. 蒸汽

（六）吸湿干燥的应用

有些药品或制剂不能用较高的温度干燥，采用真空低温干燥，又会使某些制剂中的挥发性成分损失，因此应用适当的干燥（吸附）剂进行吸湿干燥具有实用意义。吸湿干燥系将干燥剂置于干燥柜（或室）的架盘下层，而将湿物料置于架盘上层进行干燥。通常用于湿物料含湿量较少及某些含有芳香成分的生药干燥，也常用于吸湿较强的干燥物料在制剂、分装或贮存过程中的防潮。如糖衣片、薄膜衣片剂的表层干燥，中药浸膏散剂、胶囊剂、某些抗生素制剂的分装等。

1. 变温吸附干燥　药剂生产中常用的干燥剂有无水氧化钙（干燥石灰）、无水氯化钙、硅胶等，大都可以应用高温解吸再生而回收利用，故此法称为变温吸附干燥。由于解吸再生温度总是高于吸附温度，两个不同温度状态下吸附（湿）量之差就是吸附（干燥）剂的有效吸附量。

2. 变压吸附干燥　变压吸附干燥是20世纪50年代末开创的新技术，它是利用系统内压力变化对吸附能力产生影响的特性，形成在加压下吸附干燥，减压下解吸的循环操作过程。由于吸附剂解吸再生压力总是低于吸附压力，因此两个不同压力状态下吸附量之差就是吸附剂的有效吸附量。

图3-23所示为变压吸附压缩空气干燥装置，当加压吸附干燥时，所产生的热量蓄存于床层内，使之温度升高。当减压时，蓄存于床层内的热量立即放出用于解吸之需，床层温度下降。常用的干燥剂有分子筛、硅胶、活性氧化铝等。此法主要特点是在常温下操作，循环周期短，吸附剂的用量少且利用率高，设备简单，适应性强，具有安全可靠和自动操作等优点。近年来越来越多地代替了变温吸附装置的应用。

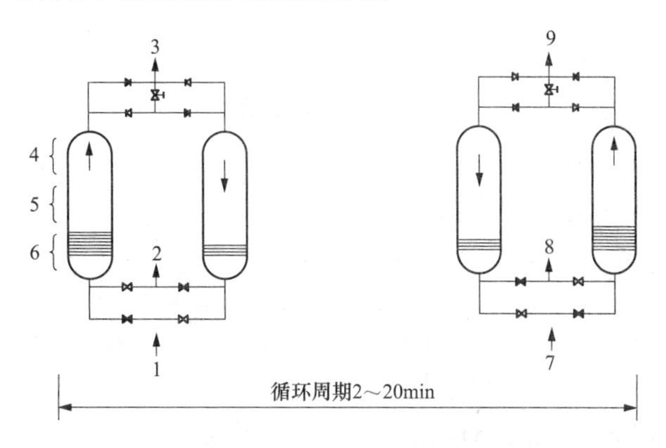

图3-23　变压吸附压缩空气干燥装置示意图

1，7. 湿空气；2，8. 排空；3，9. 干空气；

4. 超干燥区；5. 干燥区；6. 饱和区

第三节　制粒过程与设备

与散剂相比，颗粒剂具有如下特点：①飞散性、附着性、聚集性、分离性、吸湿性等均较小，有利于分剂量和含量准确；②服用方便，适当加入芳香剂、矫味剂、着色剂等可制成色、香、味俱全的药物制剂；③必要时可以包衣或制成缓释制剂。但颗粒剂由于粒子大小不一，在用容量法分剂量时不易准确，且混合性能较差。品种密度不同、数量不同的颗粒相混合时，芳香剂可溶于有机溶剂中，均匀喷入颗粒中并密闭一定时间，以免挥发损失。

一、颗粒剂制备工艺流程及操作要点

颗粒剂的制备都是按照其自身的特点来制备的，对于同一品种不同的制备工艺制得颗粒的质量是不一样的，在生产过程中经常对工艺进行研究、改进，一般采取最优的制备工艺生产才能保证颗粒剂的质量。

1. 颗粒剂的制备工艺　可溶性颗粒剂的制备工艺流程一般包括：药材的提取→浓缩→精制→制软材→制颗粒→干燥→整粒→质量检查→包装等。下面叙述下主要的工艺步骤。

（1）制软材　系将药物与辅料（常用淀粉、乳糖、蔗糖等）、崩解剂（常用淀粉、纤维素衍生物）等混合后，加入黏合剂进行混合制软材。

（2）制粒　颗粒剂制粒常采用挤出制粒法，亦可采用一步造粒机械，如离心造粒、喷雾干燥制粒或流化制粒。由于制粒后不能再添加崩解剂，所以选用的黏合剂不应过度影响颗粒的崩解。

（3）干燥　颗粒剂的干燥，常用加热、真空及沸腾干燥等方法。

（4）整粒与分级　湿粒干燥过程中，由于颗粒间相互黏着凝集，致使部分颗粒可能形成块状或条状，必须通过破碎过筛整粒以制成一定粒度的均匀颗粒。一般应按粒度规格的上下限过筛，把不能通过筛孔的部分进行适当破碎，并根据粒度规格的下限过筛，除去粉末部分。

（5）包衣　为了使颗粒剂达到矫味、矫臭、稳定、缓释或肠溶的目的，可对其进行包衣，一般常用薄膜包衣。

颗粒剂制备工艺

1. 可溶性颗粒剂的制备工艺流程一般包括药材的提取→浓缩→精制→制软材→制颗粒→干燥→整粒→质量检查→包装等。

（1）药材的提取，应根据药材中有效成分的性质，选择不同的溶剂和方法进行提取，一般多用煎煮法，也可用渗漉法、浸渍法及回流法等方法进行提取。提取液的精制以往多采用乙醇沉淀法，目前常采用絮凝沉淀、大孔树脂吸附、微孔薄膜滤过、高速离心等新技术除杂质。

（2）颗粒剂常用的辅料有糖粉、糊精和泡腾崩解剂等。干浸膏粉制颗粒所加辅料一般不超过浸膏粉的2倍，稠膏制颗粒所加的辅料用量一般不超过清膏量的5倍。

（3）制软材的程度以“手握成团，轻压即散”为宜，如软材的程度不适时，可加适当浓度的乙醇调整干湿度。制颗粒的方法有挤出制粒、湿法混合制粒和喷雾干燥制粒等。

（4）处方中若含有芳香挥发性成分或香精时，整粒后，一般将芳香挥发性成分或香精溶于适量95%乙醇中，用雾化器喷洒在干颗粒上密封放置适宜时间，再行分装。

（5）湿颗粒制成后应立即干燥。干燥时温度应逐渐上升，一般控制在60～80℃为宜。

2. 混悬型颗粒剂是将处方中部分药材提取制成稠膏，另一部分药材粉碎成极细粉加入稠膏中制成的颗粒剂，用水冲后不能全部溶解而成混悬型液体。此类颗粒剂适用于处方中含有挥发性、热敏性或淀粉量较多的药材，既可避免挥发性成分挥发损失，使之更好地发挥治疗作用，又可节省其他辅料，降低成本。混悬型颗粒剂的制法是将含挥发性、热敏性或淀粉量较多的药材粉碎成细粉，过六号筛（100目）。一般性药材以水为溶剂，煎煮提取，煎液蒸发浓缩至稠膏，将稠膏与药材细粉及适量糖粉混匀，制成软材，再通过一号筛（12～14目），制成湿颗粒，60℃以下干燥，整粒。

3. 泡腾性颗粒剂是利用有机酸与弱碱和水作用产生二氧化碳气体，使药液产生气泡而呈泡腾状态，因其能产生二氧化碳，可使颗粒疏松、崩裂，具速溶性。而二氧化碳溶于水后呈酸味，能刺激味蕾，有矫味的作用，若再加适量芳香剂和甜味剂，可得到饮料样的风味。泡腾性颗粒剂常用的有机酸有枸橼酸、酒石酸等，弱碱有碳酸氢钠、碳酸钠等。

泡腾性颗粒剂的制法是将处方中的药材按水溶性颗粒剂制法提取、精制、浓缩成稠膏或干浸膏粉，分成两份，其中一份加入有机酸制成酸性颗粒，干燥，备用；另一份加入弱碱制成碱性颗粒，干燥，备用；然后将酸性颗粒与碱性颗粒混匀，包装即得。制备时不可将有机酸与弱碱直接混合。

2. 操作要点 除主药含量测定外，《中国药典》还规定有粒度、装量差异等检查。

（1）外观 颗粒应干燥、均匀、色泽一致。无吸潮、软化、结块、潮解等现象。

（2）粒度 除另有规定外，一般取单剂量包装的颗粒剂 5 包或多剂量包装的颗粒剂 1 包称重，置药筛内轻轻筛动 3 分钟，不能通过一号筛和能通过四号筛的颗粒和粉末总和不得超过 8%。

（3）干燥失重 除另有规定外，照干燥失重测定法测定，含糖颗粒剂宜在 80℃ 真空干燥，减失重量不得超过 2.0%。

（4）溶化性 取供试品 10g，加热水 200ml，搅拌 5 分钟，可溶性颗粒剂应全部溶化或允许有轻微混浊，但不得有异物。混悬型颗粒剂应能混悬均匀，泡腾性颗粒剂遇水时应立即产生二氧化碳气体，5 分钟内颗粒完全分散或溶解在水中。

（5）装量差异 单剂量包装颗粒剂重量差异限度，应符合药典的规定。此外还有含量均匀度、溶出度检查。

3. 举例

【例 3-1】阿莫西林泡腾颗粒剂

处方：

阿莫西林三水合物	875g	碳酸氢钾	930g	柠檬酸（无水）	270g
甘氨酸碳酸钠	2238g	糖精钠	10.4g	克拉维酸钾	125g
柠檬矫味剂	73g	肉桂矫味剂	28g	阿斯帕甜素	40g
共制	1000 份				

制法：将阿莫西林过 80 目筛与克拉维酸钾置混合器中混合。另将碳酸氢钾、甘氨酸碳酸钠、阿斯帕甜素、糖精钠、柠檬酸及肉桂矫味剂置混合器中，低速混合 20 分钟，将混合物以滚筒式压制机压制成块，最后将大块粉碎成颗粒，干法制粒即得。

【例 3-2】布洛芬泡腾颗粒剂

处方：

布洛芬	60g	苹果酸	165g	交联羧甲基纤维素钠	3g
酸氢钠	50g	聚维酮	1g	无水碳酸钠	15g
糖精钠	2.5g	橘型香料	14g	微晶纤维素	15g
十二烷基硫酸钠	0.3g	蔗糖细粉	QS		
共制	1000g				

制法：将布洛芬、微晶纤维素、交联羧甲基纤维素钠、苹果酸和蔗糖细粉过 16 目筛后，置于混合器中与糖精钠混合。混合物用聚维酮异丙醇液制粒，干燥过 30 目筛整粒后与处方中剩余的成分混匀。混合前，碳酸氢钠过 30 目筛，无水碳酸钠、十二烷基硫酸钠和橘型香料过 60 目筛。制成的混合物装于不透水的袋中，每袋含布洛芬 600mg。

注释：处方中微晶纤维素和交联羧甲基纤维素钠为不溶性亲水聚合物，可以改善布洛芬的混悬性，十二烷基硫酸钠可以加快药物的溶出。

【例 3-3】板蓝根颗粒

处方：板蓝根 1400g 蔗糖适量 糊精适量

制法：取板蓝根，加水煎煮 2 次，第一次 2 小时，第二次 1 小时，合并煎液，滤过，滤液浓缩至相对密度为 1.20（50℃），加乙醇使含醇量为 60%，搅匀，静置使沉淀，取上清液，回收乙醇并浓缩至稠膏状。取稠膏，加入适量的蔗糖和糊精，制成颗粒，干燥，制成 1000g（含糖型）；或取稠膏，加入适量的糊精和甜味剂，制成颗粒，干燥，制成

600g（无糖型），即得。含糖型每袋5g或10g，无糖型每袋3g

功能与主治：清热解毒，凉血利咽，消肿。用于治疗扁桃腺炎、腮腺炎、咽喉肿痛，防治传染性肝炎、小儿麻疹等。

用法与用量：开水冲服，一次5~10g（含糖型）或一次3~6g（无糖型），一日3~4次。

注：①糊精、糖粉应选用优质干燥品，蔗糖粉碎后应立即使用，对受潮的糖粉、糊精投料前应另行干燥，并过60目筛后使用。②浓缩后的清膏黏稠性大，与辅料混合时应充分搅拌，至色泽均匀为止。③稠膏应具适宜的相对密度，在制软材中必要时可加适当浓度乙醇，调整软材的干湿度，利于制粒与干燥，干燥时注意温度不宜过高，并应及时翻动。④稠膏与糖粉、糊精混合时，稠膏的温度在40℃左右为宜。过高糖粉融化，软材黏性太强，使颗粒坚硬。过低难以混合均匀。

【例3-4】养血愈风酒颗粒

处方：防风600g　秦艽600g　蚕砂600g　萆解600g　羌活300g　陈皮300g　苍耳子600g　当归600g　杜仲900g　川牛膝600g　红花300g　白茄根1200g　鳖甲（炙）300g　白术（炒）600g　枸杞子1200g　白糖24kg

制法：将防风、枸杞子等15味药粉碎成粗末，用5倍量50%乙醇按渗漉法提取，滤液回收乙醇并浓缩至稠膏约2400g。取稠膏与糖粉（60目）搅拌均匀，过一号筛（14~16目），制成颗粒，低温干燥。整粒时喷洒食用香精，密封桶内，2天后分装。每袋50g。

功能与主治：祛风，活血。用于风寒引起的四肢酸麻，筋骨疼痛，腰膝软弱等症。

用法与用量：每袋用白酒0.5kg溶解，服用量每次不得超过120g。

注：①酒溶性颗粒剂的制法多采用渗漉法、浸渍法、回流法等方法提取，以60%左右的乙醇或欲饮度数的白酒为溶剂，提取液回收乙醇后，蒸发浓缩至稠膏状，加入适宜的辅料，制软材，制颗粒，干燥，整粒，包装。与水溶性颗粒剂类同。②酒溶性颗粒剂处方中药材的有效成分应溶于稀醇中。所加辅料应溶于白酒，常用蔗糖或其他可溶性矫味剂。③高血压患者及孕妇忌用。

【例3-5】益母草泡腾颗粒

处方：益母草1000g　糖粉适量　糊精适量　枸橼酸适量　碳酸氢钠适量

制法：（1）将益母草加水煎煮2次，第1次加水10倍，煎沸1.5小时，第2次加水8倍。煎沸1小时，过滤，药渣压榨，压榨液与滤液合并，浓缩至与原药材量1:1时放冷至室温，加乙醇至含醇量达40%，冷藏24小时，取上清液再次浓缩至1:1，放置24小时，取上清液浓缩至相对密度1.40左右（80℃），备用。

（2）将上述稠浸膏分为甲乙两份，甲份较多些，取甲浸膏与处方中的部分糖粉、糊精及全部的碳酸氢钠制成颗粒，干燥，称甲颗粒；取乙浸膏与处方中的其余糖粉、糊精和全部枸橼酸制成颗粒，干燥，称乙颗粒。

（3）将甲乙两颗粒充分混合均匀，用喷雾器喷入少许橘味香精，密闭放置一定时间后分装，每袋20g，相当于原生药25g。

功能与主治：调经、活血、祛瘀。用于月经不调，产后瘀血作痛。

用法与用量：口服。每次1袋，一日2~3次，开水冲服。

4. 颗粒剂的质量检查

（1）外观性状　干燥、颗粒均匀、色泽一致，无吸潮、软化、结块、潮解等现象。

（2）粒度　除另有规定外，取单剂量包装的颗粒剂5包（瓶）或多剂量包装的颗粒剂1包（瓶），称定重量，置药筛内过筛，过筛时，将药筛保持水平状态，左右往返轻轻筛动3分钟。不能通过一号筛和能通过四号筛的颗粒和粉末的总和不得超过8.0%。

（3）水分 一般颗粒剂依照《中国药典》水分测定法之一法测定；含挥发性成分的颗粒剂依照水分测定法之二法测定。除另有规定外，含水量不得超过5.0%。

（4）溶化性 除另有规定外，取供试品颗粒剂10g，加入热水20倍，搅拌5分钟，立即观察。可溶性颗粒剂应全部溶化，允许有轻微浑浊。混悬型颗粒剂应能混悬均匀。泡腾性颗粒剂遇水时应立即产生二氧化碳气体并呈泡腾状。均不得有焦屑等异物。

（5）装量差异 单剂量分装的颗粒剂装量差异限度应符合表3-2中的规定。取供试品10袋（瓶），分别称定每袋（瓶）内容物的重量，每袋（瓶）的重量与标示量相比较（凡无标示装量应与平均装量相比较），超出限度的不得多于2袋（瓶），并不得有1袋（瓶）超出限度一倍。多剂量分装的颗粒剂，照《中国药典》最低装量检查，应符合规定。

表3-2 单剂量包装颗粒剂的装量差异限度

标示装量	装量差异限度
1.0或1.0以下	±10%
1.0以上或1.5	±8%
1.5以上至6.0	±7%
6.0以上	±5%

二、旋转式制粒机

旋转式制粒机是由筛孔、挡板、圆钢桶、旋转叶片、齿轮、出料口、颗粒接收盘组成。如图3-24所示。旋转式制粒机的圆筒形制粒室内有上下两组叶片：上部的倾斜叶片（压料叶片）将物料压向下方；下部的弯形叶片（碾刀）将物料推向周边。两组叶片逆向旋转，物料从制粒室上部加料口加入，在两组叶片的联合作用下，物料由制粒室下部的细孔挤出而成为颗粒。

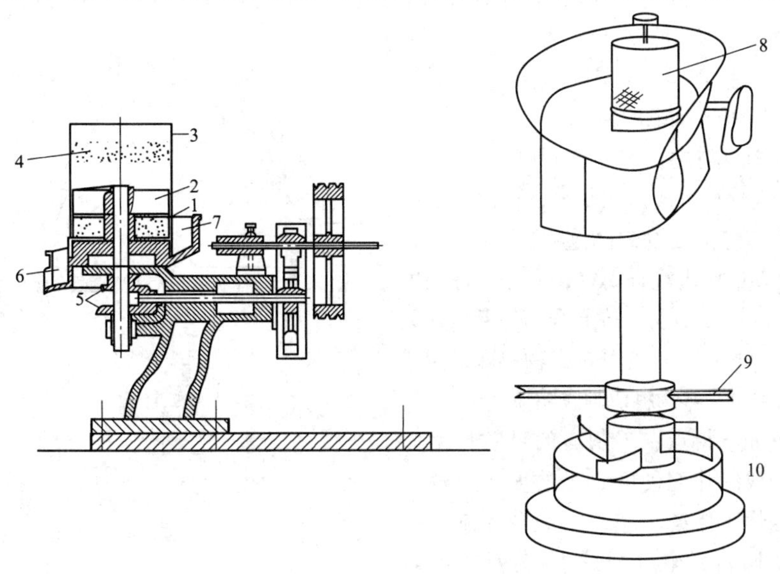

图3-24 旋转式制粒机

1. 筛孔；2. 挡板；3. 带筛孔的圆钢桶；4. 备用筛孔；5. 伞形齿轮；6. 出料口；7. 颗粒料斗；8. 造粒室；9. 斜倾叶片；10. 弯形叶片

颗粒的大小由细孔的孔径而定，一般选用孔径为0.7～1.0mm。它适用于制备湿粒，也可将干硬原料研成颗粒或将需要返工的药片研成颗粒。

三、螺旋挤压式制粒机

螺旋挤压式制粒机如图3－25所示（俯视图），螺旋挤压式制粒机由混合室和制粒室两部分组成。物料从混合室双螺杆上方的加料口加入。两个螺杆分别由齿轮带动相向旋转，借助螺杆上螺旋的推力，物料被挤进制粒室。物料在制粒室内被挤压滚筒进一步挤压通过筛筒上的筛孔而成为颗粒。

螺旋挤压制粒机的特点是：①生产能力大；②制得颗粒较结实，不易破碎。

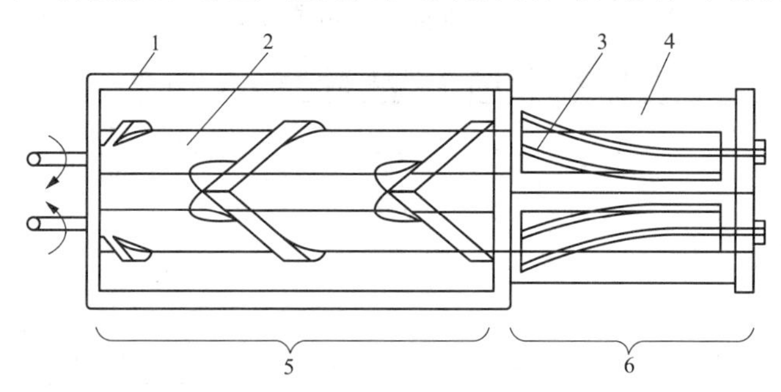

图3－25　螺旋挤压式制粒机（俯视图）

1. 外壳；2. 螺杆；3. 压出滚筒；4. 筛筒；5. 混合室；6. 造粒室

四、高效搅拌制粒机

高效搅拌制粒机属于搅拌切割制粒机制，是将药物粉末、辅料和黏合剂加入同一容器中，靠高速旋转的搅拌器的搅拌及切割刀的切割作用迅速完成混合并制成颗粒的方法。

高效搅拌制粒机由混合筒、搅拌桨、切割刀和动力系统（搅拌电机、制粒电机、电器控制器和机架）组成，如图3－26所示。

该机是将物料与黏合剂共置圆筒形容器中，由底部混合桨充分混合成湿润软材，再由侧置的高速粉碎桨将其切割成均匀的湿颗粒。操作时，将原辅料按处方量加入混合筒中，密盖，开动搅拌桨将干粉混合1～2分钟。待混合均匀后加入黏合剂或润湿剂，再搅拌4～5分钟，物料即被制成软材。开动切割刀，将物料切割成颗粒。

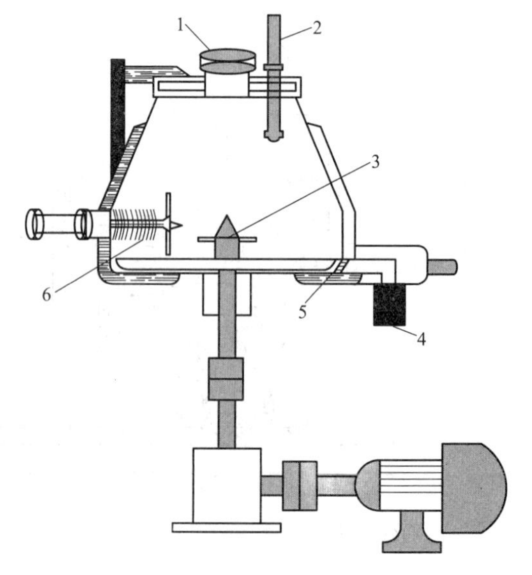

图3－26　高速混合制粒机结构

1. 顶盖；2. 黏合剂喷枪；3. 搅拌桨；4. 出料口；5. 出料挡板；6. 切割刀

该机具有如下特点：①制得的颗粒粒度均匀，干燥后制成的片剂硬度、光洁度、崩解性能和溶出度均优于传统工艺；②混合和制粒一步完成，自动卸料，全过程约10分钟，工效比传统工艺提高4～5倍；③黏合剂用量比传统工艺减少15%～25%，颗粒干燥时间也可缩短；④采取洁净气封系统能比较有效地防止物料交叉污染和机械磨损尘埃引起的污染。

五、流化床制粒设备

粉末物料在形成颗粒的过程中，起作用的是黏合剂溶液与颗粒间的表面张力以及负压吸力，在这些力作用下物料粉末经黏合剂的架桥作用相互聚结成粒。当黏合剂液体均匀喷于悬浮松散的粉体层时，黏合剂雾滴使接触到的粉末润湿并聚结在自己周围形成粒子核，同时再由继续喷入的液滴落在粒子核表面产生黏合架桥，使粒子核与粒子核之间、粒子核与粒子之间相互交联结合，逐渐凝集长大成较大颗粒。干燥后，粉末间的液体变成固体骨架，最终形成多孔颗粒产品。

流化床制粒设备主要构造由容器、气体分布装置（如筛板等）、喷嘴（雾化器）、气固分离装置（如袋滤器）、空气送和排装置、物料进出装置等组成（图 3－27）。

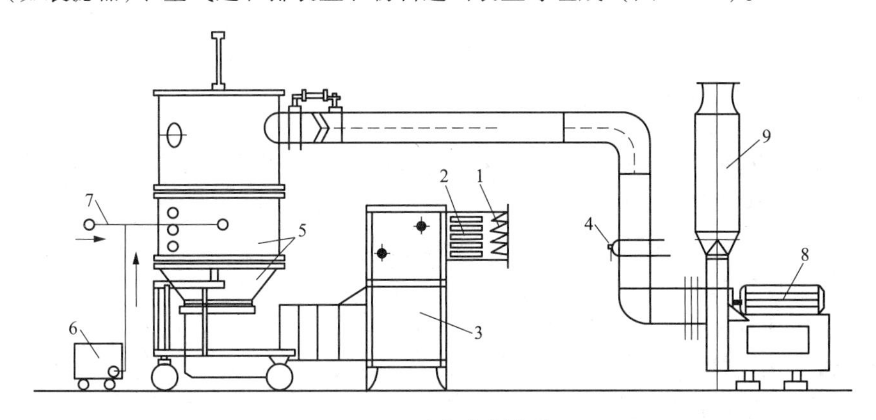

图 3－27　流化床制粒装置

1. 中央过滤器；2. 高效过滤器；3. 加热器；4. 调风阀；5. 盛料器；6. 输液泵；7. 压缩空气；8. 引风机；9. 除尘器

流化床制粒过程是空气由送风机吸入，经过空气过滤器和加热器，从流化床下部通过筛板吹入流化床内；热空气使床层内的物料呈流化状态，然后送液装置泵将黏合剂溶液送至喷嘴管，由压缩空气将黏合剂均匀喷成雾状，散布在流态粉粒体表面，使粒体相互接触凝集成粒。经过反复的喷雾和干燥，当颗粒大小符合要求时停止喷雾，形成的颗粒继续在床层内送热风干燥，出料。集尘装置可阻止未与雾滴接触的粉末被空气带出。尾气由流化床顶部排出由排风机放空。

流化床制粒设备的特点：①集混合、制粒、干燥功能于一体，能直接将粉末物料一步制成颗粒，具有快速沸腾制粒、快速干燥物料的多种功能；②设备处于密闭负压下工作，且整个设备内表面光洁、无死角、易于清洗，符合 GMP 要求；③利用液态物料作为制粒的润湿黏合剂，可节约大量的乙醇、降低生产成本；④制出的颗粒表面积大、速溶；颗粒剂易于溶化，片剂则易于崩解。

六、干法制粒设备

干法制粒常用的方法有滚压法和重压法，规模化生产时可以根据物料的具体情况来选择干法制粒的方法和相应的设备。

1. 滚压法　是利用转速同步的两个相向转动辊筒之间的缝隙，将粉末滚压成一定形状的片状或块状物，其形状与大小取决于辊筒表面情况（图3－28），如辊筒表面具有各种形状的凹槽，可压制成各种形状的块状物，如辊筒表面光滑或有瓦楞状沟槽，则可压制成大片状，片状物的形状根据辊筒表面的凹槽花纹来决定，如光滑表面或瓦楞状沟槽等，然后通过颗粒机破碎成一定大小的颗粒。

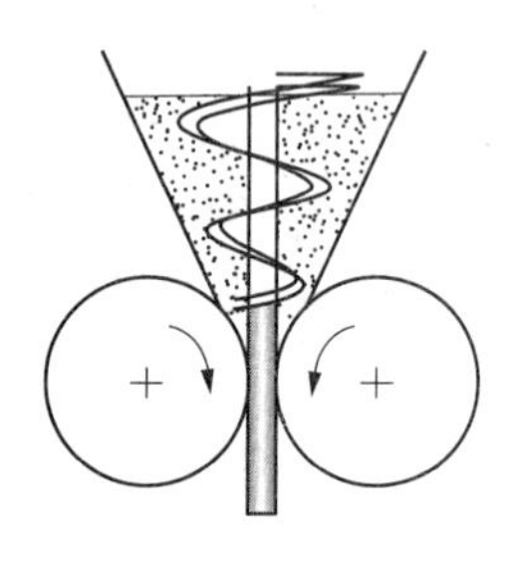
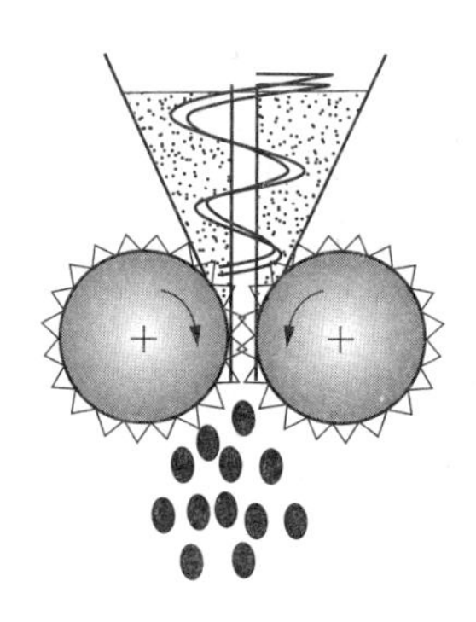
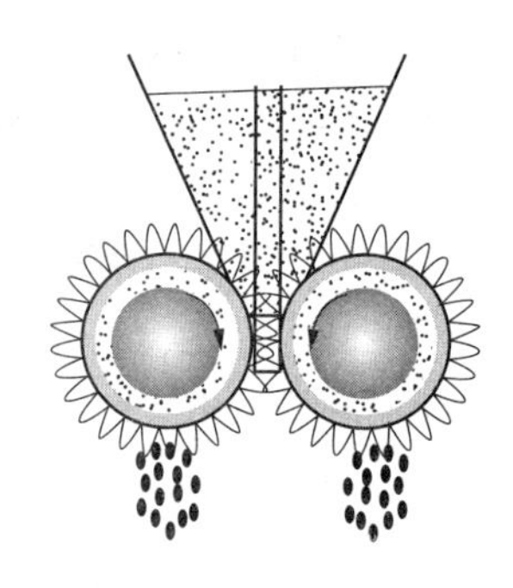

图3－28　滚压法示意图

2. 重压法　又称大片法，系将固体粉末首先在重型压片机压实成为直径为20～25mm的片坯，然后再破碎成所需粒度的颗粒。

干法制粒机结构如图3－29所示，其工作原理是加入料斗中的粉料被送料螺杆推送到两辊筒之间，被挤压成硬条片，再落入粉碎机中打碎、筛分，然后压片。操作时先将原料粉末投入料斗中，用加料器将粉末送至辊筒之间进行压缩，由辊筒压出的固体片坯落入料斗，被粗碎机破碎成块状物，然后进入具有较小凹槽的粉碎机进一步粉碎制成粒度适宜的颗粒，最后进入整粒机加工而成颗粒。由于干法制粒过程省工序、方法简单，目前很受重视。随着各种辅料和先进设备的开发应用，直接压片技术已成为各国制剂工业研究的热点之一。

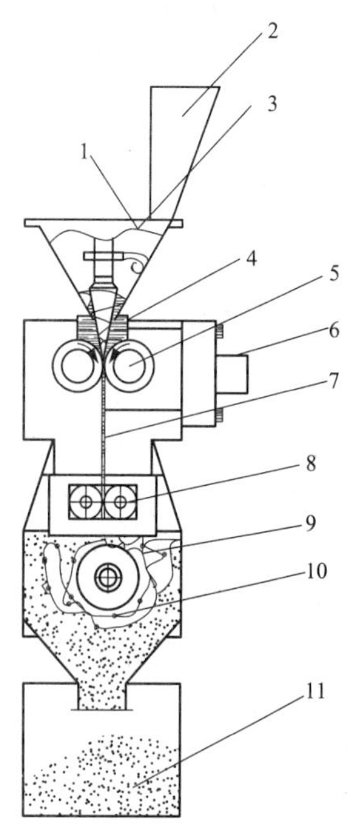

图3－29　干法制粒机结构示意图

1. 螺旋送料；2. 加料口；3. 料筒；4. 料筒座；5. 辊筒；6. 挤压油缸；7. 压制成型片状物；8. 破碎齿轮；9. 制粒辊筒；10. 筛网；11. 成品颗粒

辊筒是湿法制粒机的核心部件，其材质、表面及表面处理硬度，直接影响到物料的压片效果及其使用寿命。

3. 干法制粒的优点　干法制粒在药品生产过程中与传统的湿法制粒相比较，在许多方面具有明显的优势：①将粉体原料直接制成满足用户要求的颗粒状产品，无需任何中间体和添加剂；②造粒后产品粒度均匀，堆积密度显著增加，既控制污染，又减少粉料和能源浪费；③改善物料外观和流动性，便于贮存和运输，可控制溶解度、孔隙率和比表面积，尤其适用于湿法混合制粒、一步沸腾制粒无法作业的物料；④设备占地面积小，加工成本较低。

4. 影响干轧效果的因素

（1）物料特性　物料特性是指物料的可压缩性、流动性（含糖黏性）、热敏性以及物料本身的湿度、含水量等。这些因素将直接决定该物料是否适合进行干法制粒加工，因此在对物料干法制粒前必须进行试验，以充分了解物料的特性。

（2）压轮的转速　压轮的转速决定了物料在压轮之间轧合区域内的停留时间，直接影响物料中所含空气被排出的状况。

（3）压轮的间隙　压轮的间隙是指两个压轮之间最近点距离，这个数据与压轮间物料所受压力及所通过的物料数量密切相关，同时调节压轮的间隙，也可以改变其物料轧合时的轧合角度，通常易轧缩的产品其对应的轧合角度较大（即压轮的间隙可以调小一点）。

（4）送料系统及螺杆送料压力　螺杆送料产生预轧力在整个轧合过程中也是相当关键的因素之一，不同的物料特性其所需的预轧压力不同。因此，合理地调节送料速度及螺杆送料压力，使物料更加稳定，更能有效提高干轧效果。

（5）料筒座与压轮的侧间隙及密封　合理的结构设计能使最低程度降低侧间隙漏粉，以利于提高产品成品率。

（6）压轮表面的水冷却　为能更有效地降低物料在轧合过程中产生的挤压热，采用压轮表面强制水冷却，同时根据用户需要，有水循环冷却系统的冰水机可以把压轮表面温度调节到常温以下，以使能更有效地冷却压轮表面，提高于轧效果。

（7）粉碎制粒系统　粉碎系统采取先粉碎后整粒的方式，大大提高了产品成品率，改变了用传统摇摆制粒机做粉碎系统成品率低的现象。

七、整粒设备

采用湿法或干法制粒后，往往颗粒有大小或结块不均匀等现象，因此，在生产中往往采用整粒设备使颗粒均匀，以便进行下一步操作。

整粒设备通常是由电机、轴承座、回转整粒刀片、筛网、进料斗及机架等组成。其工作过程是将制粒后结团或结块等不符合要求的颗粒加入到整粒设备的料斗中，开启阀门，待加工的颗粒进入整粒设备机械腔室中，腔室内有回转整粒刀片，物料在整粒刀片的回旋过程中被撞击、挤压、剪切，并以离心力将颗粒甩向筛网面，然后，通过筛网孔排出腔体，经过导流筒流向容器中得到合格的颗粒。粉碎的颗粒大小，由筛网的数目、回转刀与筛网之间的间距以及回转转速的快慢来调节（图3－29）。

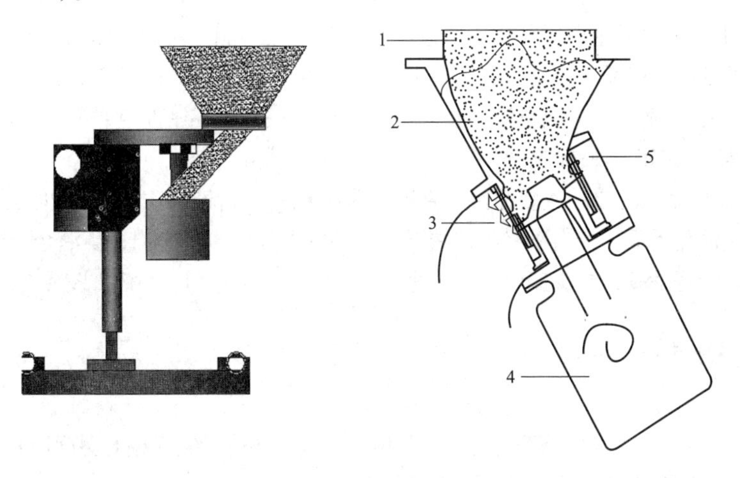

图3－29　快速整粒机外形与结构

1. 料斗；2. 待整颗粒；3. 成品颗粒；4. 电机；5. 筛室

课堂互动

我们用以下这些药材为例来具体分析，贵重药材（牛黄、冬虫夏草、熊胆等）；含芳香挥发性成分药物（菊花、肉桂、丁香、豆蔻、砂仁等）；含糖类的药物（枸杞、玄参、党参等）；胶类药物（阿胶、龟板胶、鹿角胶等），在具体的生产过程中采用何种工艺（粉碎方法）能够更好地制粒？

答：1. 贵重药材 一般采用小粉碎机，采用加液研磨等方法。

2. 芳香族及挥发性物质采用不易挥发的粉碎方法，如低温粉碎等，采用气流粉碎机等。

3. 凝胶类药材粉碎时让其固化，采用使其脆性增加的方法。

第四节　典型设备的使用及维护

在颗粒剂生产过程中各种生产设备都需要正确的使用，而使用一段时间后某部位零件会发生损坏而影响生产及影响药物质量，因此设备的正确使用及定时维护对于药物质量控制就相当关键。对于颗粒剂生产设备本节主要介绍 FL 型沸腾制粒机使用、维护保养。

一、基本原理及工作过程

1. 原理　将制粒用粉末投入流化床内，冷空气从主机后部加热室进入，经初效、中效过滤，加热器加热至进风所需温度后进入流化床，粉末在室内呈流态化，制粒用黏合剂由齿轮泵送入双流雾化器，经雾化后喷向流化床流化的物料粉末间相互架桥聚集成粒并长大，水分挥发后由排风带出机外。

沸腾制粒机用于药品的制粒和包衣工序，制粒时适用于调剂用颗粒、打片用颗粒、胶囊用颗粒、冲剂颗粒，各种重质颗粒。包衣时适用于颗粒、丸剂、片剂包衣工作。

2. 工作过程　FL 型沸腾干燥制粒机是在全封闭情况下，靠风机将制粒室抽成负压，使加入原料容器内的物料处于沸腾状态。由于通过内室的气流经加热器加热，顶端捕尘布袋可随时靠气缸伸缩震动，使物料和湿热空气分离，所以本机具有干燥功能。若同时喷入雾滴大小均匀的黏合剂（浸膏），也可使沸腾粉末互相黏结形成均匀一致的颗粒，故本机又有制粒功能。由于进入本机的空气经初、中、亚高效三级过滤，且制粒、干燥全过程均在密闭制粒室内进行，能有效地防止外界污染，符合 GMP 相关要求。

3. 特点　需要制粒的单一或多种粉体原料在沸腾床内建立流态化过程，同时混合；黏结剂经特制喷枪雾化喷至流化界面；物料凝聚成粒并干燥，挥发水分由风机排出；集混合、制粒、干燥多功能于一体；自动化程度高，能快速成粒，快速干燥；广泛用于片剂、冲剂、胶囊颗粒的制粒。

二、使用要点

1. 准备工作

（1）检查洁净区空调送风是否正常。控制室负压是否形成，空气相对湿度控制在 60% 以上。

（2）检查油雾器是否有油（食用植物油），并加注到位。

（3）检查输液泵进料管内是否进入液料。

（4）检查设备各部件是否正常。

（5）接通控制电源。

（6）打开压缩空气阀门，调节输出压力至0.45～0.7MPa。

（7）检查电流、电压表指示是否正常，温控仪表是否正常，并设定进风温度。

（8）检查布袋是否固定稳妥，清除空气过滤器网孔上的异物。

（9）先将自动/手动开关放于手动，分别合上左风门，左清灰，右风门，右清灰，检查各动作是否灵活。然后将自动/手动开关放于自动，检查自动程序是否正确。

（10）雾化器调节：将喷枪取出，启动输液泵。调节雾化压力至0.20～0.40MPa（视黏结剂黏度和喷液速度而定），调节压缩空气气压，泵速和雾化器前的调节帽至雾化良好。输液泵电机不得在高电压下启动。

2. 制粒

（1）将喷枪装入到位，拧紧锁帽。

（2）将物料推车推入到主机，开顶升开关，密封主机。

（3）关闭调风门。

（4）启动电机。

（5）逐步开启调风门，直至物料抛至中筒体视镜处锁死手柄。以上工作就绪，即可用自动程序造粒。

3. 喷枪的调试

（1）雾化空气量的设定　调节喷枪调节帽可进行空气量大小的调节，逆时针旋转，空气量增加，顺时针旋转，空气量减少，而喷雾的雾化角是随气量的增加而增加的。该因素的影响：空气量大，雾化均匀，雾粒小。反之则反。

（2）黏结剂量设定　调节输液泵转速可调节黏结剂量，泵的转速通过电压调速旋钮调节。该因素的影响，流量越大，雾化越不均匀，雾粒粗。反之则反。

（3）空气压力　空气压力由减压阀调节。该因素的影响，压力大，则雾化均匀，雾化细小，反之则反。一般为0.2～0.4MPa。

（4）喷枪开启　启动时先开雾化，后开喷枪，关闭时先关喷枪，后关雾化。

（5）清洗　每次喷枪使用完毕，用2～3kg热水，开动泵进行清洗，以免发生堵塞。

（6）黏结剂处理　黏结剂配制好后，必须严格经过40目筛网过滤，避免块状物料进入喷枪，造成堵塞故障，同时喷液管要用压缩空气将管内的水吹净。

（7）喷嘴口应注意保护好。

4. 维护和检修　全套设备必须定期维护，使设备发挥应有性能，保持正常运转，仪器、仪表应保持干燥，设备周围、操作现场要经常打扫，保持清洁。

（1）压缩空气过滤器　6～12个月，过滤器拆开用软刷刷零件，每次运转前除净下部积水。

（2）油雾器　每隔5天应加注食用植物油一次，以便气动元件能及时得到润滑。

（3）泵　喷液泵严禁反转、空转，工作时应在进料管内装满液料。

（4）喷枪　每周应用有机溶剂彻底清洗零件，以免堵塞。

（5）布袋　随时检查其透气性能，一旦堵塞，应予以清洗。停机和更换品种时，应予以清洗。

（6）孔板　孔板如发生堵塞，物料流化时就会产生沟流现象，造成流化不良，应及时加以清洗。

（7）进风过滤器　过滤器一旦堵塞，将造成进风量不足，以至流化恶化，因而每隔2～3个月清洗或更换。

（8）过滤网　黏结剂料桶下部的过滤网每班工作完毕，应予以清洗，以免堵塞。

三、常见故障产生原因及排除方法

常见故障产生原因及排除方法见表3－4。

表3－4　常见故障产生原因及排除方法

常见故障	产生原因	排除方法
沸腾状况不佳	过滤器长时间没有抖动，布袋上吸附的粉尘太多	检查布袋过滤器抖动汽缸
排除空气中细粉多	袋滤器布袋破裂	检查袋滤器布袋是否有破口，如有小孔都不能用，必须补好或更换
	床层负压高，将细粉抽除	调节风门开启度
干燥颗粒时出现沟流或死角	颗粒含水分太高	降低颗粒水分
		不装足量待其稍干后再将湿颗粒加入
	湿颗粒进入原料容器里置放过久	湿颗粒不要久放在原料容器中
		开机时将风门手动开闭几次，注意汽缸的执行节奏，要全开全闭引风阀，使其流化床内急剧鼓动颗粒，消除沟流
干燥颗粒时出现结块现象	部分湿颗粒在原容器中压死	开机时将风门手动开闭几次，注意汽缸的执行节奏，要全开全闭引风阀，使其流化床内急剧鼓动颗粒，消除沟流
	抖动袋滤器时间太长	调整抖袋时间
制料操作时颗粒不均	喷嘴开闭不严有滴流	检查喷嘴开闭情况是否灵敏可靠
	雾化压缩空气压力偏小	调整雾化压力
		调小液流量
	喷嘴有块状物堵塞	检查喷嘴，排除块状异物
	喷嘴出口雾角不好	调整喷嘴的雾化度（按喷枪操作）

本章小结

本章以颗粒剂制剂设备为主线，从药物提取过程与操作为起点，叙述了常用的提取方法及工艺过程所涉及的设备，制药过程中采用的物料干燥方法与设备。重点讲述了制粒过程中的操作要点与设备特点，最后介绍了典型设备的操作规范。

思考题

1. 简述超临界提取的原理。
2. 简述干燥器的分类及常用干燥设备。
3. 简述颗粒剂的制备工艺。

（郭强　王沛）

第四章 胶囊剂制剂设备

学习导引

知识要求

1. **掌握** 目前典型的硬胶囊剂和软胶囊剂设备的基本原理。
2. **熟悉** 半自动硬胶囊剂设备的基本原理。
3. **了解** 囊壳的制备过程。

能力要求

1. 熟练掌握硬胶囊机和软胶囊机的操作技能。
2. 学会应用硬胶囊机和软胶囊机的基本原理，解决相关设备在生产中出现的基本问题。

胶囊剂与片剂一样，具有剂量准确、质量稳定、产量大且成本低、有首过效应、有矫味功能、根据胶囊外壳的颜色易于区分药品的品种等特点。较之片剂，胶囊剂可不加或少加黏结剂或其他辅料，制备时也不需施加高的压力，因此服用后只要外囊溶解，药物即可以较快速度释放（一般 0.05 ~ 0.2 小时），药效快。因为囊壳的隔离作用，保护药物不受湿气、空气、光线的作用，从而保证药物的稳定。

胶囊制剂可分为软胶囊剂和硬胶囊剂。软胶囊剂是指通过滴制或滚模压制方法将加热熔融的胶液制成胶囊，在囊皮未干硬之前装填药物，所包容药物是液体。硬胶囊剂是指用食用明胶为主要原料的胶液，先制成胶囊壳，然后往其中装填药物，所包容的药物可以是粉状、片状或颗粒状药物，也可以是液体药物。

药物制成胶囊的目的：掩盖药物的不良臭味和减少药物的刺激性，增加药物稳定性；提高药物在胃肠液中分散性和生物利用度。按比例填充不同释放度的薄膜包衣颗粒或小丸也可以制成缓控释或肠溶胶囊剂。具有颜色或印字的胶壳，不仅美观，而且便于识别。胶囊剂的生产关键是胶囊的制造质量及药物的充填技术。胶囊剂机械结构复杂，技术及质量要求严格。

第一节 胶囊壳的制备

胶囊壳由胶囊体和胶囊帽两部分套合而成，胶囊体的外径略小于胶囊帽的内径，两者可以套合，并通过局部的凹陷部位使两者锁紧，或用胶液将套口处黏合，以防止贮运中体与帽脱开和药物的散落。

胶囊壳的主要原料是明胶，其良好的可塑性等物理特性使其成为胶囊壳的主要原料。为了增加其稳定性，生产胶囊壳还应添加适当的辅料。以下就胶囊壳的原料、辅料、主要生产工艺过程以及胶囊壳的质量和规格等方面作相关叙述。

一、胶囊壳的原料

制备胶囊壳的主要原料是明胶。除了应该符合《中国药典》规定以外，还应具有一定的黏度、胶冻力和 pH 等。黏度能影响胶囊壁的厚度，胶冻力则决定胶囊壳的强度。明胶的来源不同其物理性质也有较大的差别，如骨明胶，质地坚硬、性脆、透明度较差；皮明胶，则富有可塑性，透明度也好，两者混合使用较为理想。还有水解的方式不同，明胶的类型有 A 型和 B 型两种，A 型明胶系用酸法处理得到的，等电点为 pH 8.0 ~ 9.0；B 型明胶系用碱法处理制得，等电点为 pH 4.7 ~ 5.0。两种类型的明胶对胶囊壳的性质无明显影响，都可应用。在生产中多用 A 型和 B 型明胶混合后投料。

除了明胶以外，制备胶囊壳时还应添加适当的辅料，以保证其质量。适当加入一定量的甘油、羧甲基纤维素钠、羟丙基纤维素、油酸酰胺磺酸钠或山梨醇等可增加胶囊壳的坚韧性与可塑性；适量的琼脂可增加胶液的凝结力使蘸模后的明胶流动性减小；加入各种食用染料着色，可增加胶囊壳的美观和便于成品的识别；如药物对光敏感，可加入 2% ~ 3% 的二氧化钛，制成不透光的胶囊壳；为了防止胶囊壳在贮存中发生霉变，可加入对羟基苯甲酸酯类作防腐剂；为了增加胶囊壳的光泽，可加入少量的十二烷基磺酸钠。必要时也可加入芳香性矫味剂如 0.1% 乙基香草醛，或者不超过 2% 的香精油。

二、胶囊壳的生产工艺过程

一般的胶囊壳的生产工艺过程：溶胶→保温脱泡→蘸胶→整形→烘干→脱模→切口（定长度）→印字→套合→包装。

目前胶囊壳的生产普遍采用的方法是将不锈钢制的模具浸入明胶溶液形成囊壳的模具法。可分为溶胶、蘸胶制坯、干燥、拔壳、截割及整理等六个工序，亦可由自动化生产线来完成。操作环境的温度应为 10 ~ 25℃，相对湿度为 35% ~ 45%，空气净化应达到 10000 级。典型胶囊壳的制备机由蘸胶机、隧道式烘箱、脱模机、切断机、套合机、涂油机和成品输出部件等组成，生产胶囊壳每小时达 36000 粒，效率高，成品质量好。

三、胶囊壳的质量和规格

胶囊壳的质量取决于胶囊制造机的质量和工艺水平，它是直接影响胶囊质量的因素，例如，胶囊帽与体套合的尺寸精度，切口的光整度，锁扣的可靠性，胶囊的可塑性、吸湿性等。虽然胶囊壳制造商已经提供了合格的胶囊壳产品，但由于胶囊壳使用明胶原料的特性，其含水量的变化，依据环境的温度和湿度，在质量合格的范围内，水分的增减是可逆的，出厂时的含水量在 13% ~ 16% 之间。如果运输及贮存得当，硬胶囊壳可贮存几年而不变形。最理想的贮存条件为相对湿度 50%，温度 21℃。如果包装箱未打开，而环境条件为相对湿度 35% ~ 65%、温度 15 ~ 25℃，胶囊出厂后可保质 9 个月。假若环境超过上述条件，胶囊则易变形。变软时，帽体难分开；变脆时，易穿孔，破损。在使用时，会使机械无法正常工作。为了防止上述情况的发生，胶囊壳的运输和贮存要严格要求，即使包装时已有防潮措施，但在夏天要避免暴晒，贮存时不要将胶囊包装箱直接放在地板上，要远离辐射源和太阳直晒，更应避免水溅的侵袭。

胶囊壳除用各种颜色区别外，为便于识别胶囊品种，也可在每个胶囊壳上印字，国内外均有专门的胶囊印字机，一般每小时可印胶囊45 000～60 000粒。在印字用的食用油墨中添加8%～12%聚乙二醇-400或类似的高分子材料，能防止所印字迹磨损。

胶囊壳的尺寸规格已经国际标准化，我国药用明胶胶囊壳的型号由大到小分为000、00、0、1、2、3、4、5号共8种，号码越大，容积越小，其容积（ml±10%）分别为1.42、0.95、0.67、0.48、0.37、0.27、0.20、0.13。一般常用0～3号。

知识拓展

植物性胶囊壳的发展

明胶最常用的原料是猪和牛的骨与皮，因此明胶胶囊壳可能存在动物性有害残留物质和疯牛病、口蹄疫等动物源抗原传递给人类的风险。同时屡屡发生的毒胶囊事件更使得明胶胶囊壳声名狼藉。而且从加工方面而言，明胶提炼过程中需要对动物皮、骨和筋腱等原材料进行复杂理化处理，生产过程中产生的“三废”对周边环境保护影响较大，另外从使用方面来看，明胶胶囊中的物质会与某些化学药品产生反应等，因此具有良好特性的植物性胶囊壳渐渐被人们重视起来，植物性胶囊壳具有化学稳定性强，不存在几乎所有的明胶胶囊壳的问题，同时，植物性胶囊含水量低，保质期长，韧性也要好于明胶胶囊。

植物胶囊壳相对于动物明胶胶囊壳的优越性表现在：

1. 植物胶囊壳是一个对环境无污染的产业　动物明胶的生产提取是由动物的皮和骨作为原材料，通过化学反应发酵而成，其过程中添加大量的化学成分。生产过程中发出很大的异味，而且会使用大量的水资源，对空气和水环境产生严重的污染。而植物胶的提取很多是采取物理提取的方法，从海洋及陆地植物中提取，不会产生腐烂的恶臭气味，也大幅减少了水的使用量，减少了对环境的污染。

2. 植物胶囊壳原材料的稳定性　明胶的生产原料来自于不同的猪、牛、羊等不同的动物尸体，而近年流行的疯牛病、禽流感、蓝耳病、口蹄疫等都来源于动物。当需要对药物的追溯性调查，考虑胶囊原材料时，往往很难追踪。而植物胶来源自天然的植物，能较好地解决以上的难题。

3. 植物胶囊壳无胶联反应的风险　植物胶囊壳有较强的惰性，不易与含醛基药物发生交联反应。

4. 植物胶囊壳的低含水量　明胶胶囊壳的含水量在12.5%～17.5%之间。高含水量的明胶胶囊往往容易吸取内容物水分或者被内容物吸取水分，使胶囊发软或发脆，影响到药物本身。植物胶囊壳的含水量控制在5%～8%之间，不易与内容物发生以上反应，具有对不同性质的内容物都能保持韧性等良好的物理性质。

5. 植物胶囊壳易于储存，降低企业的储存成本。

6. 植物胶囊壳能隔绝与外部空气的接触。

7. 植物胶囊壳的稳定性　明胶胶囊壳的有效期一般在18个月左右，在加上使用前的存放时间，使胶囊的保质期更短，这往往直接影响药物的保质期。植物胶囊壳的有效期一般在36个月，明显增加了产品的有效期。

8. 植物胶囊壳无防腐剂等残留　明胶胶囊壳在生产中为防止微生物的生长会添加防腐剂如对羟基苯甲酸甲酯，如果加入的量超过了一定的范围，最终还可能会影响砷含量的超标。

第二节 硬胶囊剂成型过程与设备

硬胶囊剂成型设备，一般是指将预套合的胶囊壳及药粉直接放入机器上的胶囊贮桶及药粉贮桶后，填充机即可自动完成填充药粉，制成胶囊制剂。此外机器上还带有剔除未拔开和未填充药粉的胶囊、清洁囊壳板等功能的辅助设施。完成整个生产过程的有全自动胶囊填充机和半自动胶囊填充机之分。

一、硬胶囊剂制备工艺流程

硬胶囊剂的生产工艺过程为配料→制颗粒→充填→包装。

1. 配料与制粒 制颗粒的目的是保证装填于胶囊壳中的药物及辅料能混合均匀来保证准确的剂量。对于单一成分的细粉或虽为多成分但能确保均匀程度的粉体则可不必制粒直接充填。以专门的微囊、微球的生产工艺和装备，将药物制成微囊、微球等，也可直接充填于硬胶囊中。目前，一些硬胶囊充填机有的有2~3个充填工位，用来向同一粒硬胶囊充填不同成分的颗粒、微囊、小球等以实现胶囊剂的多种功能。

2. 充填 在填充机上首先要将杂乱无定向的胶囊壳按轴线方向排列一致，并保证胶囊帽在上、胶囊体在下的体位。首先要完成胶囊壳的定向排列，并将排列好的胶囊落入囊壳板。然后将胶囊壳帽、体轴向分离，再将胶囊壳的帽、体轴线水平分离，以便于填充药粉。填充机上另一重要的功能是药粉的计量及填充。此外还有剔除未拔开的胶囊壳，胶囊壳的帽、体对位并轴线闭合，成品胶囊移出及清洁胶囊壳板等功能。

知识链接

胶囊的发展历史、微胶囊的制备

1. 胶囊的发展历史 公元前1500年，第一粒胶囊在埃及诞生。1730年，维也纳的药剂师开始用淀粉制造胶囊。1834年，胶囊制造技术在巴黎获得专利（F. Mothes）。1846年，两节式硬胶囊制造技术在法国获得专利（J. Lehuby）。1872年，在法国诞生了第一台胶囊制造充填机（Limousin）。1874年，在底特律开始了硬胶囊的工业化制造（Hubel），同时推出了各种型号。1888年，Parke－Davis公司在底特律获得制造硬胶囊的专利（J. B. Russell）。1931年，Parke－Davis的胶囊制造速度达到了每小时10 000粒（A. Colton）。1931年，帕克·戴维斯公司制造了空心胶囊的自动生产设备，明胶胶囊进入工业化生产。

2. 微胶囊的制备 微胶囊指一种具有聚合物壁壳的微型容器或包物。其大小一般为5~200μm不等，形状多样。制备微胶囊的过程称为微胶囊化。微胶囊的制备是指将固体、液体或气体包埋在微小而密封的胶囊中，使其只有在特定条件下才能以控制速率释放的技术。其中，被包埋的物质称为芯材，包括香精香料、甜味剂、色素、维生素、酶、微生物、气体以及其他各种饲料添加剂。包埋芯材实现微囊胶化的物质称为壁材。

二、硬胶囊剂制备设备

目前市场上现有的各种囊填充机，胶囊处理与填充机构基本是相同的，不同之处多是药粉的计量机构不同，有的是插管计量方式，有的是模板计量方式。从转台的运转形式上分有连续回转和间歇回转的两种型式。以下以间歇回转式胶囊填充机为例说明其主要结构和原理。

（一）全自动胶囊填充机

全自动胶囊填充机的主体结构包括胶囊壳斗、胶囊壳顺向器、转台、囊壳板、药料斗、计量转筒、填装转盘和电机传动机构等组成，如图 4－1 所示，填充机上由转台为主体完成复杂结构，转台在电机传动机构的带动下，拖动胶囊壳板作周向旋转。围绕转台设置有计量装置、胶囊壳顺向器、胶囊壳帽体分离、剔除废囊、闭合、成品移出、清洁等工位。在工作台下边的机壳里装有传动系统，将运动传递给各装置及机构，以完成填充胶囊的工艺。胶囊填充机各工位功能如图 4－2 所示。

其各工位的作用如下：自囊壳料斗里的杂乱胶囊壳，经过工位 1 顺向器，使胶囊壳都排列成胶囊帽在上的状态，落入到转台上的囊壳板孔中（每块囊壳板分上下两板）。在工位 2 上，利用上下囊壳板孔径的微小差异（胶囊帽直径大于胶囊体）和真空抽力，使胶囊帽留在上囊壳板，而胶囊体落入下囊壳板孔中。在工位 3 上，上囊壳板将胶囊帽移开，使胶囊体上口裸露出来，于工位 4 装置的下方进行计量填充。当遇有未拔开的胶囊时，整个胶囊始终悬吊在上囊壳板上，为了防止这类胶囊壳与装药的胶囊混合，在 5 剔除废囊工位上，将未拔开的空囊由上囊壳板中剔除，使其不与成品混淆。工位 6 是盖帽工位，使上下囊壳板孔轴线对位，利用外加压力将胶囊帽与装药后的胶囊体闭合。工位 7 是将闭合后的胶囊从上下囊壳板孔中顶出，完成成品移出的过程。工位 8 是清洁工位，利用吸尘系统将上下囊壳板孔中的药粉、碎胶囊皮等清除。

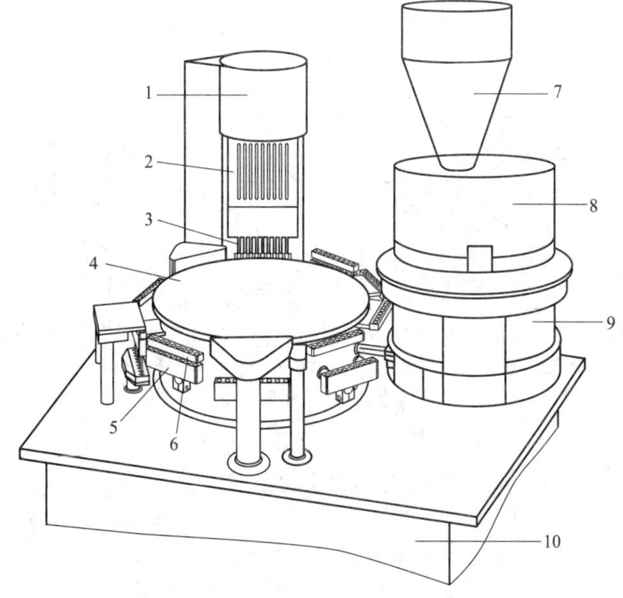

图 4－1　全自动胶囊填充机主体结构

1. 胶囊壳斗；2. 胶囊壳顺向器；3. 推杆；4. 转台；
5. 下囊壳板；6. 上囊壳板；7. 药料斗；
8. 计量转筒；9. 填装转盘；10. 电机传动机构箱体

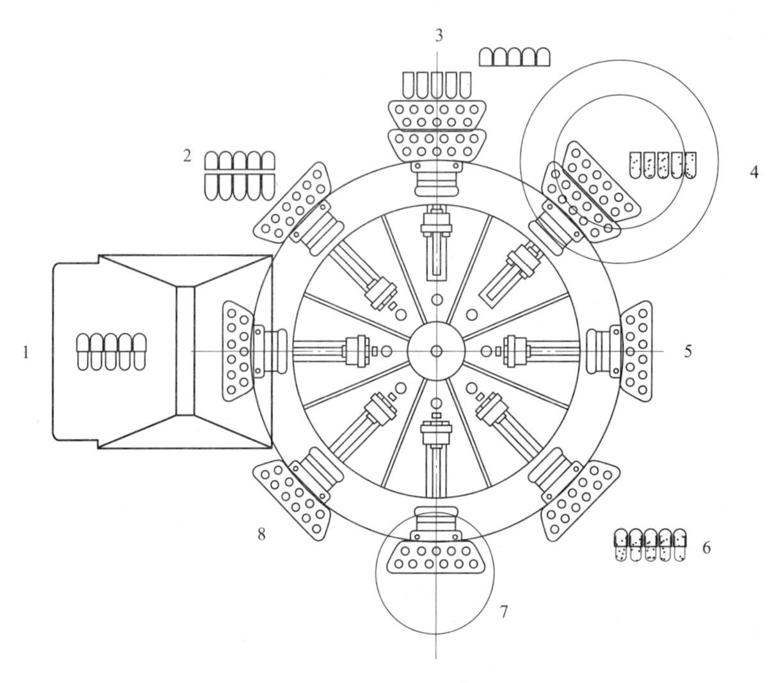

图 4－2　全自动胶囊填充机各工位示意图

1. 胶囊壳同向排列；2. 帽体分开；3. 露出胶囊体口；4. 充填药物；
5. 剔除废囊；6. 盖帽；7. 成品移出；8. 清洁工位

其主要部分的结构和工作原理如下：

1. 转台　根据上述各工位要求，在不同工位完成不同的如胶囊壳同向排列、帽体分开等动作，这是通过转台的结构及动作实现的。上、下囊壳板在转台上的结构如图 4－3 所示。

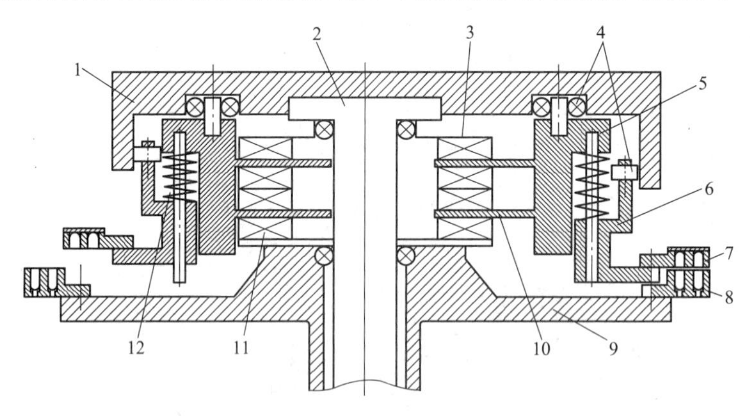

图 4－3　全自动胶囊填充机转台结构

1. 凸轮组；2. 固定轴；3. 轴承座；4. 滚轮；
5. 滑块；6. 滚轮架；7. 上囊壳板；8. 下囊壳板；
9. 回转盘；10. 滑杆；11. 环形轴承；12. 拉簧

转台由固定不动的固定盘和做间歇回转的回转盘 9 组成。固定盘由固定轴 2 和凸轮组 1 组成。转台主要有两个动作，一是带动上、下囊壳板转到不同工位；二是在不同工位移动上囊壳板做上移、内收的动作。在转台工作中，下囊壳板 8 直接固定在回转盘 9 上，其回转半径始终不变。上囊壳板7固定在做上下轴向滑动的滚轮架6上，滚轮架6的顶部装有能沿水平方向旋转的滚轮4，在拉簧12的作用下，滚轮4始终沿着固定在固定轴2上的凸轮组1（下端面上为圆柱凸轮曲线）滚动，滚轮轴线随着凸轮曲线的高低而上下，从而带动上囊壳板7沿高度上离开或靠近下囊壳板8。与此同时，装有上囊壳板7的滚轮架6套在滑块5的两根导柱上，当滚轮架6上下运动时，不但受凸轮曲线导向，还受导柱导向作用，以确保囊壳板的囊孔轴线总是垂直的。滑块5的顶部装有轴线铅垂的滚轮4，当回转盘9回转时，滚轮4又受凸轮组1上的平面盘形凸轮曲线槽导向，从而拖动滑块5作径向辐射状的外伸或内缩运动。轴承座3是一个复合的滚动轴承座，在环形轴承11座上呈径向辐射状装有12对轴承。滑块5上的滑杆10就是在滚动轴承的导引下，控制上囊壳板7在沿凸轮组曲线运动时，始终保持与下囊壳板8在同一半径方向上。这样当回转盘9带动上、下囊壳板进行转位时，受到固定的组合轮导向，上囊壳板7将所带胶囊帽做相对下囊壳板8上的胶囊体如帽体分开、露出胶囊体口和盖帽等动作。

2. 填充计量装置 目前，全自动胶囊填充机填充计量方式常见的有插管式计量、模板式计量、真空吸附计量和滑块计量等方法，以下以插管式计量、模板式计量、真空吸附计量为例进行介绍。

课堂互动

讨论如何将不同状态的药物，如粉状、颗粒装、微球状，定量地装入胶囊壳中。

1. 插管计量方式，药粉柱的重量取决于它的体积和比容时，可运用“插管式计量”方式解释。即药粉柱的体积是由药粉盒内粉层高度、插管内径决定的。药粉柱的比容则由药粉柱的松实程度而定。因此要根据不同药粉的性质进行调节得到适当药粉柱质量。插管内径及冲杆的相对行程可通过结构设计及制造精度来保证。使用前精心调整推杆及主轴的两个凸轮曲线的相对位置，即可达到所要求的药粉柱质量。

当药粉较黏、流动性较差、如羽毛状结晶或轻体药粉易结团块、架桥形成空穴等易使计量精度超差时，可引出药粉柱主要靠刮板进行调节，刮板、耙料器等装置控制药粉盒内药粉层高度和药粉的松实程度。调节时要依药粉的性质而定，当药粉较黏、流动性较差、如羽毛状结晶或轻体药粉易结团块、架桥形成空穴等易使计量精度超差时，需将药粉耙松、翻匀、刮实后方能保证每次插管计量药粉质量符合要求。如果药粉黏度较低、流动性较好，则利用刮板将粉层刮平，控制药粉层厚度即可保证计量精度要求。

药粉柱在插管中，在转位时会松散掉落的问题。可讨论调节插管与冲杆的相对行程，避免药粉柱压不实。

药粉柱在插管中压的过实而黏在冲杆端部。可讨论填充机的结构，冲杆在插管内上下运动时，冲杆上有一销钉将沿管壁上的螺旋槽旋转，使冲杆与插管有一个微小的旋转动作，以避免药粉黏在插管壁或冲杆端部。

2. 真空吸附方式，主要是利用真空负压将微丸吸满一定体积后，通过主轴旋转至对侧，将小丸灌装到胶囊壳内，这样的填充方式对药物微丸表面没有伤害，适用于对颗粒表面完整要求较高的物料。

（1）插管式计量装置　插管式计量装置原理如图4－4所示。

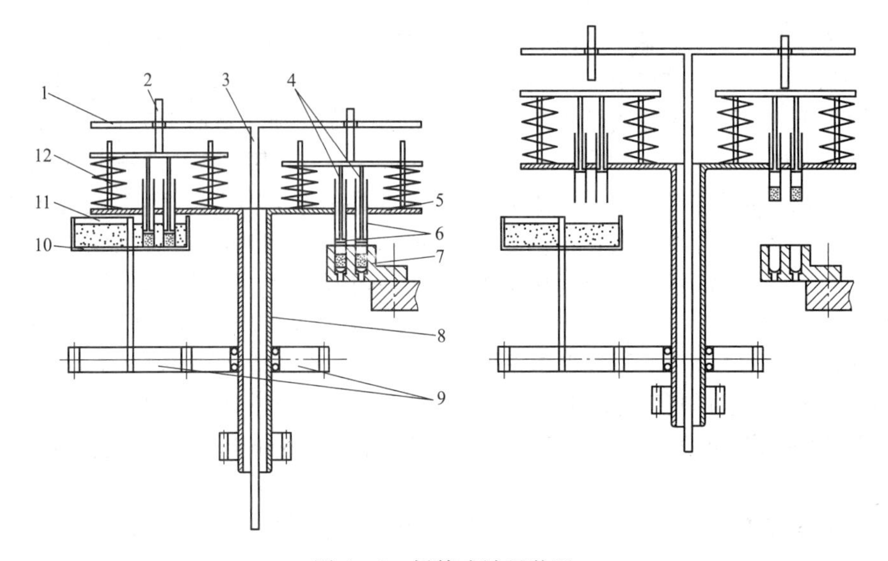

图4－4　插管式计量装置

1. 推杆架；2. 调节杆；3. 推杆；4. 冲杆；
5. 插管架；6. 插管；7. 囊壳板；8. 主轴；
9. 齿轮；10. 药粉盒；11. 刮板；12. 弹簧

插管架5上装有若干对插管与冲杆，对称排列于推杆3的两侧。一侧对着药粉盒10，一侧对着囊壳板7。冲杆4套在插管6内，两者之间只有极小的配合间隙（0.1mm）。插管内径略小于胶囊体内径。冲杆与插管由主轴8拖动，同步间歇做180°回转。在回转的间歇时间内，推杆3被带槽的盘形凸轮控制作上下往复动作，它不回转。同时插管架5也受到盘形凸轮控制，形成上下往复动作。两个盘形凸轮的曲线保证了冲杆与插管在同步下移一段时间后，冲杆会有一段单独下行时间，之后两者同步上升归位。在冲杆及插管间歇时，通过齿轮9的带动药粉盒14也做间歇运动，固定不动的刮板11将药粉盒内的药粉刮平。在冲杆与插管做上下动作时，药粉盒保持不动。对着药粉盒上方的一组插管下行插入药粉盒，穿过粉层至粉盒底部，插管内就形成一定体积的药粉柱，同时冲杆相对插管进行下行运动将药粉柱压实，至此完成一次计量动作，如图4－4左图所示。当药粉柱随插管上行后间歇旋转180°处于囊壳板上方时，冲杆再次下行运动将药粉柱推出插管，落入胶囊体中，同时另一侧插管内形成药粉柱。图4－4右图所示的位置是推杆与插管上行到上限，并旋转180°时的状态。转动调节顶柱2即可改变其下端的伸出长度，当推杆下行时，冲杆受压的下行幅度就得到调整，从而满足不同的药粉柱高度要求及推出药粉柱的动作幅度。

在插管式计量中，药粉柱的重量取决于它的体积和比容。药粉柱的体积是由药粉盒内粉层高度、插管内径决定的。药粉柱的比容则由药粉柱的松实程度而定。因此要根据不同药粉的性质进行调节得到适当药粉柱质量。插管内径及冲杆的相对行程可通过结构设计及制造精度来保证。使用前精心调整推杆及主轴的两个凸轮曲线的相对位置，即可达到所要求的药粉柱质量。

生产时药粉柱质量主要靠刮板进行调节，刮板、耙料器等装置控制药粉盒内药粉层高度和药粉的松实程度。调节时要依药粉的性质而定，当药粉较黏、流动性较差、如羽毛状结晶或轻体药粉易结团块、架桥形成空穴等易使计量精度超差时，需将药粉耙松、翻匀、刮实后方能保证每次插管计量药粉质量符合要求。如果药粉黏度较低、流动性较好，则利用刮板将粉层刮平，控制药粉层厚度即可保证计量精度要求。

在使用插管式计量填充药粉时还应注意调节插管与冲杆的相对行程，避免药粉柱压不实，否则插管里的药粉柱在转位时会松散掉落。另一方面也应防止黏性药粉压的过实而黏在冲杆端部。为克服这个缺点，冲杆在插管内上下运动时，冲杆上有一销钉将沿管壁上的螺旋槽旋转，使冲杆与插管有一个微小的旋转动作，以避免药粉黏在插管壁或冲杆端部。

（2）模板式计量装置　模板式计量适合于流动性较好的药粉。

如图4－5所示，药粉桶底部是计量模板2，工作时药粉桶带着药粉做间歇回转运动。图4－5的左图是药粉桶的周向展开图，计量模板上开有6组贯通的模孔，呈周向均布。a～f代表各组冲杆3，各组冲杆3的数目与各组模孔的数目相同。各组冲杆安装在同一横梁上，并由凸轮机构带动做上下往复运动。在冲杆上升后的间歇时间内，药粉盒间歇回转一个角度。药粉桶每次的回转角度，就是各组模孔的分度值。故计量模孔中的药粉就会依次被各组冲杆压实一次。当冲杆自模孔中抬起时，粉盒转动，模板上边的药粉会滑落填满模孔中剩余的空间。如此反复地进行填充、压实，直到第f次时，第f组冲杆的位置最低，将模孔中的药粉柱推出计量式模板，使其落入停在下边的胶囊壳体内，完成一次填充工作。在第f组冲杆位置上还一个不运动的刮粉器5，利用刮粉器与模板之间的相对运动，将模板表面上的多余药粉刮除，以保证f位不漏药粉。

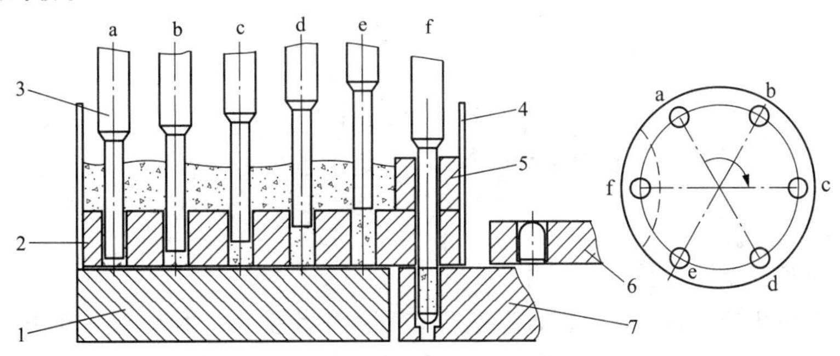

图4－5　模板式计量装置

1. 托板；2. 计量模板；3. 冲杆；4. 药粉桶；
5. 刮粉器；6. 上囊壳板；7. 下囊壳板

图4－5中各组冲杆的高度不同，其高度可调。当各组冲杆同时下压时，每个模孔内药粉的压实程度不同，通过调节冲杆高度可以对药粉柱的质量进行微调。当不同药物需要大的计量调节范围时，则需要更换不同孔径及厚度的计量模板和更换相应尺寸的冲杆。模孔的孔径精度及相对位置精度和冲杆的安装位置精度都要求很高，否则会造成冲杆和模孔的摩擦。因此，模板式计量装置的制造、调试精度高，成本和维护费用相对较高。但由于其具有剂量调节范围较广、剂量精度高等优点。生产中也发现这种计量装置对一些黏度大、相对密度小的药物较难控制计量精度，还会发生计量模板与托板相黏合的情况。

（3）真空吸附式计量装置　见图4－6。

真空吸附方式，主要是利用真空负压将微丸吸满一定体积后，通过主轴旋转至对侧，将小丸灌装到胶囊壳内，这样的填充方式对药物微丸表面没有伤害，适用于对颗粒表面完整要求较高的物料。图4－6为真空吸附式计量装置，由计量管、计量杆、压出机构、传动机构、药料斗等组成，是一种目前较为理想的微丸计量及充填装置，每套装置配有两组计量管，其工作过程是一组计量管插入药料斗内，经真空吸附一定容量的微丸，另一组计量管，位于胶囊体正上方，计量管装置升高到一定高度，计量管装置旋转180°，下降到原始高度，吸附微丸的一组计量管位于被灌注胶囊体的上方，解除负压，压出机构压出计量杆，将计量管内的微丸推出注入到下囊壳板。

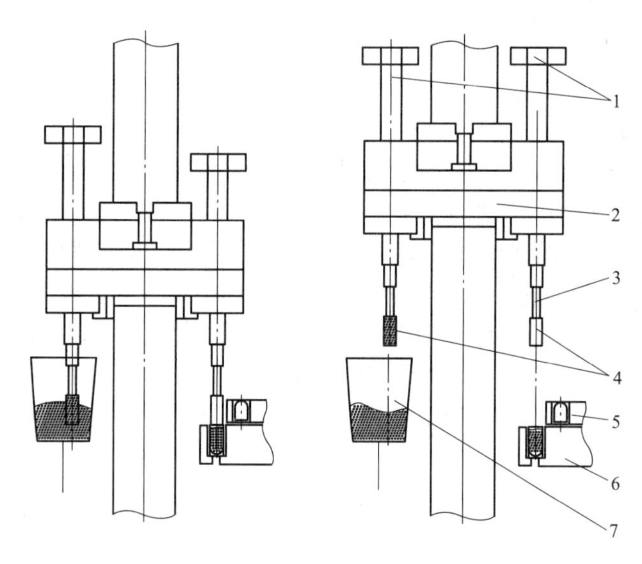

图4-6　真空吸附式计量装置

1. 压出机构；2. 传动机构；3. 计量杆；
4. 计量管；5. 上囊壳板；6. 下囊壳板；7. 药料斗

3. 胶囊壳排列、定向装置

（1）胶囊壳斗和排列装置　为保证胶囊壳在储运中不变形，胶囊壳均是帽体套合在一起的。胶囊壳在填充药粉前必须使胶囊帽在上、胶囊体在下才能完成，所以胶囊填充机通常都有胶囊壳排列定向装置。胶囊壳斗多置于较高位置上，斗底连接一贮囊盒。利用胶囊光滑的外形，胶囊壳自胶囊壳斗底部自由滑入贮囊盒中，贮囊盒由不锈钢制成，结构如图4-7所示。

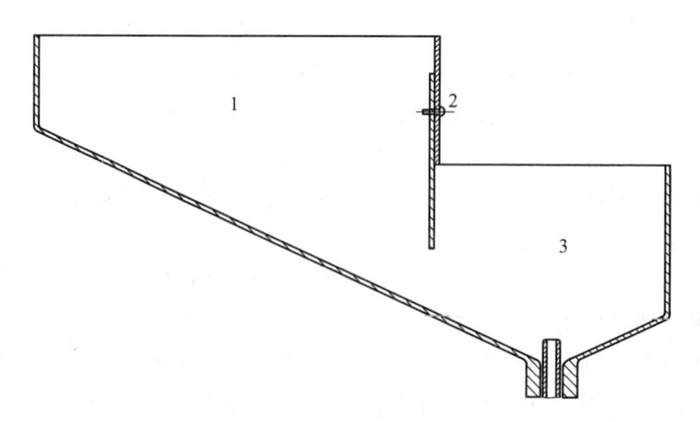

图4-7　胶囊壳贮囊盒

1. 胶囊壳接囊部分；2. 调节板；3. 胶囊壳供囊部分

一块调节隔板将贮囊盒分成接囊和供囊两部分。接囊部分接收自贮桶内滑落的胶囊，供囊部分并联有几个落囊通道，其数目的多少应与囊壳板上的孔数相对应。调节隔板的作用是控制和保持各落囊通道端部有一定量的胶囊。胶囊太多，易被顶碎、卡住；胶囊太少，不能确保通道中落满胶囊。通道可以是弹簧钢丝螺旋绕制管、乳胶管等柔性的，也可以是在有机玻璃、铝合金等刚性的板材上加工一组通孔。借助排囊壳板做上下往复运动，使表面光滑、易于滑动的胶囊壳自行进入通道。

图4－8所示为刚性通道，又称为排囊壳板的纵向剖视示意图，在垂直板面方向上，可以有若干平行的滑道。胶囊壳通过排囊壳板上下往复运动进入滑道。排囊壳板上端应避免尖锐边缘，以防止扎破胶囊，由于胶囊壳是靠重力和排囊壳板上下往复运动而引入通道中的，因此必须保持滑道清洁光滑，无阻碍物存在，方能使胶囊顺利下落。

排囊壳板2的每个通道出口均有一个压囊杆4能将胶囊卡住，压囊杆均紧固在压囊杆架5上，当排囊壳板在下行送囊时的同时压囊杆架5旋转一定角度，从而使压囊杆脱离开胶囊，释放一粒胶囊壳；当排囊壳板上行时，压囊杆架5回到原来位置，压囊杆又将下一个胶囊壳压住，因此排囊壳板一次行程只能允许一粒胶囊壳的下落。

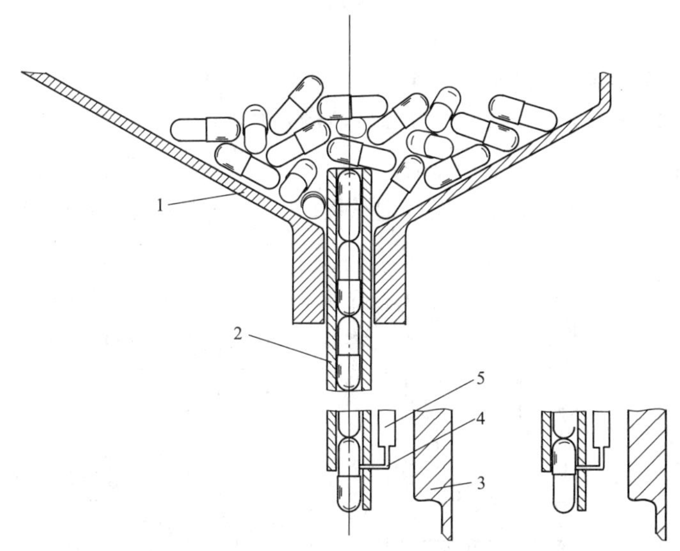

图4－8　排列装置

1. 贮囊盒；2. 排囊壳板；3. 推爪；4. 压囊杆；5. 压囊杆架

（2）胶囊壳定向装置　自由滑落的胶囊壳在排囊壳板通道中有两种状态，胶囊壳的帽在上和帽在下，当排囊壳板下降到最低处，同时压囊杆打开，胶囊停留在囊座滑槽中。为使其定向排列，水平往复动作的推爪使胶囊在定向囊座的滑槽内水平运动，如图4－9所示。

由于胶囊帽直径大于胶囊体直径，定向囊座的滑槽宽度（如图4－9左起第一图所示）略大于胶囊体直径而略小于胶囊帽的直径，这样就形成滑槽对胶囊帽的一定摩擦阻力，而与胶囊体并不接触。虽然胶囊壳出厂时体帽是合在一起的，但并未锁紧，因此胶囊壳总是胶囊体长于帽，因此推爪推胶囊壳时，无论是帽在上或帽在下的情况，推爪顶端都能顶在胶囊体上，因此，当推爪推动胶囊体运动时，推爪与滑槽对胶囊帽的摩擦阻力点之间形成一个力矩，这样随着推爪的运动，就发生了胶囊的调头运动，永远使胶囊体朝前地被水平推到定向囊座的右边缘，铅垂运动的压爪将胶囊再翻转90°，垂直地推入到囊壳板孔中。图4－9是胶囊壳帽在上或帽在下的两种定向情况。

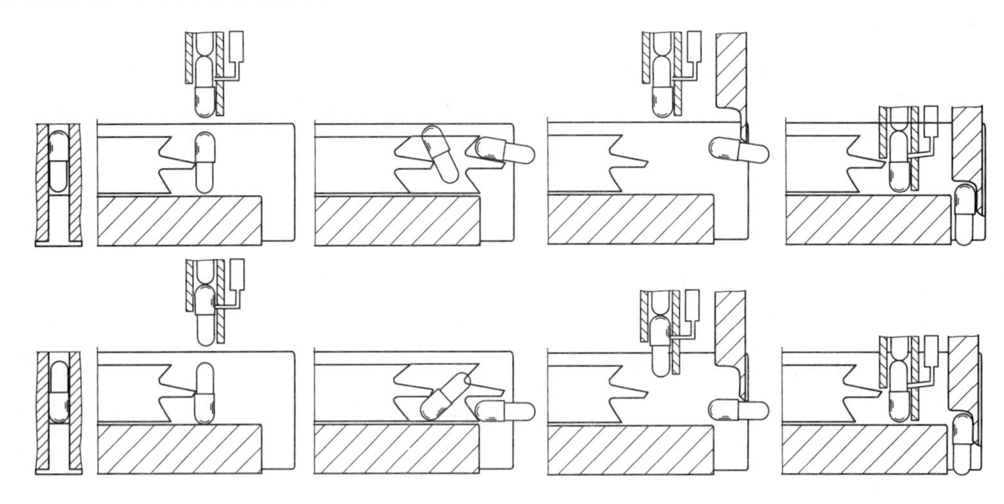

图4－9　胶囊壳定向过程

4. 帽体分开机构　帽体分开机构的作用是将套合着的胶囊壳帽体分离，如不能完全、有效地在此机构上使胶囊壳帽体分离，则直接影响填充药粉的工作。现有的机型多是利用真空吸力将套合的胶囊壳拔开，此机构中除真空系统（包括真空泵、真空管路、真空电磁阀等），还有气体分配板等结构，可以保证囊壳板上欲同时分开的几个胶囊壳受到相同的真空吸力。如图4－10所示。

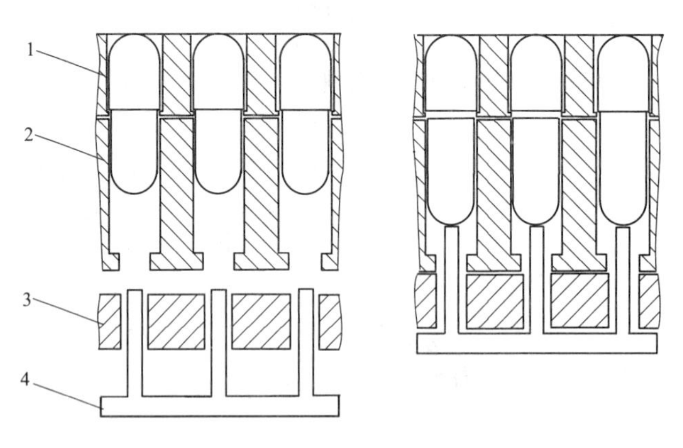

图4－10　帽体分离工位

1. 上囊板；2. 下囊板；3. 真空气体分配板；4. 顶杆

当转台的上囊壳板接住定向囊座送来的胶囊壳后，气体分配板3与下囊壳板的下表面贴严，此时由真空电磁阀控制，真空接通。和真空气体分配板同步上升的有一组顶杆4伸入到下囊壳板的孔中，使顶杆与气孔之间形成一个环隙，以减少真空空间。上下囊壳板孔径不同，且上下囊壳板设计有台阶孔，上囊壳板的台阶小孔尺寸小于囊帽直径，当真空吸囊时，此台阶可以挡住囊帽下行，囊体直径较小，就被吸落到下囊壳板孔中。下囊壳板的台阶小孔是保证囊体下落时到一定位置即自行停位，不会被顶杆顶破。至此完成了胶囊壳帽、体分离的过程。

5. 填充与送粉机构 在胶囊壳帽、体分离后，回转工作盘转位时，上囊壳板孔的轴线靠凸轮组拖动，与下囊壳板轴线错开，以便于药粉柱的填充。经计量装置制成的药粉柱被推出计量模板或插管时，药粉柱靠自重落入其下方的胶囊体中。从而完成向胶囊中填充药粉的动作。

为保证计量准确及药粉斗内粉层的一定高度，要不断地向药粉斗内补充所消耗的药粉。通常在填充机上亦设置有送粉机构。送粉机构由贮桶及输送器组成。药粉贮桶多置于机器的高位上，桶内设有低速回转的搅拌桨，以防桶内药粉搭桥而不能顺利供粉。贮桶底部开孔处设有一个螺旋输送器（俗称绞龙）。当药粉斗内粉层降低到一定高度后，电气系统将自动打开螺旋输送器电机，把药粉输送到粉盒内。待药粉斗内粉层达到需要高度后，电机自动关闭，停止送粉。还需要有一套精小的减速装置提供搅拌桨及输送器的动力。

有的机型则是采用电磁振荡机构，当药粉层低于规定的高度，电磁振荡自行开启，将药粉补充到药粉斗内，待达到需要的粉层高度后，振荡自行停止。

6. 剔除机构 在某些情况下会出现胶囊壳在帽体分开工位靠真空吸力无法使帽、体分开的情况，于是胶囊壳会一直拖在上囊壳板孔中，不能正常填充药粉，为防止这些胶囊壳与装粉的成品混淆，需要在帽、体闭合前，先从错开轴线的囊壳板孔中将胶囊壳剔除，此机构如图 4－11 所示。

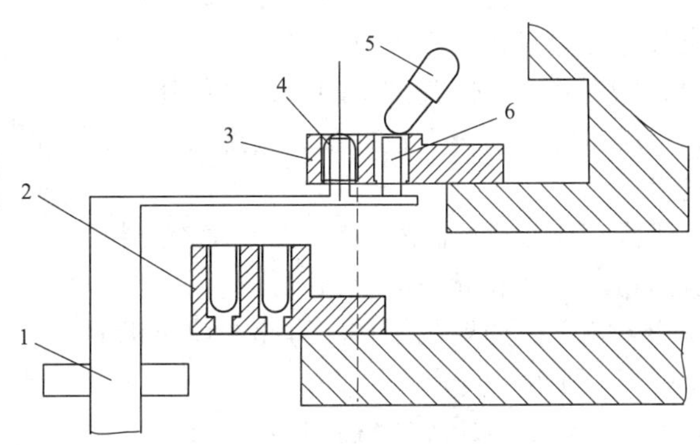

图 4－11 剔除机构

1. 顶杆架；2. 下囊壳板；3. 上囊壳板；4. 胶囊帽；5. 未拔开胶囊；6. 顶杆

在剔除工位上，一个可以上下往复运动的顶杆架 1 装置于上囊壳板 3 和下囊壳板 2 之间，当上、下囊壳板转动时，顶杆架停在下限位置上，顶杆 6 脱离开囊壳板孔。当囊壳板在此工位停位时，顶杆架上行，安装在顶杆架上的顶杆插入到上囊壳板孔中，如果囊壳板孔中存有已拔开的胶囊帽时，上行的顶杆与囊帽不发生干涉，如图 4－11 中胶囊帽 4 的状态；当囊壳板孔中存有未拔开的胶囊壳时（如图 4－11 中未拔开胶囊壳 5 的状态），就被上行的顶杆顶出上囊壳板，并借助压缩风力，将其吹入集囊袋中。

7. 胶囊闭合机构 经过剔除工位以后，在回转工作盘转位过程中，上囊壳板孔轴线在凸轮组控制下，沿回转工作盘半径外伸至与下囊壳板孔轴线重合，最终使置于上、下囊壳板孔中的胶囊壳帽、体轴线对中。当轴线对中的上、下囊壳板一同旋转到闭合工位时（如图 4－12 所示），处在囊壳板上方的弹性压板 1 与下方的顶杆 4 开始相向运动。弹性压板向下行，将胶囊帽压住，顶杆开始上行，自下囊壳板孔中插入顶住胶囊体底部，随着顶杆的上升，胶囊帽、体被闭合，锁紧。调整弹性压板及顶杆相向运动的幅度，可以适应不同型号胶囊闭合的需要。

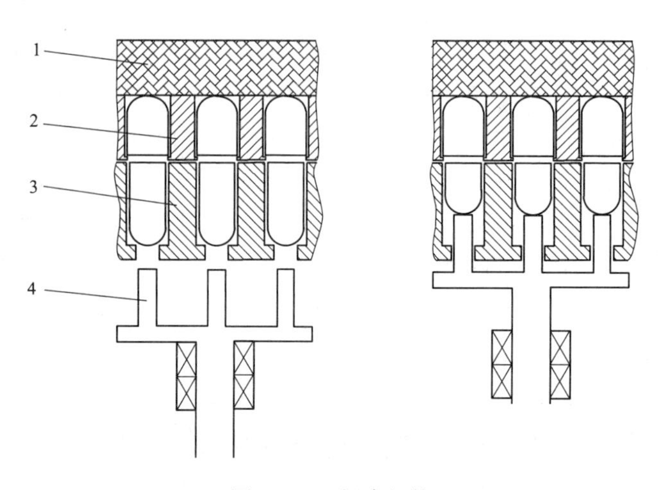

图4－12　闭合机构

1. 弹性压板；2. 上囊板；3. 下囊板；4. 顶杆

8. 成品移出机构　胶囊剂成品是利用出料顶杆自下囊壳板下端孔内由下而上将胶囊顶出囊壳板孔的，如图4－13所示。

当囊壳板孔轴线对中的上、下囊壳板携带闭合好的胶囊回转时，出料顶杆在下囊壳板下方。当转台停位时，出料顶杆靠凸轮控制上升，将胶囊顶出囊壳板孔。为使其排出顺畅，一般还在侧向辅助以压缩空气，利用风压将顶出囊壳板的胶囊吹到出料滑道中去，以备下道工序包装。

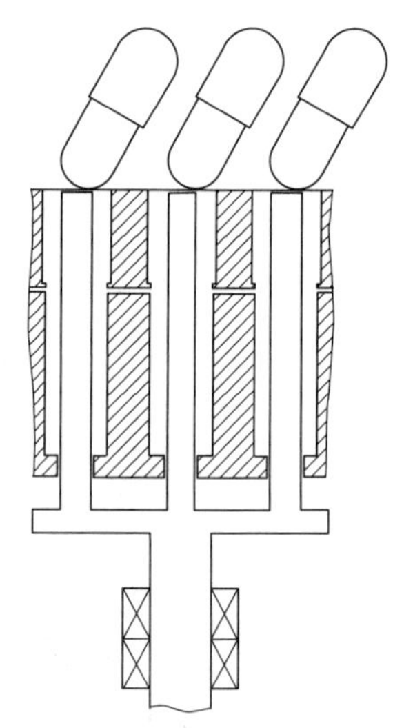

图4－13　出料机构

9. 清洁机构　上、下囊壳板在经过帽体分离工位、填充药粉、出料等工位后，难免有药粉散落及胶囊破碎等情况发生，以至污染了囊壳板孔，这样就会影响下一周期的工作。为此在填充机上设置了清洁机构，如图4－14所示。

清洁室1上开有风道，可以接通压缩空气及吸尘系统。当囊孔轴线对中的上、下囊壳板在转台拖动下，停在清洁工位时，正好置于清洁室缺口处，这时压缩空气开通，将囊壳板孔中粉末、碎囊皮等由下囊壳板下方向上吹出囊孔。置于囊壳板孔上方的吸尘系统将其吸入吸尘器中，使囊壳板孔保证清洁，以利于下一周期排囊、填充药粉的工作。

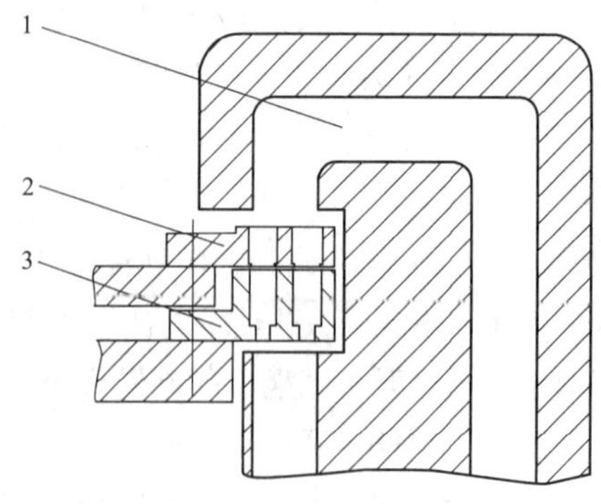

图4－14　清洁机构

1. 清洁室；2. 上囊板；3. 下囊板

（二）半自动胶囊填充机

对于药品生产品种多、批量小的生产则多采用半自动胶囊填充机。在半自动胶囊填充机中，由于加入的人工辅助动作不同，其结构型式也不尽相同，半自动胶囊填充机多是利用机械动作自动完成排囊、帽体分离工位、填充药物、闭合等功能，并且各功能分做成单机，而帽体分离、剔除废囊、顶出、清洁囊壳板以及各单机之间连续过程则由人工完成。各单机动作简单，故其结构简单、造价低廉、维修方便。

常见的半自动胶囊填充机，如图4－15所示。胶囊壳杂乱地堆积于上部的胶囊壳斗中，随着排囊器的上下运动使胶囊壳进入平行的滑道，排成垂直列，然后借机器下部胶囊壳顺向器，使胶囊壳取向为胶囊体在下模板之中，帽在上模板之中。手工分开上下模板，将装有胶囊体的下模板移至充填器进行药粉充填。充填后的胶囊体下模板合上、上模板并置于闭合推杆架上，合上闭合挡板进行闭合，闭合后成品在闭合推杆进一步推动下推出模板，完成生产。本排囊机适用0、1、2号胶囊，模板上插胶囊孔数1、2号为300孔/板及0号260孔/板，生产能力20000粒/小时。

插满胶囊壳的模板置于充填器上，将充填器左上方的翻板翻下与模板闭合，此时囊帽进入翻板之中，将翻板向左上方翻开时即将囊帽打开，模板上的囊身敞口处于等装料状态，将药粉在振荡下充填至定量，再将翻板翻下使囊身与帽结合，充填完成。TCH87－1胶囊充填器同样适用于0、1、2号胶囊，生产能力5000～10000粒/小时。

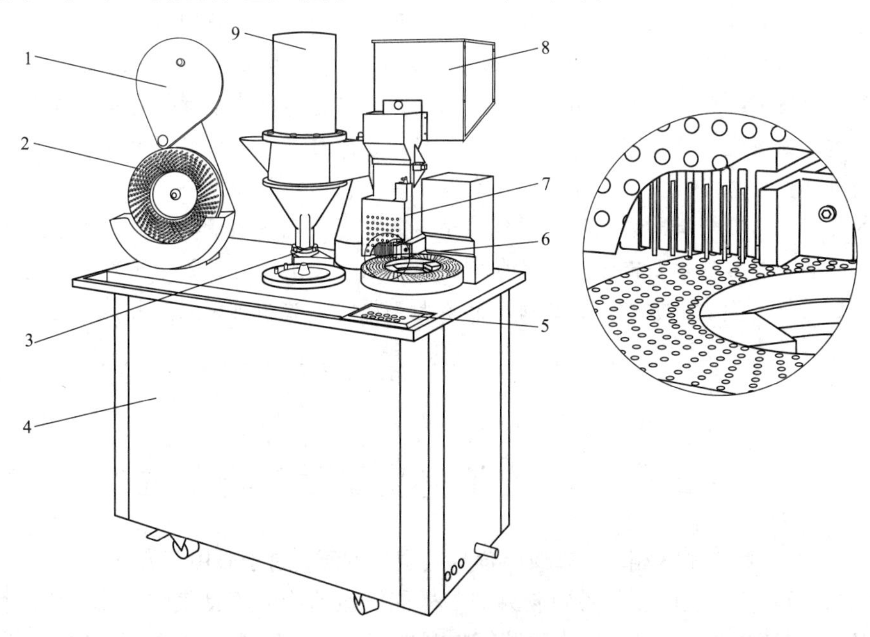

图4－15　半自动胶囊填充机结构

1. 闭合挡板；2. 闭合推杆；3. 填装转盘；4. 电机传动机构箱体；5. 控制按键；6. 胶囊推杆；7. 胶囊壳顺向器；8. 胶囊壳斗；9. 药料斗

实例分析

实例：ZTJ－400型全自动胶囊充填机有一个间停转台，转台上对应设置了12副模具，模具的下模块固定在转台，上模块则根据需要作上下（上下模块的分或合）及前后（径向平移，如向转台圆心方向移动以空出该下模块上方的空间）的间停，在这间停的时间内位于每一工作站的上下模块处于不同的工作状态并分别完成插囊、分离、充填、剔废、合囊、结合、出囊、清理等工作。模具到达某一工作站只作某种特定的工作，然后向前转向下一工作站，如此周而复始；而每一组模具在转台上转动360°，则完成自插囊开始直到出囊、清理的整个周期，该模具内的胶囊壳则成为充有药品的硬胶囊制品。生产中出现：①机器运转中胶囊在排囊壳板通道中下落不畅或卡在通道中不下落的情况。②在运行中有大量胶囊不能在帽体分离工位上有效的帽、体分离的情况。③在机器运行中有时发生胶囊不能准确落入囊壳板孔中的情况。

分析：为预防损坏机件，填充机故障处理一般应在停机状态下进行，并采用手动盘车的方式，按填充机的操作程序运转，确定故障的位置和性质再进行处理。

①机器运转中胶囊在排囊壳板通道中下落不畅或卡在通道中不下落的情况，可能有两方面的原因，一是由于个别胶囊尺寸不合标准，外径过大而引起；二是由于胶囊在排囊壳板通道中下落是靠自重而达到的。因此当通道不洁或有异物（碎囊皮等）时，也易使胶囊卡在排囊壳板通道中不下落，此时只需清除通道中异物即可。

②在运行中有大量胶囊不能在帽体分离工位上有效的帽、体分离的情况，原因之一，胶囊本身质量问题，帽体黏在一起。二是，真空系统出现故障，真空度达不到要求所致。这多是真空气体分配板表面不洁、不能严密的与下囊壳板底面贴合，只需清理污物，调节真空气体分配板上升距离，使之与下囊壳板贴严就能解决。

③在机器运行中有时发生胶囊不能准确落入囊壳板孔中的情况。多是由于压囊杆开合时间不当，排囊壳板不能适时排放胶囊，或推爪和压爪相对位置不正确，不能准确地将胶囊翻转压入至囊壳板孔中，这时，只要调整好推爪的相对位置即可排除此故障。

第三节　软胶囊剂成型过程与设备

软胶囊剂与一些口服液相比，软胶囊剂具有携带方便，易于服用等特点。

软胶囊剂的特点：软胶囊剂和硬胶囊剂一样能掩盖药物的不良气味，减少刺激性，防止氧化分解以增加药物的稳定性。它由明胶等胶囊外壳与内包容物（药物）所构成，其内包容物一般为液体或固体的一种剂型。口服时当外壳溶解后液体药物比较容易吸收。软胶囊的外壳形状种类很多，有球形、橄榄形等，球形、橄榄形常用于药物（如维生素E、月见草油等）；其他形状则多见于化妆盛等外用的场合（如含维生素E的精华素等）。软胶囊也可制成栓剂供直肠用，比起固体栓剂可以不在低温下贮存。

制备软胶囊剂常用的设备有滴制式软胶囊机和滚模式软胶囊机等。

一、滴制式软胶囊机

1. 滴制式软胶囊机生产工艺流程 如图4－16所示，将明胶、甘油、水和其他添加剂（防腐剂、着色剂等）利用电加热器加热熔制成胶液，盛放在明胶液箱1内，并保持恒温，其底部有导管与定量控制器3相连接，定量控制器3内有定量柱塞泵，用柱塞泵将药液及胶液按比例定量地挤入滴丸成型装置4内。在通过成型装置出口的瞬间，药液被包容在胶液中。包裹着药液的胶丸滴入液蜡当中，胶液冷却固化形成一粒粒的软胶囊。滴制出的软胶囊经乙醇清洗，去除表面的液蜡，烘干后即成为合格的软胶囊制剂，人们常服用的鱼肝油丸、维生素胶丸等均属此类制剂。

滴丸机上有个两层的框式机架，机架上层设隔板，板上用来安装动力减速系统，隔板的下方吊装有液蜡的循环系统；机架下层设有台面板，台面板上安装有明胶液箱、药液箱。泵的动力来自蜗轮减速器的移出轴，经热胶箱及药液箱上的传动轴，再通过凸轮传给胶液及药液定量柱塞泵。滴丸成型装置设于台面板上，一台滴丸机可设置有一个或两个滴丸成型机构。

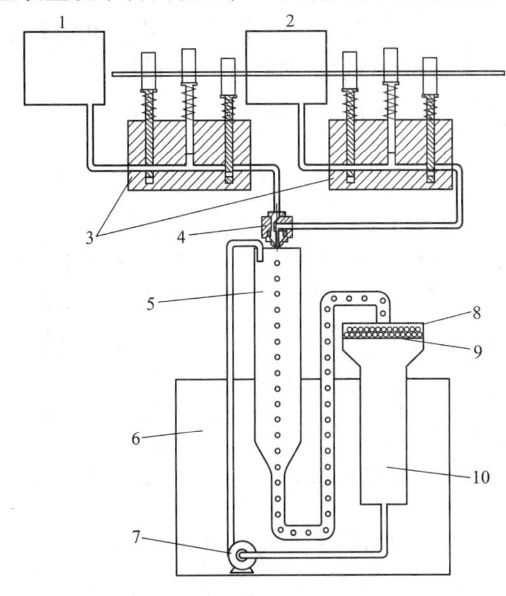

图4－16 滴丸机工艺流程

1. 明胶液箱；2. 药液箱；3. 定量控制器；4. 滴丸成型装置；5. 液蜡冷却筒；6. 冷却箱；7. 泵；8. 成品箱；9. 滴丸过滤网；10. 液蜡贮箱

2. 滴制式软胶囊机

（1）滴丸成型机构 如图4－17所示，它由主体2、滴头3、滴嘴5等零件组成。滴丸机工作时由柱塞泵间歇地、定时地将热熔胶液经胶液进口注入到主体中心孔中。热熔胶液通过主体的通孔，流入到滴头3顶部的凹槽里，再通过与凹槽相通的两个较大通孔继续下流，流经滴头底部周围均布的六个小孔（图中只画出两个孔）。其后胶液沿滴头3与滴嘴5所形成的环隙滴出，此时胶液是个空心的环状滴。由于胶液的表面张力使其自然收缩闭合成球面。在胶液滴出的同时，药液通过连接管注入到滴头内孔之中，自滴头滴出的药液就被包裹在胶液里面，一起滴入到冷凝器的液蜡之中。由于热胶液遇冷凝固而形成球形滴丸。为保证液蜡不因滴丸滴入而升温，在液蜡筒外周能加入冷却水加以冷却。

（2）滴丸计量泵　对于合格的软胶囊丸，每次滴出的胶液和药液的质量各自应当恒定，并且两者之间比例应适当。准确的计量装置采用的是柱塞式计量泵，如图4－18，浸在药液箱中的柱塞式计量泵的泵体上装有三个可以调节行程的柱塞。柱塞的外径与泵体5的通道配合严密，以保证密封。柱塞2、4具有启闭泵体通道的作用，当柱塞下端的环槽与泵体上的横孔对中时，药液可以通过，反之孔道关闭。中间的柱塞3没有横孔，在工作中起吸、推药液的作用。三个柱塞分别由三个凸板控制其作往复升降动作，三个凸轮由同一根轴传动，当柱塞3受凸轮控制开始下降时，柱塞2先下行，将入口通道封闭，防止被吸到泵体中的药液倒流出去；此时柱塞4上升，其环槽与泵体通孔相对，通道打开，药液被推挤出泵体，如图4－18右图所示，其后，柱塞4下降，封住出口，柱塞3提升，药液吸入横孔，如图4－18左图所示，如此往复动作，通过计量柱塞每次均挤出定量的药液或明胶液。

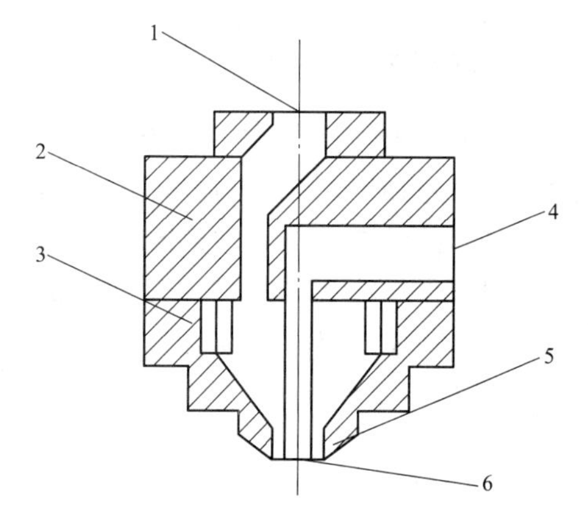

图4－17　滴丸成型机构

1. 胶液进口；2. 滴丸成型装置体；3. 滴丸成型装置体头；4. 药液进口；5. 滴嘴；6. 药液出口

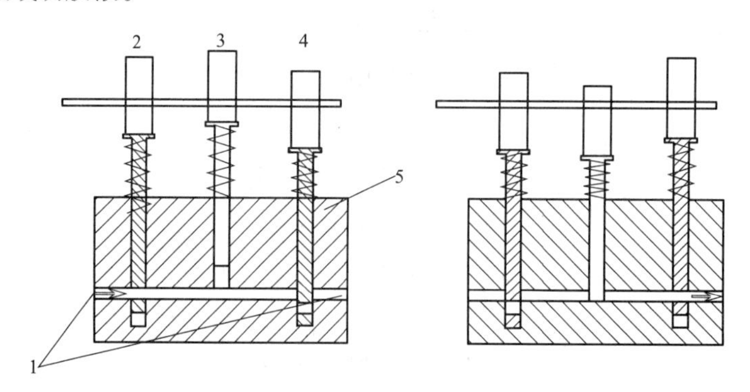

图4－18　滴丸计量泵

1. 药液进出口；2、3、4. 柱塞；5. 泵体

滴丸生产中遇到外形不规则，如不圆或形如蝌蚪，多是由于明胶熔制不合格（浓度、黏度不合格）或是液蜡的温度过高，胶丸不能及时冷却固化所致；滴头与喷嘴间的间隙也将直接影响胶丸的成形质量。此外，有时胶液与药液的滴出时间不匹配，则需调整控制柱塞行程的凸轮在传动轴上的安装方位，使胶液与药液的滴出时间相匹配。

二、滚模式软胶囊机

1. 滚模式软胶囊机生产工艺流程　软胶囊剂的生产工艺流程大体可分为：化胶、配料、充填、洗涤、干燥、包装等工序。

（1）化胶　软胶囊壳比硬胶囊壳稍厚且弹性大、可塑性强。这取决于胶囊的配方，即干明胶、增塑剂（甘油、山梨醇或两者混合物）三者的适当比例，按一定配方的配料投入化胶罐。

（2）配料　配料包括胶料的配制与内容物的配制（如药物、植物油），后者称量混合均匀后放入料桶之中。

(3) 充填软胶囊　充填通常采用旋转模压法，目前使用的 RJNJ－2 机组如图 4－19 所示。该机组由主机与干燥机组成。主机用于软胶囊的成型，将溶解有主药的植物油或其他与明胶元溶解作用的液体、混旋液或糊状物定量喷注于两条连续生成的明胶带之间，经一对相向旋转的成囊模辊压制成一定形状、大小的密封软胶囊。

(4) 洗涤、干燥　在主机中充填成囊时明胶带外表面因为机器的润滑使用了液蜡，软胶囊外表附着的液蜡，需用乙醇洗涤除去。为了保证软胶囊形状外观，其干燥一般置于转笼中，在低温低湿度空气和转动的状态下进行。

2. 滚模式软胶囊机　滚模式软胶囊机由主机、软胶囊输送机、定型干燥机、电气控制柜、明胶贮桶和药液贮桶等多个单体设备组成，各部分的相对位置如图 4－19 所示。

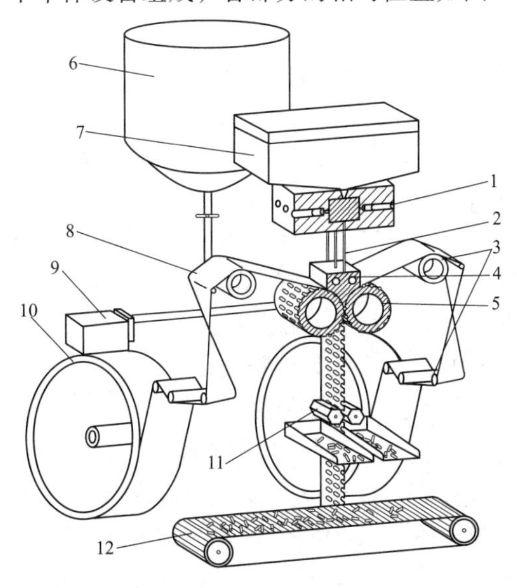

图 4－19　软胶囊机主机

1. 供药泵；2. 输药管；3. 导向筒；4. 喷体；
5. 滚模；6. 明胶桶；7. 药液盒；8. 胶带；
9. 涂胶盒；10. 胶带鼓轮；11. 剥丸器；12. 传送带

图 4－19 所示为软胶囊机主机的外形图，内装的电动机是主机的动力源，机身内还装有主机的动力分配及传动机构，药液盒 7、明胶桶 6 置于高处，以一定流速向主机上的涂胶盒和供药斗内流入明胶和药液，其余各部分则直接安置在工作场地的地面上。机身的前部装有喷体 4 及一对滚模 5、一对导向筒 3 和剥丸器 11 等。供药泵 1 置于机身上方，其顶部有药液盒 7，供药泵的动力由机身中传出，供药泵是由两组共五个连动的柱塞组成的柱塞泵向喷体内定量喷送药液。机身两侧各配置有一个胶带鼓轮 10、一对涂胶盒 9，配制好的胶液由吊挂的明胶桶 6 靠自重沿明胶导管流入涂胶盒 9，通过涂胶盒下部开口将明胶涂布于胶带鼓轮 10 表面上。由于主机后方有冷风吹进，使胶带鼓轮冷却，因此涂布于鼓轮上的胶液在胶带鼓轮表面上形成胶带，调节涂胶盒下部开口的大小就可以调节胶带的厚度，胶带经油辊系统及导向筒后被送入楔形喷体 4 和滚模 5 之间的间隙内。喷体上装有加热元件，使得胶带与喷体接触时被重新加热变软，以便于胶囊的喷挤成型及使两侧胶带能可靠地黏接一体，制成合格的胶囊。

配制好的药液从吊挂的药桶流入主机顶部的供药斗内，并由供药泵的五根供药管从喷体上的喷药孔定量喷出。机头前面的剥丸器是用来将成型后的胶囊从胶带上剥落下来，机身的下部有个拉网轴，用来将脱落完胶囊的网状废胶带垂直下拉，以便使胶带始终处于绷紧状态。在机身及供药泵内各装有一个润滑泵，供油润滑主机上相对运动的部位。链带式输送机是用来将生产出来的软胶囊输送到定型干燥机内。定型干燥机是由数节可正、反转的转笼组成，转笼用不锈钢材料制成，转笼内壁上焊有螺旋片。当转笼正转时，转笼内的胶囊边滚动边被风机送来的清洁风所干燥，反转时则将初步干燥好的胶囊排出转笼。

主要机构的结构原理如下：

（1）胶带成型装置　由明胶、甘油、水及其他添加剂（如防腐剂、着色剂等）加温熔制成的胶液置于吊挂着的明胶桶内，温度控制在60°左右。通过保温导管，胶液靠自重流入到机身两侧的涂胶盒内。涂胶盒是长方体的，其纵剖面如图4－20所示。

涂胶盒内设置有电加热元件以使盒内明胶保持36℃左右恒温，既可防止胶液冷却凝固，又能保持胶的流动性，以利于胶带的生产。涂胶盒的底部及后面各有一块可以调节的活动板，调节这两块滑动板，可以使涂胶盒底部形成一个开口。流量调节板1的移动可加大或减小开口，使胶液流量增大或减少，厚度调节板2的移动，则可调节胶带成形的厚度。涂胶盒的开口位于旋转的胶带鼓轮的上方，随着胶带鼓轮的平稳转动，胶液通过涂胶盒下方的开口，靠自重涂布于胶带鼓轮的外表面上。鼓轮的宽度与滚模长度相同。胶带鼓轮外表面光滑，表面粗糙度Ra值不大于0.8μm。胶带鼓轮的转动要求平稳，以保证胶带生成的均匀。由于主机后部有冷风吹入（冷风温度取8～12℃较好），使得涂布于胶带鼓轮上的胶液在鼓轮表面上冷却并形成胶带。为了能使胶带在机器中连续、顺畅地运行，在胶带成型过程中还设置了油辊系统，油辊系统由上、下两个平行钢辊输引胶带行走，在两钢辊之间有个“海绵”辊，通过辊子中心供油，利用“海绵”的毛细作用吸饱食用油并涂敷于经过其表面的胶带上，使得胶带表面更加光滑。

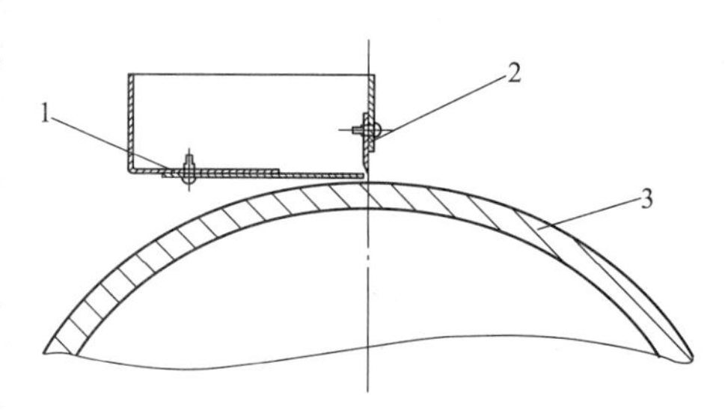

图4－20　涂胶盒示意图

1. 流量调节板；2. 厚度调节板；3. 胶带鼓轮

（2）软胶囊成型装置　经胶带成型装置制成的连续胶带，经油辊系统和导向筒，被送入软胶囊机上的楔形喷体与两个滚模所形成的夹缝之间。如图4－21所示，胶带与喷体2的曲面能良好贴合，并形成密封状态，使空气不会进入成型的软胶囊之中。在运行中，喷体静止不动，一对滚模则按箭头方向同步转动。

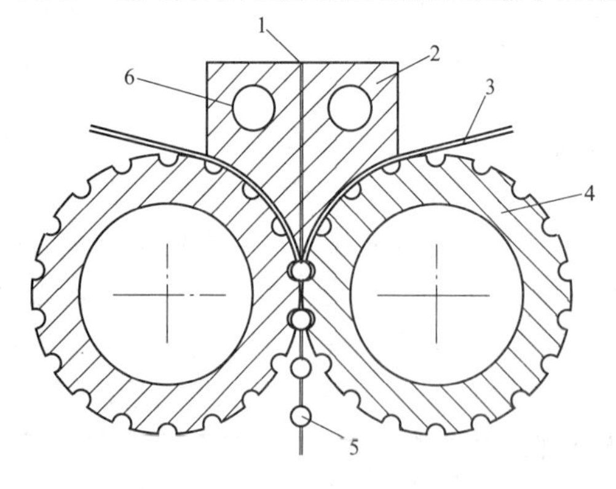

图4－21　软胶囊成型装置

1. 药液进口；2. 喷体；3. 胶带；4. 滚模；5. 软胶囊；6. 电热元件

滚模的结构如图4－21所示，在其圆周表面均匀分布有许多凹槽（相当于半个胶囊的形状），在滚模轴向上凹槽的排数与喷体的喷药孔数相等，而滚模向上凹槽的个数又与供药泵的冲程次数及自身转数相匹配。当滚模转到凹槽与楔形喷体上的一排喷药孔对准时，供药泵即将药液通过喷体上的一排小孔喷出，这两个动作必须由传动机构保证协调。喷体上的加热元件使得与喷体接触的胶带变软，靠喷射压力使两条变软的胶带与滚模对应的部位产生变形，并挤胀到滚模凹槽底部，由于每个凹槽底都有小通气孔，利于胶带充满凹槽，不会因有空气，使软胶囊不饱满，当每个滚模凹槽内形成了注满药液的半个软胶囊时，凹槽周边的回形凸台（高度为0.1~0.3mm）随着两个滚模的相向运转，两凸台对合，形成胶囊周边上的压紧力，使胶带被挤压黏结，形成一粒粒软胶囊，并从胶带上脱落下来。

胶囊成型机构上的两个滚模主轴的平行度，是保证正常生产软胶囊的一个关键。若两轴不平行，则两个滚模上的凹槽及凸台就不能良好的对应，胶囊就不能可靠地被挤压黏合，并顺利地从胶带上脱落下来。通常滚模主轴的平行度要求在全长上不大于0.05mm。在组装后利用标准滚模在主轴上进行漏光检查，以确保滚模能均匀接触。

滚模是软胶囊机的主要零件，它的设计及加工直接影响软胶囊的质量，尤其是影响软胶囊的接缝黏合度。由于接缝处的胶带厚度小于其他部位，因此有时会造成经过贮存及运输等过程产生接缝开裂漏药现象，这是由于接缝处胶带太薄，黏合不牢所致。当一对滚模凹槽周边的凸台啮合时，大部分胶带被挤压到凸台的外部空间，就使接缝处变薄。当凸台高度适当时，如凸台高度值为$t_{+0.1}^{+0.3}$（t为胶带厚度），凸台外部空间基本被胶带所充满，当两滚模的对应凸台互相对合挤压胶带时，胶带向凸台外部空间扩展的余地很小，而大部分被挤压向凸台内的空间。接缝处将得到胶带的补充，此处胶带厚度达到其他部位的85%以上较好。如果凸台过低，则会产生切不断胶带、软胶囊黏合不上等后果。

软胶囊成型装置的另一关键零件是楔形喷体，如图4－22所示，喷体曲面的形状将直接影响软胶囊质量。在软胶囊成型过程中，胶带局部被逐渐拉伸变薄，喷体曲面必须与滚模外径相吻合，否则胶带将不易与喷体曲面良好贴合，那样药液从喷体的喷药小孔喷出后就会沿喷体与胶带的缝隙外渗，既影响软胶囊的质量，又会降低软胶囊接缝处的黏合强度。

为保证喷体表面温度一致，在喷体内装有管状加热元件，并应使其与喷体均匀接触，方能使胶带受热变软的程度处处均匀一致，在其接受喷挤药液后，药液的压力使胶带完全地挤胀到滚模的凹槽中。滚模上凹槽的形状、大小不同，即可出产出形状、大小各异的软较囊。因为软胶囊成型于滚模上的凹槽中，所以此类软胶囊机又称为滚模式软胶囊机。

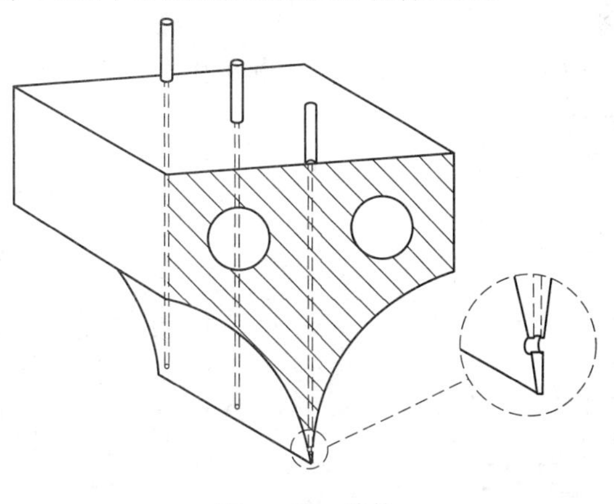

图4－22　喷体

（3）药液计量装置　药液计量装量差异大小是制成合格的软胶囊的又一项重要技术指标，要想得到较小的装量差异，第一要保证供药系统密封可靠，无漏药现象；其次还需要保证向胶囊中喷送的药液量可调。在软胶囊机上使用的药液计量装置是柱塞泵，如图4－19中供药泵1，其利用凸轮带动的柱塞，在一个往复运动中向楔形喷体中供药两次，调节柱塞的行程，即可调节供药量的大小；由于柱塞可以提供较大的压力，当药液从喷体中喷出时，正对着滚模上具有凹槽的地方，使已被加热软化的胶带迅速变形，而构成半个胶囊的形状和容有一定量的药液，经两滚模凸台的压合即制得合格的软胶囊。

（4）剥丸器　软胶囊经滚模压制成型后，一般都能被切压脱离胶带，但是也有个别胶囊未能完全脱离胶带，此时需加一外力将其从胶带上剥离下来，因此在软胶囊机中设置了剥丸器，如图 4－23 所示，可以转动的六角形滚轴，滚轴的长度大于胶带的宽度，利用控制机构调节两滚轴之间的缝隙，在生产中一般将两者之间缝隙调至大于胶带厚度，小于胶囊的外径，当胶带缝隙间通过时，靠固定板上方的滚轴将未能脱离胶带的软胶囊剥落下来。被剥落下来的胶囊即沿筛网轨道滑落到输送机上。

（5）拉网轴　在软胶囊产中，软胶囊不断地被从胶带上剥离下来，同时也不停地产生网状的废胶带需要回收和重新熔制，为此在软囊机的剥丸器下方设置了拉网轴，用来将网状废胶带拉下，收集到胶桶内。

拉网轴结构如图 4－24 所示，两个滚轴与传动系统相连接，并能够相向的转动，两滚轴送入下面的剩胶桶内回收。

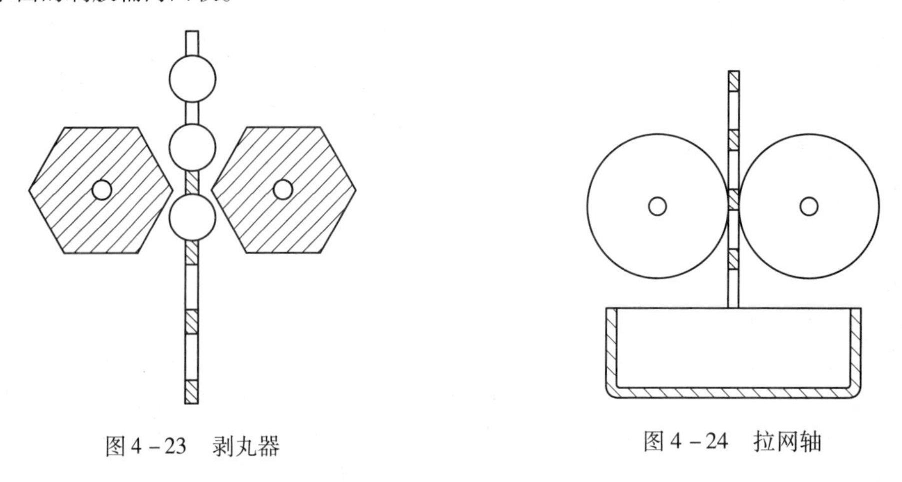

图 4－23　剥丸器　　　　图 4－24　拉网轴

（6）传送带　传送带结构如图 4－25 所示，其主要作用是将生产出来的软胶囊输送到定型干燥机内。

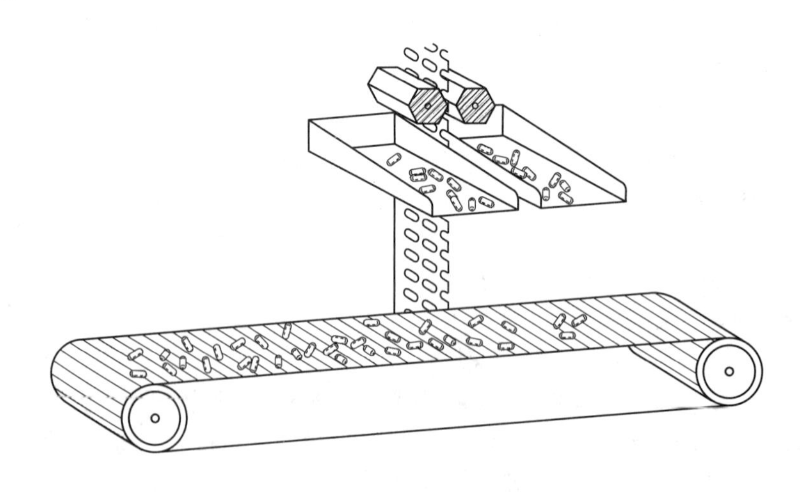

图 4－25　传送带

（7）氯化锂转轮除湿机和转笼　软胶囊的干燥不能在较高温度下进行，否则会造成变形和开裂的现象，因此目前多采用低湿度空气对流常温下干燥。为获得低湿度空气。可使用氯化锂转轮除湿机。如图 4 – 26 所示。该机主要部件为除湿转轮，其上装有以氯化锂为主的共晶体。转轮截面圆的 3/4 区域为空气除湿区，待处理的湿空气通过时可获得低湿度的空气（如干球温度 22℃、湿球温度 10℃，相对湿达 16% 的空气），在此区域氯化锂吸走空气中的水分，所得低湿度空气可用于干燥机与干燥房。剩余的 1/4 区过湿的氯化锂为热空气所再生，氯化锂中的水分转移至热空气之中而获得再生并继续干燥空气。

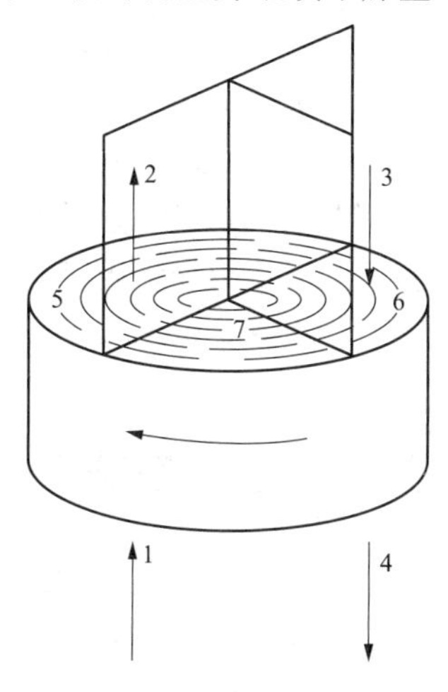

图 4 – 26　氯化锂转轮除湿机原理

1. 除湿前风；2. 除湿后风；3. 加热热风；
4. 加热后尾气；5. 除湿区；6. 再生区；7. 冷却区

为了保证软胶囊干燥后的圆整度，软胶囊的干燥过程还要在转笼中完成，转笼转动进行干燥保证了干燥后的圆整度。

第四节　典型设备规范操作

NJP – 1200B/1500B 全自动硬胶囊充填机的主要功能是向胶囊壳内自动填充药粉，配备不同型号的模具，可以填充 00 – 4 号胶囊，速度可以根据时间进行调节，它采用间歇运动和多工位孔塞计量方式，可以自动完成胶囊壳的调头、分囊、充填、剔废、合囊、成品推出等胶囊填充过程。与药粉接触的部分不会与药粉发生反应，符合 GMP 标准，所有的运动部件磨损极小，符合人机工程，它具有结构新颖、设计先进、剂量可调、有安全保护、统计产量计时，胶囊上机率高等特点。

1. 工作原理　装在料斗里的胶囊壳随着机器的运转，逐个进入顺序装置的顺序叉内，经过胶囊壳导槽和拨叉的作用时胶囊调头，机器每动作一次，释放一排胶囊进入模块孔内，并使其体在下、帽在上。

转台的间歇转动，使胶囊在转台的模块中被输出到各工位。在第 1 工位上，真空分离系统把胶囊壳吸入到模块孔中的同时将体和帽分开。在第 3 工位上，下模块向外伸出，与上模块错开，以备填充物料，第 4 工位是扩展备用工位，安装一定的装置可充填颗粒或微丸等物料。在第 5 工位上，充填杆把压实的药性推到胶囊体内。第 8 工位是把上模块中体和帽未分开的胶囊清除吸掉。在第 10 工位上，下模块缩回与上模块并合，经过推杆作用使填充好的胶囊扣合锁紧。第11工位是将扣合好的成品胶囊推出收集，在第12工位，真空清理器清理模块孔后进入下一个环节。

计量装置属于模板式计量装置，其计量过程被一个6工位的间歇运动机构带动，计量盘上有6组计量孔，前5个工位药粉被逐一填入孔中达到装药量，第6工位药粉被充填入模块中的胶囊体内，调整每组充填杆的高度可以改变装药量。药粉由一个不锈钢料斗进入计量装置的盛粉环内，盛粉环内药粉的高度由料位传感器控制。

2. 结构特征与技术参数 NJP－1200B/1500B全自动硬胶囊充填机采用380V 50Hz三相五线电，其功率为5kW，其供水要求为压力0.4MPa；流量250L/h。当成品推出有困难时（胶囊有吸附现象）或是清理模块孔中残留药粉时，需要加入清洁压缩空气，其供气要求气压：0.4MPa。机器工作时应配有吸尘器或吸尘机，其排气量大约为700m^3/h；气压为－0.02MPa。机器内部装有水环真空泵供拨开胶囊用。当使用场地内有真空管道时，可不用机器内部的真空泵。其真空排气量为30m^3/h，真空压力为－0.06MPa。NJP－1200B/1500B全自动硬胶囊充填机技术参数见表4－1。

表4－1 充填机技术参数

充填物	粉剂
最高生产率	1200粒/分钟；1500粒/分钟
胶囊上机率	99%以上
本机主轴转速	60～130r/min
设置频率	21～44Hz
净重	1600kg
外形尺寸	1300mm×1290mm×2000mm

3. 设备特点 设备体积小、能耗低、更换模具简单、易操作、易清洗，零件可通用互换，更换模具便捷准确；充填机平台采用平板钢表面镀硬铬，不易变形，防止生锈，提高硬度；与药粉直接接触的零部件采用304、316优质不锈钢，符合GMP要求；充填机计量盘底部嵌入密封装置，改善漏粉状况，减少了机件磨损，更便于清洗，剂量盘周边设有拦板，非常有效地把剂量盘下平面甩出的药粉通过管路回收再利用，同时减少工作台面的粉尘；人机界面配置智能模块，监控功能齐全，对于缺料、缺囊、料道阻塞和机械故障等运行故障实现了自动诊断监控、自动报警停车。

4. 操作方法 操作步骤总体上分为操作前准备、运行操作和操作结束三个部分。

（1）操作前准备 检查设备上是否有设备完好证；将设备标示卡“已清洁”取下换挂设备标示卡“运行中”；打开设备总电源；检查各操作按钮是否灵敏可靠；检查设备故障显示是否正常；安装胶囊传导链、下胶囊管、安装胶囊斗、药粉斗、计量盘、计量针、刮粉器、各通气及通粉软管等部件；将吸尘器接口与设备对接，启动吸尘器，启动主机，进入工作状态；将胶囊分选抛光机料斗与充填机下囊口相对接，打开开关，调至适当的速度；向真空泵循环水桶内加入纯化水，打开真空泵开关，使水正常循环；安装完毕后，检查螺丝是否扭紧；手动盘车使机器运转；检查设备传动装置是否正常。

（2）运行操作 检查设备正常后，关闭设备保护门；将电源开关从OFF转至ON位置电源指示灯亮变频调速器也相应显示；启动真空泵电机，开机要检查电机转动方向，如果方向错误要调换电源相序；状态的选择：机器的运行分为点动运行和连续运行两种状态，每次开机要先点动运行后方可连续运行；起动主电机，主电机起动后按动变频器“∧”键，主电机将由低速向高速运行，按动“∨”键将由高速向低速运行。同时变频器显示出相应的每分钟充填胶囊的粒数；投料的起动有手动和自动两种，手动投料按手动投料按钮投料电机指示灯亮一下，投料电机转动一下。自动投料是在真空泵电机和主电机运转正常后，按自动投料按钮自动投料开始。下料前，先将空心胶囊下入模块中，使整体分离，点动运行至药粉出口处，手动供料，使物料下入计量盘中，电眼亮，选择自动操作，机器自动充填运行；当需立即停机的情况下可按紧急开关按钮，机器会立刻停机，并自锁，再开机时要打开紧急开关的自锁。

（2）操作结束　关闭真空泵按钮、关闭总电源开关；将设备标示卡“运行中”取下换挂设备标示卡“待清洁”。

5. 维护保养　开机前，检查紧急制动装置，有问题应及时排除；每批充填完毕对吸尘连接软管、通水软管进行清理；每批生产结束后，都要对水环真空泵的水进行更换；每批生产结束后，都要对药粉斗、剂量盘、盛粉环、刮粉器、模块、推杆等台面以上的零部件进行清洗，最好用脱脂棉蘸乙醇擦拭；凸轮各滚轮工作表面每周要涂层0号锂基润滑脂；机台下各连杆的关节轴承每周要滴润滑油；每周应取下回转盘的盖板对T型轴与导杆的活动点铜套、轴承处加油一次，每1000个工作小时应拆卸T型轴、密封圈作全面清洗、更换、加润滑油一次；主传动减速器和喂料减速器每月要检查一次油量，不足时要及时加油，每半年更换一次润滑油。润滑油为0号锂基润滑脂；转盘和剂量盘下的工位分度箱，必须在专业技术人员的指导下进行拆卸和维护。转盘为0号锂基润滑脂，分度箱更换润滑油为68号机械油。

6. 故障排除　见表4－2。

表4－2　充填机常见故障分析及解决方法

故障现象	故障分析	解决方法
接好电源线，接通电源开关，系统没电	电源相序不正确	调整电源相序
触摸板、PLC没电，其他正常	急停按钮按下；或无24V电源	旋开急停；检查24V电源
真空泵不能启动或声音不正确	缺相	检查是否缺相
自动供料状态下，供料电机工作太频繁	供料延时时间设置太小	调整供料延时数值
自动供料状态下，供料电工作间隔太长	供料延时时间设置太长	调整供料延时数值
自动供料状态下，没有实现自动供料时，机器就停止	停机延时小于供料延时	重新设定这两个参数
传感器对药粉没有反应	传感器灵感度太低	调整灵感度；或联系厂家

本章小结

本章主要介绍了胶囊剂生产设备的各项内容，包括胶囊壳的制备设备、使用的材料、辅料及质量控制标准，产品规格，具体生产工艺与设备，软胶囊的不同制备过程，同时着重介绍了胶囊剂的计量方式和各自的特点，以全自动胶囊充填机为例，介绍了设备的规范操作。

思考题

1. 胶囊剂的分类和各自的特点是什么？
2. 软胶囊剂的制法分为哪几种？
3. 制备胶囊壳的主要原料是什么？其应该具有哪些特点？
4. 评价胶囊壳的质量包括哪些方面？

5. 胶囊壳的规格型号有哪些？其容积各是多少？

6. 硬胶囊的计量机构有哪些？其工作方式是怎样的？

7. 胶囊壳定向装置是如何工作的？

8. 滴制软胶囊在生产中遇到外形不规则的主要原因是什么？

9. 软胶囊如何进行干燥？

10. 软胶囊药液计量装置是如何工作的？

（李瑞海　王沛）

第五章　片剂制剂设备

学习导引

知识要求

1. **掌握**　片剂制剂设备中的制粒设备、压片设备、包衣设备的结构、原理。
2. **熟悉**　制粒设备中的湿法制粒、流化制粒、挤出制粒等基本操作。
3. **了解**　制粒设备、压片设备、包衣设备的使用维护保养及常规故障排除。

能力要求

1. 具备操作摇摆式颗粒机、旋转式压片机、高效包衣机的基本技能。
2. 学会应用基本知识解决摇摆式颗粒机、旋转式压片机、高效包衣机操作过程中出现的简单故障问题。
3. 能对摇摆式颗粒机、旋转式压片机、高效包衣机等进行日常维护保养。

片剂系指药物与适宜辅料混合后经加工制成片状或异形片状的制剂，可供内服、外用。其特点是：分散剂量制剂，剂量准确，应用方便；是固体制剂，体积小，携带方便；生产的机械化及自动化程度高，成本低；药物理化性质稳定，贮存期长。在世界各国药物制剂中片剂都占有重要地位，是目前临床应用最广泛的剂型之一。

片剂按制备方法不同主要分为压制片、包衣片、多层片和包芯片。

压制片可采用湿法制粒压片、干法制粒压片和粉末直接压片制得。包衣片是在压制片外包上糖衣或薄膜衣。多层片是由两层或多层不同药物及辅料压成一个药片。包芯片是先将一种药物压成片芯，再将另一种药物压包在片芯之外，形成片中有片的结构。随着片剂用法和作用的不同，片剂制剂生产的技术正在不断创新。

第一节　片剂的生产过程

片剂的生产方法有粉末直接压片法和颗粒压片法两种。粉末直接压片法是将药物与适宜的辅料混合后，不经过制备颗粒而直接置于压片机中压片的方法；颗粒压片法是先将原辅料粉末制成颗粒，再置于压片机中压片的方法。

一、片剂制备工艺流程

片剂生产的工艺过程主要有制粒、压片、包衣和包装等工序。如图 5-1 所示，为片剂生产工艺流程图。

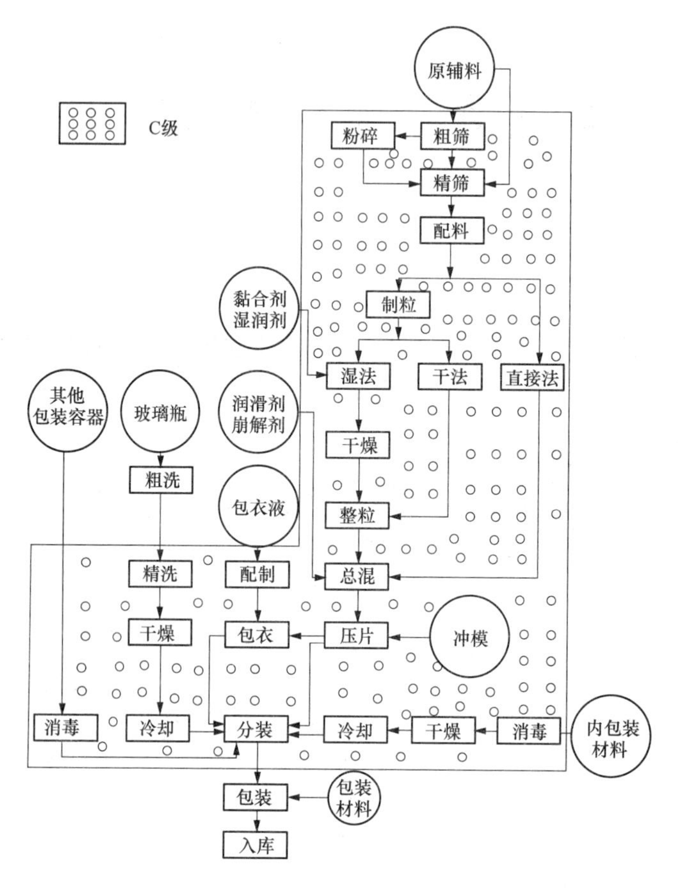

图 5－1　片剂生产工艺流程及环境区域划分图

（一）粉碎与过筛

粉碎主要是借机械力将大块固体物料粉碎成大小适用物料的过程，其主要目的是减小粒径、增加比表面积，固体药物粉碎是制备片剂的首要工艺。通常把粉碎前粒度与粉碎后粒度之比称为粉碎度。对于药物所需的粉碎度，要综合考虑药物本身性质和使用要求，例如，细粉有利于片剂的溶解和吸收，可以提高难溶性药物的生物利用度，当主药为难溶性药物时，必须有足够的细度以保证混合均匀及溶出度符合要求。常用的粉碎方法有开路粉碎与循环粉碎、干法粉碎与湿法粉碎、单独粉碎与混合粉碎以及低温粉碎等，根据被粉碎物料的性质、产品粒度的要求以及粉碎设备的形式等不同条件采用不同的粉碎方法。

粉末粒径在混合、制粒、压片等单元操作中对药品质量及制剂生产都有显著影响，因此，药物粉碎后，需要通过不同孔径的筛分离细粉，以得到需要的粒径均匀的药物粉末。《中华人民共和国药典》（2015 版）一部中对标准药筛的孔径进行了明确的规定，共分为 9 种筛号，一号筛的筛孔内经最大，依次减小，九号筛的筛孔内径最小。见表 5－1。同时还规定了 6 种粉末规格。

表 5-1 粉末的等级标准

等级	分等标准
最粗粉	指能全部通过一号筛，但混有能通过三号筛不超过 20% 的粉末
粗粉	指能全部通过二号筛，但混有能通过四号筛不超过 40% 的粉末
中粉	指能全部通过四号筛，但混有能通过五号筛不超过 60% 的粉末
细粉	指能全部通过五号筛，但混有能通过六号筛不超过 95% 的粉末
最细粉	指能全部通过六号筛，并含能通过七号筛不少于 95% 的粉末
极细粉	指能全部通过八号筛，并含能通过九号筛不少于 95% 的粉末

药筛有冲制筛和编织筛两种。冲制筛又称模压筛，系在金属板上冲出圆形的筛孔而制成；编织筛由具有一定机械强度的金属丝（如不锈钢丝、铜丝、铁丝等）或其他非金属丝（如聚乙烯丝、尼龙丝、绢丝等）编制而成。冲制筛多用于高速旋转粉碎机的筛板及药丸等粗颗粒的筛分，编织筛单位面积上筛孔较多，筛分效率高，可用于细粉的筛选。与金属易发生反应的药物，须用非金属丝制成的筛分离。

（二）配料混合

在片剂生产过程中，主药粉与赋形剂根据处方称取后必须经过几次混合，以保证充分混匀。混合不均匀会导致片剂出现斑点，崩解时限、强度不合格，影响药物疗效。主药粉与赋形剂并不是一次全部混合均匀的，首先加入适量的稀释剂进行干混，然后再加入黏合剂和润滑剂进行湿混，以制成松软适度的软材。在混合时，若主药量与辅料量相差悬殊时，一般不易混匀，应该采用等量递加法进行混合，或者采用溶剂分散法，即将少量的药物先溶于适宜的溶剂中再均匀地喷洒到大量的辅料或颗粒中，以确保混合均匀。主药与辅料的粒子大小相差悬殊，容易造成混合不均匀，应将主药和辅料进行粉碎，使各成分的粒子都较小并力求一致，以确保混合均匀。大量生产时采用混合机、混合筒或气流混合机进行混合。

（三）制粒

制粒是把粉末、熔融液、水溶液等状态的物料经加工制成具有一定形状与大小粒状物的操作。在片剂的生产过程中，除一些结晶性药物可直接压片外，大多数药物粉末的可压性和流动性都很差，需加入适当辅料及黏合剂，制成流动性和可压性都较好的颗粒后，再进行压片。制粒操作可使颗粒具有某种相应的目的性，可以改善物料的流动性；防止配料中各成分的离析；可防止粉尘飞扬及黏附于压片机冲头上，改善片剂生产中压力的均匀传递；还可以改善溶解性；以保证片剂产品质量和生产的顺利进行。常用的制粒方法有：湿法制粒、干法制粒、沸腾干燥制粒等。

课堂互动

制粒方法的选择

在常见片剂制备过程中，多数采用颗粒压片的方式制备片剂，制粒是颗粒压片的关键环节。化学原料药种类繁多，理化性质各不相同，如对热稳定的药物磺胺嘧啶和对湿热敏感的药物阿司匹林，在生产中该如何制粒才能满足压片要求？

答：对热稳定的药物磺胺嘧啶可采用湿法制粒，湿颗粒经较高温度的热风干燥后即可压片。

阿司匹林对湿热敏感，采用大片法制粒，即在重型压片机上压实，制成直径为 20～25mm 的坯片，然后破碎成所需要大小的颗粒，再压制成片剂。

1. 湿法制粒 湿法制粒是在药物粉末中加入黏合剂，靠黏合剂的架桥或黏结作用使粉末聚结在一起而制备颗粒的方法。挤压制粒、转动制粒、流化制粒和搅拌制粒等属于湿法制粒。湿法制成的颗粒具有流动性好、耐磨性较强、压缩成型性好等优点，增加了粉末的可压性和黏着性，可防止在压片时多组分处方组成的分离，能保证低剂量的药物含量均匀。湿法制粒适用于受湿和受热不产生化学变化的药物。

2. 干法制粒 干法制粒是将粉末在干燥状态下压缩成型，再将压缩成型的块状物粉碎制成所需大小的颗粒。该法不加入任何液体，靠压缩力的作用使粒子间产生结合力。

3. 沸腾干燥制粒 沸腾干燥制粒是用气流将粉末悬浮，呈流态化，再喷入黏合剂溶液，使粉末凝结成粒。制粒时，在自下而上的气流作用下药物粉末保持悬浮的流化状态，黏合剂溶液由上部或下部向流化室内喷入使粉末聚结成颗粒。可在一台设备内完成沸腾混合、喷雾制粒、气流干燥的过程（也可包衣），是流化床制粒法最突出的优点。但是，影响流化床制粒的因素较多，黏合剂的加入速度、流动床温度、悬浮空气的温度、流量和速度等诸多因素均可对颗粒成品的质量与效能产生影响，操作参数比湿法制粒更为复杂。

（四）干燥和整粒

已制好的湿颗粒应根据主药和辅料的性质于适宜温度尽快通风干燥。干燥是利用热能除去含湿物料或膏状物中所含的水分或其他溶剂，获得干燥物品的工艺操作。干燥的温度应根据药物性质而定，一般控制在50～60℃。加快空气流速、降低空气湿度或者真空干燥，均能提高干燥速度。为了缩短干燥时间，个别对热稳定的药物，如磺胺嘧啶等，可适当提高干燥温度。含有结晶水的药物，如硫酸奎宁，要控制干燥温度和时间，防止结晶水的过量丢失，使颗粒松脆而影响压片及片剂的崩解。干燥时，温度应逐渐升高，以免颗粒表面快速干燥而影响内部水分挥发。

干燥后的颗粒往往会粘连结块，应当再进行过筛整粒，整粒时筛网孔径应与制粒用筛网孔径相同或略小。如果干颗粒比较疏松，则不宜用较细筛网，否则颗粒易破碎，产生较多细粉，影响压片。

（五）压片

在压片前，制得的颗粒需要对主药含量进行测定，以主药含量计算片重，进行压片。压片是片剂成型的关键步骤，通常由压片机完成。压片机的基本机械单元是一对钢冲和一个钢冲模，冲模的大小和形状决定片剂的形状。压片机工作的基本过程为：填充→压片→推片，这个过程循环往复，从而自动的完成片剂的生产。

（六）包衣

片剂包衣是指在素片（或片芯）外层包上适宜厚度的衣膜，使片芯与外界隔离。一般片剂不需包衣，包衣后可达到以下目的：①隔离外界环境，避光防潮，增加对湿、光和空气不稳定药物的稳定性；②改善片剂外观，掩盖药物的不良气味，减少药物对消化道的刺激和不适感，提高患者的顺应性；③控制药物释放速度和部位，达到缓释、控释的目的，如肠溶衣，可避开胃中的酸和酶，在肠中溶出；④隔离配伍禁忌成分，防止复方成分发生配伍变化。

根据使用的目的和方法不同，片剂的包衣通常分为糖衣、肠溶衣及薄膜衣等数种。糖衣层由内向外的顺序为隔离层、粉衣层、糖衣层、有色糖衣层、打光层。包衣层所使用材料应均匀、牢固、与片芯不起作用，崩解时限应符合药典片剂项下的规定，不影响药物的溶出与吸收；经较长时期贮存，仍能保持光洁、美观、色泽一致，并无裂片现象。包衣方法有锅包衣法、空气悬浮包衣法、压制包衣法以及静电包衣法、蘸浸包衣法等。

（七）包装

包装系指选用适当的材料或容器，利用包装技术对药物半成品或成品的批量进行分（灌）、封、装、贴签等操作，给某种药品在应用和管理过程中提供保护、签订商标、介绍说明，并且使其经济实效、使用方便的一种加工过程的总称。包装中有单件包装、内包装、外包装等多种形式。药品包装的首要功能是保护作用，起到阻隔外界环境污染及缓冲外力的作用，并且避免药品在贮存期间，可能出现的氧化、潮解、分解、变质；其次要便于药品的携带及临床应用。

二、制粒过程与设备

制粒过程能够去掉药物粉末的黏附性、飞散性、聚集性，改善药粉的流动性，使药粉具备可压性，便于压片，是片剂生产过程中重要的环节。制粒方法有多种。制粒的方法不同，即使是同样的处方不仅所得制粒物的形状、大小、强度不同，而且崩解性、溶解性也不同，从而产生不同的药效。因此，应根据所需颗粒的特征选择适宜的制粒方法及设备。

（一）湿法制粒设备

湿法制粒是最常用的制粒方法，常用的湿法制粒机主要有摇摆式颗粒机、快速混合制粒机以及沸腾干燥制粒机等。

1. 摇摆式制粒机 摇摆式颗粒机是常用的制粒设备之一，一般与槽形混合机配套使用。原辅料在混合机中经混合制成软材后，通过制粒机就可制成颗粒。本机亦可用来对干颗粒进行整粒。

（1）颗粒机的基本结构与工作原理 该机由电动机、减速器、加料斗、颗粒制造装置及齿轮齿条构成的曲柄摇杆机构组成，如图 5－2 所示。

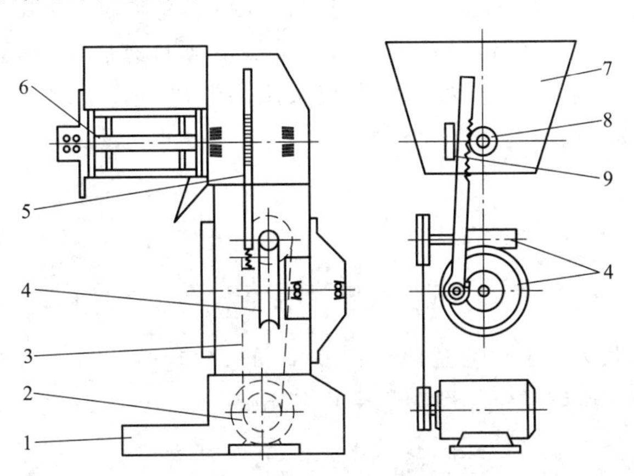

图 5－2 摇摆式颗粒机整机结构示意图

1. 底座；2. 电机；3. 传动皮带；4. 蜗轮蜗杆；5. 齿条；6. 七角滚轮；7. 料斗；8. 转轴齿轮；9. 挡块

电机装在机身底部，重心低，U 型底座，着地面积大。机器开动后平稳。电机板有铰链连接，另一端为调整螺栓，可以调节传动皮带的张力。电机经皮带传动带动减速器蜗杆，经齿轮传动变速。电机一方面进行动力传动，另一方面蜗轮上曲柄的旋转使之配合的齿条做上下往复运动。齿条上下往复运动使与之啮合的齿轮做摇摆运动。蜗轮上的曲柄偏心距可以调整，调小偏心距，齿轮摇摆幅度减小，反之则摇摆幅度增大。

其挤压原理如图5-3所示。图中七角滚轮4经曲柄摇杆机构的传动做正反转的运动。当这种运动周而复始地进行时，受左右夹管3而夹紧的筛网5紧贴于滚轮的边缘上，而此时的轮缘点处，筛网孔内的软材成挤压状，轮缘将软材挤向筛孔，物料经不同目数的筛网挤出成粒。

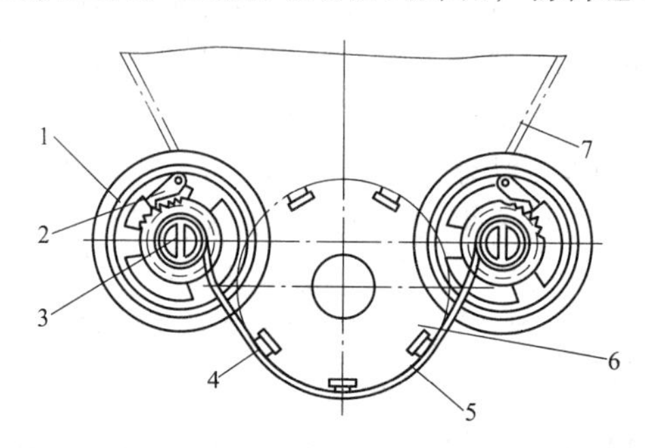

图5-3　摇摆式颗粒机挤压作用示意图

1. 手柄；2. 棘爪；3. 夹管；4. 七角滚轮；5. 筛网；6. 软材；7. 料斗

（2）操作方法　根据工艺要求，选取适宜大小的筛网，将其装上滚筒两侧的筛网夹管固定，启动电机，滚筒开始作摇摆运动，其速度为60～100r/min，待运转平稳时，投入适量软材，在七角滚筒的来回摇摆中，将软材碾挤过筛网，形成的颗粒落于接料盘内。因筛网有弹性，网与滚筒接触的松紧程度应适当。加料过多，或筛网过松，则制得颗粒粗且紧密；加料过少，或筛网较紧，则制得颗粒细且疏松。若调节筛网松紧或增加料斗内软材的存量仍不能制得适宜湿粒时，应进一步调节稠浸膏与辅料的用量，或增加通过筛网次数来解决。一般过筛次数越多所制得的湿粒越紧而坚硬。湿粒的质量与诸多因素有关，如颗粒的形状、稠膏的黏性和用量、软材搅拌时间、过筛条件等。

摇摆式制粒机制得的颗粒一般粒径分布均匀，有利于湿粒均匀干燥。而且机器运转平稳，噪声小，易清洗。由于挤压出的制粒产品水分较高，必须具有后续干燥工艺，为了防止刚挤出的颗粒堆积在一起发生粘连，多对这些颗粒采用高温热风式干燥，使颗粒表面迅速脱水，然后再用振动流化干燥。

知识链接

摇摆式颗粒机的维护

1. 设备每班次用完后，注意清除吸附在筛网上的药粉，用清洁布擦去设备表面的油污，较难清洁部位如刮刀处，用刷子反复刷洗干净。

2. 注意设备电器部分防止水直接浸入。

3. 定期检查机件，每月进行一次，检查蜗轮、蜗杆、轴承等活动部分是否灵活和磨损情况，发现缺陷应及时修复，否则不得使用。

4. 应定期加注或更换润滑油。

5. 机器一次使用完毕后或停工时，应取出旋转滚筒进行清洗，刷净斗内剩余粉子并清洗干净。干燥后装妥，为下次使用做好准备工作。

6. 如停用时间较长，必须将机器全身擦干净，机件的光面涂上防锈油，用布蓬罩好。

2. 快速混合制粒机 快速混合制粒机是一种集混合与制粒功能于一体的较先进设备，在制药工业中有着广泛的应用。

（1）快速混合制粒机的基本结构与工作原理 如图5－4所示，该机由盛料筒、搅拌器、制粒刀、电动机和控制器等组成。制粒的基本原理是在一个可密闭的容器里，通过搅拌器混合及高速制粒刀切割而将物料经干混、湿混后切割制成颗粒。机器操作时混合部分处于密闭状态，输入的转轴部位，其缝隙有气流进行密封，粉尘无外溢；对轴也不存在由于粉末而“咬死”的现象。

（2）操作方法 先将原、辅料按处方比例加入盛料筒，并启动搅拌电机将干粉混合1～2分钟，待混合均匀后由加料口加入黏合剂，将物料再搅拌4～5分钟，即可在圆筒形容器中由底部搅拌器充分混合成湿润的软材；此时，启动制粒电机，使物料从盛器的底部沿壁抛起旋转的波浪，其波峰通过侧置的高速旋转的制粒刀将湿物料切割成颗粒状。由于物料在筒内快速翻动和旋转，使得每一部分的物料在短时间内均能经过制粒刀部位，从而都能被切割成大小均匀、带一定棱角的小块，小块间相互摩擦，最后形成球形颗粒，通过控制出料门排出料筒。改变搅拌桨的结构，调节黏合剂用量及操作时间可制备致密、强度高的适合用于胶囊剂的颗粒；也可制备松软的适合压片的颗粒。通过控制制粒电机的电流或电压，可调节制粒速度，并能精确控制制粒终点。盖板上有视孔可以观察物料翻动情况，还有一个出气口，上面紧扎一个圆柱形尼龙袋，当物料激烈翻动时容器里的空气可通过布套孔被排出。机器上还有一个水管接口，结束后打开水管开关，水会进入容器内用于清洗。混合机的出料机构是一个气动活塞门，如图5－5所示。

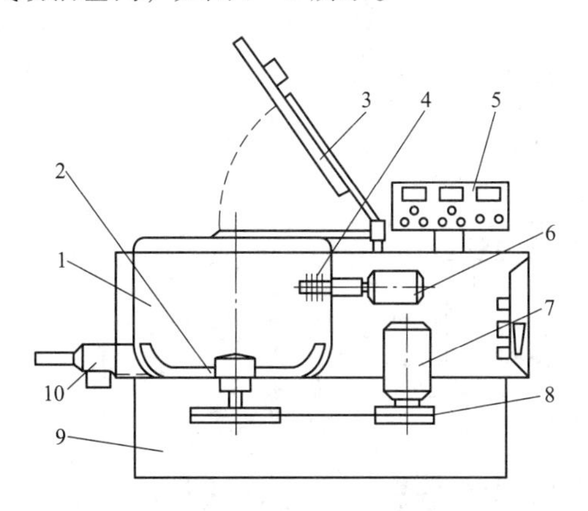

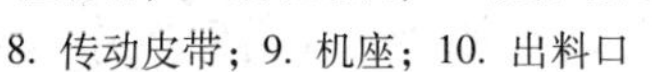
图5－4 快速混合制粒机

1. 盛料筒；2. 搅拌器；3. 桶盖；4. 制粒刀；5. 控制器；6. 制粒电机；7. 搅拌电机；8. 传动皮带；9. 机座；10. 出料口

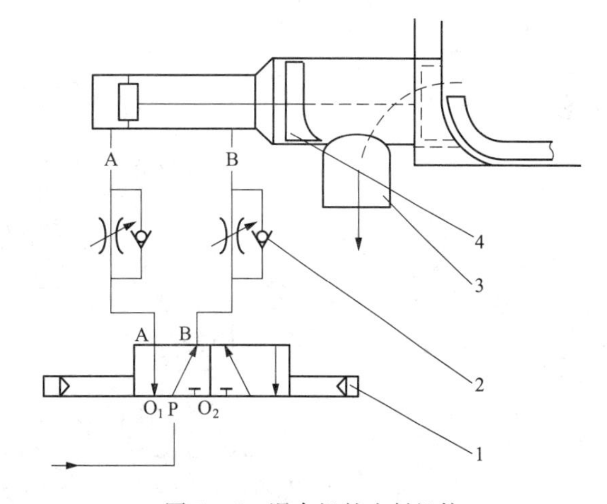

图5－5 混合机的出料机构

1. 电磁阀；2. 节流阀；3. 出料阀；4. 活塞

它受气源的控制来实现活塞门的开启或关闭，当按下“关”的按键时，二位五通电磁阀实现左半的气路，即压缩空气从A口进入，推动活塞将门关闭；当按下“开”的按键时，压缩空气从B口进入，活塞向左推动，此时容器的门打开，物料可从圆门处排出容器之外。所以机器在工作时需要0.5MPa以上的压缩空气，用于轴的密封和出料门的开闭。

快速混合制粒机的主要特点为，制成的颗粒大小均匀、圆整，质地结实、细分少，比槽形混合机减少黏合剂的用量，制粒过程（干混→湿混→制粒）在同一封闭的容器内完成，工艺缩减，粉尘飞扬极少。

3. 沸腾干燥制粒机 沸腾干燥制粒机广泛应用于粉体制粒和粉体、颗粒、丸的肠溶、缓控释薄膜包衣。它是以沸腾形式进行混合、造粒、干燥的一步制粒设备，故又称一步制粒机。

（1）沸腾干燥制粒机的基本结构与工作原理 该机结构如图5－6所示，主要由容器、气体分布装置（如筛板等）、喷嘴、气固分离装置（如袋滤器）、空气进口和出口、物料排出口组成。盛料容器的底部是一个不锈钢板，布满直径1～2mm筛孔，开孔率为4%～12%，上面覆盖一层120目不锈钢丝制成的网布，形成分布板。上部是喷雾室，在该室中，物料受气流及容器形态的影响，产生由中心向四周的上下环流运动。黏合剂由喷枪喷出。喷射装置可分为顶喷、底喷和切线喷3种：顶喷装置喷枪的位置一般置于物料运动的最高点上方，以免物料将喷枪堵塞；底喷装置的喷液方向与物料方向相同，主要适用于包衣，如颗粒与片剂的薄膜包衣、缓释包衣、肠溶包衣等；切线喷装置的喷枪装在容器的壁上。沸腾干燥制粒机的结构分成4部分：空气过滤加热部分为第一部分；第二部分是物料沸腾喷雾和加热部分；第三部分是粉末收集、反吹装置及排风结构；第四部分是输液泵、喷枪管路、阀门和控制系统。该设备需要电力、压缩空气、蒸汽3种动力源。电力供给引风机、输液泵、控制柜。压缩空气用于雾化黏合剂、脉冲反吹装置、阀门和驱动气缸。蒸汽用来加热流动的空气，使物料得到干燥。

其制粒原理是物料粉末粒子在原料容器（流化床）中受到经过净化后的加热空气预热和混合，呈环流状态，黏合剂溶液雾化喷入后，使若干粒子聚集成含有黏合剂的团粒，由于空气对物料的不断干燥，使团粒中水分蒸发，黏合剂凝固，此过程不断重复进行，形成均匀的多孔球形颗粒。

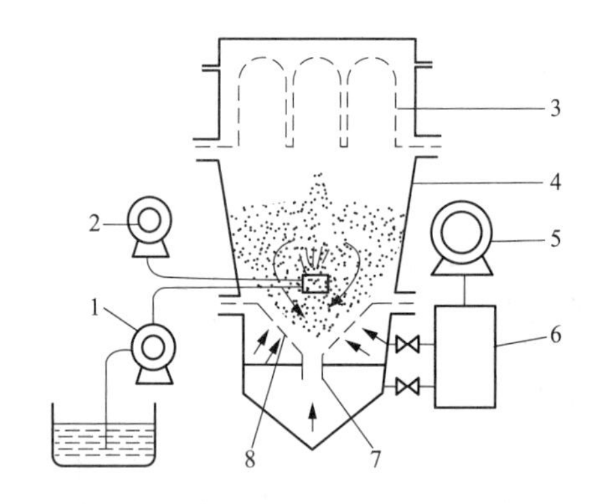

图5－6 沸腾干燥制粒机结构示意图

1. 黏合剂输送泵；2. 压缩机；3. 袋滤器；4. 沸腾室；
5. 鼓风机；6. 空气预热器；7. 二次喷射气流口；8. 气体分布器

（2）操作方法 把物料粉末与各种辅料装入容器中，经过滤净化后的空气由鼓风机送至空气预热器，预热至规定温度（60℃左右）后，从下部经气体分布器和二次喷射气流入口进入流化室，使物料呈流化状态并混合均匀。随后，将黏合剂喷入流化室，粉末开始聚结成粒，经反复喷雾和干燥，颗粒不断长大，当颗粒的大小符合要求时停止喷雾，流化、混合、干燥数分钟后，即可出料。湿热空气经袋滤器除去粉末后排出。

沸腾干燥制粒机根据处理量和用途的不同，有间歇式流化沸腾制粒机和连续强制循环型流化床制粒机两种作业形式。如果期望得到粒径为数百微米的产品，可采用批次作业方式的间歇式流化沸腾制粒机。该设备的运转特点是先将原始粉料流态化，然后定量喷入黏合剂，使粉料在流态下团聚形成合适粒径的微粒，原始颗粒的团聚是该过程的主要机制。当处理量大时，则应选用连续式流化制粒设备，这类装置多由数个相互连通的流化室组成，药粉经过增湿、成核、滚球、包覆、分级、干燥等过程形成颗粒。它是在原料粉处于流态化时连续地喷入黏合剂，使颗粒不断翻滚长大，得到适宜粒径后排出机外。可通过优化多室流化床的工艺，使颗粒形成的不同阶段都在最佳操作条件下完成。

知识链接

沸腾制粒机的维护

1. 每次喷枪使用完，都要用温热水在料筒中开泵进行清洗，不能有黏合剂残留，以防堵塞；每周应用有机溶剂彻底清洗零件，以免堵塞。

2. 配制好的黏合剂要过40目筛方可使用，以防喷枪堵塞。

3. 压缩空气过滤器应当在半年到一年的时间内拆开用软刷清洗，并在运行前除尽下部残留的积水。

4. 空压机罐内的冷凝水应当在每次工作完毕后清除。

5. 随时检查布袋的透气性能，一旦堵塞，应当停机清洗干净后再使用，更换制粒品种时，需更换布袋。

6. 空气分布器上的孔板如发生堵塞，粉料流化时容易产生沟流现象，致流化不良，应及时清洗保持畅通。

7. 空气过滤器应每2~3个月清洗或更换，防止堵塞造成进风量不足，影响流化。

沸腾干燥制粒机适用于热敏性或吸湿性较强的物料制粒，且要求所用物料的密度不能有太大差距，否则难以制成颗粒。在符合要求的物料条件下，沸腾制粒机所制得的颗粒外形圆整，多为40~80目，因此在压片时的流动性和耐压性较好，易于成片，对于提高片剂的质量相当有利。该设备可直接完成制粒过程中的多道工序，减少企业的设备投资，并降低操作人员的劳动强度，具有生产流程自动化程度高、生产效率高、产量大的特点。但是由于该设备动力消耗大，对厂房环境的建设要求高，在厂房设计及应用时应注意。

知识拓展

沸腾制粒机的应用

沸腾制粒机集混合、制粒、干燥于一体，故又称为一步制粒机。它的优点是设备体积小、生产效率高、成品颗粒含量均匀。其应用广泛，可开发用途多。

在制药行业中，沸腾制粒机可以用作片剂、颗粒剂、胶囊剂的颗粒制粒，也可用于粉状、颗粒状湿物料的干燥等。

（二）干法制粒设备

当片剂中成分对水分敏感，或在干燥时不能经受升温干燥，而片剂组成成分中具有足够内在黏合性质时，常采用干法制粒。干法制粒有滚压法和压片法。

1. 滚压法 干法制粒机的基本结构如图5－7所示，主要由料斗、加料输料器、滚压筒、滚压缸、粗碎机、滚碎机、整粒装置等组成。其制粒的原理是利用转速相同的两个滚动圆筒之间的缝隙，将药物粉末滚压成片状物，然后通过颗粒机粉碎制成一定大小颗粒。片状物的形状根据压轮表面的凹槽花纹来决定。

操作时，将原料粉料加入料斗中，用螺旋输送机（加料器）定量而连续地将原料过筛筛除粗粒子并经一对圆柱表面具有条形花纹的压辊中压缩排出空气，由滚筒连续压出的薄片，经粉碎、整粒后形成粒度均匀、密度较大的粒状制品，而筛出的细粉再返回重新制粒。

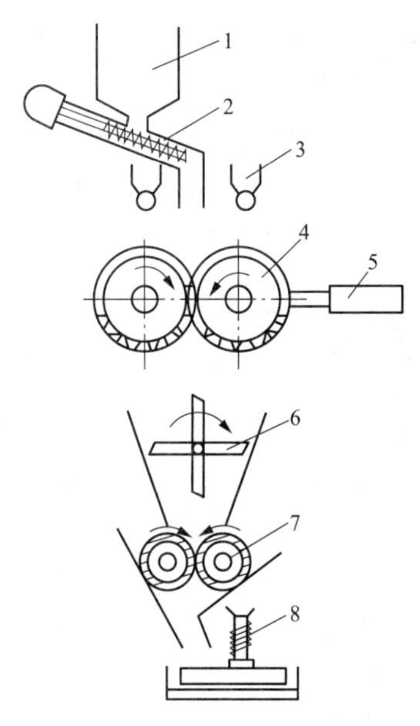

图5－7 干法制粒机结构

1. 料斗；2. 输料器；3. 润滑剂喷雾装置；4. 滚压筒；5. 滚压缸；6. 粗碎机；7. 滚碎机；8. 整粒机

2. 压片法 将活性成分、稀释剂（如必要）和润滑剂混合，这些成分中必须具有一定黏性。在重型压片机上压实，制成直径为20～25mm的坯片，然后再破碎成所需要大小的颗粒，也称大片法。如阿司匹林对湿热敏感，其制粒过程即采用大片法制粒。

干法制粒不加任何液体，在粒子间仅靠压缩力使之结合，因此常用于热敏材料及水溶性好的药物制粒。方法简单、省工省时，操作过程可实现全部自动化。但干法制粒设备结构复杂，转动部件多，维修养护工作量大，造价较高；而且因使用较大压力才能使某些物质黏结，有可能会导致延缓药物的溶出率，因此，该法不适宜于小剂量片的制粒。

第二节 片剂成型过程与设备

片剂是由一种或多种药物配以适当的辅料均匀混合后压制而成的片状制剂。片剂的生产方法有粉末压片法和颗粒压片法两种。粉末压片法是直接将均匀的原辅料粉末置于压片机中直接压成片状，这种方法对药物和辅料的要求较高，只有片剂处方成分中具有适宜的可压性时才能使用粉末直接压片法。颗粒压片法是先通过制粒过程使药物粉末具备适宜的黏性，将原辅料制成湿颗粒，经干燥后再置于压片机中压成片状，大多片剂的制备均采用这种方法。

一、片剂成型的原理与设备

将各种颗粒或粉状物料置于模孔中，用冲头压制成片剂的机器称为压片机。各种类型压片机的压片原理基本相同，在此基础上，根据不同的特殊要求，还有二步（三步）压制压片机、多层片压片机和压制包衣机等。

（一）冲和模

冲和模是压片机的主要部件，如图5－8所示，通常一副冲模包括上冲、中模、下冲三个零件，上下冲的结构相似，其冲头直径也相等且与模圈的模孔相配合，可以在中模圈孔中自由滑动，但不会泄漏药粉。冲模的规格以冲头直径或中模孔径来表示，一般为 5.5 ~ 12mm，每 0.5mm 为一种规格，共有 14 种规格。

冲头的形状决定片剂的形状。上、下冲的工作端面形成片剂的表面形态，模圈孔的大小即为片剂的大小。按冲模结构形状可划分为圆形、异形（包括多边形和曲线形）。冲头端面的形状有平面形、斜边形、浅凹形、深凹形及综合形等。平面形、斜边形冲头用于压制扁平的圆柱体状片剂，浅凹形用于压制双凸面片剂，深凹形用于压制包衣片剂的芯片，综合形主要用于压制异形片剂。为了识别及服用，在药片冲模端面上也可刻制药品名称、剂量及纵横线条等标志。冲头直径有多种规格，供不同片重压片时选用。

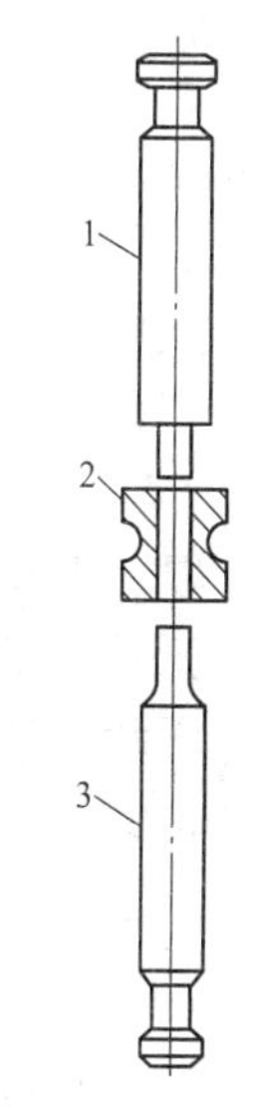

图 5－8　压片机的冲和模

1. 上冲；2. 中模；3. 下冲

（二）压片机的压片过程

如图 5－9 所示，压片机的压片过程可分为以下几步：①下冲的冲头部位（其工作位置朝上）由中模孔下端伸入中模孔中，封住中模孔底；②利用加料器向中模孔中填充药物；③上冲的冲头部位（其工作位置朝下）自中模孔上端落入中模孔，并下行一定行程，将药粉压制成片；④上冲提升出孔。下冲上升将药片顶出中模孔，完成一次压片过程；⑤下冲降到原位，准备下一次填充。

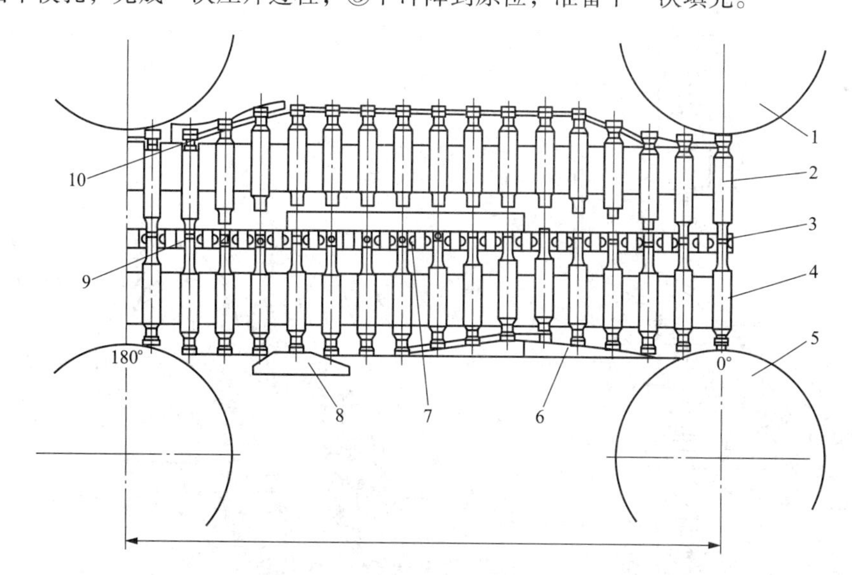

图 5－9　旋转式压片机工作原理示意图

1. 上压轮；2. 上冲；3. 压制片；4. 下冲；5. 下压轮；6. 出片轨道；7. 中模；8. 充填轨道；9. 颗粒；10. 上轨道

（三）压片机制片剂量控制原理

1. 计量的控制 各种片剂有不同的剂量要求，选择不同直径的冲模，可以实现不同剂量的控制。选定冲模直径后通过调节下冲伸入模圈孔的深度，从而达到调节孔中药物体积和重量的目的。因此，在压片机上应有调节下冲在模孔中位置的机构，以满足剂量调节要求。由于不同批号的药粉配制总有比体积的差异，这种调节功能是十分必要的。

在剂量控制中，加料器的动作原理也有相当的影响，比如颗粒药物是靠自重自由滚落入中模孔中时，其填装情况较为疏松。如果采用多次强迫性填入方式将会填入较多药物，填装情况则较为密实。

2. 药片厚度及压实程度控制 当药物剂量确定后，为满足片剂贮运、保存和崩解时限要求，压片时的压力是有一定要求的。通过调节上冲在模圈中的下行量实现压力控制。不管压片机压片时只有上冲下行加压的压法，还是上、下冲相对运动共同完成压片的压法，其压力控制多是通过调节上冲下行量来实现。压力大小一定程度上也影响药片厚度。

（四）压片设备

压片机的类型主要有三种，单冲压片机目前适用于少量多品种的生产及科研试制应用，实际生产使用的多为旋转式压片机和高速旋转压片机。

1. 单冲压片机 单冲压片机如图 5－10 所示，由冲模、加料机构、填充调节机构、压力调节机构及出片控制机构组成。

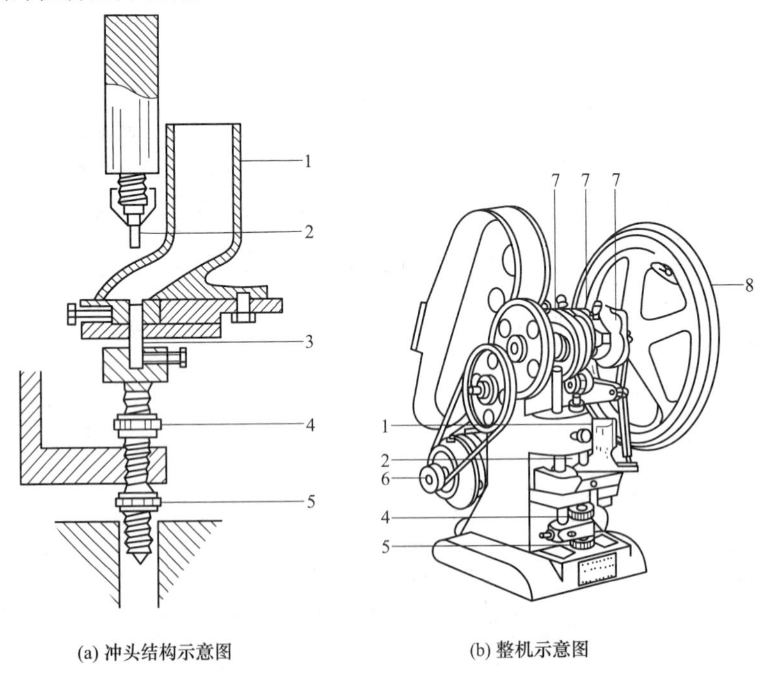

图 5－10 电动单冲冲撞式压片机

1. 加料斗；2. 上冲；3. 下冲；4. 出片调节器；5. 片重调节器；6. 电动机；7. 偏心轮；8. 手柄

（1）加料机构　加料机构由料斗和加料器组成，两者可经挠性导管连接，料斗中的颗粒药物通过导管进入加料器。常用的加料器有摆动式靴形加料器和往复式靴形加料器。

①摆动式靴形加料器：其外形如同一只靴子如图5－11所示，由凸轮带动做左右摆动。加料器底面与中模上表面保持约0.1mm的间隙，工作时，因加料器在中模孔上方左右摆动，药物借摆动力的作用自出料口填入模孔内，加料器完成加料离开中模孔上方时，其底面将中模孔上表面的颗粒刮平。此时上冲开始下降进行压片，待片剂于中模内成型后，上冲上升脱离开中模模孔，同时下冲也上升，将片剂顶出中模模孔；在加料器回摆时将压制好的片剂推至盛器中，并再次向中模模孔中填充药粉。这种加料器中的药粉随加料器同时不停摆动，由于药粉的颗粒不均匀及不同原料的密度差异等，易造成药粉分层现象。

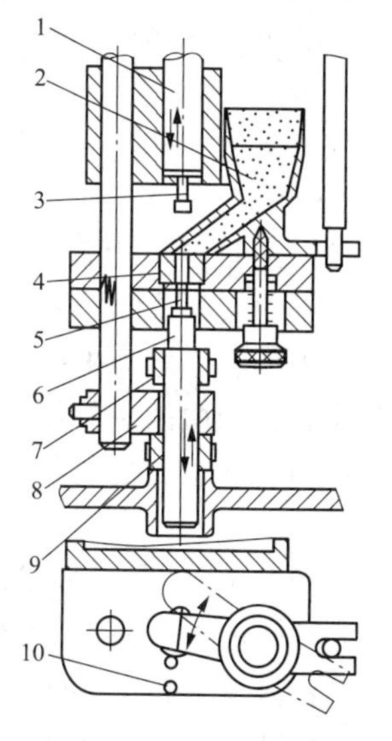

图5－11　摆动式靴形加料器的压片机

1. 上冲套；2. 靴形加料器；3. 上冲；4. 中模；5. 下冲；6. 下冲套；7. 出片调节螺母；8. 拨叉；9. 填充调节螺母；10. 药片

②往复式靴形加料器：其外形也如同靴子，加料和刮平、推片等动作原理与摆动式靴形加料器相同，如图5－12所示。所不同的是加料器做往复运动，完成向中模孔中填料。加料器前进时，其前端将前个往复过程中由下冲顶出中模孔的药片推到盛器中；同时，加料器出料口覆盖中模孔，药物颗粒填满模孔；当加料器后退时，其底面将中模孔上表面的颗粒刮平并露出模孔部位，上、下冲相对运动将中模孔中药粉压成药片，此后上冲快速提升，下冲上升将药片顶出模孔，完成一次压片过程。

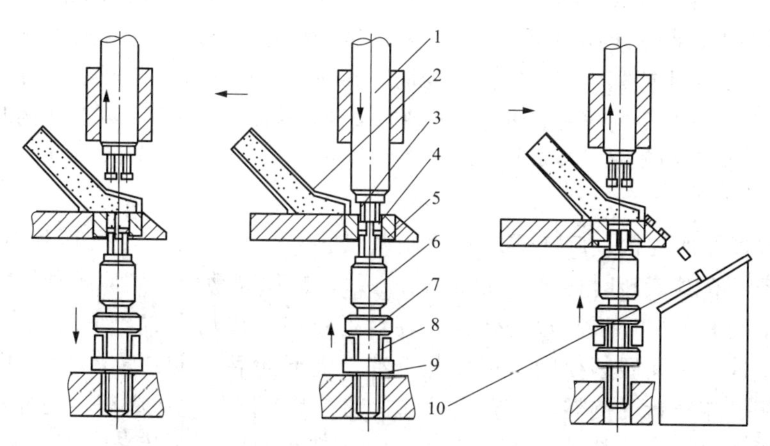

图5－12　往复式靴形加料器

1. 上冲套；2. 加料器；3. 上冲；4. 中模；5. 下冲；6. 下冲套；7. 出片调节螺母；8. 拨叉；9. 填充调节螺母；10. 药片

（2）填充调节机构　在压片机上通过调节下冲在中模孔中的伸入深度来改变药物的填充容积。当下冲下移时，模孔内容积增大，药物填充量增加，片剂剂量增大。相反，下冲上调时，模孔内容积减小，片剂剂量也减少。如图 5－11 及图 5－12 所示，旋转下冲套下端的螺母 9，即可使下冲上升或下降。当确认调节位置合适时，将螺母以销固定。这种填充调节机构又称为直接式调节机构，螺母的旋转量直接反映中模孔容积的变化量。

（3）压力调节机构　单冲压片机是利用主轴上的偏心凸轮旋转带动上冲做上下往复运动完成压片过程的。通过调节上冲与曲柄相连的位置，从而改变冲程的起始位置，可改变上冲对模孔中药物的压实程度。称之为螺旋式调节。也可通过改变复合偏心机构中的总偏心距，达到调节上冲对模孔中药物的冲击力的目的。称之为偏心距式调节。

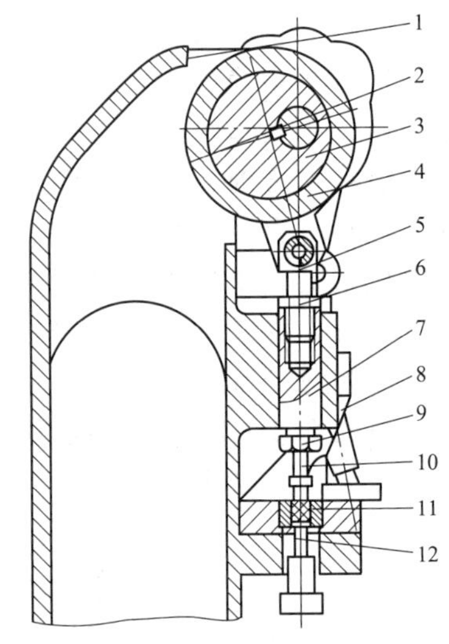

图 5－13　螺旋式压力调节机构

1. 机身；2. 主轴；3. 偏心轮；4. 偏心轮壳；5. 连杆；6. 紧固螺母；7. 上冲套；8. 加料器；9. 锁紧螺母；10. 上冲；11. 中模；12. 下冲

螺旋式压力调节机构：如图 5－13 所示。当进行压力调节时，先松开紧固螺母 6，旋转上冲套 7，上冲上移，片剂厚度增大，冲压压力减小；反之，上冲下移，可减小片厚，冲压力增大。调整达到要求时，紧固螺母 6 即可。

偏心距式压力调节机构：如图 5－14 所示。主轴 4 上所装的偏心轮 5 具有另一个偏心套 3，需要调节压力时，旋转调节蜗杆 2，使偏心套 3（其外缘加工有蜗齿轮）在偏心轮 5 上旋转，从而使总偏心距增大或减小，可达到调节压片压力的目的。

（4）出片机构　如图 5－11 及图 5－12 所示，单冲压片机利用凸轮带动拨叉上下往复运动，拨叉又带动下冲做往复运动。当下冲上升时，将压制成的药片顶出中模。若下冲顶端上升过高，会发生加料器推药片动作和下冲运动发生干涉，从而造成冲头损坏现象；如果下冲顶端上升过低，药片不能完全露出中模上表面，容易发生药片被打碎现象。因此，通过旋转出片调节螺母 7 可以改变下冲在下冲套上的轴向位置，从而改变拨叉 8 对其作用时间的早晚和空程大小。一般以下冲顶端上升至与中模上平面平齐为适当。当调节适当时，应将出片调节螺母 7 用销锁固。

2. 旋转式多冲压片机　旋转式压片机是片剂生产中应用最广泛的压片机，是一种连续操作的设备，在其旋转时连续完成充填、压片、推片等动作。其原理如图 5－15 所示，在机座中轴上装有三层环形凸边的转盘，转盘上三层凸边均布着上下对应、数目相同的孔，上层装上冲，中间层装模圈，下层装下冲。上下冲靠固定在转盘上方和下方的导轨及压轮等作用，随转盘的旋转呈上升或下降运动，其升降的规律应满足循环压片的要求。操作时，利用加料器将颗粒填充于中模孔内，在转盘回转至压片部分时，上、下冲在压轮的作用下将药粉压制成片，压片后下冲上升将药片从中模圈内推出，等转盘运转至加料器处靠加料器的圆弧形侧边推出转盘。

旋转式压片机有多种型号，按冲数分为 8 冲、16 冲、19 冲、27 冲、33 冲、55 冲、75 冲等；按流程分为单流程及双流程等。单流程压片机仅有一套压轮，旋转一周每个模孔仅压制出一片。双流程压片机有两套压轮，中盘旋转一周，每副冲模可压制出两片。旋转式压片机主要由动力及传动、加料、压制、吸粉等四部分组成。

（1）传动系统　如图 5－16 所示，ZP－33 型旋转压片机的传动机构示意图。电动机将动力由变速转盘 2 传递给无级变速转盘 4，再带动同轴的小皮带轮 5 转动。小皮带轮通过皮带将扭矩传递给大皮带轮，以获得较大速比。大皮带轮通过摩擦离合器使蜗杆传动轴 9 旋转，蜗杆啮合蜗轮，蜗轮与工作转盘为紧配合，故使得工作盘做旋转运动。传动轴一端装有试车手轮，拨动该手轮，可使工作盘旋转，用来安装冲模、检查压片机各部分运转情况和排除故障。传动轴另一端装有圆锥形摩擦离合器，并设有开关手柄，当摘开离合器时，皮带轮空转，工作转盘脱离开传动系统静止不动。

（2）加料机构　有月形栅式加料器和强迫式加料器两种。

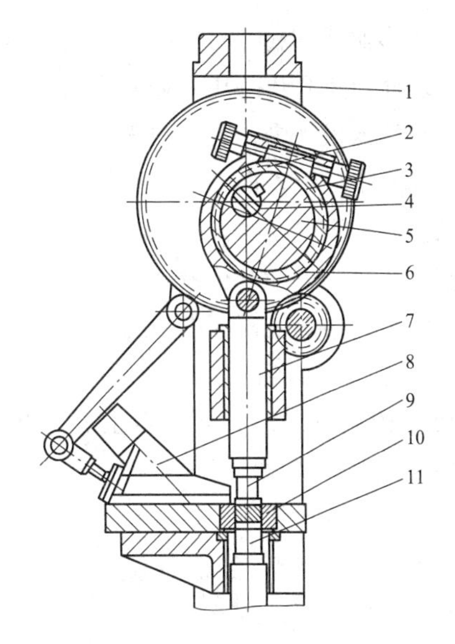

图 5－14　偏心距式压力调节机构

1. 机身；2. 调节蜗杆；3. 偏心套；4. 主轴；5. 偏心轮；6. 偏心轮壳；7. 上冲套；8. 加料器；9. 上冲；10. 中模；11. 下冲

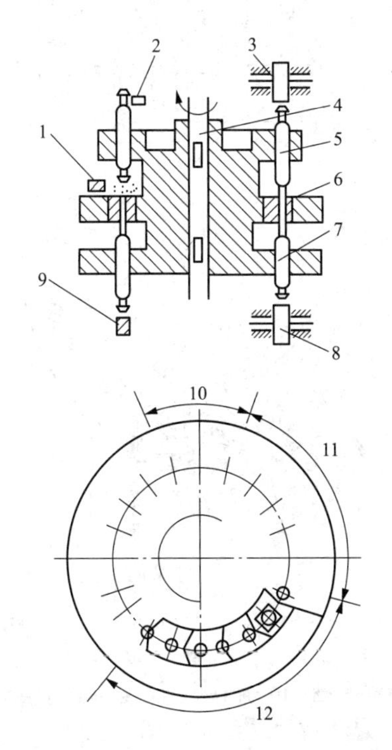

图 5－15　旋转式多冲压片机压片原理

1. 加料器；2. 上冲导轨；3. 上压轮；4. 转盘；5. 上冲；6. 中模；7. 下冲；8. 下压轮；9. 下冲导轨；10. 压片部分；11. 出片部分；12. 充填部分

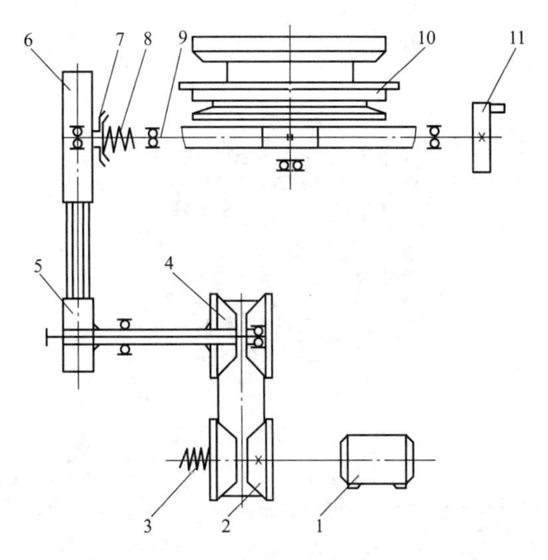

图 5－16　ZP－33 型旋转压片机的传动系统示意图

1. 电动机；2，4. 变速转盘；3，8. 弹簧；5. 小皮带轮；6. 大皮带轮；7. 摩擦离合器；9. 传动轴；10. 工作转盘；11. 手轮

①月形栅式加料器：如图5－17所示。月形栅格固定在工作转盘的中模上表面，底面与中模上表面保持0.05～0.1mm的间隙，工作时，旋转中的中模从加料器下方通过，栅格中的药物颗粒落入模孔中，弯曲的栅格板造成药物多次填充的形式。最末一个栅格上装有刮料板，可将转盘及中模上表面的多余药粉刮平并带走。

从图5－17中可以看出，固定在机架上的料斗7将随时向加料器布撒和补充药粉，填充轨可控制剂量，当下冲升至最高点时，使模孔对着刮料板以后，下冲再有一次下降，以便在刮料板刮料后，再次使模孔中的药粉振实。

②强迫式加料器：如图5－18所示为密封型加料器。出料口处装有两组旋转刮料叶，当中模随转盘进入加料器的覆盖区域内时，刮料叶迫使药物颗粒多次填入中模孔中。这种加料器适用于高速旋转压片机，尤其适用于压制流动性较差的颗粒物料，可提高剂量的精确度。

（3）压制部分　包括转盘、上冲、下冲及冲模，上、下导轨，上、下压轮，填充装置等。

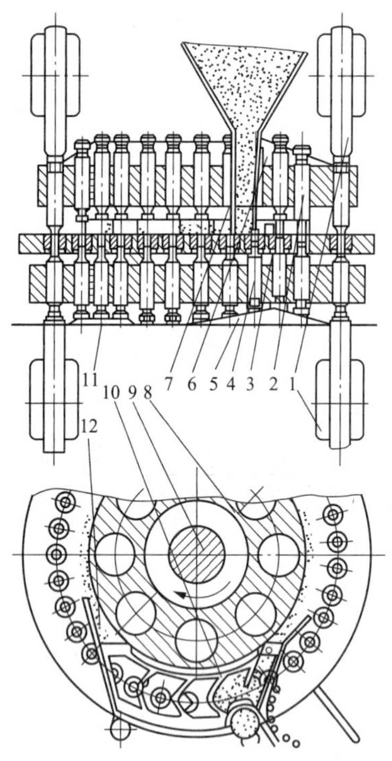

图5－17　月形栅式加料器

1. 上、下压轮；2. 上冲；3. 中模；4. 下冲；5. 下冲导轨；6. 上冲导轨；7. 料斗；8. 转盘；9. 中心竖轴；10. 栅式加料器；11. 填充轨；12. 刮料器

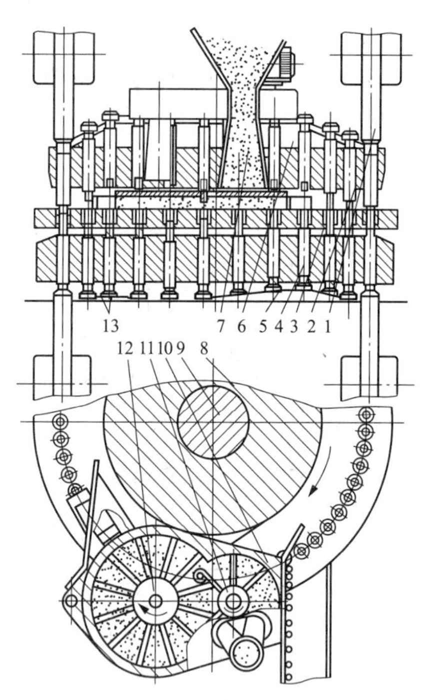

图5－18　强迫式加料器

1. 上、下压轮；2. 上冲；3. 中模；4. 下冲；5. 下冲导轨；6. 上冲导轨；7. 料斗；8. 转盘；9. 中心竖轴；10. 加料器；11. 第一道刮料叶；12. 第二道刮料叶；13. 填充轨

①填充调节装置：如图5－19所示。转动刻度调节盘4，即可带动轴6转动，与其固联的蜗杆轴也转动。蜗轮传动时，其内部的螺纹孔使升降杆3产生轴向移动，与升降杆3固联的填充轨也随之上下移动，即可调节下冲在中模孔中的位置，从而达到调节填充量的要求。

②上、下冲的导轨装置：如图 5－20 所示。上冲导轨装置由导轨盘和导轨片组成整体平面凸轮。上冲尾部的凹槽沿导轨的凸边运转，按一定规律升降。在上冲导轨的最低点装有上压轮装置。

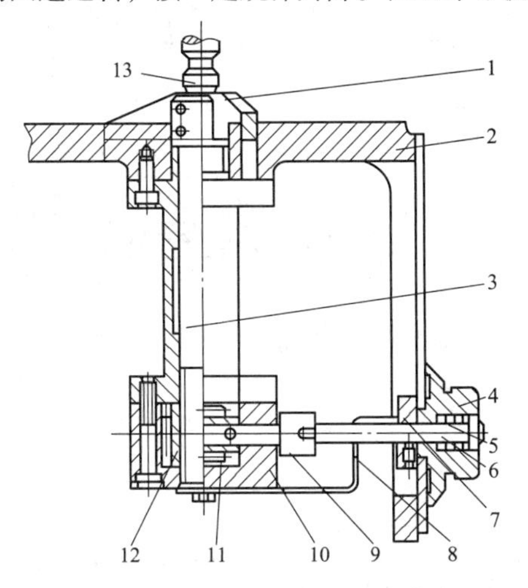

图 5－19　填充调节机构

1. 填充轨；2. 机架体；3. 升降杆；4. 刻度调节盘；5. 弹簧；6. 轴；7. 挡圈；8. 指针；9. 蜗杆轴；10. 蜗轮罩；11. 蜗杆；12. 蜗轮；13. 下冲

下导轨是由主体台面、充填导轨与用螺钉安装在主体台面上的导轨组成。当下冲运行时，它的尾部嵌在轨导槽内，沿槽的坡度和充填导轨的坡度有规律的升降。在下冲导轨的圆周内主体的上平面装有下压轮装置、充填调节装置等。

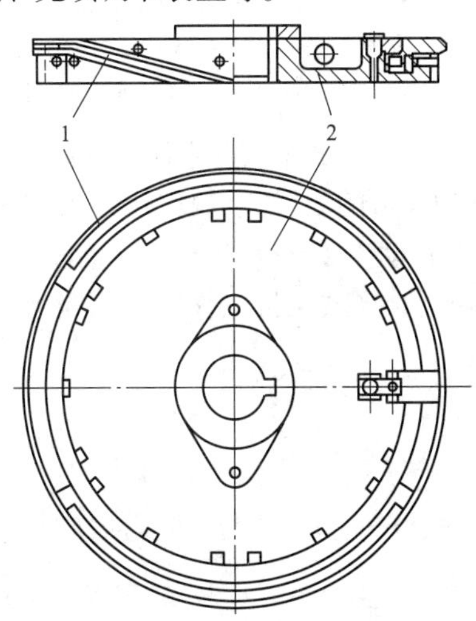

图 5－20　上冲导轨装置

1. 导轨片；2. 导轨盘

③压力调节装置：如图 5－21 所示上压轮调节装置。当压片过程中压力过大时，安装在偏心轴 5 上的压轮由于偏心作用略有抬高，并通过摇臂 1 压缩弹簧 8 而起缓解作用，从而保证机器不会损坏。旋转微动开关 14，可调节上压轮的垂直高度，可改变压片时的压力大小。如图 5－22 所示为下压轮调节装置。松开紧定螺钉 15，利用梅花把手 11 旋动蜗杆轴 2，转动蜗轮 13，可改变偏心轴 7 的偏心方位，以达到改变下压轮最高点位置的目的，从而调节压片时下冲上升的最高位置。

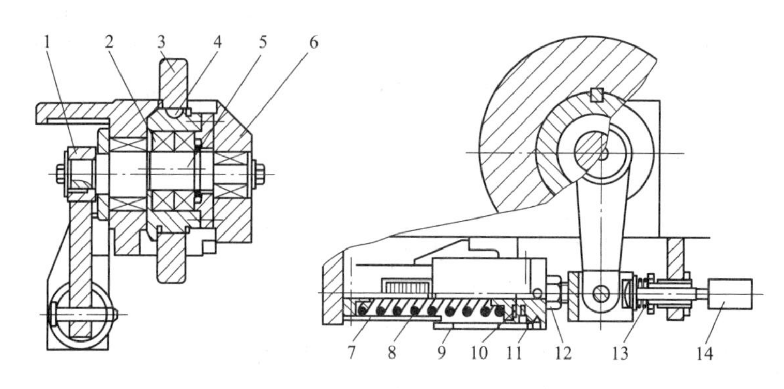

图 5-21　上压轮压力调节装置

1. 摇臂；2. 轴承；3. 上压轮；4. 键；5. 上压轮轴（偏心轴）；6. 压轮架；7、9. 罩壳；8. 压缩弹簧；10. 弹簧座；11. 轴承座；12. 调节螺母；13. 缓冲弹簧；14. 微动开关

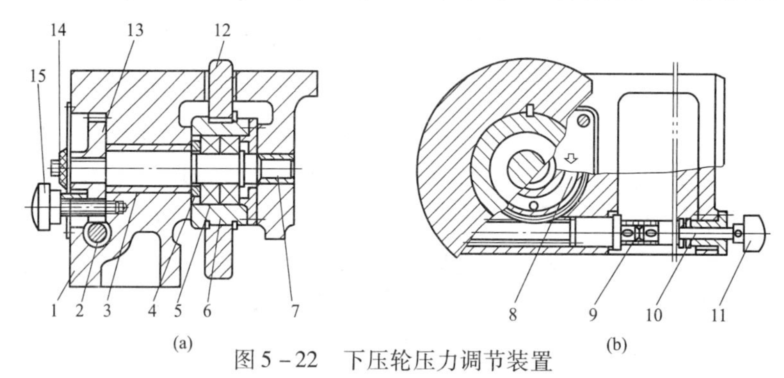

图 5-22　下压轮压力调节装置

1. 机体；2. 蜗杆轴；3. 轴套；4. 轴承垫圈；5. 轴承；6. 压轮芯；7. 下压轮轴（偏心轴）；8. 厚度调节标牌；9. 联轴节；10. 接杆；11. 梅花把；12. 下压轮；13. 蜗轮；14. 指示盘；15. 紧定螺钉

（4）吸粉装置　吸粉装置是指压片过程中冲模上所产生的飞粉和中模下漏的粉末通过吸气管回收，避免污染环境，用于保护设备的装置。一般制成长方体的吸粉、气罩，装在机座的右侧，其中有鼓风机，通过三角皮带传动连接电机，下为贮粉室，上方为滤粉室，内有扁圆形滤粉盘，5 只重叠着，其通孔为交错排列，当鼓风机工作时产生吸力，使粉末通过吸粉管落入贮粉室中。

知识拓展

旋转式压片机总体介绍、适用特点

旋转式压片机是压片生产的主要设备。它的给料方式合理，片重差异小，由上、下两个方向加压，压力分布均匀，生产效率较高。广泛用于制药、化工、食品等工业生产，是处理各种颗粒状原料压制成片剂的基本设备。适用于小批量、大批量、多品种生产中压制圆形的各种药片、糖片、钙片等。

目前使用的旋转式压片机做了许多的改进，如精度比较高，封闭式操作，除尘设备较好，增加预压机构，半自动控制，自动控制等。半自动压片机可根据压力变化，自动剔除片重不合格的药片。自动压片机，则由压力变化信号指挥，由自动机构调节片重。

根据所用的冲模模型不同，旋转压片机可以压制各种形状的片剂，如圆形、椭圆形、心形、星形、三角形等。

实例分析

实例：常用药复方磺胺甲噁唑片主要生产设备选用。

分析：

1. 现生产复方磺胺甲噁唑素片，根据处方制定主要生产工艺，选择适宜的主要生产设备（制粒、干燥、整粒、总混、压片）。

［处方］磺胺甲噁唑 40kg　　淀粉（煮浆用）2.8kg　　甲氧苄啶 8kg
十二烷基硫酸钠（煮浆用）0.0457kg　　淀粉 4kg　　硬脂酸镁 0.5kg
共制　　10 万片

2. 制定主要生产工艺流程：根据磺胺甲噁唑及甲氧苄啶的理化性质及处方设计，制定主要工艺流程为：原辅料称量、配料→制粒、干燥→整粒→总混→压片→包装。

3. 制粒：取淀粉 2.8kg 和十二烷基硫酸钠 0.0457kg 煮浆，按《配浆标准操作规程》（SOP）配制浓度 12% 的淀粉浆，作为黏合剂。淀粉浆用 20 目筛过滤备用。

采用快速混合制粒机制湿粒：将磺胺甲噁唑、甲氧苄啶、淀粉装入快速混合制粒机（KHL-250 型，生产能力 175L），按《混合制粒标准操作规程》（SOP）制取湿颗粒。干混时间 3~4 分钟；加入黏合剂后继续混合 3~4 分钟。快速切割制粒 1~3 分钟。制取的湿颗粒应呈松散状，粒度均匀，外观检查无异物，能全部通过 14 目筛，但能通过 16 目筛的颗粒不超过 30%。

4. 干燥：采用高效沸腾干燥机干燥。将制得的湿颗粒放入高效沸腾干燥机（GFG-120 型，生产能力 80~120kg/次），按《干燥标准操作规程》（SOP）和《GFG-120 型高效沸腾干燥机标准操作规程》（SOP）进行操作。通入热空气的压力为 0.2~0.3MPa。干燥温度控制在 70~80℃之间，时间 7~10 分钟。干燥后的颗粒外观呈白色，色泽均匀，无异物。水分应为 3%~4%。

5. 整粒：采用电动振动筛整粒。按《整粒标准操作规程》（SOP）进行操作。用装有 14 目筛网的电动振动筛整粒。整粒后的颗粒外观不得有变色和混杂物，能全部通过 12 目筛，但能通过 14 目筛的颗粒不超过 30%。

6. 总混：采用三维混合机混合。将干颗粒与全部外加辅料（硬质酸镁）放入三维混合机，按《总混标准操作规程》（SOP）进行混合。混合时间 20~30 分钟，转速设定为 20~30r/min。混好的外观不得有变色和混杂物。水分和含量符合企业中间产品内控质量标准。

7. 压片：采用 ZP-19 型旋转式压片机。选用冲头为直径 Φ12.0mm 浅弧冲，按《压片标准操作规程》（SOP）进行操作。压出的药片外观完整光洁，厚薄、形状一致，色泽均匀一致。不得有粘连、熔化、发霉现象。压片过程中每隔 30 分钟测定一次片重，确保片重差异≤±5%。压出的药片质量检验应符合《中国药典》中片剂项下要求。

8. 包装（略）。

3. 高速压片机 高速压片机是一种先进的旋转式压片机。压片时采用双压，工作时由计算机控制。能将颗粒状物料连续进行压片，除可压普通圆片外，还可压制各种异形片。该机型在传动、加压、充填、加料、冲头导轨、控制系统等多个方面都明显优于普通旋转式压片机。整机全封闭、无粉尘、保养自动化、生产效率高，符合 GMP 要求。

（1）工作原理 高速压片机主电机通过交流变频无级调速器，并经蜗轮减速后带动转台旋转。使转台中上、下冲头在导轨的引导下产生上、下相对运动。颗粒经充填、预压、主压、出片等工序被压制成片。整个压片过程中，控制系统通过对压力信号的检测、传输、计算、处理等实现对片重的自动控制，废片自动剔除，以及自动采样、故障显示和打印各种统计数据。

（2）高速压片机的主要结构和特点 该机主要由传动、加料、压片、吸粉等部分组成。

①传动部分：由一台带制动的交流电机、皮带轮、蜗轮减速器及调节手柄等组成。电机可由交流变频调速器无级变速，使转台转速在 25 ~ 77r/min 之间变动，使压片产量调控在 11 万 ~34 万片/小时。

②加料部分：采用强迫式加料器，由小型直流电机通过蜗轮减速器将动力传递给加料器的齿轮并分别驱动计量、配料和加料叶轮，颗粒物料从料斗底部进入计量室经叶轮混合后压入配料室，再流向加料室并经叶轮通过出口送入中模。加料速度可无级调速。

③压制部分：颗粒填充量的控制，依据机器已设定好的五档下冲下行轨进行调节，每档范围均为 4mm，极限量为 5.5mm，操作前按品种确定所压片重后，选用某一轨道。机器控制系统对充填调节的范围是 0 ~2mm，控制系统从压轮所承受的压力值取得检测信号，使步进电机驱动齿轮带动充填调节手轮旋转，使充填深度发生改变。步进电机使手轮每转一格调节深度为 0.01mm。如图 5 - 23 所示，手动旋转手轮 4 可使充填轨上下移动，每旋转一周充填深度变化 0.5mm。出片有两个通道，左通道排废片，右通道排合格片，两通道的切换是通过槽底的旋转电磁铁来控制。开车时废片通道开启，正常通道关闭，待机器压片稳定后，通道切换，正常片子通过筛片机进入集料筒内。压片分预压和主压两部分，并有相对独立的调节机构和控制机构，颗粒先经预压后再进行主压，这样可得到质量较好的片剂。利用电磁传感器对片剂自动计数。通过应力检测每一次压片时的冲杆反力，当废片出现时，电脑输出信号，开启废片通道，剔废器在压缩空气的作用下将废片剔除。该机有完整的润滑系统及液压系统。

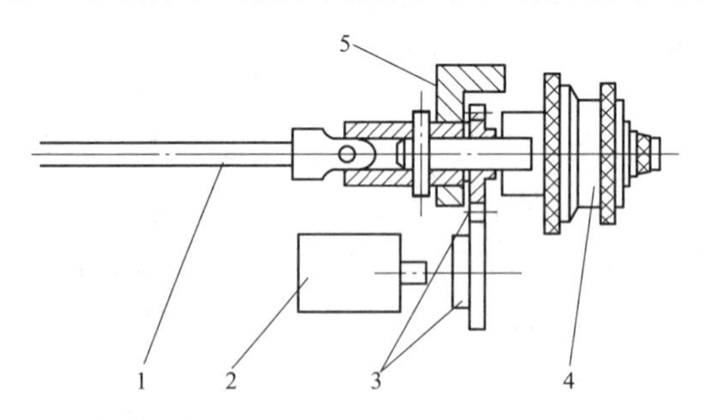

图 5 - 23 自动调节机构

1. 万向联轴节；2. 步进电机；3. 传动齿轮；4. 手柄；5. 机架

高速旋转压片机压力调节多采用杠杆压力调节机构，如图 5 - 24 所示，上、下压轮分别装在上、下压轮架 2、17 上，菱形压轮架的一端分别与调节机构相连，另一端与固定支架 13 连接。调节上冲进模量调节手轮 1，可改变上压轮的上下位置，达到调节上冲进入中模孔的深度。调节手柄4使下压轮架上下运动，可调节片厚及硬度。压力由压力油缸16控制。这种加压及压力调节机构可保证压力稳定增加，并在最大压力时可保持一定时间，对颗粒物料的压缩及空气的排出有一定的效果。

④吸尘部分：在压片机中模上方的加料器和下层转盘的上方，各设有一个吸尘口，通过底座后保护板与吸尘器相连，吸尘器独立于压片机之外。吸尘器与压片机同时起动，使中模所在的转盘上下方的粉尘吸出。

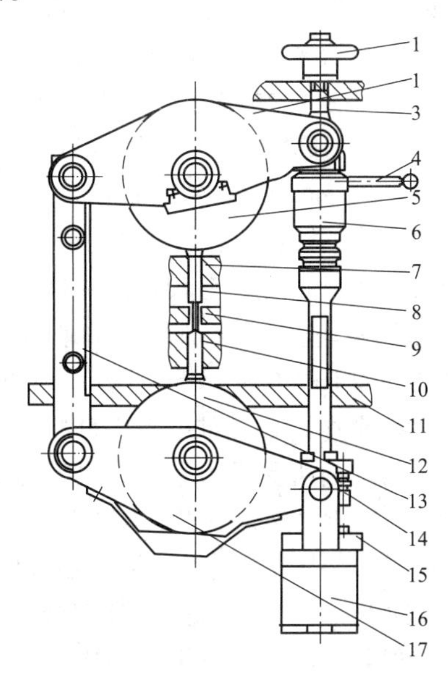

图5－24　高速旋转压片机的杠杆式压力与片厚调节机构

1. 上冲进模量调节手轮；2. 上压轮架；3. 吊杆；4. 片厚调节手柄；
5. 上压轮；6. 片厚调节机构；7. 转盘；8. 上冲；9. 中模；10. 下冲；11. 主体台面；
12. 下压轮；13. 固定支架；14. 超压开关；15. 放气阀；16. 压力油缸；17. 下压轮架

4. 二次（三次）压制压片机　该机型适用于粉末直接压片法。粉末直接压片时，一次压制存在成型性差、转速慢等缺点，因而将一次压制压片机进行改进，研制成二次、三次压制压片机及把压缩轮安装成倾斜型的压片机。二次压片机的结构如图5－25所示。片剂物料经过一次压轮或预压轮（初压轮）适当的压力压制后，移到二次压轮再进行压制，由于经过二步压制，整个受压时间延长，成型性增加，形成片剂的密度均匀，很少有顶裂现象。

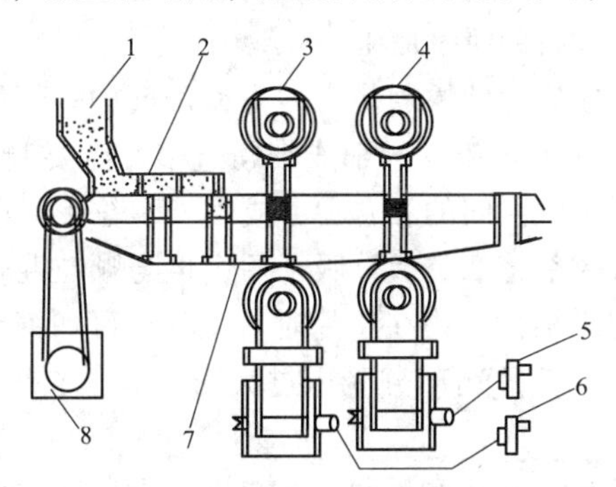

图5－25　二次压制压片机结构示意

1. 加料斗；2. 刮粉器；3. 初压轮；4. 二次压轮；
5. 二次压轮调节器；6. 一次压轮调节器；7. 下冲导轨；8. 电机

（五）压片过程中易出现的问题及解决方法

在《中国药典》中明确规定了片剂的制备标准，诸如片剂的含量、崩解时限、溶出度、片重差异、外观等。所以在制造过程中一定要严格控制，把好质量关，发现问题及时解决，减少不必要的损失，创造更大的效益。

1. 松片 松片是指片剂压成后用手轻轻加压即可碎裂。造成松片的原因有许多，处方调配不当、药物本身性质所限，以及压片设备的原因等均可造成松片。例如，黏合剂或润湿剂用量不足或选择不当，颗粒疏松，细粉多，此时需要添加黏合剂或润滑剂，或者使用合适的润湿剂；颗粒含水量太少时，完全干燥的颗粒有较大的弹性变形，所压成片剂的硬度较差，许多含有结晶水的药物，在颗粒烘干时会失去一部分结晶水，颗粒变松脆，容易形成松片，可在颗粒中喷入适量的稀乙醇（50%～60%），保证颗粒含适量水，可增强其塑性，降弹性，降低颗粒间摩擦力。药物本身的性质，如脆性、可塑性、弹性和硬度等也会影响片剂的松紧，例如，中草药的粉末中有纤维素及酵母粉等，有较强的弹性，在大压力下虽可成型，但一经放置即易因膨胀而松片，可在处方中增多具有较强塑性的辅料，如可压性淀粉、微晶纤维素、乳糖等，或选用更优良的黏合剂，如 HPMC（hypromellose，cellulose）等；原料的弹性也与晶态有关，针状或片状结晶压片后易松片，必要时可先将针状或片状结晶粉碎。此外，压片机的压力过小，或冲头长短不齐，则片剂所受压力不同，也容易造成松片，此时需将压力或冲头调节适中；压缩时间对松片也有影响，塑性变形的发展需要一定的时间，如压缩速度太快，塑性很强的材料变形的趋势也将增大，易于松片，需要适当降低压片速度。

2. 裂片 片剂受到振动或放置时，从腰间开裂或顶部脱落一层称为裂片，一般顶部开裂较为常见，称为顶裂。造成这种现象的原因，是用单冲压片机压片时，片剂的上表面压力较大。而用旋转压片机压片时，片剂的上、下表面的压力均较大，在片剂上表面或上、下表面的弹性复原率高；由于物料产生塑性变形的趋势与受压时间有关，片剂的上表面受压时间最短并首先移出模孔，脱离模孔的约束，所以易由顶部裂开，且单冲压片机比旋转压片机易裂片。因此，压力分布不均匀以及由此引起的弹性复原率不同是裂片的主要原因之一，物料的压缩成型性差可造成片剂内部压力分布不均匀而易于裂片。此外，颗粒中细粉太多，压缩时空气不能排出，解除压力后，空气体积膨胀而导致裂片；压力过大、加压过快可造成裂片；模孔变形、磨损，压片机的冲头受损伤以及推片时下冲未抬到与模孔上边缘相平的高度等，也会造成裂片。要解决这些原因造成的裂片，就要从压片成型理论入手，充分了解和改善物料的流动性和可塑性，例如，加入适宜的辅料；同时，改进压片机机械设计，例如，多冲压片机的逐渐加压代替单冲压片机的瞬时加压。

在实际压片过程中，造成裂片的原因多为处方调配问题。例如，黏合剂或润湿剂选择不当，用量不够，黏合力差，颗粒过粗、过细或细粉过多，需要调整黏合剂或润湿剂的用量；颗粒中油类成分较多，减弱了颗粒间的黏合力，或由于颗粒太干以及含结晶水的药物失去结晶水过多而引起，可先用吸收剂将油类成分吸干后，再与颗粒混合压片，也可与含水较多的颗粒掺合压片；富有弹性的纤维性药物在压片时易裂片，可加糖粉克服；压力过大，片剂太厚，冲模不合格，压力不均，使片剂部分受压过大而造成顶裂等情况可调整压片机的设置，以获得质量合格的片剂。

3. 黏冲 黏冲是指压片时，冲头和模圈上有细粉黏着，明显时上下冲都有细小颗粒黏着，使片剂表面不光洁、不平或有缺痕。颗粒太潮，药物易吸湿，室内温度、湿度过高均易产生黏冲，应重新干燥颗粒，车间恒温、恒湿，保持干燥。此外，润滑剂用量不足或分布不均匀时，应增加用量，并充分混合。冲模表面粗糙或有缺损，冲头刻字（线）太深，或冲头表面不洁净也会造成黏冲，应更换冲模，并擦净冲头表面，抛光以保持高光洁度。

4. 溶出超限 片剂在规定的时间内未能溶解出规定的药物，即为溶出超限，也称为溶出度不合格。片剂不崩解、颗粒过硬、药物的溶出度差等均可影响片剂的溶出度，应根据实际情况予以解决。

5. 崩解迟缓 崩解时限指固体制剂在规定的介质中，以规定的方法进行检查全部崩解溶散或成碎粒并通过筛网所需时间的限度。除缓释、控释等特殊片剂外，一般的口服片剂都应在胃肠道内迅速崩解。若片剂超过了规定的崩解时限，即称为崩解超限或崩解迟缓。片剂内部是一个多孔体，水分可通过这些孔隙而进入到片剂内部，引起片剂崩解，水分透入的快慢与片剂内部的孔隙状态和物料的润湿性有关。因此，压片时的压缩力可影响片剂内部的孔隙，可溶性成分与润湿剂可影响片剂亲水性（润湿性）及水分的渗入，物料的压缩成型性与黏合剂可影响片剂结合力的瓦解，而崩解剂是片剂体积膨胀崩解的主要因素，这些环节均可影响片剂的崩解，应根据实际出现的问题加以解决。诸如崩解剂选择不当，用量不足，干燥不够，崩解力差；黏合剂的黏性太强，用量过多或润湿剂的疏水性太强，用量过多；压片时压力过大，片剂过于坚硬；这些问题可通过调整崩解剂的用量及在不引起松片情况下减小压力来解决。

6. 片重差异大 片重差异是药典规定的片剂质量检测项目，压制的同一批片剂在重量上的差异，如果超出药典的规定范围，意味着药片的剂量差异已经不能忽略，有可能影响临床疗效。产生片重差异的原因有多种，例如，颗粒内的细粉太多或颗粒的大小相差悬殊，流动性不好，颗粒填充不均匀等，应重新制粒或除去颗粒中过多的细粉，改善颗粒流动性；此外，冲头与模孔吻合性不好、造成下冲外周与模孔壁之间漏下较多药粉、冲头长短不一、加料斗高度装置不对、加料斗或加料器堵塞也能引起片重差异，此时应做好机件保养，检查机件有无损件。

7. 片剂含量不均匀 所有造成片重差异过大的因素，皆可造成片剂中药物含量的不均匀。如果粒子的形态比较复杂或表面粗糙，则粒子间的摩擦力较大，一旦混匀后就不易再分离；当采用溶剂分散法将小剂量药物分散于空白颗粒时，由于大颗粒的孔隙率较高，小颗粒的孔隙率较低，所以吸收的药物溶液量有较大差异，在随后的加压过程中由于振动等原因，使大、小颗粒分层，小颗粒沉于底部，造成片重差异过大以及含量均匀度不合格。因此，物料的混合均匀对片剂的质量具有重要影响。

而对于小剂量的药物来说，除了混合不均匀外，可溶性成分在颗粒之间的迁移是其含量均匀度不合格的一个重要原因。干燥过程中，物料内部的水分向物料的外表面扩散时，可溶性成分也被转移到颗粒的外表面，这就是所谓的可溶性成分的迁移。在干燥结束时，水溶性成分在颗粒的外表面沉积，导致颗粒外表面可溶性成分的含量高于颗粒内部，即颗粒内外的可溶性成分含量不均匀。如果在颗粒之间发生可溶性成分迁移，将大大影响片剂的含量均匀度，尤其是采用箱式干燥时，这种迁移现象最为明显。因此采用箱式干燥时，应经常翻动物料层，以减少可溶性成分在颗粒间的迁移。采用流化床干燥时，由于湿颗粒各自处于流化运动状态，并无紧密接触，所以一般不会发生颗粒间的可溶性成分迁移，有利于提高片剂的含量均匀度。不过，采用流化床干燥时应注意：由于颗粒处于不断地运动状态，颗粒与颗粒之间有较大的摩擦、撞击等作用，会使细粉增加，而颗粒表面往往水溶性成分含量较高，所以这些被留下的细粉中的药物（水溶性）成分含量也较高，不能轻易地弃去，也可在投料时就考虑这种损耗，以防止片剂中药物的含量偏低的问题。

8. 变色或色斑、麻点 因易吸湿而变性的药片，如三溴片、碘化钾片、乙酰水杨酸片等在潮湿情况下与金属接触易变色，应当在干燥天气压片和减少与金属接触。复方制剂中原辅料颜色差异太大，在制粒前未经磨碎或混合不均则容易产生花斑；压片时的润滑剂未经细筛并未与颗粒充分混匀，也易出现色斑。颗粒过硬或有色片剂的颗粒松紧不均也会出现色斑或麻点，颗粒应制得松软些。有色片剂多采用乙醇润湿剂进行制粒，最好不采用淀粉浆。压片时，上冲油垢过多，随着上冲移动而落于颗粒中产生油点，只需经常清除过多的油垢就可消除斑点。

当片剂中含有可溶性色素时，即便湿混时已将色素及其成分混合均匀，但由于颗粒干燥后，大部分色素迁移到颗粒的外表面（内部的颜色很淡），发生可溶性成分的迁移，压成的片剂表面会形成很多“色斑”，为了防止“色斑”出现，最根本的方法是选用不溶性色素，如使用色淀（即将色素吸附于吸附剂上再加到片剂中）。

9. 叠片 叠片是指两片压在一起，压片时由于黏冲或上冲卷边等原因致使片剂黏在上冲上，再继续压入已装颗粒的模孔中而成双片。或者由于下冲上升位置太低，而没有将压好的片剂及时送出，又将颗粒加入模孔中重复加压。这样压力相对过大，机器易受损害。此时应及时停止操作，调换冲头，检修调节器。

二、包衣过程与设备

包衣是制剂工艺中的一项单元操作，除了片剂的包衣，有时也用于颗粒或微丸等的包衣。由于良好的隔离及缓控释作用，包衣在制药工业中占有越来越重要的地位。包衣操作工艺较复杂，随着包衣装置的不断改善和发展，包衣操作由人工控制发展到自动化控制，使包衣过程更可靠、重现性更好（表5－2）。

表5－2 包衣的方法和设备

包衣方法	包衣设备	适用对象
滚转包衣法	普通包衣锅	糖衣
普通滚转包衣法 埋管包衣法	埋管包衣锅	糖衣
高效包衣法	高效包衣机	糖衣和薄膜衣
流化包衣法	悬浮包衣设备	薄膜衣
压制包衣法	压制包衣设备	薄膜衣和药物衣

课堂互动

我们喜爱的哪些食品是有包衣的?

在我们日常生活中，可以见到哪些食品是采用包衣方法做成的呢？比如：彩色糖衣巧克力豆、彩色包衣压片糖、巧克力包衣饼干、巧克力包衣坚果等许多食品都有包衣。前两者与片剂包衣形式相似；后两者多采用蘸制包衣法。在片剂中，有糖衣和薄膜衣两种包衣剂型。我们在实际生产中应该如何实现包糖衣和包薄膜衣呢？

解析：包糖衣的一般工艺为：包隔离层→粉衣层→糖衣层→有色糖衣层→打光。

包薄膜衣是指在片芯外包一层比较稳定的高分子材料，因膜层较薄而得名。薄膜包衣的一般工艺为：片芯→喷包衣液→缓慢干燥→固化→缓慢干燥。

（一）包衣方法

包衣是指一般药物经压片后，为了保证片剂在贮存期间质量稳定或便于服用及调节药效等，在片剂表面包以适宜的物料，该过程称为包衣。片剂包衣可使药物与外界隔离，达到增加对湿、光和空气不稳定药物的稳定性；掩盖药物的不良臭味；减少药物对消化道的刺激和不适感；达到靶向及缓控释药的作用；防止复方成分发生配伍变化等目的。合格的包衣应达到以下要求：包衣层应均匀、牢固、与片芯不起作用，崩解时限应符合《中国药典》片剂项下的规定；经较长时期贮存，仍能保持光洁、美观、色泽一致，并无裂片现象；不影响药物的溶出与吸收。根据使用目的和方法的不同，片剂的包衣通常分糖衣、薄膜衣及肠溶衣等数种。

1. 包糖衣 一般工艺为：包隔离层→粉衣层→糖衣层→有色糖衣层→打光。隔离层不透水，可防止在后面的包衣过程中水分浸入片芯，最常用的隔离层材料为玉米朊。包衣时应控制好糖衣层厚度，一般3~5层，以免影响片剂在胃中的崩解。隔离层之外是一层较厚的粉衣层，可消除片剂的棱角。包粉衣层时，使片剂在包衣锅中不断滚动，润湿黏合剂使片剂表面均匀润湿后，再加入适量粉，使之黏着于片剂表面，然后热风干燥20~30分钟（40~50℃），不断滚动并吹风干燥。操作时润湿黏合剂和撒粉交替加入一般包15~18层后，片剂棱角即可消失。常用润湿黏合剂有糖浆、明胶浆、阿拉伯胶浆或糖浆与其他胶浆的混合浆，其中糖浆浓度常为65%（g/ml）或85%（g/ml），明胶的常用浓度为10%~15%。常用撒粉是滑石粉、蔗糖粉、白陶土、糊精、淀粉等，滑石粉一般为过100目筛的细粉。滑石粉和碳酸钙为包粉衣层的主要物料，当与糖浆剂交替使用时可使粉衣层迅速增厚，芯片棱角也随之消失，因而可使包衣片的外形美观。因糖浆浓度高，受热后立即在芯片表面析出蔗糖微晶体的糖衣层，包裹药片的粉衣层，使表面比较粗糙、疏松的粉衣层光滑细腻、坚实美观。操作时加入稍稀的糖浆，逐次减少用量（湿润片面即可），在低温（40℃）下缓缓吹风干燥，一般包制10~15层。如需包有色糖衣层，则可用含0.3%左右的食用有色素糖浆。打光一般用川蜡，使用前需精制，然后将片剂与适量蜡粉共置于打光机中旋转滚动，充分混匀，使糖衣外涂上极薄的一层蜡，使药片更光滑、美观，兼有防潮作用。

2. 包薄膜衣 是指在片芯外包一层比较稳定的高分子材料，因膜层较薄而得名。薄膜包衣的一般工艺为：片芯→喷包衣液→缓慢干燥→固化→缓慢干燥。操作时，先预热包衣锅，再将片芯置入锅内，启动排风及吸尘装置，吸掉吸附于素片上的细粉；同时用热风预热片芯，使片芯受热均匀。然后开启压缩泵，将已配制好的包衣材料溶液均匀地喷雾于片芯表面，同时采用热风干燥，使片芯表面快速形成平整、光滑的表面薄膜。喷包衣液和缓慢干燥过程可循环进行，直到形成满意的薄膜包衣。

常用的薄膜衣材料为羟丙基甲基纤维素（hypromellose，cellulose，HPMC），丙烯酸树脂类聚合物、聚乙烯吡咯烷酮（polyvinyl pyrrolidone，PVP）以及水溶性增塑剂（甘油、聚乙二醇、丙二醇）、非水溶性增塑剂（蓖麻油、乙酰化甘油酸酯）等。近年来，随着新材料的开发应用，缓释、控释片多采用包薄膜衣的方法以达到多效、长效的目的。

与糖衣片比，薄膜衣片的整个包衣过程中，包衣锅处于负压状态，产量小、噪声小，符合GMP生产管理规范要求。而薄膜包衣辅料的增重仅为片芯的2%~4%，可以大大节省物料；在不影响片剂质量（产生花斑、裂片）情况下对片剂崩解也无影响，可以很好地提高药物的生物利用度和溶出度。另外，薄膜衣片的服用对糖尿病患者和忌糖患者也都没有服用限制，扩大患者使用范围。包衣后不需晾片过程，就可直接进入包装工序，大大缩短了生产周期。因此，糖衣逐步被薄膜包衣所代替。在国外药品片剂生产中，已基本形成了糖浆包衣被薄膜包衣所取代的趋势，国内大多数中外合资制药企业在新药、普药片剂生产中，也在优先选用薄膜包衣技术，加速淘汰糖浆包衣产生工艺。

（二）包衣设备

目前常用的包衣方法主要有滚转包衣法、流化床包衣法和压制包衣法。

1. 滚转包衣法 依据滚转包衣原理，如图5－26所示为普通包衣机。在荸荠形糖衣机的基础上改良的设备包括喷雾包衣机和高效包衣锅。喷雾包衣机在荸荠型糖衣机的基础上加载喷雾设备，从而克服产品质量不稳定、粉尘飞扬严重、劳动强度大、个人技术要求高等问题，且投入小。该设备是目前包制普通糖衣片的常用设备，还经常兼用于包衣片加蜡后的抛光。

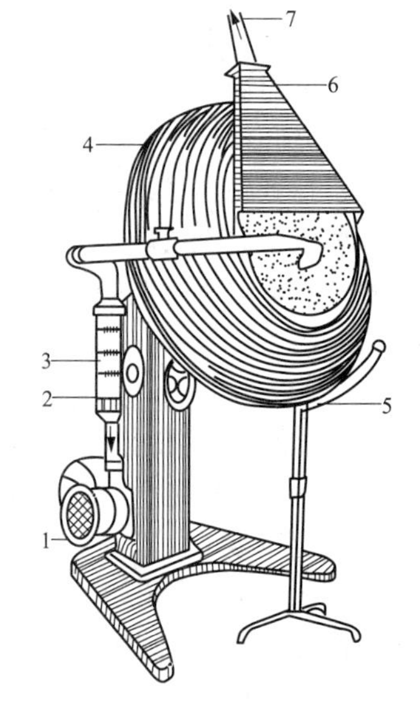

图5－26 普通包衣机

1. 鼓风机；2. 衣锅角度调节器；3. 点加热器；4. 包衣锅；5. 辅助加热器；6. 吸粉罩；7. 接排风口

（1）喷雾包衣机 该设备结构如图5－27所示，主要由喷雾装置、铜制或不锈钢制得包衣锅体、动力部分和加热鼓风吸尘部分组成。包衣锅常见形状有荸荠形和莲蓬形。片剂包衣时以采用荸荠形较为合适，微丸剂包衣则采用莲蓬形为妥。①包衣锅的大小和形状可根据生产规模选择，一般直径为1000mm，深度550mm。片剂即在锅内不断翻动的情况下，多次添加包衣液，并使之干燥，这样就使衣料在片剂表面不断沉积而成膜层。包衣锅安装在与水平呈30°～40°倾角的斜轴上，可使片剂在锅中既能随锅的转动方向滚动，又有沿轴方向的运动。轴的转速可根据包衣锅的体积、片剂性质和不同包衣阶段进行调节。生产中常用转速范围为12～40r/min。②加热系统常采用电热丝加热和热空气加热。目前国内已基本采用热空气加热。根据包衣过程调节通入热空气的温度和流量，加速包衣液中溶剂的挥发，干燥效果迅速，同时采用排风装置帮助吸除湿气和粉尘。③锅内加挡板，以改善片剂在锅内的滚动状态。因挡板对滚动片剂的阻挡，克服了包衣锅的“包衣死角”，片剂衣层分布均匀度高，包衣周期也可适当缩短。④因喷雾装置不同其喷雾方法又有“有气喷雾”和“无气喷雾”两种。

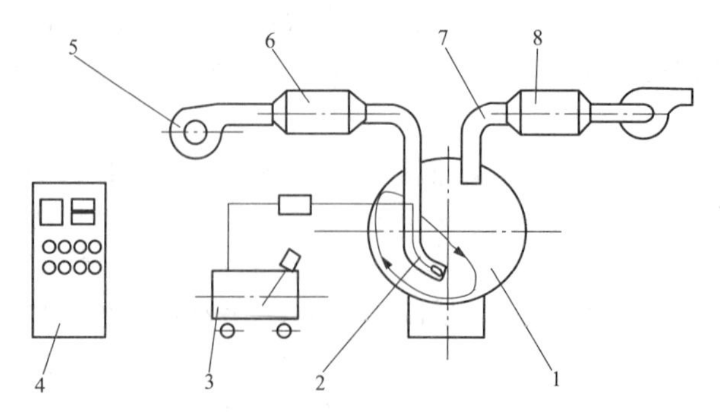

图5－27 喷雾包衣机部件组合简图

1. 包衣锅；2. 喷雾系统；3. 搅拌器；4. 控制器；5. 风机；6. 热交换器；7. 排风管；8. 集尘过滤器

有气喷雾是包衣液随气流一起从喷枪喷出。适用于溶液包衣。溶液中不含或含有极少的固态物质，溶液的黏度较小，一般可使用有机溶剂或水溶性的薄膜包衣材料。如埋管包衣法，喷雾系统2为一个内装喷头的埋管，管径为80～100mm。包衣时此系统插入包衣锅中翻动的片床内。如图5－28所示，干空气伴随着喷雾过程同时从埋管中吹出，穿过片芯层。温度可调节，干燥效率比较高。

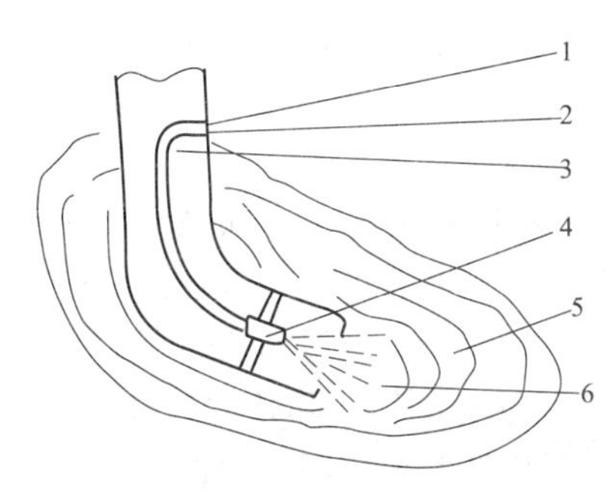

图5－28　埋管喷雾包衣示意图

1. 气管；2. 液管；3. 风管；4. 喷枪；5. 片芯层；6. 气囊

无气喷雾是包衣溶液或具有一定黏性的溶液、悬浮液在受到压力的情况下从喷枪口喷出，液体喷出时不带气体。由于无气喷雾压力较大，所以除可用于溶液包衣外，也可用于有一定黏度的液体包衣，这种液体可以含有一定比例的固态物质，例如，用于含有不溶性固体材料的薄膜包衣以及粉糖浆、糖浆等的包衣。如图5－29所示，也可将成套的喷雾装置直接装在原有的包衣锅上，即可使用。图中无气泵3在压缩空气的推动下，其活塞上下运动，吸口从液罐4中吸出液体物料以一定压力（一般为8～10MPa）压入喷枪中，并由回路管道流入液罐。当气动元件受控制器指令打开时，压缩空气进入喷枪将喷枪阀门打开，此时受压液体冲出喷枪，喷洒到片芯表面。操作时可按预先编好的程序进行，程序的编制可模拟人工操作的经验，每次喷雾的时间间隔、干燥时间以及热量供给都可按指令进行，灵活性大。

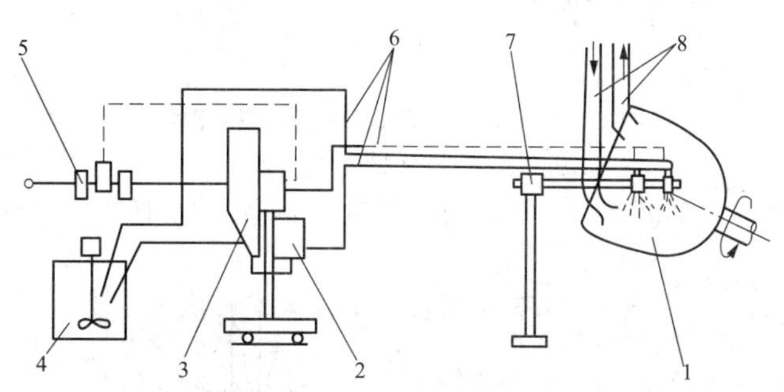

图5－29　在原包衣锅上加载无气喷雾系统图

1. 包衣锅；2. 稳压器；3. 无气泵；
4. 液罐；5. 气动元件；6. 气管；液管；7. 支架；8. 进出风管

（2）高效包衣机　其结构、原理与传统的敞口式包衣机完全不同。敞口式包衣机干燥时，热风仅吹在片芯层表面，热交换仅限于表面层，且部分热量由吸风口直接吸出而没有利用，浪费了部分热源。而高效包衣机干燥时热风是穿过片芯间隙，并与表面的水分或有机溶剂进行热交换。这样热源得到充分的利用，片芯表面的湿液充分发挥，因而干燥效率高。

高效包衣机的锅型结构大致可分为网孔式、间隙网孔式和无孔式三类。

①网孔式高效包衣机：如图5－30所示，图中包衣锅2的整个圆周都带有1.8～2.5mm圆孔。经过滤并被加热的净化空气从锅的右上部通过网孔进入锅内，热空气穿过运动状态的片芯间隙，由锅底下部的网孔穿过再经排风管排出。由于整个锅体被包在一个封闭的金属壳内。因而热气流不能从其他孔中排出。

热空气流动的途径可以是逆向的，也即可以从锅底左下部网孔穿入，再经右上方风管排出。一种称为直流式，后一种称为反流式。这两种方式使芯片分别处于“紧密”和“疏松”的状态，可根据品种的不同进行选择。

②间隔网孔式高效包衣机：如图5－31所示，间隔网孔式的开孔部分不是整个圆周，而是按圆周等分的几个部位。图中是四个等份，也即沿着每隔90°开孔一个区域（网孔区）8，并与四个风管7联结。工作时4个风管与锅体一起转动。由于4个风管分别与4个风门连通，风门旋转时分别间隔地被出风口接通每一管路而达到排湿的效果。如图5－32所示，旋转风门2的4个圆孔与锅体4个管路相连，管路的圆口正好与固定风门的圆口对准，处于通风状态。

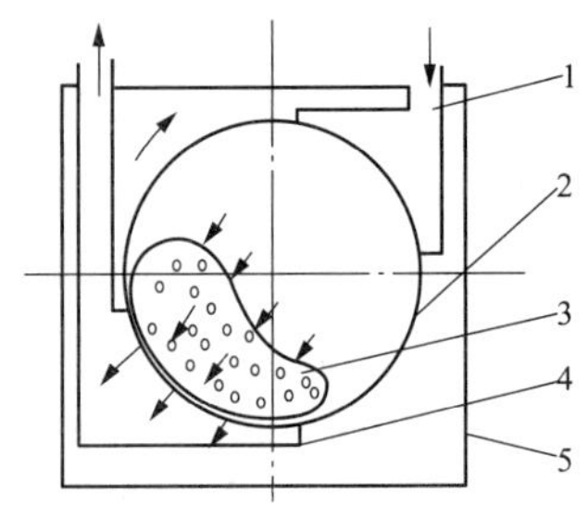

图5－30　网孔式高效包衣机

1. 进气管；2. 锅体；3. 片芯；4. 排风管；5. 外壳

这种间隙的排湿结构使锅体减少了打孔的范围，减轻了加工量。同时热量也得到充分的利用，节约能源，不足之处是风机负载不均匀、对风机有一定的影响。

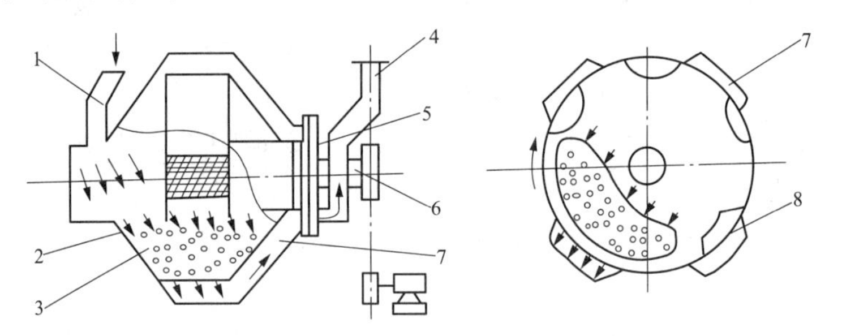

图5－31　间隔网孔式高效包衣机简图

1. 进风管；2. 锅体；3. 片芯；4. 出风管；5. 风门；6. 旋转主轴；7. 风管；8. 网孔区

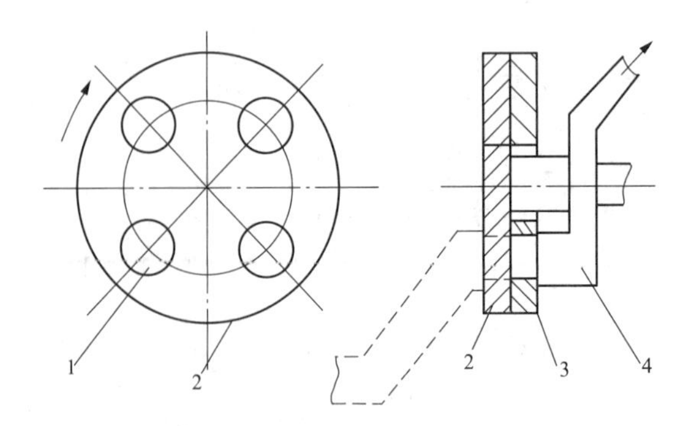

图5－32　间隔网孔式高效包衣机风门结构图

1. 锅体管道风口；2. 旋转风门；3. 固定风门；4. 排风口

③无孔式高效包衣机：如图5－33所示，无孔式高效包衣机是指锅的圆周没有圆孔，其热交换是通过另外的形式进行的。目前有两种：一是将布满小孔的2～3个吸气桨叶浸没在片芯内，使加热空气穿过片芯层，再穿过桨叶小孔进入吸气管路内被排出，进风管6引入干净热空气，通过片芯层4穿过桨叶2的网孔进入排风管5并被排出机外。二是采用了一种较新颖的锅型结构，目前已在国际上得到应用。如图5－34所示，其流通的热风是由旋转轴的部位进入锅内，然后穿过运动着的片芯层，通过锅的下部两侧而被排出锅外。

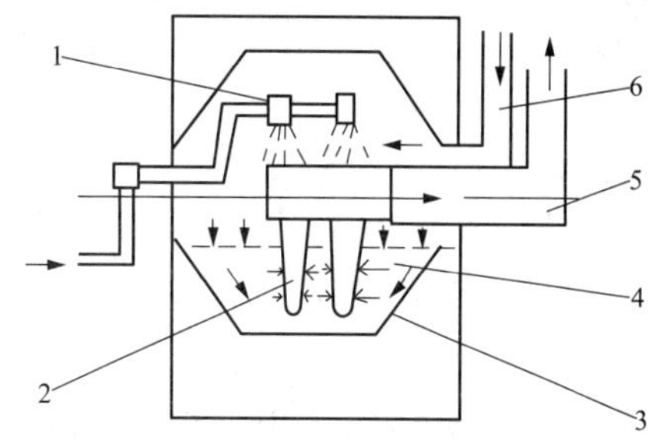

图5－33 无孔式高效包衣机

1. 喷枪；2. 带孔桨叶；3. 无孔锅体；4. 片芯；5. 排风管；6. 进风管

这种新颖的无孔高效包衣机之所以能实现一种独特的通风路线，是靠锅体前后两面的圆盖特殊的形状。在锅的内侧绕圆周方向设计了多层斜面结构。锅体旋转时带动圆盖一起转动，按照旋转的正反方向而产生两种不同的效果，如图5－35所示。当正转时（顺时针方向），锅体处于工作状态，其斜面不断阻挡片芯流入外部，而热风却能从斜面处的空档中流出。当反转时（逆时针方向）处于出料状态，这时由于斜面反向运动，使包好的药片沿切线方向排出。

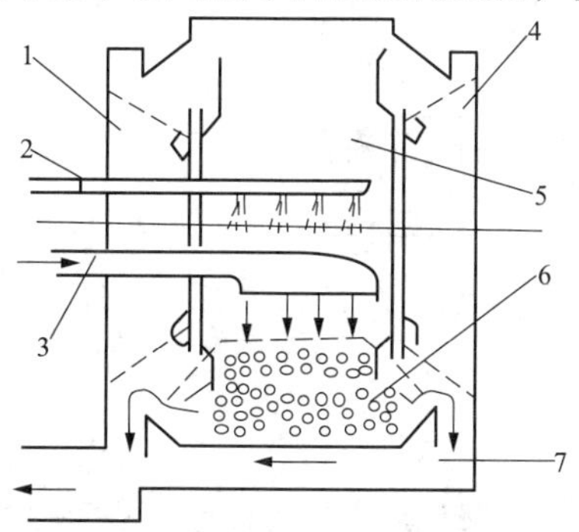

图5－34 新颖无孔高效包衣机

1. 后盖；2. 喷雾系统；3. 进风；4. 前盖；5. 锅体；6. 片芯；7. 排风

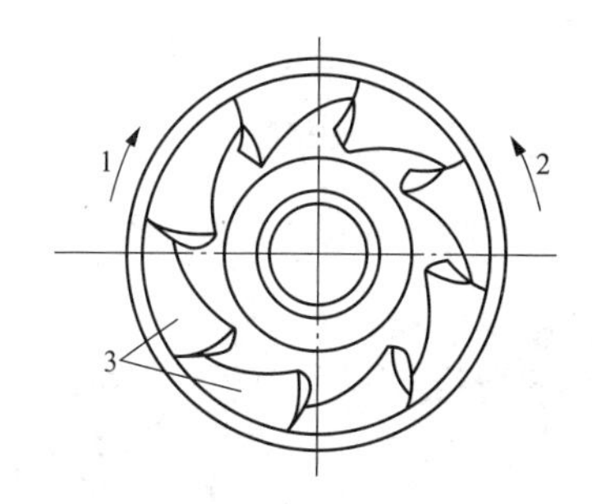

图5－35 新颖无孔包衣机圆盖简图

1. 工作状态；2. 出料状态；3. 圆盖斜面

无孔高效包衣机在设计上具有新的构思，机器除能达到与有孔机同样的效果外，由于锅体内表面平整、光洁，对运动着的物料没有任何损伤，在加工时也省却了钻孔这一工序，而且机器除适用于片剂包衣外，也适用于微丸等小型药物的包衣。

知识链接

高效包衣机的维护

1. 定期检查皮带磨损、撕裂及张紧度，及时发现问题并更换。

2. 按实际产品进行喷枪的清洁工作和除尘袋的清洁工作。

3. 定期检查热风柜及排风柜的空气过滤器是否有堵塞、损坏现象。按实际使用情况更换空气过滤器。

4. 每年清换齿轮箱内的润滑油一次。

5. 定期检查各部位的安全螺栓和紧固件是否有松动或脱落现象，以便及时处理。

6. 按照设备要求，在平时、中修、大修时检查转动部位的润滑情况，及时加注润滑油脂。

高效包衣机是由多组装置配套而成的整体，除主体包衣锅外，大致可分为四大部分：定量喷雾系统、供气（送风）和排风系统以及程序控制设备。其组合简图如图5－36所示。定量喷雾系统是将包衣液按程序要求送入包衣锅，并通过喷枪口雾化到片芯表面。该系统由液缸、泵、计量器和喷枪组成。定量控制一般是采用活塞定量结构。它是利用活塞行程确定容积的方法来达到量的控制，也有利用计时器进行时间控制流量的方法。喷枪是由气动控制，按有气和无气喷雾两种不同方式选用不同喷枪，并按锅体大小和物料多少放入2～6只喷枪，以达到均匀喷洒的效果。另外根据包衣液的特性选用有气或无气喷雾，并相应选用高压无气泵或电动蠕动泵。而空气压缩机产生的压缩空气经空气清洁器后供给自动喷枪或无气泵。送风、供热系统是由中效和高效过滤器、热交换器组成。用于排风系统产生的锅体负压效应，使外界的空气通过过滤器，并经过加热后达到锅体内部。热交换器有温度检测，操作者可根据情况选择适当的进气温度。排风系统是由吸尘器、鼓风机组成。从锅体内排出的湿热空气经吸尘器后再由鼓风机排出。系统中可以接装空气过滤器，并将部分过滤后的热空气返回到送风系统中重新利用，以达到节约能源的目的。送风和排风系统的管路中都装有风量调节器，可调节进、排风量的大小。程序控制设备的核心是可编程序控制器或微机处理。它一方面接受来自外部的各种检测信号，另一方面向各执行元件发出各种指令，以实现对锅体、喷枪、泵以及温度、湿度、风量的控制。

图5－36　高效包衣机的配套装置组合

知识拓展

高效包衣机在包衣设备中所处地位

高效包衣机是目前进行包衣生产的主要设备，可对药片进行包糖衣、水相薄膜、有机相薄膜。高效包衣机一般是水平放置的，内部设有挡板或搅拌桨。它干燥速度快，包衣效果好，已成为包衣设备的主流设备。

2. 流化床包衣法　工作原理与流化喷雾制粒相近，即将包衣液喷在悬浮于一定流速空气中的片剂表面。同时，加热的空气使片剂表面溶剂挥发而成膜。流化床包衣法目前只限于包薄膜衣，除片剂外，微丸剂、颗粒剂等也可用它来包衣。由于包衣时片剂由空气悬浮翻动，衣料在片面包覆均匀，对包衣片剂的硬度要求也低于普通包衣锅包衣。

流化床包衣机的核心是包衣液的雾化喷入方法，一般有顶部、侧面切向和底部3种安装位置，如图5－37所示。喷头通常是压力式喷嘴。随着喷头安装位置的不同，流化床结构也有较大差异。①顶部喷头多数用于锥形流化床，颗粒在器中央向上流动，接收顶喷雾化液沫后向四周落下，被流化气体冷却固化或蒸发干燥。②侧面切向喷头安装在流化室中下部的侧壁上，流化室底部平放旋转圆盘，中部有锥体凸出，底盘与器壁的环隙中引入流化气体，颗粒从切向喷嘴接收雾化雾滴，沿器壁旋转向上，到浓相面附近向心且向下，下降碰到底盘锥体时，又被迫向外，如此循环流动，当其沿器壁旋转向上时，被环隙中引入的流化气体冷却固化或蒸发干燥成膜层。③底部喷头多数用于导流筒式流化床，颗粒在导流筒底部接收底喷雾化液沫，随流化气体在导流筒内向上，到筒顶上方时向外，并从导流筒与器壁之间环形空间中落下，在筒内向上和筒外向下过程中，均被流化气体并流或逆流冷却固化或蒸发干燥。导流筒式流化床的分布板是特殊设计的，导流筒投影区域内开孔率较大，区域外开孔率较小，使导流筒内气流速度大，保证筒内颗粒向上流动，稳定颗粒循环流动。

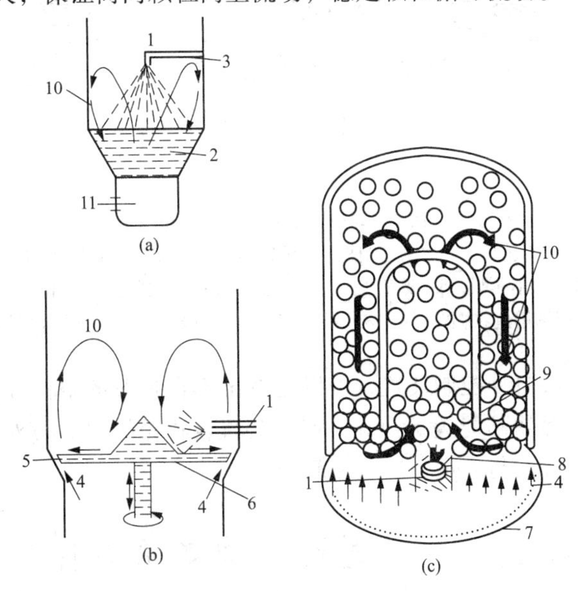

图 5－37　流化床包衣机结构

（a）顶部喷头；（b）侧面切向喷头；（c）底部喷头（有导流筒）

1. 喷嘴（气流式或压力式）；2. 流化床浓相；3. 流化床稀相；4. 空气流；5. 环隙；6. 旋转盘（可调节高度）；7. 空气分布板；8. 雾化包衣液；9. 包衣区；10. 颗粒流向；11. 通入空气

流化床包衣机的应用范围很广，只要被涂颗粒粒径不是太大，包衣物质可以在不太高的温度熔融或能配制成溶液，均可应用流化床包衣机。

3. 压制包衣法　压制法包衣亦称干法包衣，是一种较新的包衣工艺，是用颗粒状包衣材料将芯片包裹后在压片机上直接压制成型。该法适用于对湿热敏感药物的包衣。压制过程如图 5－38 所示。现常用的压制包衣机是将两台旋转压片机用单传动轴配成套，以特制的传动器将压成的片芯送至另一台压片机上进行包衣，如图 5－39 所示。传动器是由传递杯和柱塞以及传递杯和杆相连接的转台组成。片芯用一般方式压制，当片芯从模孔推出时，即由传递杯捡起，通过桥道输送到包衣转台上。桥道上有许多小孔眼与吸气泵相连接，吸除片面上的粉尘，可防止在传递时片芯颗粒对包衣颗粒的混杂。在包衣转台上一部分包衣材料填入模孔中，作为底层，然后置片芯于其上，再加上包衣材料填满模孔，压成最后的包衣片。在机器运转中，不需要中断操作即可抽取片芯样品进行检查。

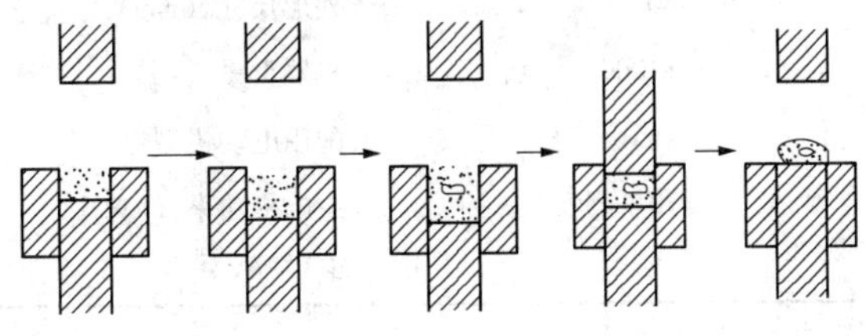

图 5－38　压制包衣

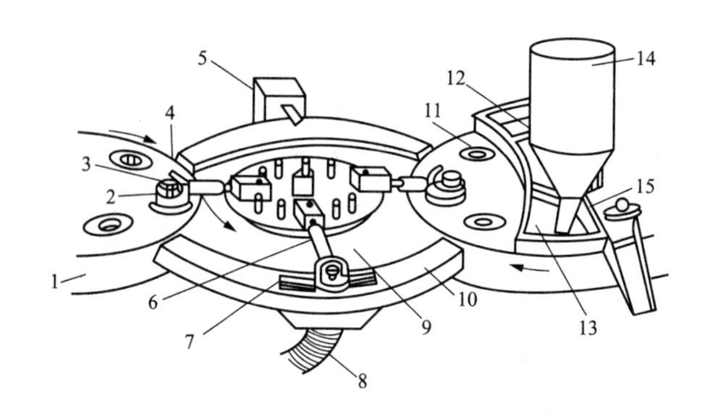

图 5－39　压制包衣机结构

1. 片模；2. 传递杯；3. 负荷塞 柱；4. 传感器；5. 检出装置；6. 弹性传递导臂；
7. 除粉尘小孔眼；8. 吸气管；9. 计数器轴环；10. 桥道；11. 沉入片芯；
12. 充填片面及周围用包衣颗粒；13. 充填片底用的包衣颗粒；14. 包衣颗粒漏斗；15. 饲料框

该设备还采用了一种自动控制装置，可以检查出不含片芯的空白片并自动将其抛出，如果片芯在传递过程中被黏住不能置于模孔中时，装置也将其抛出。另外，还附有一种分路装置，能将不符合要求的片剂与大量合格的片剂分开。

第三节　典型设备的使用与保养

压片生产中，压片设备既复杂又精密，它关系片剂的产量和质量。目前药厂生产普通片剂多采用旋转式压片机。下面以 ZP－27 型双压式自动旋转连续压片机为例，说明常用压片机的使用与保养事项。

一、ZP-27 型压片机的性能参数

ZP-27 型双压式自动旋转连续压片机可将颗粒状原料压制成片剂。主要用于制药业片剂生产，适用于化工、食品、电子等工业部门。能压制圆片、异形片、双面刻字片（表 5－3）。

表 5－3　ZP－27 型双压式自动旋转连续压片机性能参数

型号	ZP－27	型号	ZP－27
转台冲模数（副）	27	中模高度（mm）	38
最大工作压力（kN）	100	上、下冲杆直径（mm）	45
最大压片直径（mm）	30	上冲杆长度（mm）	175
最大压片厚度（mm）	15	下冲杆长度（mm）	180
最大充填深度（mm）	30	外形尺寸（mm）	1000×250×1900
最大压片产量（kg）	81000	机器重量（kg）	3200
转台工作直径（mm）	445	配用电动机型号	YU 132M4A
转台转速（r/min）	10～25	主电机功率（kW）	7.5
冲模直径（mm）	52	电压（V）	380

其特点为：①整机外围罩壳为全封闭式，材料采用不锈钢，内部台面也采用不锈钢材料，

能较好保持表面光泽及防止交叉污染，符合 GMP 要求。②机器上部装有透明防护罩可以清楚地观察压片的状态，侧面板能全部打开，易于内部清理和保养。③所有控制器和操作件集中在操作台面，采用人机界面变频调速装置进行电气调速和反逆转。④实现了机电一体化，采用 PLC 控制及操作，使机器操作方便，转动平稳，安全准确。⑤传动系统密闭在机器主体下方油箱中，与上部的工作部分完全分开，工作时不会互相污染，且易散热、耐磨。⑥另外机器装有吸尘装置，能将压制室内飞扬的粉尘吸收干净。

二、安装调试

压片机在工作之前必须经过严格的安装与调试，确认一切准备无误后才能开始正常进行压片工作。

1. 冲模安装前 首先拆下下冲装卸轨，拆下料斗、加料器，打开左侧门装上手轮组件。然后将转台工作面、模孔和安装用的冲模逐一洗干净，将片厚调至 5mm 以上位置，再按增压（减压）按钮，反复升降压力，使管道中残余空气排出后，将压力升至 5kN 以上。

2. 安装冲模 先装中模：打开嵌舌，将转台中模紧固螺钉逐渐旋出转台外圆约 1mm，勿使中模装入时与螺钉的头部碰撞为宜。中模与模孔配合间隙较小，放置要平稳，将中模打棒穿入上冲孔，轻轻敲打中模。中模进入模孔后，其平面不高出转台平面为合格。然后将中模紧固螺钉拧紧。

再装上冲杆：打开嵌舌，将上冲杆插入孔内，用大拇指和食指转动冲杆，检验头部进入中模后上下滑动是否灵活，无卡阻现象为合格。再转动手轮至冲杆颈部接触平行轨。上冲杆全部装毕，将嵌舌扳下。

后装下冲杆：拆下下冲装卸轨，通过主体圆孔将下冲按上冲安装的方法安装，装毕将下冲装卸轨装上，用螺钉紧固。

全套冲模装毕，转动手轮，使转台旋转 2 周，观察上下冲进入中模孔及在轨导上运行情况。无碰撞和卡阻现象为合格。注意下冲上升到最高点时（即出片时），应高出转台工作面 0.15 ~ 0.2mm。拆下试车手轮，关闭左门。开动电动机，空转 5 分钟，待运转平稳后方可投入生产。

3. 加料器的安装和调试 将加料器组件装在加料器支柱上，然后将滚花螺钉拧上，再松开加料器支撑板下的 M16 螺母，旋动 M16 × 1.5 螺钉调整加料器支撑板高度，使加料器底面与转台工作台面之间隙在 0.15 ~ 0.25mm。拧紧压花螺钉。然后调整刮粉板高低，使底平面贴紧转台工作面，将 M4 螺钉拧紧。

4. 充填量的调节 充填调节由安装在机器前面中间两只调节手轮控制。中左调节手轮控制后压轮压制的片重。中右调节手轮控制前压轮压制的片重。当调节手轮按顺时针方向旋转时，充填量减少，反之增加。其充填的大小可参考刻度指示，刻度带每转一格，充填量就增（减）0.01mm。调节时注意加料器中应有足够的原料和同时调节片厚，使片剂有一定的硬度。

5. 片剂厚度的调节 片剂的厚度调节是由安装在机器前面左右两端的两只调节手轮控制（可见手轮指示标牌）。左端的调节手轮控制前压轮压制的片厚，右端的调节手轮控制后压轮压制的片厚。当调节手轮按顺时针方向旋转时，片厚减少，反之片厚增加。片剂的厚度可参考刻度显示值，刻度带每转过一大格，片剂厚度增（减）1mm，刻度盘每转过一小格，片剂的厚度增（减）0.01mm。当片剂重量调定后，检查片剂的厚度以及硬度，再作适当的微调，直至合格。

预压轮架的调整：上预压轮架固定不变，下预压轮架与下主压轮应同步调整。先松开预压紧定板上M8螺钉，转动下预压轮轴。将指针指数调整到与主压轮厚度相近似值，然后旋紧螺钉。

6. 输粉量的调节 当充填量和片剂厚度调妥后，调整粉子的流量。粉子流量由蝶阀开启角度和斗高低控制。旋转斗架顶部的旋钮，调节料斗口与转台工作面的距离，和调节蝶阀内挡粉板的开启角度，以控制粉子的流量。观察加料器最后一档栏栅粉子的积储量，以勿外溢为合格。

7. 速度的选择 调节速度方法比较简单，只需旋转电位器即可。使用时关键是速度的选择，由于原料的性质、黏度、湿度、粒度以及片径大小，压力不同，故不能作统一的规定，因此必须根据实际和自身的经验来确定。但一般情况，若压制矿物、植物草素、大片径、黏度差、快速难以成型的物料，宜采用较低的速度。最高不超过25r/min，反之，如果压制黏合剂、润滑性好、小片径、易于成型的物料，可选择较高的速度。最佳的压片速度可通过试压获得。建议持续压片时的转速不超过最高额定转速的80%。

8. 液压系统的调整 首先接通电源开关，压力、转速显示仪屏显示系统压片力和转速。再揿增压（减压）按钮，反复升降压力，将管道中的残余空气排出。然后设定压片力，系统的最大压片力为65kN，按增压或减压按钮，将压力调至所需压片力。压片力的大小，可根据被压原料的性质而定，一般对于片径大、黏度差、难以成型的物料，选择较大的压片力，反之，选择较小的压片力；压片时实际压片力的大小，最终取决于被压原料的性质。

生产前，应根据被压物料的具体情况作具体调整，使生产出来的片剂符合质量要求。如机器调整后无法使片剂达到理想要求时，可考虑改变颗粒自身的成分或结构，添加一定的附加剂，或改变颗粒的均匀度、目数等使片剂达到质量要求。

三、使用程序

1. 预压 加料于料斗中，用手转动手轮转盘试压数十片，初步调节片重和压力，检测平均片重、药片硬度。然后开动机器，再次调节片重直至达到合格要求为止。

2. 正式生产 当调试至产品质量符合要求时，即转入正式生产。正式生产开始后，根据标准操作规范（SOP）要求严格监控药片质量。

3. 生产结束 生产结束后，停机。用吸尘器除去冲模上产生的飞粉和中模下落的粉末；按照安装时相反的程序完成拆卸工作。清洁工作台面及各工件。

四、旋转式压片机使用时的注意事项

旋转式压片机在使用过程中应注意以下问题。

1. 设备上的防护罩、安全盖等装置不可拆除，使用时应装妥，保证生产安全。

2. 安装前，检查冲、冲模的质量，看是否有缺边、裂缝、变形等情况，查看冲、冲模数量是否完整无缺失，冲模型号是否准确。

3. 检查颗粒制粒是否合格。如不合格不可使用，否则会影响机器的正常运转、使用寿命。

4. 初次试车应将片厚调节器调节到最大厚度，加颗粒于料斗中，用手转动试车手轮，同时调节充填和片厚，逐步增加片剂的重量和硬软程度达到成品要求，然后开动电动机正式运转生产，按照片剂质量检查要求定时抽验片剂的质量，查看是否符合要求。

5. 岗位生产操作人员须熟悉设备的技术性能、内部构造、控制机构的使用原理，设备运行期间不得离开工作地点。

6. 运行中要随时注意听设备发出的声音是否正常，如震动异常或发出不正常怪声，应当立即停车进行检查，消除故障后方可恢复使用，不可勉强使用。

7. 运行中出现任何异常，切不可立即用手处理，应当停机后检查，以免对人身造成伤害。

五、常见故障及排除

该压片机常见故障及排除方法如下。

1. 转台部分有故障

（1）冲杆孔、中模孔两孔同轴度不符合要求：两孔经长期磨损易致同轴度不符，若生产任务紧，可暂时将该中模孔堵住不用维持生产，待生产任务不紧时进行维修。若磨损不是很严重可用铰刀铰冲杆孔恢复其同轴度，如磨损严重则需要更换转台。

（2）转台上移影响充填或出片：一般为固定转台的锥度锁紧块松动所致，紧固锥度锁紧块可以解决。

（3）中模上移：中模顶丝松动，可通过紧固中模顶丝解决。同时应当查看中模顶丝是否磨损，如是应当及时更换。

2. 导轨部分有问题

（1）导轨磨损：因冲杆是在导轨上以滑动摩擦的方式做曲线运动来工作，其磨损是常见的维修故障之一，冲杆与导轨磨损，轻者可以用油石研磨导轨恢复正常，磨损严重者只有更换导轨解决。

（2）导轨组件松动：导轨组件连续工作可能松动，当及时紧固，并应注意导轨过渡要圆滑。

（3）下导轨过桥板磨损，致冲杆磨损导轨主体：下导轨过桥板是保护导轨主体的，如受磨损，轻者可用油石修复，重者当更换解决。

3. 压轮部分有故障

（1）压轮磨损：压轮外圆、内孔磨损严重时，须更换压轮。

（2）压轮轴轴承缺油或损坏：定期对压轮轴轴承进行润滑保养，出现损坏及时更换。

4. 调节系统有故障

（1）调节失灵：检查调节手轮和蜗轮，并通过紧固螺丝、润滑转动蜗轮等措施解决。

（2）充填量不稳定：查看冲模、充填轨组件、刮粉器等机件是否正常工作或是否有磨损，排除机件损害因素。查看颗粒粗细是否相差过大、其流动性是否较差，如是应当改良颗粒质量。

（3）片剂松散或片剂外观质量不好：调整压力手轮增加压力、调整颗粒及辅料成分，改善颗粒质量。

（4）压片时机器震动有较大响声：是由于两边压力不均衡造成，应当调整压力。

5. 加料部分有故障

（1）漏粉：调整加料器或刮粉板和转台平面的间隙。

（2）溢料或料不足：转台转速低、物料流速快则出现溢料现象，转台转速高、物料流速慢则出现料不足现象，当根据转台转速适当调整物料流速。

6. 声音异常问题

（1）同步带不平行：调整电机使主轴上和蜗杆轴上的同步带轮平行。

（2）减速箱缺油摩擦增大：应定期检查润滑油状况，及时加油。

（3）转台和拦片板轻微摩擦产生：解决办法是调整拦片板和转台的间隙。

（4）个别轴承缺油或损坏：涂润滑油或更换损坏轴承。

（5）冲杆塞冲、转动不灵活：压片室应当定期清场，并按要求清洗冲杆。

7. 片重差异问题

（1）排除机件磨损因素。

（2）使用前用卡尺将每个冲头检查后，排除冲头长短不齐的因素后再使用。

（3）片形和尺寸偏差过大将导致药片重量的不一致，在使用冲模具前应检查清楚。

（4）个别片重轻致片重差异不合格，可能是个别下冲杆运动失灵，使颗粒的充填量较其他冲模少，应检查个别下冲杆，消除此故障。

（5）如遇片重突然减轻时，应当立即停车检查加料斗或加粒器是否堵塞，检查所用颗粒是否过细且有黏性或具有湿性颗粒，查看颗粒中是否有棉纱头、药片等异物混入致流动不畅，如是应当对以上情况进行处理。

（6）查看颗粒是否过湿，细粉是否过多，颗粒粗细是否相差过大，以及颗粒中润滑剂是否不足，如是应当改良颗粒质量。

（7）控制加料斗中加入的颗粒量恒定，当改变机器运转速度时，适当调整加料斗颗粒流出速度。

六、压片机的维护

1. 在旋转压片机工作过程中应定期对压片室进行清场，每班次至少一次。

2. 每月1～2次定期对压片机各机件进行检查，检查蜗轮、蜗杆、轴承、压轮、曲轴、上下导轨等个活动部分是否转动灵活和磨损情况，发现缺陷应及时修复使用。

3. 一次使用完毕或停用设备时，应清理掉剩余物料颗粒，清洁机器各部位。如停用时间较长，必须将冲模全部拆下，并将机器全部擦拭洁净，机器的光面应当涂上防锈油，用布蓬罩好。

4. 冲模保养应将其浸没入盛有润滑油的专放容器内，并要保持清洁，防止生锈、碰伤，每一种规格的冲模应分别存放，便于保管，可避免使用时造成错装且有助于掌握缺损情况。

5. 导轨、压轮、压片机冲模等易磨损件应经常、及时检查或定期润滑保养。在各装置的外表有加油嘴，可按油杯的类别分别注入润滑脂或机械油，每次开车前应加一次。中途可按轴承温升和运转情况添加。

6. 蜗轮箱内加机械油，一般夏季选用N46，冬季选用N32，油量以蜗杆浸入一个齿面高为宜，可通过视窗观察油面的高低。使用半年左右，更换新油。

7. 每次使用机器前，应用刷子在上轨道上涂刷一点机械油，使其润滑。

8. 冲杆和导轨用N32机械油润滑，不宜过多，以防止油污渗入颗粒中而引起污染。

9. 电气元件要注意维护定期检查，保持良好的运行状态。冷却风机应定期用压缩空气清除积尘。

本章小结

本章主要内容为片剂制备的工艺过程及生产区域划分，片剂生产过程中的制粒设备及使用要点，片剂成型过程的原理及涉及的设备、包衣种类、具体操作要求，同时介绍了典型设备的使用与保养，以 ZP－27 型压片机为例，较为详尽地介绍该设备的安装调试、使用程序、使用注意事项、常见故障（排除措施）及规范操作。

思考题

1. 简述摇摆式颗粒机的工作原理及操作方法。
2. 简述快速混合制粒机的基本结构与工作原理。
3. 简述旋转式压片机的压片过程。
4. 简述旋转式压片机的适用特点。
5. 简述旋转式压片机的主要组成部分与作用。
6. 简述高效包衣机的配套装置组合及作用。

（庞红　王沛）

第六章 丸剂制剂设备

学习导引

知识要求

1. **掌握** 塑制法、泛制法、滴制法制备丸剂的基本原理、工艺流程与方法。
2. **熟悉** 丸剂的生产过程，塑制法、泛制法、滴制法制备丸剂的制备特点和操作要点。
3. **了解** 丸剂的分类和特点，丸剂包衣的目的，包装与贮藏。

能力要求

1. 熟练掌握丸剂生产过程中滴制法、塑制法、泛制法的生产工艺，技术要求和评价指标，具备制备丸剂生产的基本技能。

2. 学会应用丸剂制备的基本原理和特点，解决生产中可能存在的一般性问题。

丸剂是我国中药传统的剂型之一，指药物细粉或药材提取物加适宜的赋形剂（黏合剂或辅料）制成的球形或类球形的制剂。丸剂一般供口服。大多数丸剂在胃肠道中崩解缓慢，逐渐释放药物，吸收起效迟缓，作用持久。对于毒、剧、刺激性药物丸剂可延缓吸收，减少其毒性和不良反应。丸剂多适用于慢性疾病的治疗或久病体弱、病后的调理等，如蜜丸、水蜜丸，也适用根据医疗需要制成起效较快的速效丸剂，如滴丸。

丸剂生产工艺和设备简单，能容纳固体、半固体药物以及黏稠性的液体药物，并可利用包衣工艺来掩盖药物的不良气味，以及调节丸剂的溶散时限和药物的释放速度。泛制工艺还可将药物分层制备，以避免药物之间的相互作用。

第一节 丸剂的生产过程

丸剂是中医药传统的剂型之一，生产工艺与设备简单，成本较低，且可以在医院或中药房小批量配制。

丸剂的生产过程概括起来包括以下几个方面：①按生产需求准备物料，核对物料名称、数量、规格、质量准确无误。②按丸剂制备岗位操作法和相关制丸设备标准操作规程进行操作，制丸过程严格执行工艺规程，严格控制工艺管理要点和质量关键点，保证制出的丸剂符合药典或内控标准要求。③制备的丸剂需及时进行干燥、筛分、抛光，并使用洁净容器存放，记录数量，填写相关生产记录。④操作完毕，按丸剂生产清洁标准操作规程做好清洁工作，并记录。丸剂的制备工艺不同，其生产的具体过程及设备有所不同，但大体的内容与上述一致。

一、丸剂的分类

丸剂是我国中药传统剂型之一，该剂型最早记载于《五十二病方》中。《金匮要略》《伤寒杂病论》《太平惠民和剂局方》等医药著作中均有使用蜂蜜、淀粉糊、动物药汁作为黏合剂制成丸剂的记载。如六味地黄丸源于宋代医学家钱乙的《小儿药证直诀》，是滋补肾阴的基础方剂。根据制备方法和辅料不同，分为蜜丸、水蜜丸、水丸、糊丸、蜡丸、浓缩丸、滴丸等多种类型，主要供内服使用。进入21世纪后，先进的制丸设备如全自动制丸机组、微波干燥机等广泛使用，实现制丸、干燥、包装的自动化，使丸剂的生产效率、质量可控有了大幅提高，且使传统丸剂的内涵获得了丰富与发展。目前，丸剂仍然是中药中最常用的剂型之一。

（一）按赋形剂分类

按制法的不同分类，丸剂常用的制备方法有：塑制法、泛制法和滴制法。对应于不同的生产方法需采用相应的丸剂生产设备，即将药物细粉或浸膏与赋形剂混合制成丸剂的机械与设备：丸剂的塑制设备、泛制设备和滴制设备。

按赋形剂的不同，丸剂可分为蜜丸、水丸、水蜜丸、糊丸、蜡丸等。

1. 蜜丸 系指药材细粉以炼制过的蜂蜜为黏合剂制成的丸剂，一般多采用塑制法制备。由于蜂蜜黏稠，蜜丸在胃肠道中溶蚀释药速度较慢，故作用持久，适用于慢性疾病的治疗和滋补调理。根据丸重，蜜丸又可分为大蜜丸和小蜜丸，一般来说，大于0.5g（3～9g）者为大蜜丸，体积较大，按粒数服用；小于0.5g者为小蜜丸，按重量服用。蜜丸（大蜜丸和小蜜丸）的水分不得过15.0%。

2. 水丸 系指药材细粉用水或酒、醋、药汁等为赋形剂，经泛制而成的丸剂，又称水泛丸。水丸以水性液体为赋形剂，较易溶散，起效较快，因此多作解表剂与消导剂。水丸中的药物亦可分层泛入，可掩盖不良气味，防止芳香成分损失；或将速效部分泛于外层、缓释部分泛于内层，达到长效的目的。由于水丸重量差异较大，故一般均按重量服用。

3. 水蜜丸 系指药材细粉用蜜水作为黏合剂，以及其他辅料制成的小球形丸剂。蜜和水的比例一般为1∶2到1∶4之间，视药粉性质及蜜的用量而定，既可采用泛制法，也可采用塑制法制备。若药粉黏性较差，用蜜量较小，塑制法制备，丸条易断，不宜于大生产。泛制法制备，一般先用水起模，成型时蜜水浓度由低至高，再逐渐降低，交替应用，可使泛制的水蜜丸光滑圆整。水蜜丸的水分一般不得过12.0%。

4. 糊丸 系指药物细粉用米粉或面粉糊作为黏合剂，以及其他辅料制成的丸剂。糊丸在消化道中崩解迟缓，适用于作用剧烈或有刺激性的药物，但由于溶散时限不易控制，现已较少应用。

5. 蜡丸 系指药物细粉与蜂蜡混合而制成的丸剂。蜡丸在消化道内难于溶蚀和溶散，故在过去多用于剧毒药物制丸，但现在已很少应用。

此外，将处方中的部分药物经提取浓缩到一定比例后，再与其他药物或赋形剂制成的丸剂称浓缩丸。浓缩丸的特点是体积小，疗效强，服用、携带及贮存方便，符合中医用药特点，又适应机械化大生产的要求，并可节约原辅料。浓缩丸又分为浓缩水丸、浓缩蜜丸、浓缩水蜜丸等，可用塑制法或泛制法制备。

（二）按制法分类

1. 泛制丸 是指将药物细粉或药物提取物用适宜的液体作为黏合剂，经泛制而成的丸剂，如水丸、水蜜丸等。

2. 塑制丸 是指将药物细粉或药物提取物与适宜的黏合剂混合，制成软硬适中的可塑性丸块，然后再分割滚圆制成的丸剂，如蜜丸等。

3. 滴制丸 是指将主药与一种熔点较低的脂肪性或水溶性基质混合，形成溶液、混悬液或乳浊液后，滴入到与之互不相溶的冷却剂中，快速冷却收缩成球形而制成的丸剂。

二、丸剂制备工艺流程

丸剂常用的制备方法以泛制法、塑制法和滴制法为主，近年来也发展了一些新的制丸方法。中药制丸的制备工艺总体概况为：原辅料准备（如药物粉碎过筛）；配料（如搅拌、混合等）；按制备的具体工艺制备丸剂（如泛制成丸、滴制成丸等）；干燥；筛选；包装。在生产过程中确保生产厂房、环境、生产设备、生产原料、卫生等符合良好的生产操作规范（GMP）要求。现代发展还有其他的制丸方法如离心造丸法、挤出-滚圆成丸法、流化床喷涂制丸法等。

（一）泛制法

泛制法是将药物细粉或浸膏与水或其他液体（蜜水、黄酒、醋、药汁等）交替润湿及撒布在适宜的容器或机械设备中，不断翻滚，逐层增大的一种方法。泛制法主要用于水丸的制备，以及水蜜丸、糊丸、浓缩丸等的制备。

泛制法工艺流程如图 6－1 所示。

泛制法制丸剂的设备主要是糖衣锅，由糖衣锅、电器控制系统、加热装置三部分组成。起模时经验较为重要，将适量的药粉置于糖衣锅中，用雾化器将润湿剂喷入糖衣锅内的药粉上，转动糖衣锅使药粉均匀润湿，继续转动形成细小颗粒成为丸核，该过程对温度、湿度和细粉的控制要求较严。再撒入药粉和润湿剂进行成型制备时，每次加入锅内的赋形剂量和加入时间要适宜，以防产生新的母核；滚动使丸核逐渐增大成为坚实致密、光滑圆整、大小适合的丸剂。

操作中应注意：①水、药粉交替加入时，用量适中且均匀。糖衣锅转速适宜，以防打滑和结块。②在糖衣锅旋转中，应不断在锅口处及时搓碎粉块和叠丸，并将药物由里向外翻动，缩小丸料大小差异，增加其均匀性。③泛制时间要适宜，时间过长丸粒大而坚实，时间过短易丸粒松散，不宜贮存。④一般药物可用铜锅，朱砂、硫黄等含酸药物需用不锈钢糖衣锅，以防丸面变色或增加有害成分。

泛制法生产丸剂往往会出现粒度不均匀和形态不一，所以干燥后须经过筛、拣以确保临床使用和剂量准确。丸剂筛选可使用筛丸机、捡丸器等。泛制法制丸工艺较复杂，质量难控制，粉尘大，易污染，较少使用。

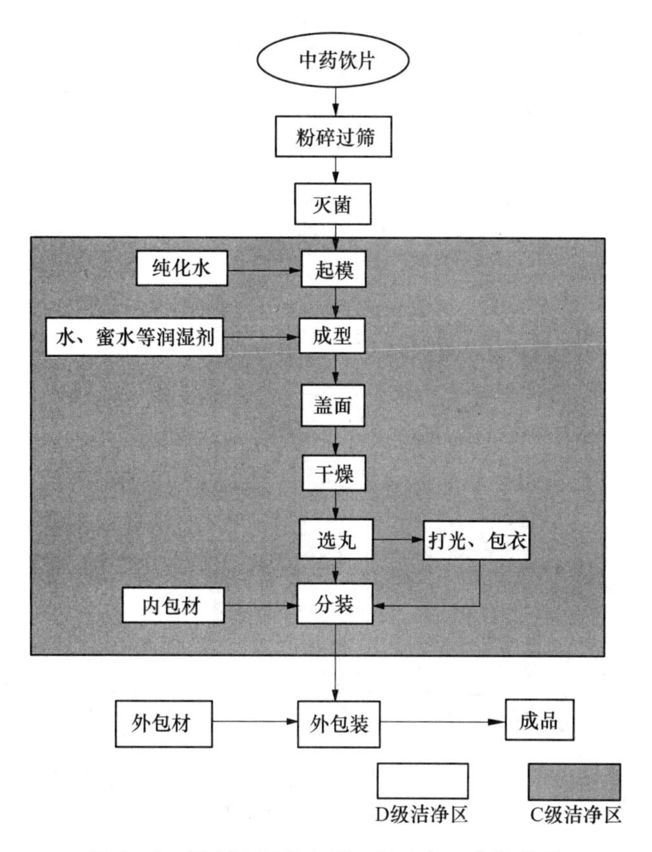

图6－1　泛制法制备丸剂一般生产工艺流程图

（二）塑制法

塑制法又称丸块制丸法，是指药材细粉或药材提取物与适宜的赋形剂混匀，制成软硬适宜的塑性坨料，再依次制成丸条、分割成丸粒及搓圆而制成的丸剂。蜜丸、水蜜丸、浓缩丸、糊丸等都可采用此法制备。塑制法具有自动化程度高，工艺简单，丸粒大小均匀、表面光滑，而且粉尘少、污染少、效率高的优点。下面以蜜丸为例介绍塑制法的工艺过程。

蜜丸的生产工艺包括炼蜜、配料、合药、制丸、包装等工序。炼蜜在炼蜜锅中进行，按蜜的炼制程度可将其分为嫩蜜、中蜜和老蜜，主要是控制炼蜜时的温度、时间以及蜜的颜色和水分。在制备工艺中采用何种炼蜜，应根据药物的性质、粉末的粗细、含水量的高低、制备时的气候条件等来确定。合药是将各种药物细粉、炼蜜及其他赋形剂在捏合机或槽形混合机中均匀混合成制丸的软材，所制得的软材应有良好的可塑性，软硬适中，这与炼蜜程度、合药温度、蜜量、季节气候等有关。制丸过程包括制丸条与轧丸，先将软材制成丸条状（外径相当于蜜丸的外径），然后轧制成丸。塑制法制丸设备有大蜜丸、小丸机等。

塑制法制成的蜜丸采用厢式干燥器、带式干燥器进行干燥，筛丸机、捡丸器进行筛选，再采用微波或远红外辐射杀菌。蜜丸的内包形式多种多样，可采用铝塑泡罩包装、瓶装及蜡壳包装等。根据《中国药典》蜜丸的一般质量检查有水分、重量差异、微生物限量等。

塑制法的工艺过程即将药材粉末与适宜的赋形剂混合制成可塑性的丸块，经混合、挤压、搓条、切割、滚圆、干燥等工序制成，其工艺流程见图6－2。

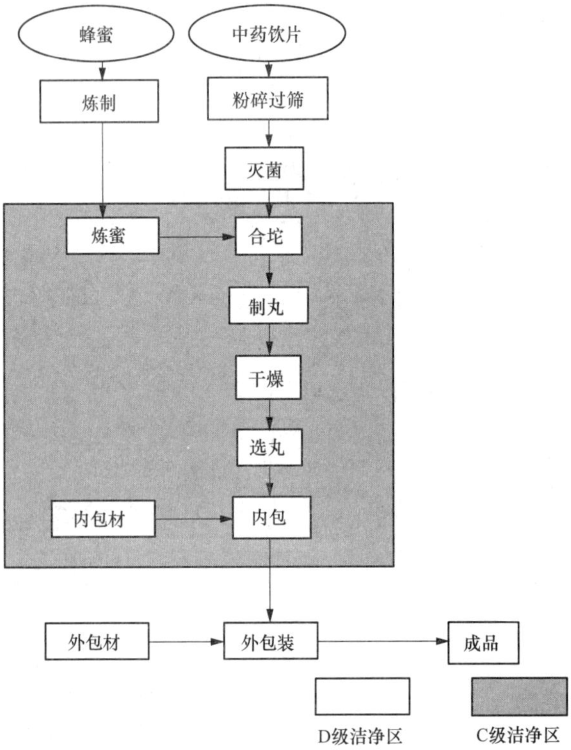

图6－2　塑制法制备丸剂一般生产工艺流程图

（三）滴制法

滴制法制丸是将固体、液体药物或药材提取物溶解、乳化或混悬于适宜的熔融的基质中，滴入另一与之互不相溶的冷却剂中，在表面张力作用下，液滴快速收缩成球状，并冷却凝固成丸。由于滴丸与冷却剂的密度不同，凝固形成的药丸缓缓沉于器底或浮于冷却剂表面，取出，去除冷却剂，干燥即得。滴制法设备：主要由保温溶液贮槽、分散装置、冷却系统三部分组成。

滴丸剂在我国是一个发展较快的剂型，具有以下优点：①设备简单、操作容易、生产工序少、自动化程度高。②增加药物的稳定性。在基质作用下，易水解、易氧化的药物和挥发性药物包埋后，稳定性增强。③可发挥速效或缓释作用。固体分散技术制备的滴丸，药物成高度分散状态，可起到速效作用；而选择脂溶性好的基质制备滴丸，药物在体内缓慢释放，可起到缓释效果。④滴丸可局部用药。滴丸剂可克服化学药滴剂的易流失、易稀释，以及中药散剂的妨碍引流、不易清洗、易被脓肿冲出等缺点，从而可广泛用于耳、鼻、眼、牙科的局部用药。

滴丸剂的不足之处是难以制成粒径较大的丸剂、载药量低、服用粒数多、可供选用的滴丸基质和冷凝剂品种较少等。

滴制法生产丸剂的工艺流程见图6－3。

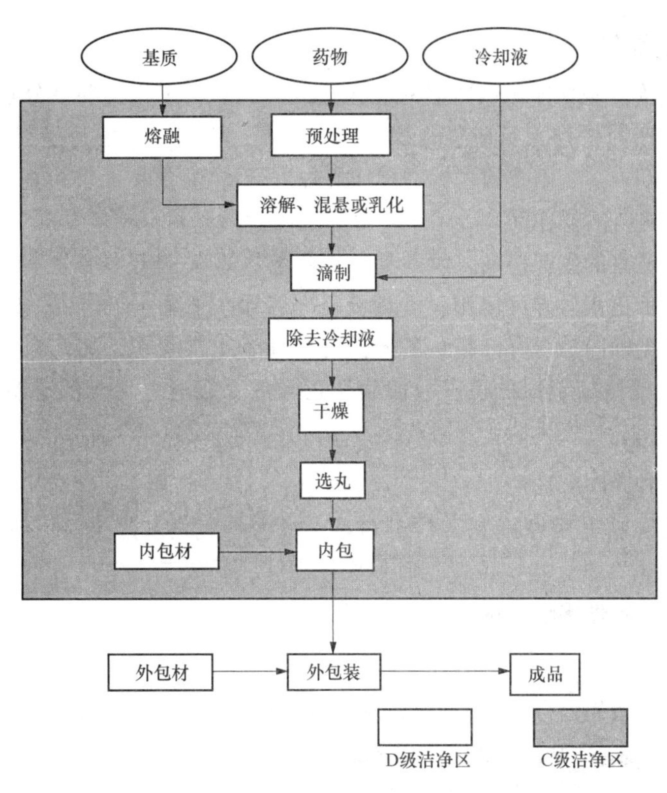

图6－3　滴制法制备丸剂一般生产工艺流程图

（四）其他制法

现代发展还有其他的制丸方法，如离心造丸法、挤出-滚圆成丸法、流化床喷涂制丸法等。离心造丸法是将母核投入离心流化床中悬浮，利用离心力与摩擦力形成粒子流，再将雾化的黏合剂或润湿剂及药物细粉分别喷入其中，母核在运动状态下吸纳黏合剂雾滴、黏附主药干粉，逐渐增大成丸。该法包括起模、成丸及包衣等几个过程。

挤出-滚圆成丸法是将浸膏粉或提取的药效部位与辅料混匀，用水等润湿剂制成适宜软材，经挤出挤压成高密度圆柱形条状物。挤出的条状物倒入高速旋转的齿盘上，被高速旋转的摩擦板切割成圆柱形颗粒。在滚圆机中，高速旋转的转盘产生的离心力、丸粒与齿盘和筒壁间的摩擦力及转盘与筒体间的气体推动力的共同作用下，使圆柱形颗粒处于三维螺旋旋转滚动状态，丸粒受到均匀的揉搓，迅速滚制成圆球形，成丸。

流化床喷涂制丸法是采用切喷装置的流化床，将流态化的物料粉末或丸心在转盘的旋转作用与鼓风作用下，沿流化床周边以螺旋运动的方式旋转，黏合剂或药液喷入后，使其聚结成粒或增大，在离心力的作用下，颗粒沿内壁不断滚动，制成质地致密、表面光滑的丸剂。

三、丸剂制备操作要点

丸剂生产过程中主要的操作要点有：生产前准备；称量、配料；按相关制备工艺制备丸剂；干燥；筛分；生产结束后清场以及相关工作记录。

（一）生产前准备

丸剂生产制备按C级洁净区要求管理，操作人员、物料按相关要求分别由人流、物流通道进入洁净区。生产前操作人员应检查操作间、工具、容器、设备等是否有清场合格标志，并核对是否在有效期内。否则按清场标准操作规程进行清场，QA人员检查合格后，填写清场合格证，操作人员进入本操作间。

根据要求使用适宜的生产设备，设备要有“合格”标牌，“已清洁”标牌，并对设备状况进行检查，确认设备正常后方可使用。清理设备、容器、工具、工作台。检查整机各部件是否完整、干净；酒精桶内是否有酒精；各开关是否处于正常状态，如调频开关处于关位，速度调节旋钮和调频旋钮处于最低位。一切确认正常后，接通电源，低速检查机器运行是否正常。

（二）称量、配料

按生产指令领取制丸用原辅料，核对名称、批号、规格、数量等。填写“生产状态标志”、“设备状态标志”挂于指定位置，取下原标志牌，并放于指定位置。按处方量逐一称取各种原辅料，用洁净容器盛装，贴标签。

（三）泛丸

称配后的药粉一般先混合均匀，控制转速和混合时间。筛分称取一定数量的细粉，用于起模与盖面，严格控制筛网粒径大小、细粉数量。

根据生产工艺规程，取适量细粉加适量润湿剂起模，注意起模用细粉量、润湿剂种类及用量、丸模大小、圆整度、均匀性等。成型时注意每次加入的药粉量与润湿剂比例、间隔时间，控制锅转速及温度。采用适宜方法进行盖面，注意盖面用粉量、润湿剂用量、滚转时间，出锅前检查丸粒圆整度、表面光滑程度等。

（四）塑制丸

称配后的药粉一般先混均匀合，控制转速和混合时间。如制备蜜丸、水蜜丸等，蜂蜜应炼至规定程度，控制炼蜜的水分、相对密度、杂质等。将炼蜜装入洁净容器中备用，每件容器均应附有标签，注明品名、规格、批号、数量、生产日期、操作者等。经质量检验合格后交下一工序。

按生产工艺规程，将一定量炼蜜加至相应量药粉中，捏合成丸块，控制炼蜜加入温度、捏合时间等。将放置一定时间后的丸块采用相关设备（如大蜜丸机、小丸机）制成丸条、轧成丸粒，并滚圆，控制制丸速度，按规定使用润滑剂。

（五）滴制丸

按生产工艺处方要求称取一定量基质熔融，控制熔融温度。取相应量药物与熔融的基质混合制成溶液、混悬液或乳浊液，并保温脱气，控制药物与基质比例、温度、脱气时间等。将制备的药液滴入相应的冷却剂中，控制药液温度、滴口直径、滴口温度、滴速、冷却剂温度等。用工艺规程的方法去除冷却剂，收集滴丸。

（六）干燥

干燥工艺技术参数应经验证确认，尤其是干燥温度。干燥用空气应经净化处理，干燥设备进风口设有过滤装置，出风口应有防止空气倒流装置。干燥过程中要经常检查温度，控制好装量及干燥时间，并按时翻动。干燥后物料及时降至室温，装入洁净容器中，每件容器均应附有标签，注明品名、规格、批号、数量、操作日期、操作者等，经质量检验合格后交下一工序或入中间库暂存。

（七）生产结束

关闭设备开关。对所使用的设备按其清洁标准操作规程进行清洁、维护和保养。对操作间进行清场，并填写清场记录。请 QA 检查，QA 检查合格后发清场合格证。设备和容器上分别挂上“已清洁”标志牌，在操作间指定位置挂上“清场合格证”标志牌。

（八）记录

认真如实填写生产操作记录，做到字迹清晰、内容真实、数据完整，不得任意涂改和撕毁，做好交接记录，顺利进入下道工序。

丸剂生产车间设计的原则及要求与片剂、硬胶囊剂大体相同，其平面布置设计可参照进行。图 6－4 为水丸、水蜜丸车间平面布置图，图中按工艺流程布置各工序，洁净级别一般为 D 级洁净区，部分为 C 级洁净区。

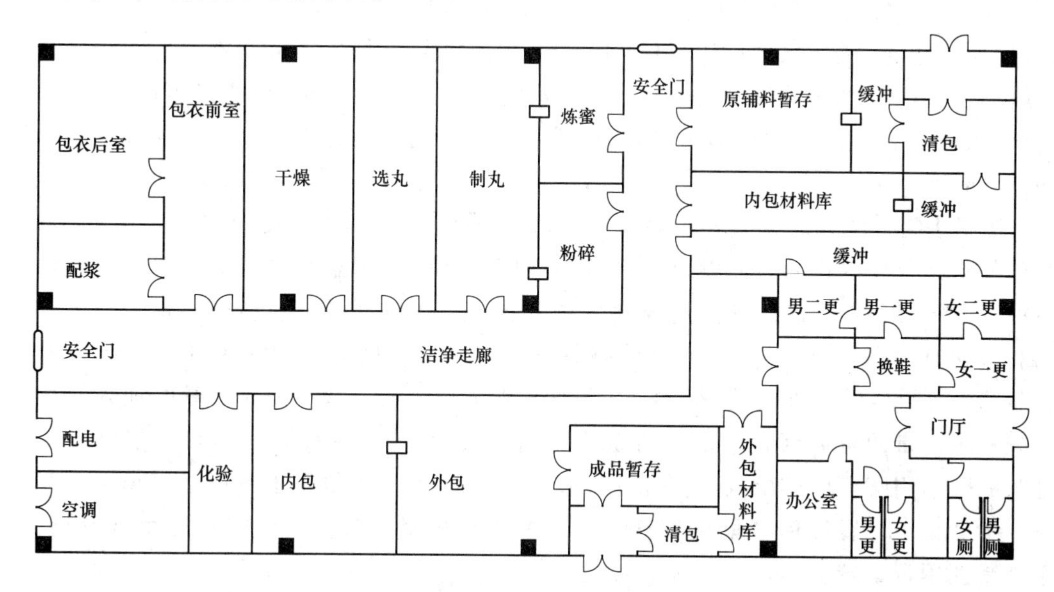

图 6－4　水丸、水蜜丸车间平面布置图

第二节　丸剂成型过程与设备

丸剂常用的制备方法有：塑制法、泛制法和滴制法。对应于不同的生产方法需采用不同的生产工艺过程以及相应的丸剂生产设备。将药物细粉或浸膏与赋形剂混合制成丸剂的机械与设备按制备工艺分为：丸剂的塑制设备、泛制设备和滴制设备。

一、塑制法制丸过程与设备

塑制法又称丸块制丸法，生产过程一般是将药材细粉或药材提取物与适宜的赋形剂混匀，制成软硬适宜的塑性坨料，再依次通过丸条机制成丸条、辊轧筒或分割器分割成丸粒、搓圆而制成丸剂。蜜丸、水蜜丸、浓缩丸、糊丸等都可采用此法制备。中药自动制丸机、小丸制丸机、大蜜丸机等都是塑制法制丸的设备。塑制法具有自动化程度高，工艺简单，丸粒大小均匀、表面光滑，而且粉尘少、污染少、效率高的优点。

（一）原辅料准备

首先按照丸剂处方将所需的原辅料备齐，药材挑选清洁，炮制合格，称量配齐，干燥，粉碎，筛分（一般过六号筛），混合使成均匀细粉。如处方中有毒、剧、贵重药材时，宜单独粉碎，再采用等量递增法与其他药物细粉混合均匀。如生产蜜丸、水蜜丸，则需根据处方药物的性质，将蜂蜜炼制成程度适宜的炼蜜，备用。

为了防止药物与容器工具黏合，并使丸粒表面光滑，在制丸过程中还应加入适量的润滑剂。大生产时，蜜丸所用的润滑剂一般为乙醇，手工操作时可用麻油与蜂蜡的融合物（油蜡配比一般为7∶3）。

（二）合坨

称取一定量混合均匀的药物细粉，加入适量赋形剂或炼蜜（炼蜜一般需趁热加入），充分混匀，制成湿度适宜、软硬适中的可塑性软材，即为丸块，习称“合坨”或“坨料”。生产上一般使用捏合机（双桨槽形混合机）完成此操作。丸块的软硬程度应以不影响丸粒的成型和暂存为度。丸块制备好取出后应立即搓条轧制成丸，若暂时不制备成丸，应以湿布盖好，以防止干燥。

塑制法制备蜜丸时尤其需要注意。合坨时使用的炼蜜的程度应根据药物的性质、粉末的粗细与含水量的高低以及生产时的温度、湿度等因素来决定，炼蜜过嫩则黏合不好，丸粒制备不光滑；炼蜜过老则丸块发硬，难制成丸。一般多用热蜜合药。若原药料中含有树脂、胶质、糖、油脂类或挥发性药物时，则易用60～80℃的温蜜。若含大量的叶、茎或矿物性的药材，黏性很小，则须用老蜜，趁热加入。蜜的加入量也是影响丸块质量的重要因素。蜜和药粉的比例一般为1∶（1～1.5），含胶质、糖类等黏性强的药粉用蜜量应适量减少；含纤维较多而黏性差的药粉用蜜量应适量增多，甚至可达1∶2以上。夏季用蜜量相对较少，冬季用蜜量相对较多。机械制丸用蜜量较少，手工制丸用蜜量较多。

（三）制丸

包括制丸条、制丸粒、滚圆等过程，是将制好的丸块放置一定时间（习称“醒坨”），使蜂蜜等黏合剂充分润湿药粉，再将丸块制成粗细适宜的丸条，然后将丸条切割成大小适宜的小段或丸粒，由一斜面滚下，以增加其圆整度，也可将其置于旋转锅内或转盘内，利用离心力使其滚圆。大生产时一般由制丸机在同一台设备上完成，如中药自动制丸机、大蜜丸机等。

中药自动制丸机主要由捏合、制丸条、轧丸和滚圆等部件构成。其工作原理是：将药粉置于混合机中，加入适量的润湿剂或黏合剂混合均匀制成软材，即丸块，丸块通过制条机制成丸条，丸条通过顺条器进入槽滚筒切割、搓圆成丸，图6－5为中药自动制丸机工作原理示意图。该机适于水丸、水蜜丸及蜜丸的生产，其结构简单、占地小，是目前使用普遍的自动制丸机械，图6－6为卧式小丸中药自动制丸机结构示意图。

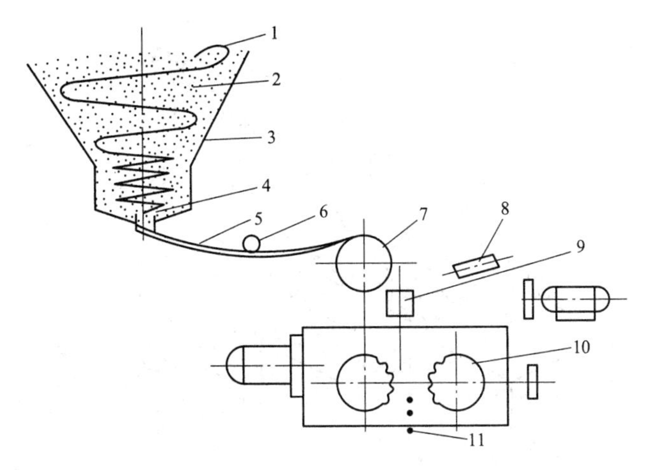

图6－5　中药自动制丸机工作原理示意图

1. 推进器；2. 药坨；3. 料斗；4. 出条片；5. 药条；
6. 自控轮；7. 导轮；8. 喷头；9. 导向架；10. 切割刀；11. 药丸

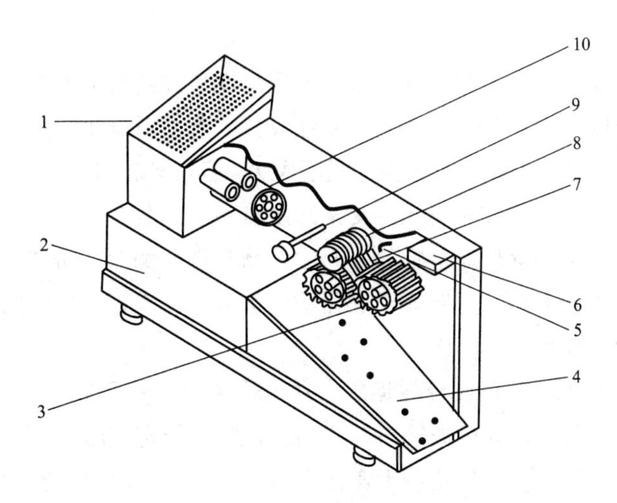

图6－6　卧式小丸中药自动制丸机结构示意图

1. 加料斗；2. 箱体；3. 制丸刀轮；4. 出料导板；5. 喷头；
6. 控制板；7. 导向架；8. 导向轮；9. 导向杆；10. 药条出口

大蜜丸机通常包括两大部分：制丸条部分和轧丸部分。轧丸部分有双辊式、三辊式和五辊式等。图6－7为三辊式大蜜丸机结构示意图。大蜜丸机工作原理：将已混合均匀的蜜丸坨料间断投入到机器的进料口1中，在螺旋推进器的连续推进作用下，经可调式出条嘴，变成直径均匀的丸条，在气动往复式钢丝切割下，定长送到辊子输送带2上，经往复气动推杆的拨动，进入由三个轧辊或五个轧辊组成的制丸成型机构，制成大小均匀、剂量准确、外观圆、光、亮的药丸3，自动落入输送带上，送到下一工序。

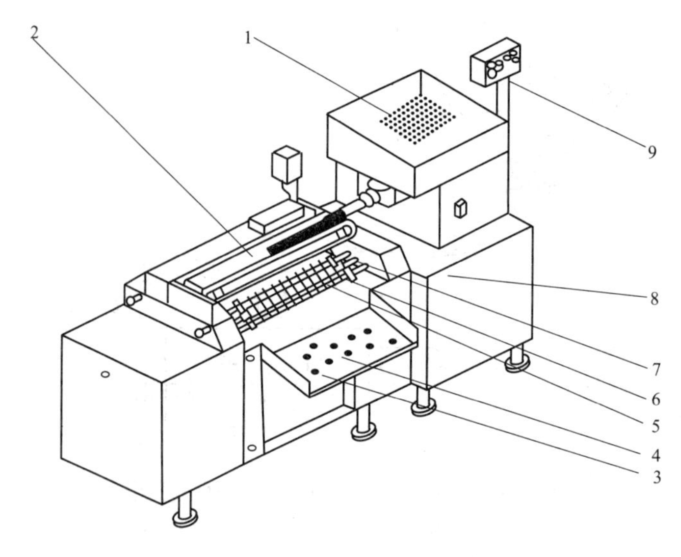

图6－7 三辊式大蜜丸机结构图

1. 加料斗；2. 输送带；3. 丸粒；4. 斜板；5、6. 槽辊；7. 底辊；8. 箱体；9. 控制板

（四）干燥

根据不同药物要求选择适当的干燥方法、干燥温度将搓圆后的丸剂进行干燥。丸剂应干燥后贮藏，一般在80℃以下干燥，对含有挥发性成分的药物则应在60℃以下干燥，干燥方法根据药物干燥与灭菌的不同要求，可选择厢式干燥法、远红外辐射干燥法或微波干燥法等。

（1）厢式干燥器法　干燥室内有多层支架和烘盘，加热装置可用电或蒸汽，净化处理后的热空气作为载热体，将热量传递给物料，同时将物料产生的湿分带走。在干燥过程中，要适时翻动药物，防止干燥不均匀。厢式干燥器结构简单、成本低，但物料受热不均匀，热利用效率低、干燥效果不理想。

（2）远红外辐射干燥法　远红外隧道干燥器由传送带、干燥室、远红外发生器组成。将物料置传送带上，开动传送带并根据物料性质调整速度，传送带略微倾斜，丸子从进口滚动着移至出口完成干燥过程。远红外隧道干燥器干燥较均匀，效率高，但远红外线穿透能力有限，干燥仅限薄层物料的干燥。

（3）微波隧道干燥器法　微波干燥具有干燥时间短、干燥温度低、干燥物体受热均匀等优点，能满足水分和崩解的要求，同时可进行微波灭菌，是丸剂理想的干燥灭菌方法。

蜜丸剂所用的炼蜜已预先加热，水分可控制在一定范围之内，一般成丸后可在室内放置适宜时间，保持丸药的滋润状态，即可包装。水蜜丸因蜜中加水稀释，所成丸粒含水量较高，必须干燥，使含水量不超过12%，否则易发霉变质。同时由于中草药原料常带菌，操作过程中也可能带来污染，使制成的丸粒带菌，贮存期间易生虫发霉，因此蜜丸制成后应进行灭菌。目前已采用微波加热、远红外辐射等方法，既可干燥又可起到一定的灭菌作用。

课堂互动

塑制法制丸的关键工序是什么？

塑制法制丸过程中，制备软硬适宜的塑性坨料是制备合格丸剂的关键工序。中药材种类繁多，外观性状各有不同，在制备软硬适中的丸块前，我们应根据药物的性质和质地，做相应的处理，使其满足塑制法的生产。我们用以下这些药材为例来具体分析：贵重药材（牛黄、冬虫夏草、熊胆等）；含芳香挥发性成分药物（菊花、肉桂、丁香、豆蔻、砂仁等）；含糖类的药物（枸杞、玄参、党参等）；胶类药物（阿胶、龟板胶、鹿角胶等），在具体的生产过程中如何处理，采用塑制法将上述药材制成合格的丸剂？

二、泛制法制丸过程与设备

泛制法的生产过程是将药物细粉或浸膏与水或其他液体（蜜水、黄酒、醋、药汁等）交替润湿及撒布在适宜的容器或机械设备中，不断翻滚，逐层增大，制成一定大小的丸剂。泛制法主要用于水丸、水蜜丸、糊丸、浓缩丸等的制备。泛制法的设备主要是糖衣锅或包衣锅，由糖衣锅、电器控制系统、加热装置三部分组成。

（一）原辅料的粉碎与准备

泛制法制丸前，处方中需粉碎成细粉的药材应经净选，炮制合格后粉碎，药料的粉碎程度一般以100目左右为宜。粉碎后的药粉一般须混合均匀，以备下一工序使用。泛制法工艺中起模和盖面用药粉要求更细，过筛时宜筛取适量细粉，并与成型用药粉分开。某些纤维性成分较多（如灯芯草、丝瓜络、大腹皮、葱、生姜等）或黏性较强的药物（如桂圆、红枣、树脂类、动物胶等）不易粉碎或不适泛丸时，需先将其用相应溶剂提取，提取有效成分的液汁作黏合剂，供泛丸使用；动物胶类如阿胶、虎骨胶、龟板胶等，可加适量水溶胀加热熔化，稀释后泛制使用；树脂类药物如乳香、阿魏、没药、安息香等，可用适量黄酒溶解，以此作润湿剂泛制丸；一些黏性强、刺激性大的药物如蟾酥等，也需用适量酒溶化后加入泛丸。

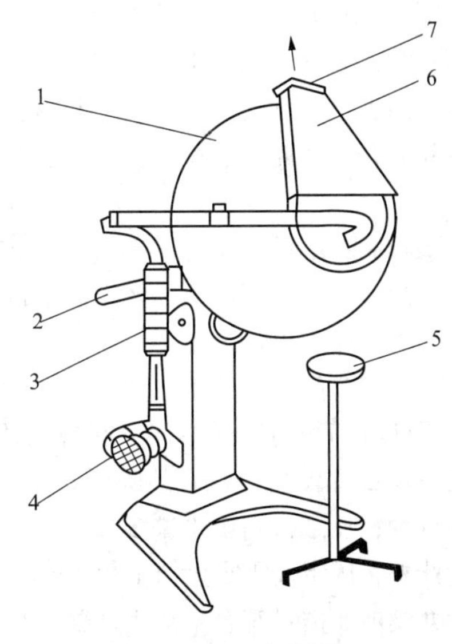

图6-8　糖衣锅结构图

1. 糖衣锅；2. 糖衣锅角度调节器；3. 加热器；4. 鼓风机；5. 加热盘；6. 吸粉罩；7. 接排风管

泛丸用的润湿剂或黏合剂应为8小时以内的新鲜纯化水或药汁等。常用的泛丸工具包括糖衣锅、喷雾器、塑料毛刷、不同孔径圆孔药筛等，使用前须充分清洁、干燥防止交叉污染。图6-8为糖衣锅（包衣锅）结构示意图。糖衣锅有加热装置吹入干热空气，还可用电热丝在糖衣锅下部加热，但起模过程中一般不需加热，为了防止粉尘飞扬，应加除尘设备（吸粉罩）。糖衣锅（包衣锅）一般用不锈钢或紫铜衬锡等性质稳定的材料制成，锅体有良好的导热性。糖衣锅有荸荠形和莲蓬形等；糖衣锅的轴与水平的夹角为30°～45°之间，以使药物在起模过程中既能随锅的转动方向滚动，又有沿轴向的运动，使混合作用更好。糖衣锅的转动速度适宜，以使药物在锅中能随着锅的转动而上升到一定高度，随后作弧线运动而落下为度，使成型材料能在母核表面均匀地分布，丸与丸之间又有适宜的摩擦力。近年多采用可无级调速的糖衣锅。

（二）起模

泛丸起模是利用水或其他溶剂的湿润作用诱导出药粉的黏性，使药粉相互黏着成细小的颗粒，并在此基础上层层增大而成丸模的过程。起模是泛丸成型的基础，是制备丸剂的关键。母核形状直接影响成品的圆整度；母核的大小和数目，也影响成型过程中筛选的次数、丸粒的规格以及药物含量的均匀性。

起模时应选用处方中黏性适中的药物细粉。黏性太大的药粉，加入液体时，易起模不均匀，先被湿润的部分产生的黏性较强，容易相互黏合成团，如熟地、阿胶、天麻、半夏等。无黏性的药粉不易起模，如朱砂、磁石、雄黄等。

起模方法有粉末加液起模法、喷液加粉起模法、湿粉制粒起模法等。粉末直接起模法是先将一部分起模用药物细粉置糖衣锅中，开动机器，药粉随机器转动，用喷雾器喷入相应液体，借机器转动和人工搓揉使药物细粉分散，全部均匀地受液体湿润，继续转动片刻，部分药粉成为细颗粒状，再撒布少许干粉，搅拌均匀，使药粉黏附于细粒表面，再喷液湿润。如此反复操作直至适量模粉用完，取出、过筛、分等，即得丸模。

喷液加粉起模法是取适量起模用的相应液体（润湿剂），将糖衣锅锅壁湿润，然后撒入少量药粉，使其均匀地黏附于锅壁上，用塑料毛刷在锅内沿转动相反方向刷下，使成为细小的颗粒，糖衣锅继续转动，再喷入相应液体（润湿剂），加入药粉，在加液加粉后搅拌、搓揉，使黏粒分开。如此反复操作，直至适量模粉全部用完，达到制备工艺规定标准，过筛分等即得丸模。

湿粉制粒起模法是将起模用的药粉放糖衣锅内喷润湿剂，开动机器滚动或搓揉，使粉末均匀润湿，成为手捏成团、轻压即散的软材，过8～10目筛制成颗粒。将制成的颗粒再放入糖衣锅内，略加少许适量干粉，充分搅匀，继续使颗粒在锅内旋转摩擦，磨去棱角成为球形颗粒，取出过筛分等即得。

因处方药物的性质不同，起模的用粉量多凭经验。有的吸水量大，如质地疏松的药粉，起模用药量宜较少；而有的吸水量少，如质地黏韧的药粉，起模用粉量宜多。成品丸粒大，用粉量少；反之，则用粉量多。

此外，因市场需求生产上也可直接购买药用生产相关的空白丸模。在丸剂生产中筛选均匀的丸模前，需对符合整批生产的用模量即成模数量进行评估判断，做到心中有数，及时取舍的过程称为估模。估模是丸剂生产中较为重要的一个环节，如果丸模过多，会造成药粉用完时，丸药的直径还达不到生产规定的要求。若丸模过少，则丸模增大至规定的要求时还有一部分药粉未用完，须重新起模来补模，使生产过程重复。尤其对制备分层丸或裹心丸，可能造成无法挽救的质量事故。因此必须重视并操作好估模这一环节。

大生产时一般药物特性制丸可用下列经验公式进行推算：该法计算简便，便于操作，但精确性不高，适用于成品直径要求不太严格的大量生产。

$$X = 0.6250D/C \qquad (6-1)$$

式中，X 为起模用粉量（kg）；C 为成品100粒干重（g）；D 为药粉总量（kg）；0.6250为标准模子100粒湿重（g）。

实例分析

实例： 现有500kg气管炎丸原料粉，要求制成3000粒重0.5kg的水丸，求起模的用粉量。

分析： 先求解100粒成品丸剂的质量C

$3000 : 100 = 500 : C$

$C = 16.67g$

再求解起模用粉量X：

$16.67 : 0.625 = 500 : X$

$X = 18.74kg$

用式（6－1）计算时，C为100粒成品丸药的干重，0.6250g是100粒标准模的湿重，内含30%～35%的水分，药粉总量D和起模用粉量X皆是干重，故计算出来的量比实际用粉量多30%～35%。在实际操作中会有各种消耗，因此计算具有一定实际意义。上述经验公式为一般药物特性的参考公式，具体生产时还必须按各品种的药粉特性，如黏性、密度、吸湿率、赋形剂的含量等灵活加减。

（三）成型

成型是将已筛选均匀的球形母核，逐渐加大至接近成丸的过程。操作时，将母核置糖衣锅中，使其转动，喷适量润湿剂或黏合剂使母核湿润，加入适量药粉，使药粉均匀黏附于母核上，再加水润湿剂、加药粉，依次反复操作。当丸粒大小出现较大分化时，及时用适宜孔径筛网进行过筛分等，取其中的粒径较小的丸粒置于锅中，继续如上加润湿剂、加药粉操作；待粒径接近中等大小丸粒时，将原来的中等大小丸粒并入，再进行加润湿剂、加药粉操作；待粒径接近大丸粒时，将原来的大丸粒并入。如此反复操作，直至制成所要求粒径大小的丸粒。

处方中若含有芳香挥发性或特殊气味以及刺激性极大的药物，最好单独粉碎，然后泛制于丸粒中层，可避免芳香成分的挥发或掩盖不良气味。

成型的方法和起模方法基本相同，是润湿、加药粉及筛选的反复交替操作，也是丸剂成型过程中较易掌握一个操作工序，但仍不能掉以轻心，以免造成不必要的质量问题。操作中要注意：①加水或赋形剂时，用量应随丸剂的直径增大而逐渐增加；若泛制水蜜丸、糊丸或浓缩丸时，所用的赋形剂浓度在允许情况下，也应随丸剂的直径增大而逐渐提高，达到处方对赋形剂的含量要求。同时，确保丸剂的圆整度和光洁度。②在快速成型时，应重视操作的质量，主要是赋形剂、药粉在丸剂表面的均匀分散。当然，加入量还必须适中，并不断地用手在锅口揉碎粉块和黏粒，由里向外翻搅，以利丸剂均匀增大。③对特别黏的丸剂，应随时注意其圆整度，防止丸粒结块、打滑。丸剂在滚筒内的转动时间要适宜，过长易影响崩解，过短造成不均匀；④当成型至湿丸盖面直径要求时应及时取出，筛选，分等。大丸取出，小丸继续增大，宜适当多加一些药粉，并适当干燥，以便于筛选。但要防止因较多粉末不能黏着于丸面而产生半湿粉，造成过筛困难；同时更要防止产生小丸模（俗称头子）。⑤发现筛网黏粘时，应及时清洁，以保证丸药的均匀性。⑥对于起模、成型时产生的歪丸、并粒、粉块或多做的丸模应随时和入润湿剂中，调成糊，过12目筛，加入赋形剂中混合，供成型过程中随时应用。

（四）盖面

采用盖面用粉，将已成型并筛选均匀的丸粒继续泛制的过程，其作用是使丸粒大小均匀，色泽一致，并提高其圆整度和光洁度。常用的盖面方法有干粉盖面、清水盖面、浆头盖面和清浆盖面。

干粉盖面是将丸粒充分湿润，撒入盖面用粉，然后滚动至丸面光滑。此法所得丸剂色泽较其他盖面方法浅，接近于干粉本色。操作方法与成型基本相同，主要区别在于最后一次湿润和上粉过程。这种方法适用于色泽要求比较高又容易花面的品种。常见的质量问题有因出锅速度太慢或加入的粉不够，易造成花面；粉末量加入太多或加入后还未搅匀即出锅，易造成粉末脱落。因此，采用此种方法盖面时，加入赋形剂、粉末量和搅匀的时间及出锅的速度是关键操作，必须掌握得当。

清水盖面的方法与干粉盖面相同，但最后不需留有干粉，而以冷开水充分润湿打光，并迅速取出，立即干燥。

浆头盖面的方法与清水盖面相同，采用废丸加水溶成糊浆稀释使用，仅适用于一般色泽要求不高的品种。

某些丸剂对成丸色泽有一定要求，用干粉和清水盖面都难以达到目的时，可采用清浆盖面。本法与清水盖面相同，唯在盖面用水中加适量干粉，调成粉浆，待丸面充分润湿后迅速取出。

以上四种盖面方法一般都用于水泛丸，其他泛丸盖面的基本操作与水丸相同，但各有特殊要求。如水蜜丸盖面，应以厚炼蜜为主，若和以废丸糊，须与蜜液调和均匀，做到丸剂盖面用的蜜厚薄一致，最后加蜜润湿，不宜过潮，取出前要多滚，至丸面光洁、色泽一致为宜。较黏的丸剂品种在最后润湿后一般需加适量麻油润滑。特殊品种可用干粉盖面，在干粉全部黏着丸面后，再用麻油润湿，至丸面光洁，色泽一致，取出及时干燥。糊丸盖面所用的糊应以厚糊为主，或和以厚浆（糊浆调和要求与蜜丸相同），最后润湿宜适中。浓缩丸盖面时的剩余浸膏应稀释（或和以厚浆）均匀，最后润湿宜略干。

清水盖面、粉浆盖面、浆水盖面，在生产上通称潮盖面，方法相似，只是赋形剂不同。因此，生产中可能产生的质量问题也基本相同：如色花、崩解不合格、丸药并粒、粘连等。主要是在操作过程中，赋形剂未搅拌均匀或用量不够易产生色花；赋形剂用量多未搅散易产生并粒、粘连；取出时为了追求光洁度，滚动时间太长易造成溶散不合格。因此，在湿盖面时一定要掌握好赋形剂和粉末的加入量。特别是粉末用量，一般应控制在理论值的90%，即需加入1kg的粉量者，只加0.9kg以保证丸药的光洁度。取出时，当丸药达到光洁度要求即出锅，与干盖面一样取出速度要快。对一些黏性较大、易并粒的丸剂，取出时可适当加一些麻油、液状石蜡等，以防止粘连、并粒、结块，注意加入量不宜过多，以免影响溶散和色泽。

（五）干燥

用泛制法制得的潮丸，含水量一般都较高，成型的丸粒含15%～30%的水分，容易变质引起发霉，须及时进行干燥，将含水量控制在10%以内。干燥时应注意控制温度，并及时翻料，一般干燥温度为80℃左右，若丸剂中含有芳香挥发性成分或遇热易分解变质的成分时，干燥温度不宜超过60℃。对于丸质松散、吸水率较强、干燥时体积收缩性较大、易开裂的丸药宜采用低温焖烘。对色泽要求较高的浅色丸及含水量特高的丸药，应采用先晾、勤翻、后烘的方法，以确保质量。

泛制丸的干燥设备较多，有隧道式烘箱、热回风烘箱、真空烘箱、红外线烘箱、电烘箱等。也可采用流化床干燥，可降低干燥温度，缩短干燥时间，并且提高水丸中的毛细管和孔隙率，有利于水丸的溶散。大生产常用隧道式烘箱、热回风烘箱、真空烘箱三种。

泛制丸的设备和干燥效率与设备类型及操作方法密切相关。由于设备缺陷加上操作不当，经常会出现如下质量问题：①色泽不均，俗称色花。有的一半深一半浅也称“阴阳面”。“阴阳面”的产生主要是干燥问题。一般潮丸含水量在30%～40%，甚至更多。干燥容皿多用不锈钢盘。丸剂在容皿中堆积，厚度少则2～3cm，多则4～5cm，当丸药受热至内外温度一致后，特别是高温，水分开始大量蒸发，表面层由于无阻挡，干燥最快，随着堆积层的增厚，越是内层水分越难蒸发。又因含水量高，水分开始往下沉，下沉的速度超过蒸发速度时，使水结聚在丸底部，俗称“汀水”，加上干燥箱内温差，如果不及时翻动，水分就不能均匀蒸发，形成“阴阳面”。解决方法主要是干燥时及时翻动，而且比一般丸药翻动次数要多。在条件允许的情况下，最好先晾至半干再进干燥箱低温干燥。②不规则色花，色泽深浅不一。一是因盖面时赋形剂和药粉未搅匀造成，二是在干燥时烘箱本身温差太大，以及翻动不及时造成。解决方法是用水或其他赋形剂重新盖面、低温干燥。有的品种重新盖面后，应先晾4小时左右，再低温干燥。但干燥时仍需加倍勤翻。③含水量不合格。操作时及时检测即可控制。④溶散、崩解时限不合格。影响丸剂溶散、崩解时限的因素很多，包括处方组成、粉末细度、赋形剂选择、操作方法、盖面方法和干燥等。但是，干燥是其中重要一环。由于干燥设备温差太大、温度的选择和操作不当都会造成溶散时限不合格。只要勤翻，一般都能解决。如果是全部产品不合格则应观察其超过多少时间。若超过规定时限5分钟左右，通常降低干燥温度即能合格。如已经采用低温干燥，则可改为先晾后烘。超限时间较长应考虑真空干燥或从全过程中考虑修改工艺。

（六）选丸

泛制法制丸剂，往往出现粒径大小不均，或畸形的丸粒，必须经过筛选以求丸剂均匀一致，保证丸粒圆整，剂量准确。用适宜孔径筛网将粒径不在要求范围内的丸粒去除，并挑除畸形丸粒。常用筛丸机（图6－9）或选丸器（图6－10）等。筛丸机采用三级冲有不同孔径的筛网构成滚筒，成品药丸进入旋转的滚筒筛内，三节滚筒筛在主动轴盘的带动下，顺时针绕中心轴旋转，分别选出符合要求的各种丸剂。选丸机是将药丸置于上端的料斗内，经等螺距、不等径的螺旋轨道，利用离心力产生的速度差将符合圆度的药丸与不合格产品自动分开，由底部分别流入成品容器和废品容器内。

图6－9　筛丸机

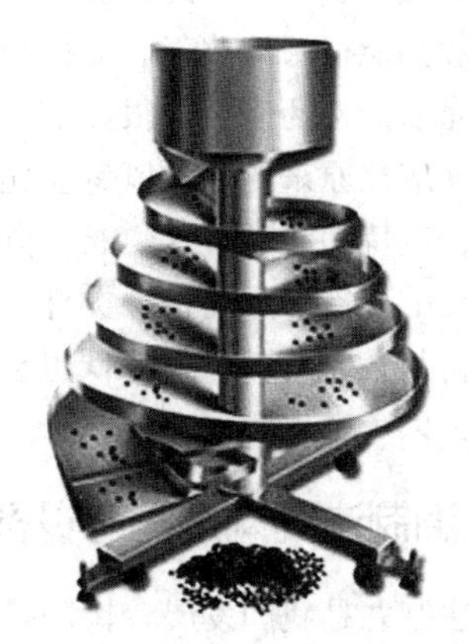

图6－10　离心式自动选丸机

（七）打光

将选好的丸粒置糖衣锅内（锅底可贴胶布以增大摩擦力），使转动，撒入规定量辅料，转至丸粒表面光亮。若丸粒表面出现斑点，可喷入少量润湿剂，如乙醇等。泛制丸的打光质量与打光的方法、所用的辅料，以及打光时的温度、湿度等有关。

如何根据药物品种的特性选择方法、材料和打光时的温度、湿度，对保证泛制丸的打光质量至关重要。

（1）打光的方法　常用的有：①干打光。即先将丸药干燥至一定含水量，再用制备工艺规定的辅料进行包衣，俗称“回衣”后，用冷、热风进行打光。一般适用于直径6.0mm左右的丸剂，特别是浓缩丸；②潮打光。丸剂成形后，不干燥，采用工艺规定的辅料进行包衣后，用冷、热风进行打光。一般适用于直径2.5mm以下的丸剂，大多为微丸。

（2）辅料的选择　丸剂打光的辅料比较多种。一般辅料有白石蜡、滑石粉、羟丙基甲基纤维素、液状石蜡、氧化铁等；也可以是处方中的药物做打光材料。在一定的温度和湿度下，有的辅料本身会起光，如代赭石；有的辅料和药物结合后会起光，如百草霜和浸膏，两者结合就会起光；有的则需用光亮剂起光，如白石蜡、羟丙基甲基纤维素等。因此，根据药物品种的特性选择适当的辅料极为重要，对打光的难易也起着关键性作用。特别是新品种的研制更应反复调整，为大生产的工艺稳定打好基础。

（3）温度与湿度　丸剂的起光与打光的方法和辅料的选择关系密切，但是，在操作时控制好温度与湿度更为重要。起光与丸剂表面的含水量、温度密切相关，在一定时间内控制好温度与湿度是打光成败的关键，否则即便有正确的方法和适当的辅料，还是不会起光。

（4）常见质量问题与解决方法　①不起光。有时经正常时间或超过所需正常时间打光后还不见光，或是见暗光。此时应首先检查所用的辅料是否合适，若是辅料问题应更换辅料。此外，也可能是温度与湿度控制不当，特别是湿度，每一个品种都有它特定的起光湿度，过干和过潮都有可能造成不起光。其中过干更易造成不起光。如过湿，可适当增加热风量或冷风量，时间稍长一点，只要不黏锅仍然能起光。有时，适当加一点干燥的滑石粉也能起光。②露底。制品虽然较光亮，但表面的回衣色已露底，造成色泽不均匀。这种情况的出现，一是回衣时赋形剂黏合力不够，增加黏合力即可解决；二是回衣色过潮，打光时造成大量黏锅，损失了回衣量所造成。因此，发现黏锅现象，应立即停止打光，停车，翻滚，待稍干后继续打光，一般都能很好地改善。如打光已结束，应进行返工，重新盖面。盖面时应加大黏合力。因经过打光后的丸药表面已很光洁，如不增加黏合力，很可能造成脱衣，即“脱壳”。重新打光时，温度应比原来的低，风量应比原来的小，因为这时水分挥发要比原来的快。二次打光难度较大，应特别注意。③脱衣。俗语称“脱壳”。打光后，有部分丸剂出现小点或大面积脱衣，即脱壳的现象。除辅料种类外，主要是黏合剂用量不够造成。有时丸面过于光洁，在盖面时，辅料与丸面的黏合力降低也会造成。这时，除适当增加黏合剂外，还应注意丸面不要过分光滑，以免产生脱衣现象。

三、滴制法制丸过程与设备

滴制法制丸是我国发展较快的一种制备方法，其制备生产过程与设备有其独特优点：生产设备简单，自动化程度高，操作方便，车间无粉尘保护好；生产工序少、条件易控制，生产周期短；剂量准确，重量差异小；操作过程中药物损耗少，接触空气少，受热时间短，质量稳定；可用于多种给药途径等。如芸香油滴丸、牡荆油滴丸等，可代替肠溶衣制成肠溶性滴丸，提高难溶性药物的生物利用度。

滴制法历史

滴制法制丸早于1933年丹麦Ferrossam制药公司的维生素AD丸面世至今，已经有82年历史。我国滴制法制丸剂的研究开始于20世纪50年代，1956年报道用聚乙二醇4000为基质，用植物油为冷却剂制备苯巴比妥钠滴丸。1968年芸香油滴丸的试制成功，揭开中药滴丸生产的序幕，1977年《中国药典》第一次收载滴丸剂型。近年来，特别是中药滴丸有了长足发展，多个品种应用到临床中，如速效救心丸、复方丹参滴丸、芸香油滴丸、牡荆油滴丸、四逆汤滴丸、苏冰滴丸、柴胡滴丸等获得了广大医生、患者认可和接受。并且，复方丹参滴丸已经以治疗药的身份正式通过美国FDA预审，现已进入欧洲市场。

滴丸的一般制备方法如下：基质与冷却剂的选择、基质的制备与药物的加入、保温脱气、滴制、冷凝成丸、除去冷却剂、干燥、质检、包装。

（一）原辅料准备

滴丸的原辅料包括药物、基质和冷却剂。滴丸适用于小剂量的药物。在基质中不溶的药物须进行粉筛，严格控制粒度；中药滴丸原料一般需经过提取纯化等处理，使其变成稠膏、干燥提取物或干膏粉。

滴丸基质应与主药不发生化学反应，不影响主药的疗效与检测；熔点较低，遇冷后又能凝固成固体（在室温下仍保持固体状态），并在加入一定量的药物后仍能保持上述性质；且对人体无害。滴丸基质可分为水溶性基质和脂溶性基质两类，常用水溶性基质有聚乙二醇6000或4000（PEG6000或PEG4000）、硬脂酸钠、甘油明胶等；脂溶性基质有蜂蜡、虫蜡、氢化油、植物油、硬脂酸、单硬脂酸甘油酯等。

冷却剂的溶解性应与基质相反：不溶解主药与基质，不与主药、基质发生化学反应；密度与液滴密度相近，使滴丸在其中缓缓下沉或上浮，充分凝固收缩成球状丸粒。水溶性基质滴丸常以液体石蜡、植物油、二甲基硅油等为冷却剂，脂溶性基质滴丸常以水或不同浓度乙醇等为冷却剂。

（二）基质的制备与药物的加入

按处方比例称取基质与药物，将基质加温熔化，若有多种成分组成时，应将熔点较高的成分先熔化，再加入熔点低的成分，随后将药物溶解、混悬或乳化在已熔化的基质中。

固体药物在基质中的分散状态有以下几种。

（1）药物与基质混合均匀后药物溶解在基质中。

（2）药物与基质混合均匀后药物形成微细晶粒。一些难溶性药物与水溶性基质形成溶液，但在冷却时，由于温度下降，溶解度小，药物会部分或全部析出。在骤冷条件下，基质黏滞度迅速增大，药物来不及聚集成完整的晶体，只能以胶态或微细状的晶体析出。

（3）药物与基质混合均匀后形成亚稳定型或无定型粉末。晶型药物在制备滴丸的过程中，通过熔融、骤冷等处理，常可形成亚稳定型结晶或无定型粉末，因而可增大药物的溶解度。

对液体药物而言，滴丸使液体固化，即形成固态凝胶，如芸香油滴丸。

（4）药物与基质混合均匀后药物形成固态乳剂。在熔融基质中加入不溶性的液体药物，再加入表面活性剂，搅拌，使之形成均匀的乳剂，其外相是基质，内相是液体药物。在冷凝成丸后，液体药物即形成细滴，分散在固体的滴丸中，如牡荆油滴丸。

液体药物也可由基质吸收，如聚乙二醇6000可容纳5%~10%的液体，对于剂量小、难溶于水的药物，可选用适当的溶剂，溶解后再加入基质中。

药物加入的过程中往往需要搅拌使其与基质混合均匀，因此会带入一定量的空气，若立即滴制成丸会将气体带入滴丸中致使剂量不准确，故需在保温装置中保温（80～90℃）一定时间，以便其中空气尽量逸出。

（三）滴制

经保温脱气的物料，经过一定管径大小的分散装置，等速滴入冷却剂中，凝固形成的丸粒缓缓沉于器底或浮于冷却剂表面，即得滴丸，取出，除去冷却剂即可。滴制流程如图6－11所示。物料贮槽1、药液贮槽9和分散装置3的周围均设有可控制温度的电热器及保温层2，一般分散装置3的温度略高于物料贮槽1、药液贮槽9。物料在贮槽内保温始终保持熔融状态，熔融物料经分散装置3形成液滴，进入冷却柱4中冷却固化成丸，所得丸剂随冷却液一起进入过滤器5，过滤出的丸剂经清洗、风干等工序后即得成品滴丸剂。滤除固体丸剂后的冷却液进入冷却液贮槽6，经致冷机8冷却后再由循环泵7输送至冷却柱中循环使用。

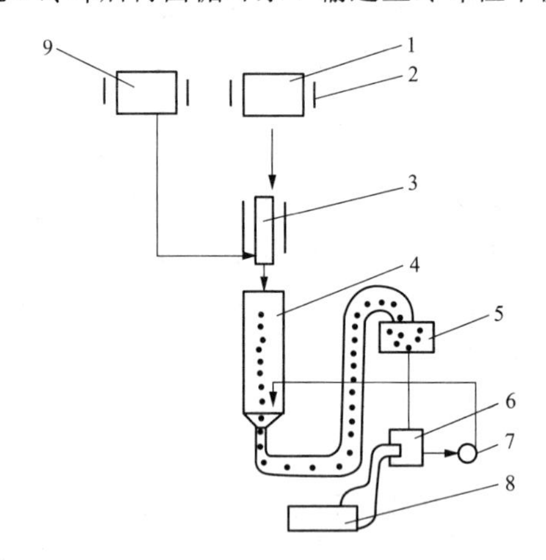

图6－11　滴制流程示意图

1. 熔融物料贮槽；2. 保温电热器材；3. 分散装置；4. 冷却柱；
5. 滤槽；6. 冷却液贮槽；7. 循环泵；8. 致冷机；9. 药液贮槽

在滴制过程中，如何控制好丸重、丸剂的圆整度，以及防止玻璃体的形成，是制备滴丸至关重要的环节。

（1）丸重　滴丸的理论重量可用式（6－2）计算：

$$理论丸重 = 2\pi R\gamma \qquad (6-2)$$

式中，R为滴出口半径；γ为药液的表面张力。

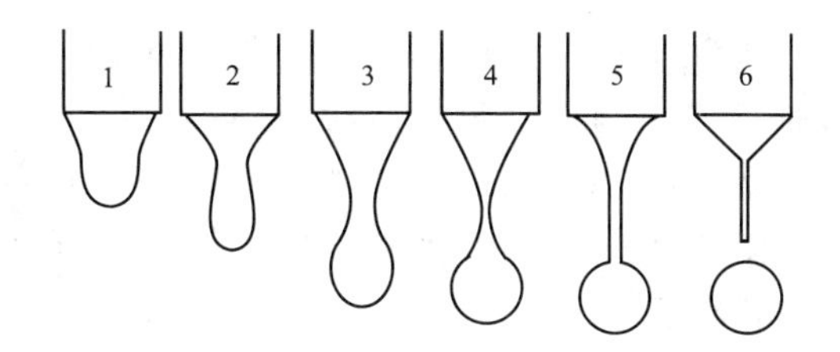

图 6 - 12　液滴形成过程示意图

实际丸重比理论丸重要轻，从图 6 - 12 可以看出，液滴开始逐渐形成于颈部，随后越来越长，到 5 时管口下面所支持的重量是式（6 - 2）的理论丸重，在 6 时掉下的部分才是实际丸重，在 6 时管口处还余大约 40% 的量未滴下，滴下的部分约为理论值的 60%。由式（6 - 2）可知，滴丸的重量与滴管口径有关，在一定范围内滴管口径越大滴成的丸越大；但滴管口径过大时药液不能充满管口，反而造成丸重差异。滴管出口的外径过大时，初滴的部分因药液未湿润到滴出口外壁而滴下，造成丸重偏轻，当药液逐渐湿润到外壁时，圆周也逐渐增大，丸重也逐渐变重，并增加重量差异，故管壁应薄。

药液的表面张力 γ 与温度有关，温度上升时，γ 显著下降，丸重也减小；温度降低时，γ 增大，丸重也增大，因此操作过程中应保持恒温。药液的黏度大能充满较大的滴管口，滴出时温度低也会使黏度增大，因此，温度适当降低有利于滴制较大的丸剂。

滴出口与冷却剂的距离不宜超过 5cm，距离过大，液滴会因重力作用而被撞击成细小液滴，从而产生重量差异。

为了增加丸剂的重量，可以将滴出口浸在冷却剂中来滴制，滴液在冷却剂中滴下必须克服同体积产生浮力的冷却剂的重量，所以丸重也相应增大。

（2）圆整度　滴液在滴制时能否成型，在于液滴的内聚力 W_c 是否大于药液与冷却剂间的黏附力 W_a，两者之差即为成型力。当成型力为正值时滴丸能成型。药液的内聚力是分离药液成两部分所需的力，为药液表面张力 γ_a 的 2 倍。药液与冷却剂间的黏附力为分离此两种液体所需的力，即药液表面张力 γ_a 与冷却剂表面张力 γ_b 的和，再减去所消失的药液与冷却剂的界面张力，即：

$$W_c - W_a = 2\gamma_a - (\gamma_a + \gamma_b - \gamma_{ab}) = \gamma_a + \gamma_{ab} - \gamma_b \tag{6-3}$$

当成型力为负值时，可用适当的表面活性剂调节，使成型力由负值转变成正值，即可使滴丸成形。滴液成型后的圆整度与下列因素有关。

①液滴在冷却剂中的移动速度：液滴在冷却剂中下降（上浮）是由重力（或浮力）决定的，这种力作用于液滴使之不能成正球形而成扁球形移动，速度越快，受力越大，其形状越扁。液滴与冷却剂的密度相差大、冷却剂的黏度小都能加速移动，故可采用减小清液与冷却剂的密度差，增大冷却剂的黏度的办法来改善其圆整度。

②液滴的大小：液滴的大小不同，其单位重量的面积也不同。一般来说，面积大的收缩成球体的力量强，液滴小单位重量的面积大，因此小丸的圆整度要比大丸好。

③冷却剂的温度：液滴经空气滴至冷却剂面时，被撞成扁球状并带有空气，在下降时，逐渐收缩成球形并逸出气泡。若液滴冷却过快，则丸粒不圆整；空气来不及逸出，会产生空洞、拖尾等现象，将上部冷却剂的温度调至 40℃ 左右，使液滴有充分收缩和释放气泡的时间，则丸粒圆整。

④冷却剂的性质：冷却剂与液滴要有一定的亲和力，才有利于空气尽早排出，保证丸粒

的圆整度。另外液滴若与冷却剂部分混溶也会影响丸粒的圆整度。

（3）防止玻璃体的形成　有的药物与基质混合后滴入冷却剂中时，由于骤冷而形成玻璃体，即呈透明黏块、软丸，或透明、质硬的滴丸。玻璃体具有不稳定性，放置会逐渐发软、吸潮、黏结、析出结晶等，在生产中需防止其产生。防止玻璃体形成可采取以下方法。

①加入其他物质：如咳必清的熔融液中加入17%的硬脂酸可有效防止玻璃体生成；氯硝丙脲的熔融液，加入适量的尿素（20%～50%）可防止生成玻璃体。

②改变冷却剂：改变冷却剂的种类或使用混合冷却剂，也可以防止玻璃体生成。药物与基质混合后的熔点过低而无法制备滴丸，可调整处方比例加以解决。

滴丸制备设备一般由以下几个部分组成：药物调剂供应系统、动态滴制系统、循环制冷系统、控制系统、离心机、筛选干燥机、清洗系统等。

图6－13为全自动实心滴丸生产线流程图，药液与基质放入调料桶内，通过加热、熔融、搅拌制成滴丸的混合药液，然后用压缩空气，通过送料管道将其输送到料桶13内。当温度满足设定值后，打开滴嘴开关12，药液由滴嘴11小孔流出，在端口形成液滴后，滴入冷却柱9内的冷却液中，药滴在表面张力作用下成型，冷却液在磁力泵17的作用下，从冷却柱9内的上部向下部流动，滴丸在冷却液中坠落，并随着冷却液的循环，从冷却柱下端8流入硅胶过滤桶16中，并在流动中继续降温冷却变成球体，最后在硅胶过滤桶16的上端出口落到传送带上，滴丸被传送带送出，冷却液经过滤装置流回到冷却剂贮箱14中。滴丸经离心机甩油，再由振动筛或旋转筛分级筛选干燥后包装出厂。全自动滴丸生产线自动化程度高、操作简单方便、节约能源，是目前使用广泛的丸剂生产设备。

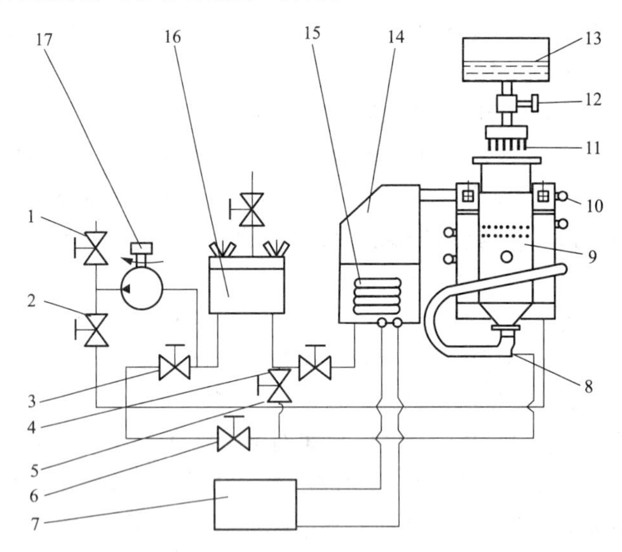

图6－13　全自动实心滴丸生产线流程图

1～6. 控制阀门；7. 制冷系统；8. 三通；9. 定形桶；10. 加热器；11. 滴头组；
12. 滴头开关；13. 料桶；14. 冷却剂贮箱；15. 蒸发器；16. 硅胶过滤桶；17. 磁力泵

（四）去除冷却剂

刚刚制备的滴丸上黏附有冷却剂，可采用离心、滤纸吸附、低沸点有机溶剂（如石油醚）洗涤等方法去除。

全自动滴丸生产线中，有集丸离心机去除冷却剂。由集丸料斗和离心机组成，与滴丸机配套使用。滴丸经集丸料斗收集进入网袋，将网袋放入离心机转笼，按设定转速旋转，利用离心力去除冷却剂。

（五）筛选干燥

滴丸去除冷却剂后，应进行筛选、低温干燥。选丸常用过筛法或捡丸器等。全自动滴丸生产线中，筛选干燥由二级振动筛或旋转筛、擦油转笼完成。筛孔直径按丸重差异标准的上限和下限设定，合格滴丸应通过上限，不通过下限，并挑除畸形丸粒，以保证丸粒均匀，服用剂量准确。擦油转笼安装无纺布，滴丸在旋转时与其接触，擦除多余的冷却液，同时低温干燥。

四、丸剂包装与制丸常见问题及解决措施

各类丸剂的性质不同，丸剂包衣、包装与贮存方法亦有不同。有的丸剂需包衣，丸剂包衣可采用传统的泛制法，也可采用高效包衣机、流化床包衣机等。有的丸剂对包装材料和方法要求不同，以及贮存方式不同。目前，丸剂实现机械化包装，如气动式丸剂包装机、蜜丸铝塑泡罩包装机、中药蜡壳蜜丸包装机等，大大减少了微生物的污染。

（一）包衣设备

根据医疗的需要，有的丸剂表面需要包裹一层物质，使与外界隔绝，这一过程称为包衣或上衣。包衣后的丸剂称为包衣丸。

丸剂中有的药物遇空气、水分、光线易氧化、水解、变质；有的药物易吸潮而发霉、生虫；有的药物成分易挥发。包衣后可防止上述现象，增加药物的稳定性。包衣还可掩盖一些丸剂的恶臭、苦、涩、怪味，并减少刺激性，便于服用。有些包衣材料可以控制丸剂在胃中或肠液中溶散，达到用药目的。包衣也可使丸粒表面光滑而具有鲜明色彩，既增加丸剂的美观，又便于鉴别，以免误服。

（二）丸剂的包装与贮存

丸剂制成后，包装或贮藏条件不当会引起丸剂的变质或挥发性成分散失。各类丸剂的性质不同，其分装及贮藏方法也不同。一般的小丸多用塑料或玻璃容器包装，也有用塑料袋包装的。为防止运输时冲击，常用棉花、纸填充瓶内空隙，以铝塑薄膜封口，再加外盖密封。大蜜丸一般是蜡纸盒包装、塑料小盒包装、塑料盒挂蜡封固及蜡皮包装，铝塑泡罩包装现在也普遍采用。

其中蜡皮包封是大蜜丸的传统包装方法。蜡皮包封是用蜡做成一个空壳，将一粒大蜜丸放在里面，再密封而成。蜡性质稳定，不与主药发生作用；同时蜡壳的通透性差，可使丸药与空气、水分、光线等隔绝，防止丸剂吸潮、虫蛀、氧化和有效成分挥发，所以用蜡皮包封的大蜜丸一般可以保持十几年不变色、不干枯、不生虫、不发霉。因此，凡含有芳香药物的、名贵的、疗效好的、受气候影响变化大的蜜丸，都宜用蜡皮包装，确保丸剂在贮存过程中不发霉变质。传统制蜡壳以蜂蜡为主要原料，随着石油工业的发展，现在多用固体石蜡为主要原料，以降低成本。石蜡性脆，夏季硬度差，常加适量蜂蜡和虫白蜡加以调节，蜂蜡能增加其韧性，虫白蜡能增加其硬度。蜂蜡和虫白蜡的加入量因地区季节而异，一般来说，在北方或冬季主要加蜂蜡，少加或不加虫白蜡。

目前，有的厂家采用塑料小盒装蜜丸。塑料小盒是用硬质无毒塑料制成的两半圆形螺口壳，用时，由于螺口镶嵌形成球形，其大小以能装入蜜丸为度，外面再挂蜡衣，封口严密，

防潮效果良好，操作简便，价廉，可以代替蜡壳包装。

丸剂一般应密封贮存。滴丸一般宜密封贮存，防潮、防霉变、防变质。蜡丸应密封并置阴凉干燥处贮存。

（三）制丸常见问题与解决措施

1. 丸剂的防菌灭菌措施

（1）加强原药材的前处理　较耐热成分药材：①综合处理法。采用抢水洗（即水多药少短时泡洗），流通蒸汽灭菌，高温迅速干燥。②炮制法灭菌，许多炮制法如砂烫、熬制等，可除去或杀死部分或全部微生物和虫卵。③干热法灭菌，非芳香挥发性的原药粉。④热压灭菌法，含菌量较高非芳香挥发性的原药粉。含热敏性成分的原药材：①乙醇喷洒（润湿）灭菌法，挥发性的药材细粉，可用80%～85%的乙醇喷洒（或润湿），再密封放置。效果好，但成本较高。②环氧乙烷灭菌法：可用于芳香性药材。③$^{60}Co-\gamma$射线灭菌法，彻底且快。在常温常压下进行，因此适用于挥发性及热敏成分中药材和中成药。④远红外线干燥灭菌法。

（2）控制生产过程中的污染　①药材粉碎时：75%乙醇抹擦。粉碎车间的空气应净化。②采用热蜜合坨灭菌：105℃和药。③辅料灭菌处理：水、药汁、蜂蜜等。④车间净化与无菌操作。

（3）丸剂成品灭菌　大蜜丸密闭丸药恒温灭菌法；或远红外干燥灭菌法。包装后采用$^{60}Co-\gamma$射线灭菌法等。

（4）包装材料灭菌。

2. 丸剂溶散超时限的原因与克服措施

（1）药材成分的性质　①黏性成分（黏液质、树胶等），加润湿剂并转动，药物间黏性逐渐增大，若干燥温度高，则形成胶壳样屏障，阻碍水分进入，延长溶散时间。②疏水性成分（树脂、油脂等），也阻碍水分进入丸内。可加适量崩解剂，缩短溶散时间。

（2）药粉的粒径　过细的粉末在成型时粉粒相互紧密堆集，细粉镶嵌于颗粒间的孔隙中。因此，泛丸粉不宜过细。

（3）泛制的时程　在加大与盖面时，若滚动时间过长，丸粒过分结实，溶散时间延长。应尽可能增加每次的加粉量，缩短滚动时间。

（4）含水量　含水量与溶散时间基本成反比，即含水量降低溶散时间延长。因结构致密，质地坚硬，水分不易透入。但含水量过高易霉变，不合药典规定，只能稍低即可。

（5）干燥方法　减压干燥法：真空度越大，溶散时间越短。常压干燥法：渐升温，使内部水分向外扩散，如过快，则淀粉“糊化”，黏液质、胶质等形成“胶壳”，均能延长溶散时间。

（6）赋形剂　黏合剂黏性越大，用量越多，越难溶散。可用10%～25%乙醇起模能使溶散时间缩短。也可加入崩解剂，如低取代羟丙基纤维素、羧甲基淀粉钠、淀粉及聚山梨醇-80等。

第三节　典型设备操作与保养

YUJ-16B型全自动速控中药制丸机，主要是生产粒径为3～12mm的水丸、水蜜丸、蜜丸、浓缩丸、藏药丸等中药丸剂。适用于小型药厂、科研单位和中医院制剂室等应用。

一、标准操作规程

1. 开机前准备 ①检查设备是否挂有“完好”、“已清洁”设备状态标志牌；②取下“已清洁”标示牌，准备生产；③检查电源连接是否正确；④检查润滑部位，是否加注润滑油；⑤检查机器各部件是否有松动或错位现象，若有应加以校正并坚固；⑥检查酒精桶内是否有酒精；⑦将软材放进料斗；⑧接通电源后，低速检查机器运行是否正常。

2. 开机操作 ①按启动键，主电机指示灯亮，机器开始运行，调节变频调速器，频率显示为零；②启动搓丸按钮，指示灯亮；③启动伺服机按钮，待指示灯亮，按顺时针方向缓慢转动速度调节旋钮，伺服机开始转动；④启动制条机按钮，把调频开关扳向开；⑤按顺时针方向转动调频旋钮至所需速度，制出药条；⑥打开酒精开关，把制丸刀润湿；⑦先将一根药条，通过测速发电机和减速控制器，进行速度确认调整；⑧再将其余药条从减速控制器下面穿过，再放到送条轮上，通过顺条器进入有槽滚筒进行制丸；⑨将制好的丸剂及时进行干燥。

3. 操作结束 ①工作完毕，切断药条，关闭酒精；②先按逆时针方向转动速度调节按钮和调频旋钮至最低位置，并把调频开关扳向关；③依次关闭制条机、搓丸机、伺服机；④关闭电源。

二、安全操作注意事项

1. 安装各部件时，必须检查搅拌器、搓丸模具是否有松动或错位现象。
2. 启动前检查确认各部件完整可靠，电路系统是否安全完好。
3. 检查各润滑点润滑情况，各部件运转是否自如顺畅。
4. 启动主机前确认变频调速频率处于零。
5. 启动和关闭时应按操作规程的顺序操作，顺序不能颠倒。
6. 加料时，应注意加料用具不能进入搅拌器内。
7. 在机器运转时，手不得接近任何一个运动的机器部位，防止因惯性带动造成人身伤害。
8. 安装或更换部件时，应关闭总电源，并由一人操作，防止发生危险。
9. 机器运转时操作人员不得离岗，经常检查设备运转情况，机器有异常现象应立即停机，并排除故障。
10. 严格执行制丸机标准操作规程，发现问题及时处理。

三、清洁规程

1. 每批生产结束时，去除残留于机上的物料。
2. 搅拌器、出条板、顺条器和模具拆下来用水清洗干净。
3. 机器台面可用湿布擦拭干净。
4. 用75%乙醇擦拭设备与药物接触的各部位。
5. 机器的传动部件要经常将油污擦净，以便清楚地观察运转情况。

四、维护保养规程

1. 按设备维修保养管理规定进行，以预防、保养为主，维修与检查并重；通过维修保养使设备经常保持清洁、安全有效的良好状态。
2. 检查紧固各部位连接螺栓是否牢固。

3. 检查润滑部位，加注润滑油（脂），轴承、滑动、凸轮滚轮涂润滑脂。
4. 检查运动部位清洁情况。
5. 检查传动链松紧度。
6. 做好运行情况以及故障情况等记录。
7. 发现问题及时与维修人员联系，进行维修。
8. 维修完毕应进行试车验收。
9. 试车时，机器运转应平稳、无异常振动、无杂音，并符合生产要求。

五、常见故障及排除方法

YUJ－16B 全自动速控中药制丸机常见故障及排除方法见表6－1。

表6－1　常见故障及排除方法

故障现象	发生原因	排除方法
制条速度慢	1. 制条推进器间隙过大 2. 物料不符合要求	1. 更换推进器 2. 使用符合要求的物料
搓丸光洁度差	刀轮牙尖没有对齐	对齐刀轮牙尖
制条和搓丸不协调	速度失调	手动状态下进行微调

本章小结

本章主要介绍了丸剂的特点、生产方式、制丸设备的操作要点、使用注意事项，以及丸剂包装机械设备的常见问题、解决措施等。最后以 YUJ－16B 型全自动速控中药制丸机为例，介绍了其标准操作程序、安全注意事项、清洁规程、维护保养规程等。

思考题

1. 塑制法制丸时怎样的丸块有利于成丸？
2. 塑制法中黏合剂的性质和用量对丸剂的质量有何影响？
3. 泛制法中造成丸剂表面光洁度差的原因是什么？应如何解决？
4. 泛制法中常见质量问题“不起光”如何解决？
5. 泛制法中常见质量问题“露底”如何解决？
6. 丸剂的防菌灭菌措施有哪些？
7. 丸剂溶散超时限的原因与措施有哪些？
8. 滴丸有何特点？如何选择滴丸基质？
9. 滴丸在制备过程中的关键步骤是什么？

（刘娜　刘永忠）

第七章　合剂制剂设备

学习导引

知识要求

1. **掌握**　合剂制剂设备的原理、结构和使用方法；合剂联动生产线的组成方式与特点；固液分离设备的原理、结构和使用方法。

2. **熟悉**　合剂制剂设备的种类和特点；固液分离设备的种类与特点；设备日常调试、维护和常见故障的排除。

3. **了解**　合剂制剂设备的选型；固液分离设备的选型。

能力要求

1. 熟练掌握合剂制剂设备的操作方法。

2. 学会对设备进行日常调试、维护和常见故障的排除；学会对设备的选型与联动生产线的设计。

合剂（mixtures）系指以水为溶剂制成的含有一种或一种以上的药物成分的内服液体制剂。合剂的药物既可以是化学药物，也可以是中药的提取物、有效部位或有效成分。合剂的溶剂主要是纯化水，制剂中允许加入矫味剂、矫嗅剂、着色剂、防腐剂、稳定剂等附加剂。此外，成品口服液在贮存期间允许有微量轻摇易散的沉淀。

合剂可以是溶液型制剂，亦可以是混悬型或者乳剂型制剂，在临床上除滴剂外，其他的内服的液体制剂均可归为合剂的范畴。合剂有多计量包装和单剂量包装两种类型。多剂量包装的合剂，每瓶剂量可达500ml，供多次服用；单剂量包装的合剂又被称为口服液，多为10ml/支。目前市场上单剂量包装的合剂（口服液）占有率较高，历年版《中国药典》均收载了多种中西药口服液品种。中药口服液是在20世纪60年代初，科研人员结合汤剂、糖浆剂、注射剂三种剂型的优点，研发的一种可单次口服使用的合剂新剂型。后历经多年发展逐渐形成了以营养补剂、经方成药为主的，且深受患者欢迎的中药新剂型。

知识拓展

中药口服液

中药口服液是以中药汤剂为基础，提取中药中的有效成分，加入一些附加剂，基本按注射剂的工艺制成的一种口服液体制剂。它具有中药汤剂所不具备的许多优点，因此

中药口服液

中药口服液是以中药汤剂为基础，提取中药中的有效成分，加入一些附加剂，基本按注射剂的工艺制成的一种口服液体制剂。它具有中药汤剂所不具备的许多优点，因此中药口服液的研制与生产在整个制剂发展过程中占有比例逐年上升。质量标准是中药口服液发展的重要环节，其中澄清度项目检查与中药口服液质量、疗效密切相关。对中药口服液澄清度项目的评价不能像中药注射剂的澄明度要求得那样高，允许小量轻摇即散的沉淀存在，这样可避免因片面追求中药口服液的澄清度而使有效成分流失。中药口服液的pH值和相对密度与澄清度密切相关，也是反映口服液外观质量的两个参数。一般口服液pH值在4.5左右时，成品的外观质量和口感较好。

第一节　固－液分离设备

分离操作是合剂制备的重要操作工序，也是制药工业上常常遇到的操作单元。按其分离类型可分为固－液分离、气－液分离、液－液分离等，如药液中的固体颗粒、泡沫液中的气泡等，常可以用过滤的方式使其分离。目前，固－液分离操作是合剂中最常见的单元操作。

一、过滤分离设备

过滤是指利用某种多孔物质为筛分介质，在外力作用下，悬浮液中的液体通过介质的孔道，不能透过介质的固体颗粒被截留，从而实现固－液分离。过滤操作的外力，主要来源于多孔物质上、下游两侧的压力差。

（一）过滤的分类

1. 饼层过滤　饼层过滤又称表面过滤，是制药工业最常用的过滤方法。多孔过滤介质是其最常用的过滤介质，因为过滤介质的孔未必都小于被截留的颗粒直径，因此在过滤开始阶段，会有一部分颗粒进入过滤介质孔道中发生架桥现象，也会有少量颗粒穿过过滤介质而混于滤液中。在继续过滤阶段，随着滤渣的堆积形成一个滤饼层，而对于表面过滤来说，滤饼才是最有效的过滤介质，因此开始所得的混浊液，应在滤饼形成之后返回重滤（在同一滤器上连续过滤两次），以期得到更澄清的滤液。

2. 深层过滤　当过滤介质内部孔道的尺寸大于颗粒直径时，药液中的颗粒进入过滤介质内部后形成长而曲折的通道。颗粒在惯性碰撞、扩散沉积等作用下，沉积在过滤介质的孔道中，药液在此孔道的作用下进行的过滤叫深层过滤。当合剂中的颗粒较小而且数量极少（固相体积分率在0.1%以下）时，采用深层过滤。

（二）过滤介质

正确地选择过滤介质是有效地分离出固体微粒、获得合格的合剂滤液的关键。因此，要根据过滤的主要目的选择过滤介质。过滤介质的过滤性能指标主要是孔隙率（ε）。ε为过滤介质内部毛细管的体积与过滤介质表观体积之比。因此ε值越大，说明过滤介质内部的毛细孔越多。为提高过滤性能，过滤时常会选择 ε 值较高的过滤介质，但是药液中的微粒亦会被过滤介质所吸附，因此实际的过滤过程中孔隙率与过滤速度并不一定成正比关系。

1. 滤纸 滤纸是最简便、最常用的过滤材料，一般使用的滤纸平均孔径以 1～7μm 为宜，且使用前要用环氧乙烷消毒灭菌并洗涤。由棉花精制的纤维素可耐 100℃高温，强度较大，也可耐酸、碱及有机溶剂。经环氧树脂并加入石棉处理的 α－纤维素滤纸可提高滤纸的强度和过滤性能，亦可用于细菌的过滤。

2. 滤布 滤布作为过滤介质常用于精细过滤前的预滤。滤布可由棉纱、丝或合成纤维编织而成。植物纤维滤布吸水性较强，而合成纤维滤布吸水较少。滤布有长纤维或短纤维之分，如所需产品形式为滤饼者，以长纤维滤布为宜；反之，如需滤液者则可使用短纤维滤布。

3. 烧结金属过滤介质 将不锈钢、蒙乃尔合金等金属粉末烧结成多孔过滤介质，其孔径为 2～140μm，孔隙率 ε 为 30%～35%，可用来过滤较细的微粒。烧结金属过滤介质的最大优势在于可耐受高低温：一般烧结金属过滤介质可耐受温度为 300℃，不锈钢使用温度范围为－160～500℃。目前最新的钛金属制造的过滤板，不仅过滤性能好，而且耐腐蚀性及强度都更高。

4. 石棉滤材 石棉滤材的吸附性极高，甚至可以吸附药液中的细菌及热原，因此不仅在合剂中使用，亦可用于无菌制剂、注射液的过滤。石棉滤材耐热可达 150℃，化学稳定性优良，孔隙率 ε 为 10%。但是，正是因为石棉滤材吸附性过高，为防止合剂药液中有效成分的损失，故在制备药液时，应先将药液稀释成较低浓度，再将稀浓度药液过滤。同时，为防止石棉屑混入药液，使用时应预先用 0.1mol/L 盐酸液进行洗涤，并与烧结金属或尼龙布等其他过滤介质滤材合用，通常不单独用石棉板过滤药液。

5. 多孔塑料滤材 将聚氯乙烯、聚丙烯、聚乙烯醇缩甲醛树脂等塑料采用烧结法制成的滤材，具有较高的过滤性能。其中，聚氯乙烯可制成孔径 1μm、2μm、7μm 的过滤器，以供不同需求者选择，但最大的缺点是不耐热，需用化学法灭菌。聚丙烯滤材可耐 107℃高温，可将 5μm 以上的绝大部分粒子除去，并且对强酸、强碱等的化学稳定性也较高，是制剂较好地选择。

6. 多孔玻璃滤材 多孔玻璃滤材系烧结而成。可耐受 230～250℃高温，除碱外，对酸及有机溶剂均稳定。

7. 多孔陶瓷滤材 多孔陶瓷滤材依据筛分效应及静电吸引原理进行过滤，大部分制成筒形置于不锈钢容器内，在减压或加压下过滤。其耐热性及耐骤冷或骤热性能也较优，且多用于精滤。

8. 纤维素酯微孔滤膜 纤维素酯微孔滤膜是在制药工业的无菌过滤中应用最广泛的过滤介质。微孔滤膜孔径均一，对溶质的吸附性较低，本身的溶出物也很少。耐热性较高，有氧存在下可耐 125℃，无氧条件下可耐 200℃，低温可耐－200℃。故滤膜可用蒸气灭菌，也可用环氧乙烷灭菌。滤膜的缺点为强度较低、不耐冲击、并易堵孔，故使用前原液宜预处理或在其他过滤器预滤。

知识链接

微孔滤膜

微孔滤膜是利用高分子化学材料，致孔添加剂经特殊处理后涂抹在支撑层上制作而成。在膜分离技术应用中，微孔滤膜是应用范围最广的一种膜品种，使用简单、快捷，被广泛应用于科研、食品检测、化工、纳米技术、能源和环保等众多领域。微孔滤膜主要由精制硝化棉，加入适量醋酸纤维素、丙酮、正丁醇、乙醇等制成，具有亲水、无毒卫生等特性，是一种多孔性的薄膜过滤材料，孔径分布比较均匀穿透性的微孔，微孔率高达80%的绝对孔径。主要用于水系溶液的过滤，故也称水系膜。

（三）助滤剂

因为药液中的颗粒情况各不相同，如有的药液形成的滤饼并不因所受的压力差而变形，这种滤饼称为不可压缩滤饼；有的颗粒刚性差、比较软，其所形成的滤饼在压力差的作用下变形，使滤饼中的流动通道变小，阻力增加，过滤效果变差，这种滤饼称为可压缩滤饼。因此，在可压缩滤饼中加入助滤剂可改变滤饼结构、增加滤饼的刚性。常用助滤剂的有硅藻土、珍珠岩、炭粉、纤维粉末等。

（四）过滤设备的分类与选型

合剂生产工艺会因为药液中的悬浮物性质的不同而有很大的差异，尤其是中药口服液的生产，因为每一个产品原料处理和过滤的目的各不相同，为了适应不同的需求，需要选择不同类型的过滤设备。

1. 过滤设备的分类 按操作方法分类：间歇性和连续式；按过滤介质分类：粒状介质过滤器、多孔介质过滤器、滤布介质过滤器和膜滤器；按推动力分类：重力过滤、加压过滤和真空过滤。

知识链接

膜滤器

用具有一定孔径的膜（多用高分子多聚物为材料，如醋酸纤维素膜和尼龙膜等）制成的滤器。可用于过滤除菌或从混悬液中收集微生物、沉淀物，以及从溶剂中分离大分子等。

2. 过滤机的选择原则 总体原则：过滤设备需满足生产对分离质量和产量的要求，对物料适应面广，操作方便，设备、操作和维护的综合费用最低。根据物料特性选择过滤设备。

（1）流体的性质　药液的黏度、密度、温度等，是选择过滤设备和过滤介质的基本依据。

（2）固体悬浮物的性质　药液的粒度、硬度、可压缩性、悬浮物在料液中所占体积比。

（3）产品的类型及价格　产品是仅需要滤液还是滤液和滤饼均需收集，滤饼是否需要洗涤，产品的价格等。

（4）中药口服液的特殊性　中药材的浸提液的组成均比较复杂，一般认为其是由溶液、乳浊液、胶体溶液、混悬液组成的多相多组分混合体系。在过滤时中药药液中的絮状级的混悬粒子往往不利于过滤，故过滤时浸提液的温度和静置时间、有无絮凝剂，均对滤液的质量和过滤速率有很大影响。因此在选择过滤设备和设计过滤工艺时，应综合考虑这些因素进行设备选型。

（五）常用过滤设备

1. 板框压滤机 板框压滤机是一种在加压下间歇操作的过滤设备，是最常用的固－液分离设备。适用于过滤黏性、颗粒较大，可压缩滤饼的物料，广泛地应用于各类合剂的制备之中。

（1）板框压滤机的特点 板框压滤机与其他固－液分离设备相比，板框压滤机过滤后的滤饼有更高的含固率和优良的分离效果。板框压滤机利用滤板来支撑过滤介质，待过滤的料液通过输料泵在一定的压力下，药液从后顶板上的进料孔进入到各个滤室，在滤膜的作用下，固体物质被截留在滤室中，并逐步堆积形成滤饼，药液则通过板框上的出水孔排出压滤机外，成为不含固体杂质的澄清药液。

（2）板框压滤机的结构 板框压滤机由多个滤板及滤框交替排列组成，共有机架、压紧机构和过滤机构三个部分，整机包括：止推板（固定滤板）、压紧板（活动滤板）、滤板和滤框、横梁（扁铁架）、过滤介质（滤纸或滤膜等）、压紧装置、集液槽等。

板框压滤机

板框压滤机的滤框给料口容易堵塞，滤饼不易取出，不能连续运行，处理量小，工作压力低，普通材质方板不耐压、易破板，滤布消耗大，板框很难做到无人值守，滤布常常需要人工清理。但是它的结构较简单，操作容易，运行稳定，保养方便；过滤面积选择范围灵活，占地少；对物料适应性强，目前在药厂中仍然是广为使用的设备。

机架：机架是压滤机的基础部件，止推板和压紧头位于两端，两侧的大梁是主要承重构件，将两者连接用于支撑滤板、滤框和压紧板。其中，止推板与支座连接使压滤机的一端坐落在地基上，厢式压滤机的止推板中间是进料孔。止推板的四个角上还设有四个孔，位于上方的两个孔是洗涤液或压榨气体的进入口，下面的两个角出口分别是滤液出口和滤液通道。压紧板起到压紧滤板和滤框的作用，两侧的滚轮用于支撑压紧板在大梁的轨道上滚动。

压紧机构：板框压滤机有手动压紧、机械压紧和液压压紧三种形式。其分类组成与原理的区别见表7－1。

表7－1 三种压紧机构的区别

分类	组成	原理
手动压紧	螺旋式机械千斤顶、压紧板	以螺旋式机械千斤顶推动压紧板将滤板压紧
机械压紧	电动机减速器、齿轮、丝杆、固定螺母	电动机正转，带动减速器、齿轮，使丝杆在固定丝母中转动，推动压紧板将滤板、滤框压紧
液压压紧	液压站、油缸、活塞、活塞杆以及活塞杆与压紧板	通过液压站经机架上的液压缸部件推动压紧板压紧

过滤机构：滤板和滤框交替排列后组成过滤机构，实现药液的过滤。

过滤机构的常用材质为木材、铸铁、铸钢、不锈钢、聚丙烯和橡胶等。外形多为正方形。滤板不仅具有支撑滤布的作用，还可保证滤液正常的流出，滤板的板面多设计有各种凸凹纹路，四角各有一孔，其中一孔有凹槽与中部连通供滤出液流出；滤框中间空，四角也各有一孔，其中有一孔通向中间供滤液进入。

滤板根据是否有洗水口分为三种：设有洗水进口的叫作洗涤板；非洗涤板无洗水进口；不设任何液流的叫作盲板。

过滤机组装顺序：滤板－滤框－洗涤板－滤框－滤板交替排列，中间用过滤布隔开，且板和框均通过支耳架在横梁上，采取手动螺旋、电动螺旋或者液压等方式压紧。框的两侧覆以滤布，空框与滤布围成容纳滤浆及滤饼的空间。

（3）板框压滤机的工作原理　板框压滤机为间歇性操作设备。每个操作循环分为五个阶段：装合、过滤、洗涤、卸渣、整理。

过滤原理：待过滤的料液通过输料泵在一定的压力下，从后顶板的进料孔进入到各个滤室，通过滤布，固体颗粒被过滤介质截留在滤室中，并逐步形成滤饼；液体则通过板框上的出水孔排出机外。

过滤过程：板框压滤机的滤室由交替排列的滤板和滤框构成。滤板的表面有沟槽，其凸出部位用于支撑滤布。滤框和滤板的边角上的通孔经组装后构成完整的通道，能通入悬浮液、洗涤水和引出滤液。滤框和滤板支撑于横梁上，由压紧装置压紧板、框。板、框之间的滤布起密封垫片的作用。由供料泵将悬浮液压入滤室，在滤布上形成滤渣，直至充满滤室。滤液穿过滤布并沿滤板沟槽流至板框边角通道，集中排出。

过滤结束：过滤完毕后通入洗涤水洗渣。洗涤后，可通入压缩空气，以除去剩余的洗涤液。随后打开压滤机卸除滤渣，清洗滤布，重新压紧板、框，开始下一工作循环。

板框压滤机的滤液流出方式有明流过滤和暗流过滤之分。两者区别见表7－2。

表7－2　明流过滤和暗流过滤的区别

	原理	优点
明流过滤	滤液从每块滤板的出液孔直接排出机外	便于观测每一块滤板的状态，并可监视每块滤板的过滤出液情况，通过排出滤液的透明度直接发现问题，若发现某滤板滤液不纯，即可关闭该板出液口
暗流过滤	每个滤板的下方设有出液通道孔，若干块滤板的出液孔连成一个出液通道，由止推板下方的出液孔相连接的管道排出	适用于不宜暴露于空气中的滤液、易挥发滤液或对人体有害的悬浮液的过滤

（4）板框式压滤机的操作　板框式压滤机的操作过程主要分为过滤、洗涤和清洗三个阶段。见图7－1所示。

阶段一：过滤。滤浆由滤浆通路经滤框上方进入滤框空间，固体颗粒被滤布截留，在框内形成滤饼，滤液穿过滤饼和滤布流向两侧的滤板，再经滤板的沟槽流至下方通孔排出，此时洗涤板起过滤板作用。

阶段二：洗涤。洗涤板下端出口关闭，洗涤液穿过滤布和滤框向过滤板流动，从过滤板下部排出。

阶段三：清理。结束后需特别注意除去滤饼，进行清理，重新组装。

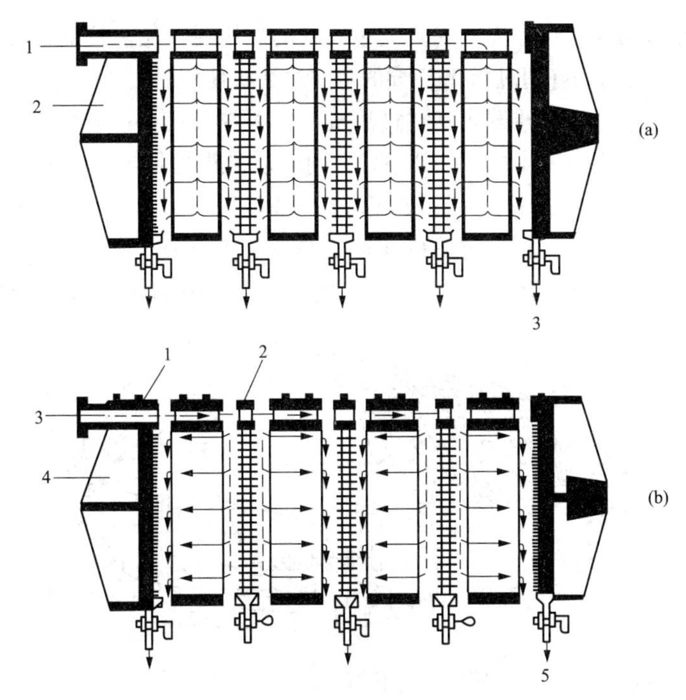

图 7－1　板框压滤机操作过程示意图

（a）过滤阶段：1. 滤浆入口；2. 机头；3. 滤液

）洗涤阶段：1. 非洗涤板；2. 洗涤板；3. 洗水入口；4. 机头；5. 洗水

（5）板框压滤机的应用　板框压滤机根据是否需要对滤渣进行洗涤，又可分为可洗式板框压滤机和不可洗式板框压滤机两种形式。目前，可洗式压滤机的应用最为广泛。

可洗式板框压滤机所用的滤板分为“有孔滤板”和“无孔滤板”两种形式（板上开有洗涤液进液孔的称为洗涤板或有孔滤板，未开洗涤液进液孔的称非洗涤板或无孔滤板）。将两种滤板进行不同的组合就可得到不同类型的可洗式板框压滤机。

常见的可洗式板框压滤机有“单向洗涤式压滤机”和“双向洗涤式压滤机”两种类型可供选择。两者的区别是：单向洗涤式压滤机是由有孔滤板和无孔滤板交替组合放置；双向洗涤式压滤机的滤板都为有孔滤板，但相邻两块滤板的洗涤错开放置，不能同时通过洗涤液。

（6）板框压滤机的优缺点及选型　优点：体积小，过滤面积大，单位过滤面积占地少；对物料的适应性强；过滤面积的选择范围宽；耐受压力高，滤饼的含湿量较低；动力消耗小；结构简单，操作容易，故障少，保养方便，机器寿命长；滤布的检查、洗涤、更换较方便；造价低、投资小；因为是滤饼过滤，所以可得到澄清的滤液，固相回收率高；过滤操作稳定。

缺点：间歇操作，装卸板框劳动强度大，每隔一定时间需要人工卸除滤饼；辅助操作时间长；滤布磨损严重。

选型：板框压滤机可适用于各类悬浮药液的过滤，适用范围广。适合的悬浮液的固体颗粒浓度一般在1%～10%，操作压力一般为0.3～0.6MPa，目前亦有产品可达到≥3MPa。一般情况下，滤框的内边长为320～2000mm，框厚为16～80mm，过滤面积可以随所用的板框数目而增减。

2. 真空过滤机　真空过滤设备是指以真空度作为过滤推动力，由上下游两侧的压力差形成过滤推动力而进行固、液分离的设备（过滤介质的上游为常压，下游为真空）。真空过滤机分为间歇式和连续式两类，其中连续式真空过滤机的应用更广泛。目前，常用真空度为0.05~0.08MPa，但市场上已经有超过0.09MPa的真空过滤机使用。

常见的真空过滤设备有：转鼓式真空过滤机、水平带式真空过滤机、垂直回转圆盘真空过滤机、水平回转圆盘真空过滤机等。其中最常用的是转鼓式真空过滤机。

（1）转鼓式真空过滤机的组成　转鼓式真空过滤机又被称为转筒真空过滤机，它是一种连续式真空过滤设备。转鼓式真空过滤机在转鼓的一周转动中完成“过滤、洗饼、吹干、卸饼”四大工序。可连续工作且滤饼阻力小，是理想的恒压恒速过滤设备，见图7-2。

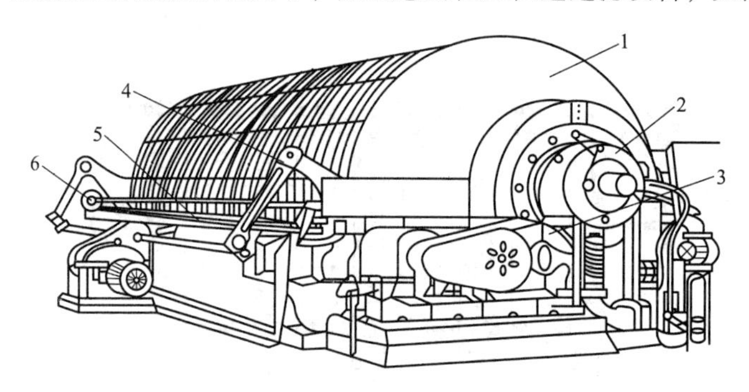

图7-2　转鼓式真空过滤机

1. 过滤转鼓；2. 分配头；3. 传动系统；4. 搅拌系统；5. 料夜储罐；6. 缠绕装置

真空转鼓过滤机由过滤转筒、分配头、传动系统、搅拌装置、料浆储罐等组成。其主体是一水平放置的回转圆筒型转鼓，鼓的壁上开有多孔，形成多孔筛板，在转筒的表面有支承板和滤布，共同组成过滤面。圆筒内部被分隔成若干个隔开的扇形小室即滤室，小室内有单独孔道与空心轴内的孔道相通；空心轴内的孔道，沿轴向通往转鼓轴颈端面的转动盘上。固定盘与转动盘端面紧密配合成一多位旋转阀，统称为分配头。圆筒形的转鼓安装在敞开口料池的上方，并在料池中有一定的浸没度。转鼓主轴两端设有支承，可在驱动装置的带动下旋转。分配头的固定盘被径向隔板分成若干个弧形空隙，分别与真空管、滤液管、洗液贮槽及压缩空气管路相通，分配头的作用是使转筒内各个扇形格同真空系统和压缩空气系统顺次接通。

（2）转鼓式真空过滤机工作原理　转鼓式真空过滤机工作时，转鼓产生旋转，在分配头的作用下，扇形小室内部获得真空和加压，可控制过滤、洗涤等。过滤、一次脱水、洗涤、卸料、滤布再生等操作工序同时在转鼓的不同部位进行。转鼓每旋转一周，各滤室通过分配阀轮流接通真空系统和压缩空气系统，按顺序完成过滤、洗渣、吸干、卸渣和过滤介质（滤布）再生等操作，完成一个操作循环。

（3）转鼓式真空过滤机的工作过程　转鼓式真空过滤机的转鼓下部沉浸在悬浮液中，浸没角度为90°~130°，由机械传动装置带动其缓慢旋转，在分配头的作用下，利用每个过滤室与分配头的几个室相接通，将过滤面分成四个工作区。

一区：过滤区。浸在悬浮液内的各扇形格同真空管路接通，格内为真空。滤液透过滤布，被压入扇形格内，经分配头被吸出。而料液中的固体颗粒被吸附在滤布的表面上，形成一层逐渐增厚的滤渣。滤液被吸入鼓内经导管和分配头排至滤液贮罐中。为了避免料液中固体物的沉降，常在料槽中装置搅拌机。

二区：洗涤吸干区。当扇形格离开悬浮液进入此区时，格内仍与真空管路相通。洗涤液喷嘴将洗涤水喷向滤渣层进行洗涤，在真空情况下残余水分被抽入鼓内，引入到洗涤液贮罐，滤饼在此格内将被洗涤并吸干，以进一步降低滤饼中溶质的含量。

三区：卸渣区。分配头通入压缩空气，压缩空气由筒内向外穿过滤布，经过洗涤和脱水的滤渣层在压缩空气或蒸汽的作用下将滤饼吹松，随后由刮刀将滤饼清除。

四区：再生区。滤渣被刮落后，为了除去堵塞在滤布孔隙中的细微颗粒，压缩空气通过分配头进入再生区的滤室，吹落这些颗粒使滤布复原，重新开始下一循环的操作。

（4）转鼓式真空过滤机优缺点及选型

优点：转鼓式真空过滤机结构简单，运转和维护保养容易，成本低，处理量大，可吸滤、洗涤、卸饼、再生连续化操作，劳动强度小。压缩空气反吹不仅有利于卸除滤饼渣也可以防止滤布堵塞。

缺点：由于空气反吹管与滤液管为同一根管，所以反吹时会将滞留在管中的残液回吹到滤饼上，因而增加了滤饼的含湿率。

选型：转鼓式真空过滤机因为设备体积大，占地面积大，辅助设备较多，耗电量大，投资大，因此对药厂的要求较高。但同时因为其生产能力大，适用于过滤各种物料，尤其固体含量较大的悬浮液的分离，比较适合中药液体制剂的生产。对生产工艺的要求主要集中在温度，如果药液的温度过高，容易造成滤液的蒸汽压过大而使真空失效。

二、重力沉降分离设备

沉降是依靠重力或离心力的作用，利用流体中两相间的密度差别，使固－液之间发生相对运动而进行分离。

（一）沉降分离的分类

沉降方式主要两类，一是重力沉降，另一是离心沉降。其中，最常用的重力沉降设备主为沉降槽。

（二）沉降槽

沉降槽又称为沉降罐、增稠器、澄清器等。为通过沉降的方法分离悬浮药液（液固混合物）的制药设备。沉降槽主要有两大作用：一是提高悬浮液浓度（增稠器）；二是得到澄清液体（澄清器）。沉降槽根据工艺过程的不同分为间歇沉降槽和连续沉降槽两类。间歇沉降槽多为底部呈锥形结构的圆桶状结构，再无其他复杂构造，设备简单、价格低廉多用于制药生产中，特别是在中药制剂中广泛使用；连续沉降槽因设备庞大、占地面积大、分离效率低，适合处理量大而浓度不高，且颗粒不甚细微的悬浮料浆。

1. 连续沉降槽结构 连续沉降槽为底部略成锥状的大直径圆槽；直径小者也为数米，大者可达数百米；高度为2.5～4m；槽底有一个徐徐转动的搅拌耙，由顶部的电机通过减速机带动。通常小槽耙的转速为1r/min，大槽的约为0.1r/min（图7－3）。

2. 连续沉降槽工作原理 混悬药液经料井送到液面以下0.3～1.0m处后迅速分散；固体颗粒下沉至底部，槽底的转耙将沉渣缓慢地聚拢到底部中央的排渣口连续排出。排出的稠浆称为底流。澄清的液体向上流动，清液经由槽顶端四周的溢流堰连续流出，称为溢流。

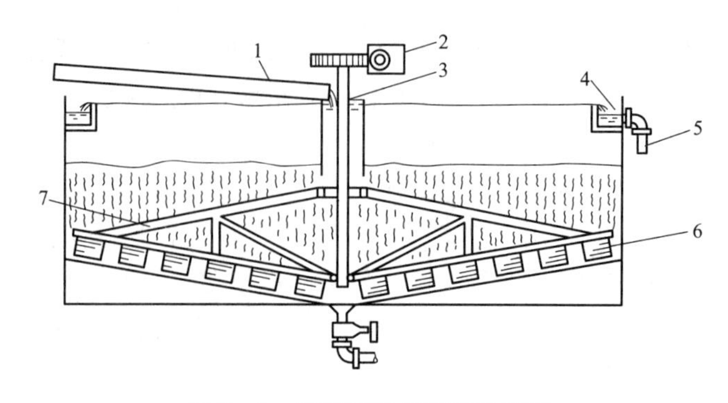

图 7-3 连续沉降槽结构示意图

1. 进料槽道；2. 转动机构；3. 料井；4. 溢流槽；5. 溢流管；6. 叶片；7. 转耙

三、离心分离设备

离心分离是基于分离体系中固-液和液-液两相之间密度存在差异，在离心场中使不同密度的两相相分离的过程。与重力沉降不同之处在于：通过离心机的高速运转，离心加速度超过重力加速度的成百上千倍，而使沉降速度增加，以加速药液中杂质沉淀并除去。相比之下，离心分离更适合于分离难于沉降过滤的细微粒或絮状物的悬浮液。最常用的设备为离心机。

（一）离心机的概念及分离因素

离心机是一种利用物料被转鼓带动旋转后产生的离心力来强化分离过程的分离装备。离心机的构造很多，高速旋转的转鼓是其基本结构或主要部件。转鼓可以垂直安装，也可以水平安装。鼓壁分为有孔鼓壁和无孔鼓壁两种。有孔离心过滤机，鼓壁内应覆以滤布或其他过滤介质。当转鼓在高速旋转时，鼓内物料在离心力的作用下，滤液透过滤孔被排出，而固体颗粒被截留在滤布上，从而完成固体与液体的分离。若鼓壁上无孔，混合物料因受离心力作用，按密度或粒度大小分层，密度或粒度大的富集于鼓壁，密度或粒度小的则富集在中央。

在工业上，设计或选择离心机的根本问题是“提高分离效率”和“解决排渣问题”。而提高分离效率的主要途径为“增大离心力”或“减小沉降距离”。提高转速或增大转鼓直径均可增大离心力；减小液层厚度则可减小沉降距离。排渣问题一般通过设置转鼓开口的方位或卸料装置来解决。

（二）离心机的分类

离心机的类型可按操作原理、卸料方式、分离因素、操作方式、转鼓形状、转鼓的数目等加以分类。

1. 按操作原理分类 按操作原理的不同，离心机可分为过滤式离心机和沉降式离心机。

（1）过滤式离心机 转鼓壁上有孔，鼓内壁附以滤布，借离心力实现过滤分离操作。常见的过滤式离心机有三足式离心机、上悬式离心机、卧式刮刀卸料离心机、活塞推料式离心机等。其转速在 1000～1500r/min 范围内，适用于易过滤的晶体悬浮液和较大颗粒悬浮液的分离。

（2）沉降式离心机 鼓壁上无孔，借离心力实现沉降分离，如管式离心机、碟式离心机、螺旋卸料式离心机等，用于不易过滤的悬浮液。

2. 按操作方式分类 按操作方式的不同，离心机可分为间歇式离心机和连续式离心机。

（1）间歇式离心机 其加料、分离、洗涤和卸渣等过程都是间隙操作，并采用人工、重力或机械方法卸渣，如三足式离心机和上悬式离心机。其特点是可根据需要延长或缩短过滤时间，满足物料终湿度的要求。

（2）连续式离心机 整个操作其进料、分离、洗涤和卸渣等过程均连续化，如螺旋卸料沉降式离心机、活塞推料式离心机等。

3. 按卸渣方式分类 可分为人工卸料和自动卸料两类。其中自动卸料形式多样，有刮刀卸料离心机、活塞卸料离心机、螺旋卸料离心机、离心力卸料离心机、螺旋卸料离心机、振动卸料离心机等。

4. 按转鼓的不同进行分类 按形状不同可分为圆柱形转鼓、圆锥形转鼓和锥形转鼓三类；按转鼓数目分类，离心机可分为单鼓式和多鼓式离心机两类。

5. 按工艺用途分类 按工艺用途，可将离心机分为过滤式离心机、沉降式离心机、离心分离机。

（三）常用离心设备

1. 过滤式离心机 过滤式离心机是最早出现的液－固分离设备，是一种常用的人工卸料的间歇式离心机，实现离心过滤操作过程的设备称为过滤式离心机。

（1）过滤式离心机的过滤原理 从机器顶部加入的料液随转鼓一同旋转，悬浮液中的固体颗粒在离心力的作用下，沿径向移动被截留在过滤介质表面，形成滤渣层；与此同时，液体在离心力作用下透过滤渣、过滤介质和转鼓壁上的孔被甩出，从而实现固体颗粒与液体的分离。

（2）过滤式离心机的结构 离心机转鼓壁上有许多孔，供排出滤液用，转鼓内壁上铺有过滤介质，过滤介质由金属丝底网和滤布组成。过滤式离心机常见的有三足式离心机，主要部件是一篮式转鼓，壁上钻有许多小孔，内壁衬有金属丝及滤布。整个机座和外罩借三根弹簧悬挂于三足支柱上，以减轻运转时的振动。三足式沉降离心机的结构示意图，见图7－4。

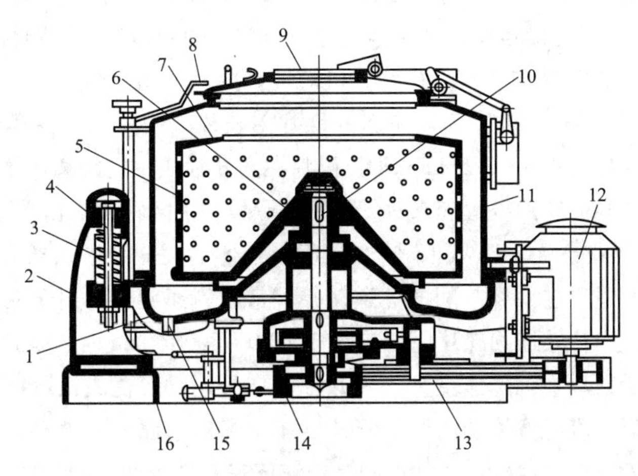

图7－4 三足式沉降离心机的结构示意图

1. 底盘；2. 立柱；3. 缓冲弹簧；4. 吊杆；5. 转鼓；6. 转鼓底部；7. 拦液板；8. 制动把手；9. 机盖；10. 主轴；11. 外壳；12. 电动机；13. 传动皮带；14. 制动轮；15. 滤液出口；16. 机座

底盘及装在底盘上的主轴、转鼓、机壳、电动机及传动装置等组成离心机的机体，整个机体靠三根摆杆悬挂在三个柱脚上，摆杆上、下端分别以球形垫圈与柱脚和底盘铰接，摆杆上套有缓冲弹簧。三足式离心机悬挂系统的特点在于：离心机的体机可在水平方向做较大幅度摆动，系统自振频率远低于转鼓回转频率，可减少不均匀负荷对主轴和轴承的冲击。

（3）过滤式离心机的操作　料液从机器顶部加入，经布料器在转鼓内均匀分布，滤液受转鼓高速回转所产生的离心力作用穿过过滤介质，在鼓壁外收集，而固体颗粒则截留在过滤介质上，逐渐形成一定厚度的滤饼层，使悬浮液或其他脱水物料中的固相与液相分离开来。

（4）过滤式离心机的优缺点

优点：①离心机结构简单，制造、安装、维修方便，成本低，操作方便；②对物料的适应性强，被分离物料的过滤性能有较大变化时，也可通过调整分离操作时间来适应，可用于多种物料和工艺过程；③弹性悬挂支承结构能减少由于不均匀负载引起的震动，使机器运转平稳；④整个高速回转机构集中在一个封闭的壳体中，易于实现密封防爆。

缺点：①生产能力低。属于间歇操作设备，进料阶段需启动、增速，卸料阶段需减速或停机，生产能力低；人工上部卸料三足式离心机劳动强度大，操作条件差；②设备检修不方便。过滤式离心机属于敞开式操作，易染菌；轴承等传动机构在转鼓的下方，且可能漏入药液而使其腐蚀等。

（5）过滤式离心机的选型　过滤式离心机一般用于固体颗粒尺寸大于10pm，固体含量较高（5%～50%）、滤饼压缩性不大的悬浮液的过滤。

2. 碟片式离心机　碟片式离心机属于立式离心机的一种，是工业上应用最广的离心机。

（1）碟片式离心机的过滤原理　碟片式离心机利用混浊液中具有不同密度且互不相溶的轻、重液和固相，在高速旋转的转鼓内离心力的作用下成圆环状，获得不同的沉降速度，密度最大的固体颗粒向外运动积聚在转鼓的周壁，轻相液体在最内层，因此当料液从转鼓上部轴心进入，流入底部转动时，由于离心力的作用，悬浮液从碟片组的外缘进入相邻碟片间隙通道。“轻液”沿碟片间隙下碟面向上运动；“重液”离心力较大，沿间隙上碟面向下运动；“固体”离心力最大，沿边沿运动，从而达到分离分层或使液体中固体颗粒沉降的目的。

（2）碟片式离心机的结构　碟片式离心机的转鼓内有一组由数十个至上百个形状和尺寸相同、锥角为60°～120°的互相套叠在一起的碟片，碟片之间的间隙用碟片背面的狭条来控制，一般碟片间的间隙为0.5～2.5mm。每只碟片在离开轴线一定距离的圆周上开有几个对称分布的圆孔，许多这样的碟片叠置起来时，缩短了颗粒的沉降距离，提高了分离效率。

（3）碟片式离心机的操作　两种不同“重度”液体的混合液进入离心分离机后，通过碟片上圆孔形成的垂直通道进入碟片间的隙道，并被带着高速旋转，由于两种不同重度液体的离心沉降速度不同，当转鼓连同碟片以高速旋转4000～8000r/min时，碟片间的悬浮液中固体颗粒因有较大的质量，离心沉降速度大，离开轴线向外运动，优先沉降于碟片的内腹面，并连续向鼓壁方面沉降，澄清液体的离心沉降速度小，则被迫反方向移动，而在转鼓颈部向轴线流动，进入排液管排出。这样，两种不同重度液体就在碟片间的隙道流动的过程中被分开。操作过程可归纳为：液－固分离（即低浓度悬浮液的分离），称澄清操作；液－液－液分离（即乳浊液的分离），称分离操作。

（4）碟片式离心机的优缺点　目前常见的碟片式离心机有人工排渣碟片式离心机、喷嘴排渣碟片式离心机、自动排渣碟片式离心机等。

①人工排渣碟片式离心机：人工排渣碟片式分离机，转鼓由圆柱形筒体、锥形顶盖及锁紧环组成。转鼓中间有底部为喇叭口的中心管料液分配器，中心管及喇叭口常有纵向筋条，使液体与转鼓有相同的角速度。中心管料液分配器圆柱部分套有锥形碟片，在碟片束上有分隔碟片，颈部有向心泵。其结构见图 7－5。

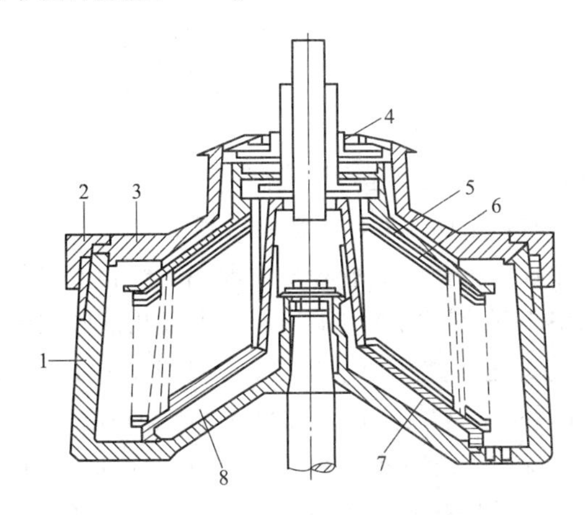

图 7－5　人工排渣碟片式离心机

1. 转鼓底部；2. 锁紧环；3. 转鼓盖；4. 向心泵；
5. 分隔碟片；6. 碟片；7. 中心管与喇叭口；8. 筋条

优点：人工排渣碟片式离心机结构简单、机器牢固，能达到较高的分离效果，所以能有效地进行液－液或液－固的分离，得到密实的沉渣。可用于乳浊状药液及含有少量固体的药物悬浮液的分离。

缺点：转鼓与碟片之间留有较大的沉渣容积，不能充分发挥机器的高效分离性能。此外，人工间歇排渣，生产效率低，劳动强度高。为了改善排渣效果，可在转鼓内设置移动式固体收集盘，停机后，可方便地将固体取出。

②喷嘴排渣碟片式离心机：转鼓由圆筒形改为双锥形，既有更大的沉渣储存空间，也使被喷射的沉渣有更好的流动轮廓。转鼓壁上开设 8 ~ 24 个喷嘴，孔径 0. 75 ~ 2mm，喷嘴始终开启，排出的残渣因有较多的水分而呈浆状。

优点：喷嘴排渣碟片式离心机结构简单，生产连续，产量大。

缺点：喷嘴易磨损，易堵塞，需要经常更换。能适应的最小颗粒约为 0. 5μm，进料液中的固体含量为 6% ~25% 。喷嘴排渣碟片式离心机结构见图 7－6。

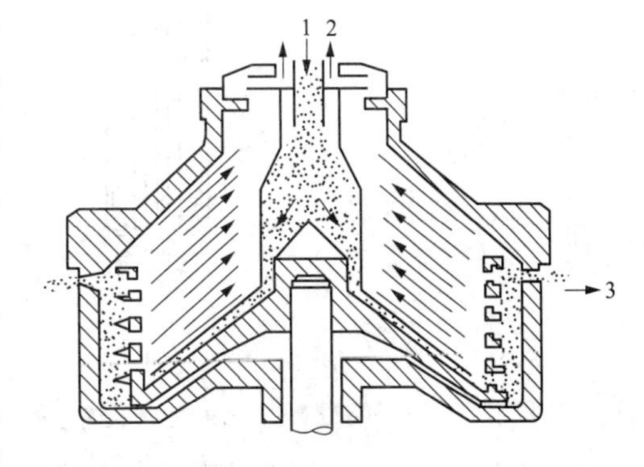

图 7－6　喷嘴排渣碟片式离心机

1. 药液；2. 滤液；3. 残渣

③自动排渣碟片式离心机：离心机的转鼓由上下两部分组成，上转鼓不做上下运动，下转鼓通过液压的作用能上下运动。操作时，转鼓内液体的压力进入上部水室，通过活塞和密封环使下转鼓向上顶紧。卸渣时，从外部注入高压液体至下水室，将阀门打开，将上部水室

中的液体排出；下转鼓向下移动，被打开一定缝隙而卸渣。卸渣完毕后，又恢复到原来的工作状态。

优点：自动排渣碟片式离心机能分离的最小颗粒为0.5μm，适合处理较高固体含量的料液。生产能力大，机动性强，根据需要可以自动或手动操作，也可以实现远距离自动操作，维修方便。

缺点：自动排渣碟片式离心机价格较贵，不适合固体杂质含量过低的药液。

3. 管式高速离心机 管式高速离心机是一种转鼓呈管状、能澄清及分离流体物质的分离设备。

（1）管式高速离心机的过滤原理 进入管式高速离心机里的物料，转鼓转动时，可使液体迅速随转筒高速旋转，同时自下而上流动。在此过程中，由于受离心力作用，且密度不同，在物料沿轴向向上流动的过程中，被分层成轻重两液相。轻相液位于转筒的中央，呈螺旋形运转向上移动，经分离头中心部位轻相液口喷出，进入轻相液收集器从排出管排出；重液靠近筒壁，经分离头孔道喷出，进入重相液收集器，从排液管排出。固体沉积于转筒内壁上，定期排除。改变转鼓上端的环状隔盘的内径，可调节重液和轻液的分层界面。

（2）管式高速离心机的结构 管式高速离心机有着特殊的、直径小而高度相对很大的管式构形的转鼓。这种设计是为了尽量减小转鼓所受的应力，而采用了较小的鼓径，因而在一定的进料量下，悬浮液沿转鼓轴向运动的速度较大。为此，应增大转鼓的长度，以保证物料在鼓内有足够的沉降时间，于是导致转鼓成为直径小而高度相对很大的管式构形。管式离心机分为澄清型和分离型两种，一种是液体分离型管式高速离心机，主要用于处理乳浊液的液－液分离操作；一种是液体澄清型管式高速离心机，主要用于悬浮液的液－固分离的澄清操作。管式高速离心机的结构见图7－7。

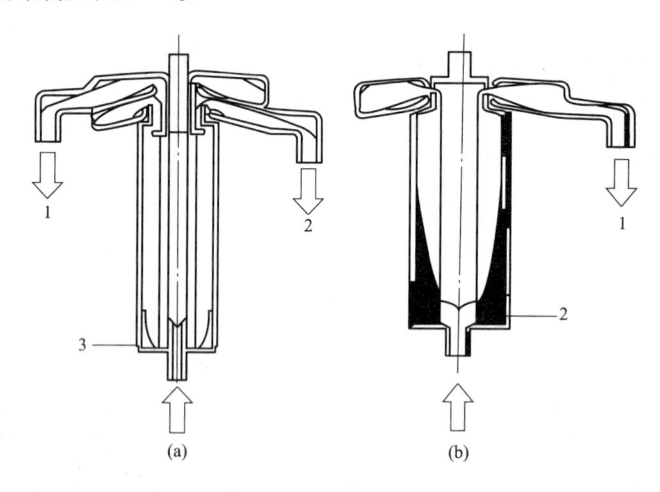

图7－7 管式高速离心机

（a）液体分离型管式高速离心机：1. 重相液出口；2. 轻相液出口；3. 离心机腔

（b）液体澄清型管式高速离心机：1. 澄清液出口；2. 沉渣

（3）管式高速离心机的操作 管式高速离心机操作时，加入待处理的物料，药液在一定的压力下，由进料管经底部中心轴进入转筒，靠圆形挡板分散于四周，筒内有垂直挡板（90°或120°）。

（4）管式高速离心机的优缺点

优点：其转鼓直径较小、长度较大，转速高（8000～50000r/min）。分离效果好、产量高、设备简单、占地面积小、操作稳定、分离纯度高、操作方便等优点，可用于液－液分离和微粒较小的悬浮液（0.1～100μm），固相浓度小于1%、轻相与重相的密度差大于0.01kg/dm的难分离悬浮液或乳浊液中的组分分离等，也常用于生物菌体和蛋白质的分离。

缺点：管式离心机属于间歇操作机器，转鼓容积小，需要频繁地停机清除沉渣。生产劳动强度较大。

（四）离心机的选型

1. 根据物料的物性参数，以及药液中两相性质的差异选型，如浓度、比重、温度、黏度、固体粒度、形状分布、腐蚀性、毒性、磨损性、易燃性和易爆性等。例如，液固密度相差小于3%时只能用过滤式离心机。当颗粒直径小于1μm可考虑用管式离心机或碟片式离心机。

2. 根据分离要求选型，如澄清度、单位时间处理量、固相含水量、固相破碎率等；物料是否需预处理加温，助滤剂等。

3. 确定离心机类型并进行适应性分析，利用试验机实验，测定转速、消耗功率、处理量、澄清度及固相含水率，并与分离要求相对照。

4. 与生产能力匹配，进行经济性分析，确定型号和台数进行生产。

第二节　合剂制备过程与设备

合剂生产工艺因药物分属于化学药或中药而不尽相同。尤以中药合剂（口服液）的工艺更为复杂。

一、合剂制备工艺流程

合剂制备过程一般是指将药物溶解于水中，添加适当的附加剂后，经过滤、灌封、灭菌、检漏、贴标签、装盒后得到成品制剂。中药合剂多为口服液，其制备工艺为：中药材或中药饮片经适当的方法提取、精制、添加附加剂、溶解、混合、过滤、灌封、灭菌、检漏、贴标签、装盒后得到成品制剂。

二、合剂制备设备与操作要点

合剂（口服液）的生产要求虽不如小水针剂、大输液剂严格，但是其生产工艺流程与两者基本相同。合剂生产过程在灌封前分为两条工艺路线，一条是容器、胶塞、瓶盖等的处理；另一条是药材的提取、浓缩、精制及药液的配制。两条路径在灌封工序合并在一起，灌封后整体进行灭菌、检漏、贴标签、装盒、外包装，得到成品。

（一）合剂的包装方法及容器

1. 合剂的包装方法　合剂多采用类似糖浆剂容器的包装，而口服液作为单剂量小容器装液体制剂，包装多采用直口瓶、塑料瓶、螺口瓶、安瓿瓶。其中，安瓿瓶因容易产生玻璃碎屑，使用不便已经被市场淘汰。螺口瓶尚无国家标准。而塑料瓶和直口瓶包装的口服液目前市场占有率最高。

2. 合剂的常用包装容器　合剂的包装虽然可以采用塑料瓶、直口瓶、螺口瓶、安瓿瓶等包装容器，但目前多以塑料瓶、直口瓶包装为多见。

（1）塑料瓶　塑料瓶包装以意大利塑料瓶灌装生产线最为典型，其设备为联动生产线，联动机器入口处以塑料薄片的卷材为包装材料，通过将两片塑料薄片分别加热成型，并将两片热压一起制成成排的塑料瓶，然后自动灌装、热封封口、切割成品。此种包装形式成本较低，服用方便，但由于塑料本身透气、透湿性均较高，产品灭菌不易，因此对生产时候的卫生要求更高，对于技术薄弱的小型制药厂来说产品质量更不容易控制，此外消费者亦认为其包装档次一般，产品认同感不佳。

（2）直口瓶包装　直口瓶包装为我国原研产品，是随着20世纪80年代初进口灌装生产线引进而发展出来的一类新型玻璃包装容器。其原型为北京制药四厂的企业标准，后因广受好评，由国家医药管理部门组织制定了《管制口服液瓶（YY0056－91）》行业标准，尽管其制造难度较高，但深受市场欢迎，时至今日仍是最受欢迎的包装。

直口瓶包装

合剂的包装瓶早期多采用注射剂所使用的安瓿。20世纪60年代初，有药厂将竹沥水灌封于注射剂使用的安瓿中制成口服的安瓿制剂，得到了良好的市场反响，市场将这种中药制剂多称为“合剂”，历经几年的发展的种类繁多的保健品、传统中成药均采用这种包装形式，受到广大医药人士和患者的一致好评，并将这种单剂量包装的中成药合剂称之为“中药口服液”。80年代初，由北京一制药厂为其“蜂王浆”产品设计了一种大口径直口瓶，配以金色的铝盖，独具特色的外观受到全行业的认可，为了提高包装水平，国家医药管理局组织制定了行业标准，特别是这种C型瓶最受欢迎。随着时间的推移，在众多厂家的努力下，直口瓶包装衍生出更多的优秀产品，如黑龙江某制药厂的蓝色口服液瓶，已经成为该产品的标志和企业的标识颜色。直口瓶包装是中国制药界成功的包装设计案例之一。

直口瓶虽然优点颇多但是由于其封口采用铝制瓶盖，在使用时候容易因为对铝盖的撕拉产生断裂、无法撕开，甚至划伤儿童，造成使用麻烦，在制造时候也可能因为封盖不严造成产品质量问题，因此实际应用上也有这一定的限制。

（二）合剂的洗瓶设备

以玻璃容器作为包装容器的制剂必须对其进行充分的洗涤，其目的是为了使合剂（口服液）达到无菌或基本无菌状态，防止其被微生物污染导致药液的腐败变质，保证合剂（口服液）的产品质量。因此，在确保药液无菌之外，还必须对口服液瓶的内外壁进行彻底的清洗。并且每次清洗后，必须除去残留的水渍。目前最常用的洗瓶设备包括超声波式洗瓶机组、气水喷射式洗瓶机组。

1. 超声波式洗瓶机组　超声波洗瓶机组不仅用于合剂包装容器的清洗，目前也被广泛地应用于液体制剂瓶式包装物的清洗。超声波式洗瓶机由超声波发生器、换能器和盛放清洗液的液槽等三部分组成。利用超声波振动使液体产生“空化效应”，液体内部产生超过100MPa的瞬间高压，其强大的能量连续不断地冲击物体表面，使物体表面和缝隙中的污物脱落，从而达到迅速清洁的目的。整机具有操作简单、省时、省力、清洗效果好、成本低等优点，是近几年来最为优越的清洗设备之一。

（1）转盘式超声波洗瓶机

①转盘式超声波洗瓶机的组成与特点

组成：转盘式超声波洗瓶机的主体部分，包括超声波发生器（换能器）、水气净化系统、水气吹洗装置、进出瓶机构、水气控制系统、循环水加热系统、温控系统和故障保护及调整控制系统。转盘式超声波洗瓶机的组成如图 7－8 所示。

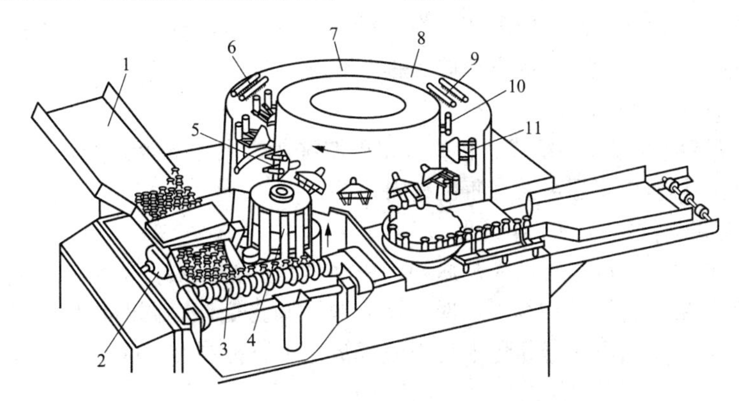

图 7－8　转盘式超声波洗瓶机

1. 料槽；2. 换能器；3. 送瓶螺杆；4. 提升轮；5. 翻瓶工位；6、7、9. 喷水工位；8、10、11. 喷气工位

特点：转盘式超声波洗瓶机的突出特点是拥有一个连续转动的大转盘，均匀分布于大转盘四周的机械手机架，每个机架上装两个或三个机械手，每个机械手夹持一支瓶子，在上下翻转中经多次水气冲洗，并随大转盘旋转前进完成送瓶工作。由于瓶子是逐个进行清洗，清洗效果能得到很好的保证。

②转盘式超声波洗瓶机的工作过程与操作要点：转盘式超声波洗瓶机的工作过程共有六大工序。

工序一：装载空瓶。口服液瓶预先整齐的放置于贮瓶盘中，将整盘的玻璃瓶放入洗瓶机的料槽中，料槽的平面与水平面成30°的角，用推板将整盘的瓶子推出，使玻璃瓶留在料槽中，料槽中的玻璃瓶全部口朝上，紧密排列。

工序二：超声初洗。料槽上方置有淋水器，将料槽中的玻璃瓶注满循环水，注满水的瓶子在重力的作用下，下滑至水箱的水面以下，超声波换能器紧紧地靠在料槽末端，其与水平面成30°角，利用超声波在液体中的“空化作用”对玻璃瓶进行清洗。

工序三：送瓶至工位。经过超声波初步清洗的瓶子，由送瓶螺杆将瓶子理齐并逐个送入提升轮的送瓶器中，送瓶器由旋转滑道带动做匀速回转的同时，受固定的凸轮控制作升降运动，旋转滑道运转一周，送瓶器完成接瓶、上升、交瓶、下降工序。提升轮将玻璃瓶逐个交给匀速旋转的大转盘上的机械手。

工序四：旋转翻瓶。在大转盘周围均匀分布的机械手机架上，均左右对称的装有两对机械手夹子。大转盘带动机械手匀速转动，夹子在提升轮和拨盘的位置上，由固定环上的凸轮控制开夹动作接送瓶子。机械手在瓶子翻转工位由翻转凸轮控制翻转 180°，使瓶子也翻转 180°。

工序五：气、水交替清洗。翻转后的玻璃瓶，在喷水、气工位上由固定在摆环上的射针和喷管完成对瓶子的三次水和三次气的内外冲洗。

首先，射针插入瓶内，从射针顶端的五个小孔中喷出的水的激流冲洗瓶子内壁和瓶底，与此同时固定喷头架上的喷头则喷水冲洗瓶外壁；接下来的工位喷出的是压力循环水和压力净化水；最后几个工位均喷出压缩空气以便吹净残留的水。

射针和喷管均固定在摆环上，摆环由摇摆凸轮和升降轮控制完成“上升 - 随大转盘转动 - 下降 - 快速返回”四个动作循环。

工序六：翻瓶与出瓶。洗干净的瓶子在机械手夹持下再经翻转凸轮作用翻转 180°，使瓶口恢复向上，然后送入拨盘，拨盘拨动玻璃瓶由滑道送入下一步工序，即干燥灭菌隧道。

（2）转鼓式超声波洗瓶机

① 转鼓式超声波洗瓶机的组成：转鼓式超声波洗瓶机主体部分为卧式转鼓，进瓶装置及超声处理部分基本与转盘式超声波洗瓶机相同。

② 转鼓式超声波洗瓶机的工作过程

第一阶段：粗洗。将玻璃瓶送入装瓶斗，由输送带和推瓶器，依次推入外盘的第一个工位，当针盘被针管带动转至下一个工位时，瓶底紧靠圆盘底座，同时由针管注水，在接下来的工位里，玻璃瓶在水箱内进行纯化水超声波洗涤，水温控制在 60℃ 左右，使玻璃瓶表面上的污垢溶解。

第二阶段：精洗。当玻璃瓶转到此工位时，针管先喷出净化压缩空气将玻璃瓶内部污水吹净。接下来针管再对玻璃瓶冲注经过过滤后的纯化水，对玻璃瓶内部再次进行冲洗。如此反复气水交替清洗，直至洗涤干净。

第三阶段：出瓶。在最后一工位，针管再次对玻璃瓶送气，并利用气压将玻璃瓶从针管架上推离出来，再由出瓶器送入输送带。

转鼓式超声波洗瓶机的原理如图 7 - 9 所示。

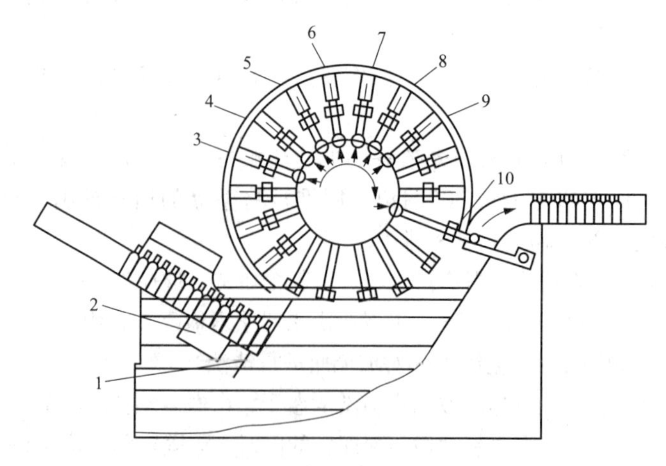

图 7 - 9　转鼓式超声波洗瓶机

1. 推瓶器；2. 换能器；3、4. 循环水冲工位；
5、7 ~ 9. 气冲工位；6. 水冲工位；10. 出瓶工位

（3）简易超声波洗瓶机　将玻璃瓶放入小功率超声机中，开启超声对水中的小瓶进行预处理。经超声预处理后的玻璃瓶被送到喷淋式或毛刷清洗装置进行清洗。简易超声波洗瓶机由于增加了超声预处理，使清洗效果得到改善，但玻璃瓶只能整盘清洗，不能提供联动线使用，工序间瓶子传送只能由人工完成，生产效率并不高。

2. 气水喷射式洗瓶机组　该设备是用泵将水加压，经过滤器过滤后压入冲淋盘，由冲淋盘将高压水流分成许多股激流或者使用射针将瓶内外冲洗干净，主要由人工操作。

①气水喷射式洗瓶机的组成与特点　气水喷射式洗瓶机主要由供水系统、压缩空气系统、过滤系统、洗瓶机等部分组成。其工作时可利用洗涤水和压缩空气交替地通过喷嘴喷射于玻璃瓶的内外部分，从而使玻璃瓶得到清洗，是一种可靠的清洗设备。

②气水喷射式洗瓶机的工作过程与操作要点

工作过程：气水喷射式洗瓶机在拨轮的作用下，将玻璃瓶依次推入移动齿板上，针头插入玻璃瓶中，并向玻璃瓶中内注入水进行冲洗，玻璃瓶继续向前运行，针头中不再喷射水，而是吹出经净化滤过的压缩空气，将玻璃瓶中的洗涤水吹去，再重复这一循环，完成气－水－气－水循环。目前市场上也有两气两水，即：气－气－水－水循环的气水喷射式洗瓶机，两者工作原理基本一致。

操作要点：气水喷射式洗瓶机的洗涤用水和压缩空气预先必须经过过滤处理；洗涤水由压缩空气压送，并维持一定的压力及流量，水温不低于50℃；操作中要保持喷头与玻璃瓶动作协调、进出流畅。

（三）合剂灌封机

目前市场上的合剂灌封机以单剂量合剂灌封设备为主（即口服液灌封机），是一类用于易拉盖口服液玻璃瓶的自动定量灌装和封口设备，是口服液生产线中的主要设备。

1. 口服液灌封机的组成和特点　口服液灌封机的组成主要包括：自动送瓶、灌药、送盖、封口、传动等几个部分。因为药量的准确和轧盖的平整与严密，是决定产品质量，特别是产品包装质量的关键，所以“灌药”和“封口”是口服液生产的最关键工序。

灌药部分：灌药部分是灌封机最重要的机构，其决定灌药量的准确性。灌药部分的关键部件是泵组件和药量调整机构，在两者的协作下保证精确的灌装药液。在大型的口服液联动生产线上，泵组件均由不锈钢精密加工而成，也有小型的口服液灌封机采用注射用针管构成泵的。此外，一般口服液灌封机均有药量调整机构，可以保证口服液灌封精确到0.01ml。

封口部分：封口部分包括送盖机构和封口机构。送盖部分是一台口服液灌封机调试工作中最重要的一个环节。其主要由电磁振动台、滑道组成。可实现口服液瓶盖的翻盖和选盖功能，从而实现瓶盖的供给；封口部分主要是由三爪三刀组成的机械手完成瓶子的封口，为了确保药品的质量，产品的密封要得到很好地保障，同时封口的平整美观也是非常值得关注的，因此，密封性和平整性是封口部分的主要指标。

2. 口服液灌封机的操作过程与操作要点

（1）操作准备　①灌封机在开机前应对包装瓶和瓶盖进行人工目测检查，检查润滑部位、油位正常，从而保证运转灵活；检查各拨轮的位置、灌装头、旋盖头与瓶的轴线位置；②手动机器是否正常，手动4～5个循环以后，确定各传动件运行正常、各机构动作准确、灵活，再对所灌药量进行定量检查；调整药量调整部件，至少保证0.1ml的精确度；③接通电源，打开总控开关，点动主机按钮，可自动操作，使得机器联线工作；操作人员在联线工作中要随时观察设备，处理一些异常情况，例如，下盖不通畅、走瓶不顺畅或碎瓶等，并抽检轧盖质量，确保整机运转平稳、无异常振动和杂音；发现异常情况，如出现机械故障，可以按动安装在机架尾部或设备进口处操作台上的紧急制动开关。

（2）生产操作 ①首先打开电源开关，电源指示灯亮；旋动送盖旋钮，使送盖轨道充满盖；②主机指示灯指示，缓慢旋动主机调速按钮至所需位置；按输送启动按钮，再按主机启动按钮；③将清洁好的瓶子放在传送带上，进行灌装生产；④操作完毕后，关机顺序与开机相反；按设备清洁规程进行清洁。

3. 口服液灌封机的优缺点 ①口服液灌封机将灌液、加铝盖、轧口功能集成于一机，采用螺旋杆将瓶垂直送入转盘，结构合理，运转平稳；②灌液一般都分两次灌装，避免液体泡沫溢出瓶口，并设有缺瓶止灌装置，以免料液损耗，污染机器及影响机器的正常运行；③轧盖由三把滚刀采用离心力原理，将盖收轧锁紧，因此对于不同尺寸的铝盖及玻璃瓶，机器都能正常运转；④口服液灌封机具有生产效率高、结构紧凑、占地面积小、计量精度高、无滴漏、轧口牢固、铝盖光滑无折痕、操作简便、清洗灭菌方便等特点。

（四）合剂联动生产线

如果单机生产口服液，从洗瓶机到灌封机，都必须由人进行搬运工作，在此过程中，由于人体的接触以及由于人流与物流设计问题，容易造成不必要的污染。口服液联动生产线既能提高和保证口服液的生产质量，又减少了生产人员的数量和劳动强度，设备布置更为紧密、合理，车间管理也得到了相应的改善。因此，采用联动线灌装口服液可保证产品质量达到GMP需求，是目前药厂采用最多的生产线方案。

课堂互动

采用联动线灌装口服液可保证产品质量达到GMP需求，是目前药厂采用最多的生产线方案。

为什么液体灌装联动生产线相对于单机而言更适宜于规模化生产?

液体灌装联动生产线可以实现产品从原料进入包装设备开始，经过加工、输送、装配、检验等一系列生产活动所构成的路线。联动生产线具有较大的灵活性，能适应多品种生产的需要。目前，液体灌装联动生产线广泛用于医药、食品、日化等行业，液体灌装生产线就像是一条流水线，生产速度快，相比于单个液体灌装机来说，受到更多的推崇。

液体灌装生产线优势在于为制造业提供性能优良、稳定可靠的灌装生产线；材料浪费少，在大规模生产中节约成本；根据生产流程进行编程控制，生产效率高；生产过程对环境污染小等。制药企业在购买设备的时候，首先关注的是这个设备能否给自己的企业带来效益，就凭这一点，液体灌装联动生产线就是灌装机中是最合适的选择。

1. 口服液联动生产线的组成 口服液联动生产线主要是由洗瓶机、灭菌干燥设备、灌封设备、贴签机等组成。其目的是为了更合理地整合、利用资源，进一步地保证产品的质量。根据生产的需要，可以把上述各台生产设备有机地连接起来形成口服液联动生产线。

口服液联动生产线的联动方式有分布联动方式和串联联动方式两种。

实例分析

实例：某药厂计划建设一条小剂量的口服液生产线，请设计出一条适合该厂的口服液灌装生产线的技术参数，并制定出口服液灌装线机器使用、保养与安装的注意事项。

分析：口服液灌装线技术参数：①灌装容量：10ml；②生产能力：2800 瓶/小时；③电源电压：380V；④电机功率：750W；⑤外型尺寸：1300mm×700mm×1400mm；⑥机器重量：140kg。

口服液灌装线机器使用、保养与安装：

1. 因为本灌装机是属自动化机器，因此易拉瓶、瓶垫、瓶盖尺寸都要求统一。

2. 开车前必须先用摇手柄转动机器，察看其转动是否有异状，确实判明正常再可开车。

3. 调整机器时，工具要使用适当，严禁用过大的工具或用力过猛来拆零件以免损坏机件或影响机器性能。

4. 每当机器进行调整后，一定要将松过的螺丝紧好，用摇手柄转动机器察看其动作是否符合要求后，方可以开车。

5. 机器必须保持清洁，严禁机器上有油污、药液或玻璃碎屑，以免造成机器损蚀，故必须注意以下几点：

（1）机器在生产过程中，及时清除药液或玻璃碎屑。

（2）交班前应将机器表面各部清洁一次，并在各活动部门加上清洁的润滑油。

（3）每周应大擦洗一次，特别将平常使用中不容易清洁到的地方擦净或用压缩空气吹净。

（1）分布式口服液联动生产线　分布式联动方式是将同一种工序的单机布置在一起，进行完该工序后，将产品集中起来，送入下道工序，此种联动方式能够根据每台单机的生产能力和实际需要进行分布，例如，可以将两台洗瓶机并联在一起，以满足整条生产线的需要（图 7-10）。

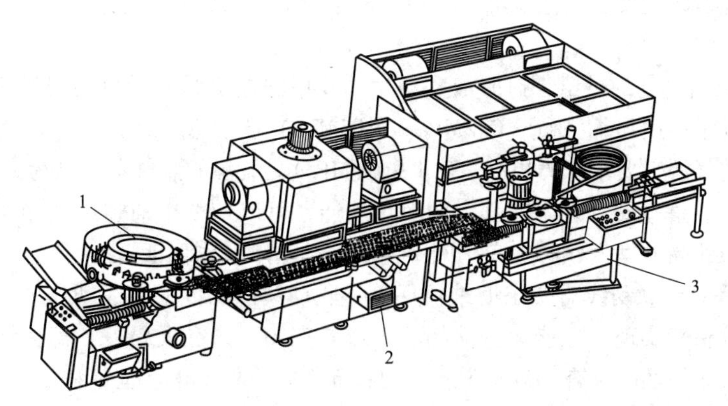

图 7-10　口服液联动生产线分布式联动方式示意图

1. 回转式超声波洗瓶机；2. 隧道灭菌干燥机；3. 口服液灌装轧盖机

（2）串联式口服液联动生产线　为每台单机在联动线中只有一台。如洗瓶机、隧道式灭菌机、灌封机、贴标签机串联组成一套口服液联动生产线。服液瓶由洗瓶机入口处送入后，洗干净的瓶子被推进灭菌干燥机的隧道，隧道内传送带将瓶子送到出口处的振动台，由振动台送入灌封机入口处的输瓶螺杆，在灌封机完成灌浆封口后，再由输瓶螺杆送到出口，进入灯检区进行灯检检查，看瓶中是否有杂质，最后送入贴签机进行贴签。贴签后就可另行装盒、装箱。

2. 口服液联动生产线联动方式的优缺点

（1）分布式联动方式　由于是将同一种工序的多台单机并联在一起，可避免因为其中一台单机产生故障而使全线停产。此外，分布式联动方式可根据单机的生产能力制定每一工序的单机数量，生产能力高的设备少配，生产能力高的设备可多配，这样就避免了生产能力高的单机（如灭菌干燥机）要适应生产能力低的设备的情况。分布式联动生产线特别适用于产量很大的品种，不适用于中小产量的品种。

（2）串联式联动方式　适用于产量中等情况的生产。要求各台单机的生产能力相互匹配。在联动线中，生产能力高的单机要适应生产能力低的设备。目前国内口服液联动生产线一般采用该种联动方式。在该种方式中，各单机按照相同生产能力和联动操作要求协调原则设计来确定其参数指标，节约生产场地，使整条联动生产线成本下降。但此种方式的缺点是如果一台设备发生故障，易造成整条生产线停产，且会产生生产能力高的单机适应生产能力低的设备的情况。

3. 口服液联动生产线的配制需求及单机选型

（1）工业用电　口服液联动生产线对电的要求较高。如口服液联动线中的灭菌隧道采用电加热管加热，如果突然断电，各风机均停止运转，则处于高热状态中的高热的电阻丝，因为周围的热量不能排出则加热丝烧断。因此，按照国家标准，工业用电的电网电压应稳定在10%以内，否则电控部分就不能正常工作；甚至被烧毁。此外，新型的口服液制剂设备多采用微机控制，电压大幅度波动将使微机不能正常工作，甚至毁损某些部件。

（2）洁净水供给　口服液剂灌装联动线的首台单机是洗瓶机，虽然洗瓶机进水口接有过滤器，受过滤面积限制很易堵塞，故不宜承受过重滤污功能。所以药厂的洁净水制取装置的出口应设置满足洁净度要求的过滤器。洗瓶机需水200～300L/h，因此要选择足够供水量的净水设备。

（3）洁净压缩空气的供给　口服液联动生产线中洗瓶机和灌封机均需供于压缩空气，洗瓶机用于每次冲水后由压缩空气（0.2MPa ±0.05MPa）吹去残水。此外，因为灌封机主要是几处气动元件的气源，要求压力更高（0.4～0.6MPa）。气源的总气量要求为100～120m^3/h。

（4）洁净度　联动线往往具有强大的净化功能，可以使整个通道中洁净度达到百级，但是为保证通道中的高洁净度，必须有车间室内的基础洁净度作保证。

（5）维护保养　联动线需要定期维护保养，联动线的功能完善、动作复杂，全靠某些关键部件的适当调整来实现，方能运行流畅、工作效率高、产品质量好。即使调整后，由于不可能绝对牢固，必须及时检查和调整设备，使各部件始终处于正常位置和状态。

第三节　典型设备规范操作

合剂的生产从原材料的处理到最后制剂成型，需要大量的设备配合，其中联动生产线是现代化制药厂的理想设备。从国内外制药工业发展的情况来看，广泛采用先进的联动生产线是制药工业向专业化、规模化方向发展的必然趋势。在联动生产线中最典型设备主要包括：超声波洗瓶机、灌封机。在此，分别以典型且常用的超声波式洗瓶机和口服液灌封机为例，详细介绍其规范操作方法和注意事项等。

一、超声波洗瓶机

超声波洗瓶机被广泛地应用于液体制剂瓶式包装物的清洗，是最为优越的清洗设备之一，具有简单、省时、省力、清洗效果好、成本低等优点。目前，药厂中常用的超声波洗瓶机主要有两种类型，一种是转盘式超声波洗瓶机，另一种是转鼓式洗瓶机，其中转盘式超声波洗瓶机最为常用。

知识链接

声波

声波可以分为三种，即次声波、普通声波、超声波。次声波的频率为20Hz以下；普通声波的频率为20Hz~20kHz；超声波的频率则为20kHz以上。其中的次声波和超声波一般人耳是听不到的。超声波由于频率高、波长短，因而传播的方向性好、穿透能力强，所以可以设计制作成超声波清洗机，而次声波和声波不可以。

1. 工作原理 由超声波频率发生器发出在高压电效应下产生的超声频率，通过换能振子将能量散发出去，使液体内部产生无数的微气泡（空穴）。由于液体的特性是耐压不耐拉，当超声波所产生的拉力足以破坏其分子内聚力时，液体内部就断裂为无数内部几近真空的“空穴”。超声波的压缩阶段，“空穴”受压崩裂。在崩裂的过程中自“空穴”的中心向外产生能量极大的微驻波，其局部的压强可达几百兆帕，温度几千度。与此同时，由于“空穴”间的激烈摩擦产生电离，因而引起放电、发光及发声。“空穴”不断地产生与湮灭，就不断“空化”作用。空化作用所产生的搅动、冲击、扩散、渗透等一系列机械效应使玻璃瓶内外均得到有效的清洗。

2. 结构特征与技术参数 转盘式超声波洗瓶机的主体部分是连续转动的立式大转盘，大转盘周围均匀分布若干机械手机架，每个机架上装两个或三个机械手，该洗瓶机突出特点是每个机械手夹持一支瓶子，在上下翻转中经多次水气冲洗，并随大转盘旋转前进完成送瓶工作。由于瓶子是逐个进行清洗，清洗效果能得到很好的保证。KCQ40是这类超声波洗瓶机的典型代表，其技术参数见表7-3。

表7-3 KCQ40超声波洗瓶机的技术参数

项目	单位	参数
适用玻璃瓶规格	ml	5~25
生产能力	瓶/小时	15 000
纯化水耗水量	m^3/h	0.4
压缩空气耗气量	m^3/h	30

续表

项目	单位	参数
功率	kW	12.35
电压	V	380
频率	Hz	50
外形尺寸	mm	2100×1800×1600
机器重量	kg	1400

3. 设备特点 KCQ40超声波洗瓶机能够实现平稳的无级调速，水气的供和停由行程开关和电磁阀控制，压力可根据需要调节并由压力表显示，并且水、气可由外部或机内泵加压并经机器上的三个过滤器过滤。具有操作简便、产量高、能耗低、结构紧凑、自动化程度好等优点，使清洗后的瓶子达到高洁净度，灌装生产线中理想的洗瓶设备，是符合药品生产GMP规则要求的先进制药设备。

4. 操作方法 机器的具体操作步骤：①玻璃瓶预先整齐码入储瓶盘中后，整盘玻璃瓶放入洗瓶机的料槽中并相互靠紧。②料槽中的瓶子在重力作用于自动下滑，料槽上方置淋水器将玻璃瓶内淋漓循环水。利用超声波在液体中的空化作用对玻璃瓶进行清洗。③提升轮将玻璃瓶逐个交给大转盘上的机械手。④在大转盘带动下机械手匀速旋转，并控制瓶口翻转180°，从而使瓶口向下便于接受下面工位对瓶子的三次水和三次气的水、气冲洗。⑤与此同时固定喷头架上的喷头，则喷水冲洗外壁。⑥洗净后的瓶子在再经翻转凸轮作用翻转180°，使瓶口恢复向上，然后玻璃瓶送入灭菌干燥隧道。

5. 维护保养 检查紧固螺栓及连接件是否紧固。需保持设备内外的清洁，管道不得有跑冒滴漏，各润滑部位加注润滑油。检查、调整出瓶吸气压力，更换易损部件。检查、调整链条定位位置和张紧度。检查水、气管路，更换密封件。清洗、更换堵塞的滤芯。检查全部喷射针管，用工业酒精擦洗，进行校正或更换。拆卸送瓶链条及V型槽块，清洗、检修或更换。检查针鼓托轮，必要时更换不锈钢滚球轴承。拆洗全部喷嘴、管道及喷淋板。检查各轴档、轴承，清洗、检修或更换。

6. 注意事项 超声波洗瓶机机械传动采用凸轮结构。因此，必须保证牢固、定位准确，即使长期使用，对中心位置仍不能偏移，喷射针头进入瓶子不发生错位、破瓶现象。瓶子从进入至排出均以连续式进行。进瓶传送螺杆应浸于水中，以减少与玻璃瓶的摩擦及破瓶概率。每个瓶子均应独立输送及独立对准中心，夹着瓶子的夹具及进入瓶内的喷头均应定位准确，对准中心。此外，要防止初洗区域与洁净洗瓶区之间的交叉污染。洗瓶后的出瓶装置，应保证瓶子按紧密排列方式进入隧道。

7. 排除故障 超声波洗瓶机常见故障及排除方法见表7-4。

表7-4 超声波洗瓶机故障发生原因及排除方法

故障现象	发生原因	排除方法
循环水压力检测红灯亮	循环水控制阀未开启或开启不够 管接头漏水 过滤器堵塞 过滤器上的排放口过开启	开启循环水控制阀 检查接头及接口，使之不漏 更换过滤器 关闭过滤器上的排水口

续表

故障现象		发生原因	排除方法
喷淋水压力检测红灯亮		喷淋水控制阀未开启或开启不够	开启喷淋水控制阀
机器停止运转	新鲜水压力检测红灯亮	外加新鲜水压力不够 过滤器堵塞 控制阀电磁阀损坏 新鲜水控制阀未开启或开启不够	增大外加新鲜水压力 更换过滤器 检修或更换电磁阀 开启新鲜水控制阀
机器停止运转	压缩空气压力检测红灯亮	外加气压不够 过滤器堵塞 压缩空气控制阀未开启或	加大外加气压 更换过滤器 开启压缩空气控制阀
机器停止运转	超声波检测红灯亮	超声波启动开关未接通 高频发生器损坏	接通启动开关 维修人员根据线路检修
机器停止运转	隧道安瓿过多红灯亮	烘干消毒隧道入口处安瓿挤塞	清除烘干消毒隧道内挤塞的安瓿或调整进口限位开关
机器停止运转	灌封安瓿过多红灯亮	灌封机进口处安瓿挤塞	清除灌封机前挤塞的安瓿
机器停止运转	机器停止运转而无红灯亮	主机过载 过流继电器跳开	用手转动主电机手轮，找出过载原因，并排除掉，合上主机回路过流继电器
清洗破瓶较多		进瓶导向压力调整不当，退瓶吹气调整不当，进瓶分瓶架与通道间隙调节不当，出瓶翻瓶叉与烘箱对接不好	调整导入凸轮，使其符合进瓶要求，调整吹气大小，使瓶刚好退至出瓶槽底部，调节分瓶架角度及间隙，调节主机高度及相对位
水槽内浮瓶较多		喷淋槽堵塞 退瓶吹气压力过大	拍打喷淋槽或拆下喷淋槽上的网孔板进行清洗，调整吹气大小
清洗洁净度不够		喷嘴或喷管堵塞 过滤芯堵塞或泄漏	用细针清除喷嘴或喷管内异物 清洗或更换过滤器

二、口服液灌封机

口服液灌封机是口服液生产线中的主要设备，是用于易拉盖口服液玻璃瓶的自动定量灌装和封口设备。根据口服液玻璃瓶在灌装中完成送瓶、灌液、加盖、轧封的运动形式，灌封机有直线式和回转式两种。灌封机上一般主要包括自动送瓶、灌药、送盖、封口、传动等几个部分。下面简单介绍 YGZ10 口服液的灌封机。

1. 工作原理 灌封部分的关键部件是泵组件和药量调整机构，它们的主要功能就是定量灌装药液。大型联动生产线上的泵组件是由不锈钢精密加工而成，药量调整机构有粗调和细调两套机构。送盖部分主要有电磁振荡台。滑道实现瓶盖的翻盖、送盖，实现瓶盖的自动供给。封口部分主要有三爪三刀组成的机械手完成瓶子的封口。

2. 结构特征与技术参数 口服液灌封机的结构上一般包括自动送瓶、灌药、送盖、封口、传动等几个部分。YGZ10 是这类灌封机的典型代表，其技术参数见表 7-5。

表7-5 YGZ10灌封机的技术参数

项目	参数
适用直管瓶规格（ml）	5~20
生产能力（瓶/小时）	60~180
计量误差（%）	±2
扎盖合格率（%）	>99
功率（kW）	2.2
外形尺寸（mm）	2900×1300×1750
机器重量（kg）	1700

3. 设备特点 此类设备将灌液、加铝盖、轧口功能汇于一机，结构合理，运转平稳。灌液分两次灌装，避免液体泡沫溢出瓶口，并设有缺瓶止灌装置，以免料液损耗、污染机器及影响机器的正常运行。轧盖由三把滚刀采用离心力原理，将盖收轧锁紧，因此在针对不同尺寸的铝盖及料瓶的情况下，机器都能正常运转。具有生产效率高、结构紧凑、占地面积小、计量精度高、无滴漏、轧盖质量好、轧口牢固、铝盖光滑无折痕、操作简便、清洗灭菌方便、变频无级调速等特点。

4. 操作方法 ①检查润滑部位、油位正常；检查各拨轮的位置、灌装头、旋盖头与瓶的轴线位置；各传动件运行正常、各机构动作确、灵活。②接通电源，打开总控开关，点动主机按钮，观察各部件运转是否正常。整机运转平稳、无异常振动和杂音。③打开电源开关，电源指示灯亮；旋动送盖旋钮，将送盖轨道充满盖。④主机指示灯指示，缓慢旋动主机调速按钮，至所需位置；按输送启动按钮，再按主机启动按钮；将清洁好的瓶子放在传送带上，进行灌装生产。⑤操作完毕后，关机并按清洁规程进行清洁。

5. 维护保养 减速器每三个月换机油一次；各传动链轮、齿轮、凸轮定期加黄油。在生产过程中，传送带轨道上有药液时，应及时清洗。

6. 注意事项 每次开机前用手轮转动机器，观察转动是否正常，确定正常后将手摇柄拉出，方可开机；每次调整机器后，必须将螺钉紧固，再用转动手轮观察各工位动作是否协调，方可重新开机；不得更换及改动设备上的安全防护装置；在无瓶空机试运转时，必须半闭电磁开关，以免烧坏电磁开关；开机后不得用手触摸机器运转部件，运转中发生异常情况，应立即停机进行检查，严禁在运转中排除机器故障。设备的清洁应在断电、机器停转的状态下进行，清洁时不得使用易燃及腐蚀性清洁剂，电器装置严禁用水冲洗。

7. 排除故障 灌封设备常见故障及排除方法见表7-6。

表7-6 口服液灌封机常见故障及排除方法

常见问题	主要原因	排除方法
封口不严	多为机械手调节不到位所致	应调三爪三刀，并检查夹子的灵活性
装量不准确	可能因注射器容量调节不准确，也可能由操作一定时间后，注射器螺丝松动所致	应经常抽查，及时调整

本章小结

合剂是重要的液体制剂剂型，特别是其单剂量灌装制剂“口服液”在医药市场上占有重要的地位。本章依据常见合剂生产的工艺，重点介绍了合剂（口服液）生产中使用的“固液分离设备”和“合剂灌封联动生产线”，且特别对联动生产线中的超声波洗瓶机、灌封机等关键设备的设备结构、工作原理及其操作要点做了详细的讲解，学习中应仔细学习并付诸实践去体会。

1. 根据物料特性的不同过滤机的选择原则是什么？
2. 板框压滤机的优缺点是什么？
3. 口服液联动生产线的组成是什么？
4. 超声波洗瓶机原理是什么？

（王锐　庞红）

第八章　无菌制剂设备

学习导引

知识要求

1. **掌握**　注射剂、输液剂生产工艺流程、常用设备。
2. **熟悉**　湿热灭菌常用设备，操作方法以及注意事项。
3. **了解**　无菌制剂设备的分类和特点；无菌制剂设备的常见问题，保养方法。

能力要求

1. 熟练掌握无菌制剂设备生产过程中的生产工艺、技术要求和评价指标，具备无菌剂生产的基本技能。
2. 学会应用无菌制剂制备的基本原理和特点，解决生产中可能存在的一般性问题。

无菌制剂通常指采用灭菌法制备的灭菌液体或经冷冻干燥所获得的无菌粉末。灭菌是指用适当的物理或化学手段将物品中活的微生物杀灭或除去。无菌制剂原则上是制剂中不含任何活的微生物，但绝对无菌既是无法保证也是无法用试验来证实的。实际生产过程是将制剂中微生物存活率下降至SAL≤10^{-6}［灭菌保证水平（sterility assurance level，SAL）指灭菌处理后单位产品上存在活微生物的概率。SAL 通常表示为10^{-n}。如设定 SAL 为10^{-6}，即经灭菌处理后在一百万件物品中最多只允许有一件物品存在活微生物］。良好的灭菌工艺是无菌制剂的重要保证。确定灭菌工艺时应把无菌制剂的性质、灭菌方法的有效性和经济性、灭菌后物品的完整性、灭菌介质的残留量等因素综合考虑。

无菌制剂药品生产常用灭菌方式有物理灭菌和化学灭菌两种方式。物理灭菌有加热、辐射、过滤等，化学灭菌是用化学品的气体或蒸汽对药品、材料进行灭菌的方法。选择灭菌设备，要根据无菌药品采用的制造工艺进行确定，如制造无菌药品有采用无菌制造和最终灭菌制造两种工艺。制造工艺不同，采用的灭菌工艺也有所不同。

（1）最终灭菌无菌制剂，首先要对药品的内包装物（如药瓶等）进行灭菌，如采用干热灭菌的隧道烘箱灭菌，在灭菌后的内包装物灌装药品和密封后，最后在灭菌容器（如双扉式蒸汽灭菌柜、水浴式灭菌柜等）内进行灭菌。

（2）非最终灭菌无菌制剂，因药品装入内包装物后，不再做灭菌处理，对无菌的要求相对来说会更高。药瓶经过清洗后，要经过隧道烘箱进行干热灭菌，胶塞清洗后，要用纯蒸汽灭菌，最后用除菌空气干燥或真空干燥。以上两种工艺都牵涉工、器具的灭菌问题，可以选择电热烘箱或臭氧灭菌。随着新技术的发展，微波灭菌在灭菌工艺中得到认可和采用，微波干燥和灭菌具有节省能源、干燥灭菌快的特点。

选用灭菌设备，应本着节能、灭菌均匀、速度快、安全性好、操作简单、性能稳定、可靠性好的原则。“所有的灭菌方法都应经过验证”，同样，无论采用何种灭菌设备，最后都要通过验证其灭菌除热原的效果，来确认设备的适宜性。

第一节　注射剂生产过程与设备

注射剂是指采用湿热灭菌法制备的灭菌制剂。一般多使用硬质中性玻璃安瓿做容器。除一般理化性质外，其质量检查包括：无菌、无热原、可见异物、pH 等项目均应符合相关规定。其生产过程包括原辅料与容器的前处理、称量、配制、滤过、灌封、灭菌、质量检查、包装等步骤。

一、注射剂生产工艺流程

按照生产工艺中安瓿的洗涤、烘干、灭菌、灌装的机器设备不同，可将注射剂生产工艺流程分为单机灌装工艺流程和洗、烘、灌、封联动机组工艺流程。

注射剂单机灌装工艺流程与环境区域划分示意图见图 8－1。

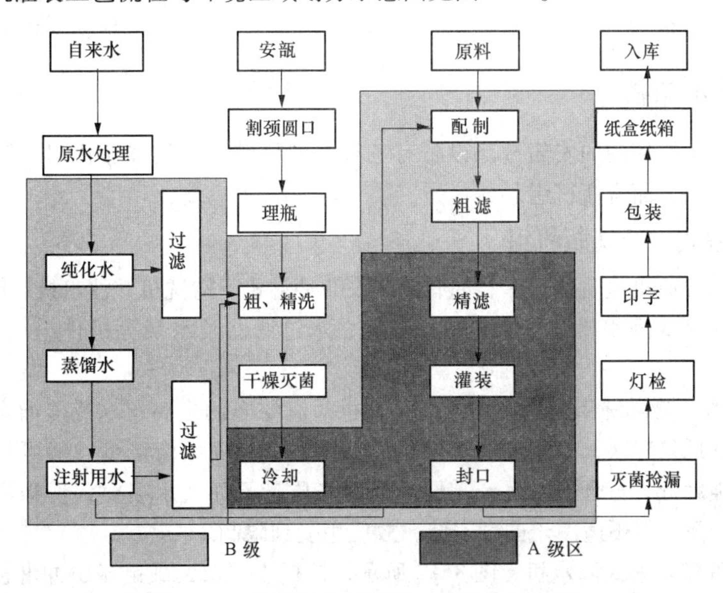

图 8－1　注射剂单机灌装工艺流程示意图

从图 8－1 可以看出，总流程由制水、安瓿前处理、配料及成品四部分组成。注射剂在生产过程中，灌封前分为三条生产路径同时进行。

第一条路径是注射液的溶剂制备。注射液的溶剂常用注射用水。

第二条路径是安瓿的前处理。当安瓿的长度尺寸及清洁度都达不到灌封的要求时，需要对安瓿进行割圆（即割颈和圆口）处理。一般生产时割颈和圆口在一台割圆机上完成。为使安瓿达到清洁要求，需要对安瓿进行清洗和干热灭菌。安瓿的清洗在洗瓶机上进行。洗涤后的安瓿，一般在烘箱中进行干燥。大量生产可采用电烘箱干燥，但烘干所需时间太长，目前多采用隧道式烘箱。干热灭菌后，空安瓿处理完毕，即可进行灌封。

第三条路径是注射液的制备。原料药经检验测定含量合格后，按处方规定计算出每种原辅料的投料量，将原辅料分别按要求溶于经检查合格的注射用水中。注射液的配制与一般液体制剂的配制方法即溶解法基本相同。为了保证药液可见异物检查合格，药液配好后，需经半成品检定合格后，再进行滤过。滤过系借助于多孔性材料把固体微粒阻留，使液体通过，从而将固体与液体分离的操作过程。一般先粗滤，后精滤。滤过后进行可见异物检查。检查合格后，即可进行灌装、封口。

上述第二、第三条路径到了灌封工序即汇集在一起，灌封是将药液灌注到安瓿内并对安瓿加以封口的过程，通常在一台灌封机上完成。

灌封后的安瓿，需要立即灭菌，以免细菌繁殖。灭菌时，既要保证不影响安瓿剂的质量指标，又要保证成品完全无菌，应根据主药性质选择相应的灭菌方法与时间，必要时可采用几种方法联合使用。灭菌通常与检漏结合起来，在同一灭菌器内完成。

灭菌后的安瓿经擦瓶机擦拭干净后，即可进行质量检查。安瓿剂的可见异物检查可使用安瓿异物光电自动检查仪。检查合格后进行印字与包装。印字和包装在印字机或印包联动机上完成。印字、包装结束，即水针剂生产完成。

在注射剂的整个生产过程中，所使用的设备较多，在此主要介绍以下几种：安瓿洗瓶机、安瓿灌封机、安瓿擦瓶机、安瓿异物光电自动检查仪、安瓿印字机、贴签机、扎捆机及安瓿洗灌封联动机等设备。

二、安瓿洗瓶机

目前国内药厂常使用的安瓿洗涤设备有三种，即喷淋式安瓿洗瓶机组、气水喷射式安瓿洗瓶机组与超声波安瓿洗瓶机组。

（一）喷淋式安瓿洗瓶机组

喷淋式安瓿洗瓶机组名称很多，如有的叫安瓿冲淋机、清洗机、注水机，结构形式也多。

机组是由喷淋式灌水机、甩水机、蒸煮箱、水过滤器及水泵等机件组成。其设备简单，曾被广为采用。

1. 洗涤过程 喷淋洗涤法是将安瓿经灌水机灌满滤净的去离子水或蒸馏水，再用甩水机将水甩出。如此反复三次，以达到清洗的目的。该法洗涤安瓿清洁度一般可达到要求，生产效率高，劳动强度低，符合批量生产需要。但洗涤质量不如气水喷射式洗涤法好，一般适用于5ml以下的安瓿，但不适用于曲颈安瓿，故使用受到限制。

2. AX-5-Ⅱ型喷淋式灌水机 图8-2所示，该机主要由运载链条、冲淋板、轨道、水箱及离心泵和过滤器等部分组成。装满安瓿的安瓿盘，由人工放在运动着的运载链条上，运载链条将安瓿盘送入喷淋区，接受顶部冲淋板中的净化水冲淋。冲淋用的循环水，首先从水箱由离心泵抽出，经过泵的循环抽吸压送形成高压水流。高压水流通过过滤器滤净后压入冲淋板。冲淋板将高压水流分成多股细激流，急骤喷入运行的安瓿内，同时也使安瓿外部得到清洗。灌满水的安瓿由运载链条从机器的另一端送出，再由人工从机器上拿走，放入甩水机进行甩水。

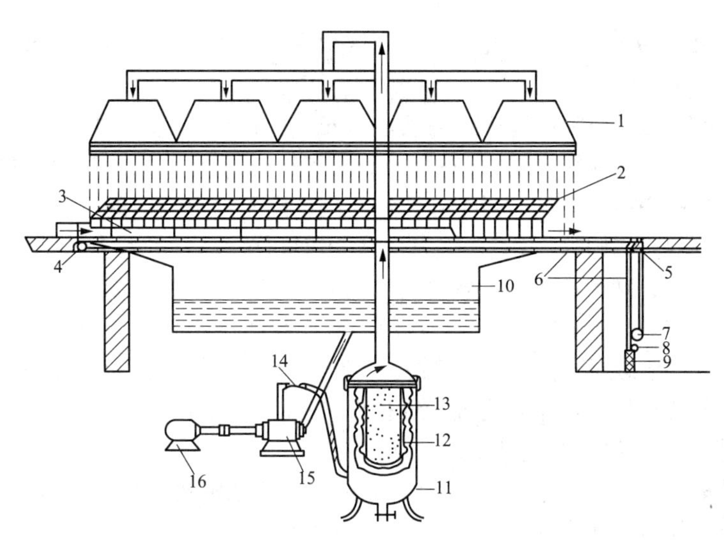

图8－2 安瓿喷淋式灌水机示意图

1. 多孔喷头；2. 尼龙网；3. 盛安瓿的铝盘；4. 链轮；5. 止逆链轮；6. 链条；7. 偏心凸轮；8. 垂锤；9. 弹簧；10. 水箱；11. 过滤缸；12. 涤纶滤袋；13. 多孔不锈钢胆；14. 调节阀；15. 离心泵；16. 电动机

该设备的使用方法是根据生产厂家的具体要求配上与过滤器配套的过滤网，按照使用的安瓿盘尺寸调整轨道，使安瓿盘能顺利通过为宜；将冲洗液体注入水箱，水面距水箱口20～30mm为宜；开动水泵和电动机，将装有安瓿的安瓿盘放到运载链条上，由运载链条带动安瓿进入喷淋区，然后从出口取出；生产结束时，应等机内的最后一盘安瓿取出后，切断电源；注意及时加入和更换冲洗液体，确保洗涤效果。

该设备的保养及注意事项是在各班开车前，要在蜗轮减速器轴瓦上注入润滑油，并应定期更换；运载链条不应加润滑油，以防止污染水；冲淋板要定期刷洗，防止冲淋板的喷淋小孔阻塞，以免影响冲洗效果；长期不使用机器时，应用塑料布或其他东西盖好。

3. 安瓿蒸煮箱 其设备结构如图8－3所示。主要由箱体、蒸汽排管、导轨、箱内温度计、压力表、安全阀、淋水排管、密封圈等组成。

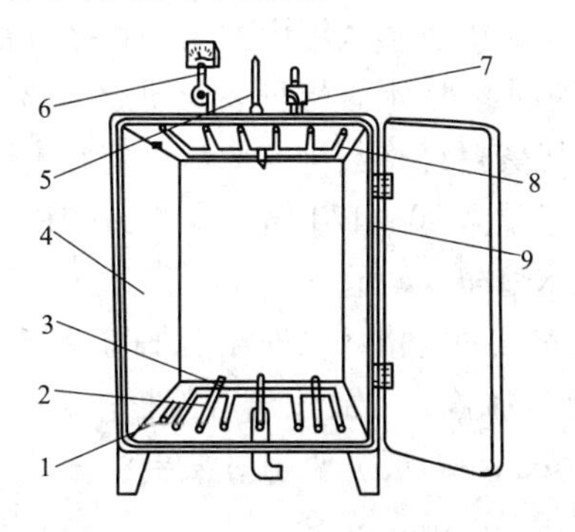

图8－3 安瓿蒸煮箱的结构示意图

1. 箱内温度计；2. 导轨；3. 蒸汽排管；4. 箱体；5. 温度计；6. 压力表；7. 安全阀；8. 淋水排管；9. 密封圈

安瓿蒸煮箱是安瓿在冲淋洗涤后，使附着于安瓿内外表面上的不溶性尘埃粒子，经湿热蒸煮落入水中以达到洗涤效果的设备。箱的顶部设置淋水喷管，在箱内底部设置蒸汽排管，每根排管上开有Φ1～Φ1.5的喷气孔，蒸汽直接从排管中喷出，加热注满水的安瓿，达到蒸煮安瓿的目的。

该设备的使用方法为将喷淋清洗后灌满水的安瓿放在小车上。然后将小车推到已开门的蒸煮箱前。将其导轨与蒸煮箱导轨对齐后，由人工将小车沿导轨推入箱内。关闭并紧固好蒸煮箱门。将进气阀稍稍打开一点，同时打开排气阀，以便排出箱内的空气，达到最佳的蒸煮效果。然后缓慢开启进气阀，待排气阀有蒸汽排出时再关小进气阀，时间约为5分钟，注意不要将进气阀全关闭，稍留一点。待箱内温度升至100℃时，控制所要求的压力，保持半小时；蒸煮完毕后先将进气阀关闭，打开排水阀。当压力表降到50kPa以下时，打开箱体上面的排气阀。待压力表降到零时，方可打开箱门。将小车拉出箱外，自然冷却备用。

该设备的保养应按压力容器规范进行维护保养；定期检查测量仪表、安全阀等；保持箱内清洁，定期消毒。轻装轻卸，不撞击，不超载。

4. AS-Ⅱ型安瓿甩水机 图8-4所示为常见的安瓿甩水机，它主要由外壳、离心架框、机架、固定杆、不锈钢丝网罩盘、电机及传动机件组成。

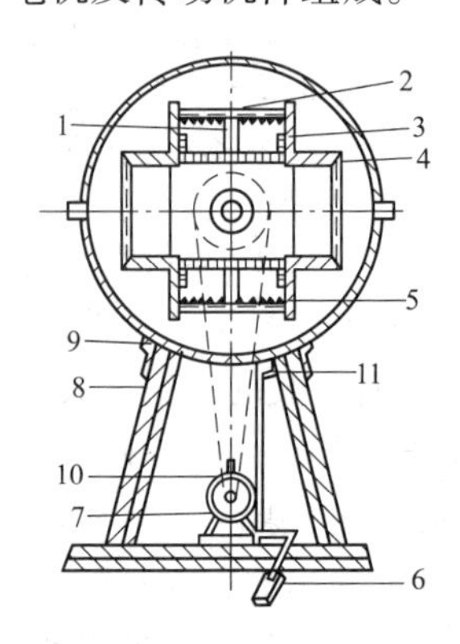

图8-4 AS-Ⅱ型安瓿甩水机结构图

1. 安瓿；2. 固定杆；3. 铝盘；4. 离心架框；5. 不锈钢丝网罩盘；6. 刹车踏板；
7. 电动机；8. 机架；9. 外壳；10. 皮带；11. 出水口

甩水机的作用是将从冲淋洗瓶机及蒸煮箱中取出的盘装安瓿内的剩余积水甩干净，以便再进行喷淋灌满水，再经蒸煮消毒、甩水。将盘装安瓿放入离心架框中，离心架框上焊有两根固定安瓿盘的压紧栏杆，用压紧栏杆将数排安瓿盘固定在离心机的转子上，机器开动后根据安瓿盘离心力原理，利用大于重力80～120倍的离心力作用及在极短的时间内急刹车时的惯性力作用，将安瓿内外的洗水甩净、沥干。

该设备的使用方法应按照安瓿的规格，以安瓿盘加盖后能放入、取出来调整离心架框压盘的高度；将装满安瓿的安瓿盘加盖后，放入离心架框内，按启动按钮使机器旋转1～2分钟；按停止按钮、刹车、取出安瓿盘即可。使用时需要注意的有两点：其一，放入安瓿盘后关好进料口，然后再按启动按钮，以确保安全；其二，如需停车时，先按停止按钮，再踩刹车踏板，否则不能停车。

该甩水机的保养为定期检查机器，一般每月全部检查一次。检查轴承座、轴、离心架框等各部的疲劳、损伤情况及磨损情况。尤其是离心架框，对每一部分都要仔细检查，发现裂纹与破损情况应及时修理，严禁带伤使用，以防止事故的发生；轴端滚动轴承，每两个月需拆开注黄油一次。

（二）气水喷射式安瓿洗瓶机组

气水喷射式安瓿洗瓶机组的工艺及设备较复杂，但洗涤效果比喷淋式安瓿洗瓶机组要好，可达到 GMP 要求。该种机组适用于大规格安瓿和曲颈安瓿的洗涤，是目前水针剂生产上常用的洗涤方法。

1. 洗涤过程 加压喷射气水洗涤法是目前生产上已确认较为有效的洗涤法。它是利用已过滤的蒸馏水（或去离子水）与已过滤的压缩空气，由针头喷入待洗的安瓿内，交替喷射洗涤，进行逐支清洗。压缩空气的压力，一般为 300 ~ 400kPa，冲洗顺序为气 - 水 - 气 - 水 - 气，一般 4 ~ 8 次，最后再经高温烘干灭菌。

制药企业一般将加压喷射气水洗涤机，安装在灌封机上，组成洗、灌、封联动机。气、水洗涤的程序由机械设备自动完成，大大地提高了生产效率。

2. 工作原理 该设备主要由供水系统、压缩空气及其过滤系统、洗瓶机等三大部分组成。如图 8 - 5。整个机组的关键设备是洗瓶机。气水喷射式安瓿洗瓶机组的洗瓶机工作时，首先将安瓿加入进瓶斗。在拨轮的作用下，依次进入往复摆动的槽板中，然后落入移动齿板上，经过二水二气的冲洗吹净。在完成了二水二气的洗瓶过程中，气水开关与针头架的动作配合协调。当针头架下移时，针头插入安瓿，此时气水开关打开气或水的通路，分别向安瓿内注水或喷气。当针头架上移时，针头移离安瓿，此时气水开关关闭，停止向安瓿供水、供气。

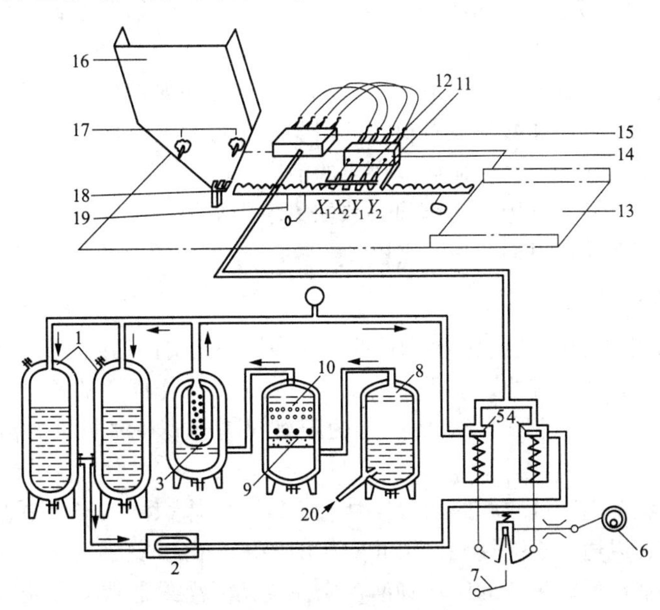

图 8 - 5 气水喷射式安瓿洗瓶机组工作原理示意图

1. 贮水罐；2、3. 双层涤纶袋滤器；4. 喷水阀；5. 喷气阀；6. 偏心轮；7. 脚踏板；8. 洗气罐；9. 木炭层；10. 瓷圈层；11. 安瓿；12. 针头；13. 出瓶斗；14. 针头架；15. 气水开关；16. 进瓶斗；17. 拨轮；18. 槽板；19. 移动齿板；20. 压缩空气进口

X_1位置，注水洗瓶；X_2位置，补充注水洗瓶；Y_1位置，注水洗瓶；Y_2位置，补充注水洗瓶

气水喷射式安瓿洗瓶机组的关键技术是洗涤水和空气的过滤。为了防止压缩空气中带入油雾而污染安瓿，必须使空气经过净化处理，即将压缩空气先冷却使压力平衡，再经洗气罐 8 水洗、焦炭（木炭）9、瓷圈层 10、双层涤纶袋滤器 3 等过滤使空气净化。净化的压缩空气一

部分通过管道进入贮水罐1，洗涤用水由压缩空气压送，经双层涤纶袋滤器2过滤，并维持一定的压力及流量至喷水阀4，水温不低于50℃；另一部分净化的压缩空气则通过管道至喷气阀5。

3. 使用时注意事项

（1）压缩空气和洗涤用水预先必须经过过滤处理，特别是空气的过滤尤为重要，因为压缩空气中带有润滑油雾及尘埃，不易除去。滤得不净反而污染安瓿，以致出现所谓“油瓶”。压缩空气压力约为0.3MPa。

（2）洗瓶过程中水和气的交替，分别由偏心轮与电磁喷水阀或电磁喷气阀及行程开关自动控制，操作中要保持针头与安瓿动作协调，使安瓿进出流畅。

（3）应定期维护所有传动件并及时加注润滑油。对失灵机件应该及时调整。

三、安瓿灌封设备

将滤净的药液定量的灌入经过清洗、干燥及灭菌处理的安瓿内，并加以封口的过程，称为灌封。完成灌装和封口工序的机器，称为灌封机。

目前，各生产企业普遍采用拉丝灌封的封口方式。拉丝灌封机是在熔封的基础上，加装拉丝钳机构的改进灌封机，封口效果理想。同时，更先进的洗、灌封联动机和洗、烘、灌、封联动机也普遍使用。联动机是集中了安瓿洗涤、烘干、灭菌以及灌封多种功能于一体的机器。

注射液灌封是注射剂装入容器的最后一道工序，也是注射剂生产中最重要的工序，注射剂质量直接由灌封区域环境和灌封设备决定。因此，灌封区域是整个注射剂生产车间的关键部位，应保持较高的洁净度。为保证灌封环境的洁净，GMP规定：药液暴露部位均需达到A级层流空气环境，凡有灌封机操作的车间必须配置净化空调系统。同时，灌封设备的合理设计及正确使用也直接影响注射剂产品的质量。

（一）安瓿灌封的工艺过程

安瓿灌封的工艺过程一般应包括安瓿的排整→灌注→充惰性气体→封口等工序。

安瓿的排整：将密集堆排的灭菌后的安瓿按照灌封机动作周期的要求，即在一定的时间间隔内，将定量的（固定支数）安瓿按一定的距离间隔排放在灌封机的传送装置上的操作过程。

安瓿的灌注：将配制、过滤后的药液经计量，按一定体积注入安瓿中去的操作过程。计量机构应便于调节，以适应不同规格、尺寸安瓿的要求。由于安瓿颈部尺寸较小，经计量后的药液需要使用类似注射针头状的灌注针灌入安瓿，又因灌封是数支安瓿同时进行，所以灌封机相应地有数套计量机构和灌注针头。

安瓿充填惰性气体：为了防止药品氧化，因此需要向安瓿内药液上部的空间充填惰性气体以取代空气。常用的惰性气体有氮气、二氧化碳气体，因后者可改变药液的pH，且易使安瓿熔封时破裂，所以应尽量使用氮气。充填惰性气体的操作是通过惰性气体管线端部的针头来完成的。此外，5ml以上的安瓿在灌注药液前还需预充惰性气体，提前以惰性气体置换空气。

安瓿的封口：利用火焰加热，将已灌注药液且充填惰性气体的安瓿颈部熔融后使其密封的操作过程。加热时安瓿需要自转，使颈部均匀受热熔融。国内的灌封机上均采用拉丝封口工艺。拉丝封口时瓶颈玻璃不仅有火焰加热后的自身融合，而且还用拉丝钳将瓶颈上部多余的玻璃靠机械动作强力拉走，同时加上安瓿自身的旋转动作，可以保证封口严密不漏，并且使封口处玻璃厚薄均匀，而不易出现冷爆现象。

图8－6为LAG1－2安瓿拉丝灌封机的外形示意图（拉丝钳图中未绘出）。LAG1－2拉丝灌封机整机主要是由进瓶斗、梅花转盘、传动齿板、灌药充气部分、封口部分、出瓶口部分等组成。具体工艺流程如下。

1. 灭菌的洁净安瓿瓶装入进瓶斗后，在梅花转盘的拨动下，依次排整齐进入到移动齿板之上。

2. 安瓿随移动齿板逐步地移动到灌注针头位置处。

3. 随后充气针头和灌药针头同时下降，分别插入数对安瓿内，完成吹气、充惰性气体以及灌注药液的动作。

4. 安瓿的充气和灌药都是两个一组同时完成的。其先后次序为吹气→第一次充惰性气体→灌注药液→第二次充惰性气体，这几个工作步骤都是在针头插入安瓿内瞬间完成的。

5. 机器上还设有自动止灌装置。如果灌注针头处没有安瓿时，可通过止灌装置进行控制，停止供输药液，不使药液流出污染机器并同时造成浪费。

6. 在充气和灌药时，此时移动齿板与固定齿板位置重叠，安瓿停止在固定齿板上。同时，压瓶机构将安瓿压住，帮助安瓿定位。当针头退出时，吹气针头停止供气，灌药针头停止供药液，压瓶机构也相应移开。

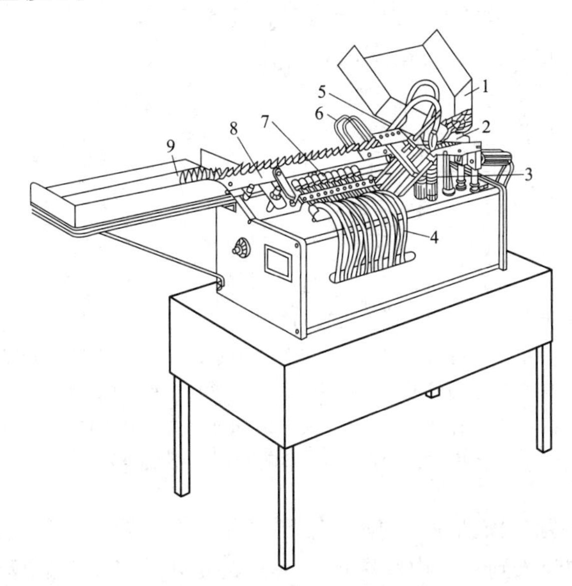

图8－6　LAG1－2安瓿拉丝灌封机的外形示意图

1. 加瓶斗；2. 梅花转盘；3. 灌注器；4. 燃气管道；5. 灌注针头；6. 止灌装置；
7. 火焰熔封灯头；8. 传动齿板；9. 出瓶斗

7. 完成灌装的安瓿将由移动齿板逐步地移动到封口位置。

8. 到了封口位置后，安瓿在固定位置上不停地自转。同时，有压瓶机构压在安瓿上面，使得安瓿不会左右移动，保证了拉丝钳在夹拉丝口时的正常工作。

9. 在封口时，安瓿的丝颈首先经过火焰预热。当丝颈加热到融熔状态时，由钨钢制成的夹钳及时夹住丝颈，拉断达到融熔状态的丝头。安瓿丝颈在被夹断处由于是熔融状态，而且

安瓿在不停的自转，丝颈的玻璃便熔合密接在一起，完成了封口工序。

10. 在拉丝过程中，夹钳共完成四个连续的动作。夹钳张开→前进到安瓿丝头位置→夹住丝头→退回到原始位置。然后再从第一步开始，重复上述动作。安瓿封口后，再由移瓶齿板逐步地移向出瓶轨道，沿出瓶轨道移至出瓶斗。

（二）安瓿拉丝灌封机的工作原理

根据安瓿规格大小的差异，安瓿灌封机一般分为 1～2ml、5～10ml 和 20ml 三种机型，这三种不同机型的灌封机不能通用，但其机械结构形式基本相同。见图 8－7。

1. 安瓿灌装机构 该设备由凸轮－拉杆装置、注射灌液装置及缺瓶止灌装置三大部分组成。图 8－8 所示为 LAG1－2 安瓿拉丝灌封机的结构示意图。

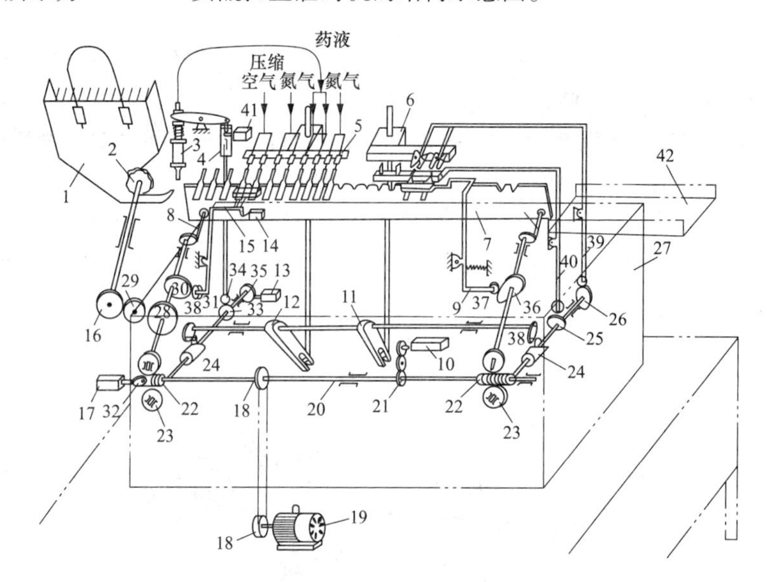

图 8－7 LAG1－2 安瓿拉丝灌封机结构示意图

1. 进瓶斗；2. 梅花转盘；3. 针筒；4. 导轨；5. 针头架，6. 拉丝钳架；7. 移瓶齿板；8. 曲轴；9. 封口压瓶机构；10. 移瓶齿轮箱；11. 拉丝钳上、下拨叉；12. 针头架上、下拨叉；13. 气阀；14. 行程开关；15. 压瓶装置；16、21、28. 圆柱齿轮；17. 压缩气阀；18. 皮带轮；19. 电动机，20. 主轴；22. 蜗杆；23. 蜗轮；24、30、32、33、35、36. 丁凸轮；25、26. 拉丝钳开口凸轮；27. 丁机架；29. 中间齿轮；31、34、37、39. 压轮；38. 摇臂压轮；40. 火头摇臂；41. 电磁阀；42. 出瓶斗

（1）凸轮－拉杆装置 由凸轮、扇形板、顶杆、顶杆座及针筒等构件组成。它的功能是完成将药液从贮液罐中吸入到针筒内并输向针头，灌装进入安瓿内的操作。它的整个传动系统如下：凸轮 1 连续转动到图示位置时，通过扇形板 2，转换为顶杆 3 的上、下往复移动，再转换为压杆 6 的上下摆动，最后转换为针筒芯 20 在针筒 7 内的上下往复移动。在有安瓿的情况下，顶杆 3 顶在电磁阀 4 伸在顶杆座内的部分（即电磁感应探头 21），与电磁阀 4 连在一起的顶杆座 5 上升，使压杆 6 摆动，压杆 6 另一端即下压，推动针筒 7 的针筒芯 20 向下运动，此时，单向玻璃阀 8 关闭，针筒 7 下部的药液通过底部的小孔进入针筒上部。针筒的针筒芯继续上移，单向玻璃阀 9 受压而自动开启，药液通过导管经过针头而注入安瓿 13 内直到规定容量。当针筒芯在针筒内向上移动时，即当凸轮不再压扇形板时，筒内下部产生真空，针筒的针筒芯靠压簧 11 复位，此时单向玻璃阀 8 打开，9 关闭，药液又由贮液罐 17 中被吸入针筒的下部，与此同时，针筒下部因针筒芯上提而造成真空再次吸取药液，顶杆和扇形板依靠自重

下落，扇形板滚轮与凸轮圆弧处接触后即开始重复下一个灌药周期，如此循环，完成安瓿的灌装。

（2）注射灌液装置　由针头、针头托架及针头托架座等组成。它的功能是提供针头进出安瓿灌注药液的动作。针头10固定在针头架18上，随它一起沿针头架座19上的圆柱导轨作上下滑动，完成对安瓿的药液灌装；当需要填充惰性气体以增加制剂的稳定性时，充气针头与灌液针头并列安装在同一针头托架上，一起动作。

（3）缺瓶止灌装置　由摆杆、行程开关、拉簧及电磁阀等组成。它的功能是当送瓶装置因某种故障致使在灌液工位出现缺瓶时，能自动停止灌液，以免药液的浪费和污染机器。当因送瓶斗内安瓿堵塞或缺瓶而使灌装工位的灌注针头处齿形板上没有安瓿时，摆杆12与安瓿接触的触头脱空，拉簧15将摆杆下拉，直至摆杆12触头与行程开关14触头相接触，行程开关14闭合，此时接触电磁阀的电流可打开电磁阀4，致使开关回路上的电磁阀4动作，使顶杆3失去对压杆6的上顶动作而控制注射器部件，从而达到了自动止灌的功能。

大规格安瓿灌封机与小规格安瓿灌封机的灌装装置的结构相似，差别在于灌注药液的容量、注射针筒的体积及相应的压杆运动幅度大小。

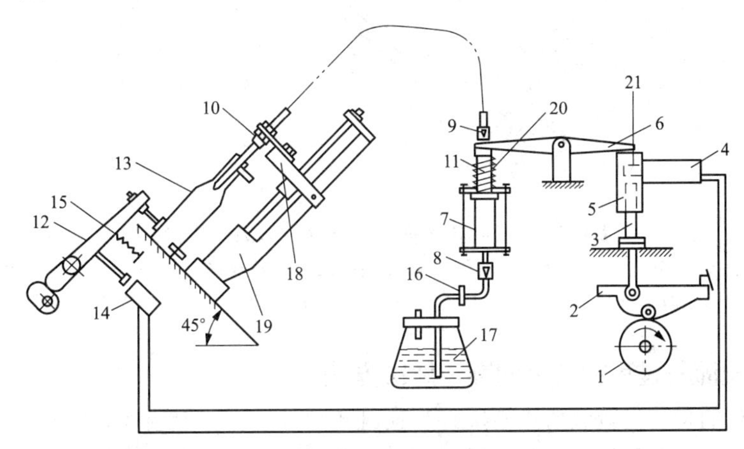

图8－8　LAG1－2型安瓿拉丝灌封机灌装机构的结构示意图

1. 凸轮；2. 扇形板；3. 顶杆；4. 电磁阀；5. 顶杆座；6. 压杆；7. 针筒；8、9. 单向玻璃阀；10. 针头；11. 压簧；12. 摆杆；13. 安瓿；14. 行程开关；15. 拉簧；16. 螺丝夹；17. 贮液罐；18. 针头托架；19. 针头托架座；20. 针筒芯；21. 电磁感应探头

2. 安瓿拉丝封口机构　封口是将已灌注药液且充惰性气体后的安瓿瓶颈密封的操作过程。拉丝封口是指当旋转安瓿瓶颈玻璃在火焰加热下熔融时，采用机械方法将瓶颈闭口。

拉丝封口主要由拉丝装置、加热装置和压瓶装置三部分组成。图8－9所示为LAG1－2安瓿拉丝灌封机气动拉丝封口机构结构示意图。

拉丝装置包括拉丝钳、控制钳口开闭部分及钳子上下运动部分。按其传动形式分为气动拉丝和机械拉丝两种。两者之间的不同之处在于如何控制钳口的启闭部分，气动拉丝是通过气阀凸轮控制压缩空气经管道进入拉丝钳使钳口启闭，气动拉丝结构简单，造价低，维修方便；而机械拉丝则是由钢丝绳通过连杆和凸轮控制拉丝钳口的启闭，机械拉丝结构复杂，制造精度要求高，并且不存在排气的污染，适用于无气源条件下的生产。

气动拉丝封口工作原理如下：①灌好药液并充入惰性气体的安瓿3经移瓶齿板作用进入图示位置时，安瓿颈部靠在上固定齿板的齿槽上，安瓿下部放在蜗轮箱的滚轮上，底部则放在呈半圆形的支头上，安瓿上部由压瓶滚轮 4 压住以防止拉丝钳 1 拉安瓿颈丝时安瓿随拉丝钳移动。此时，由于蜗轮转动带动滚轮旋转，从而使安瓿旋转，同时压瓶滚轮 4 也在旋转；②加热火焰温度为 1400℃左右，对安瓿颈部需加热部位圆周加热到一定火候，拉丝钳口张开向下，当达到最低位置时，拉丝钳收口，将安瓿头部拉住，并向上将安瓿熔化丝头抽断而使安瓿闭合。加热火焰由煤气 14、压缩空气 13 和氧气 15 混合组成；③当拉丝钳到达最高位置时，拉丝钳张开、闭合两次，将拉出的废丝头甩掉，这样整个拉丝动作完成。拉丝过程中拉丝钳的张合由启动气阀 11、偏心凸轮 10 控制压缩空气 12 完成；④安瓿封口完成后，由于压瓶凸轮 6 作用，摆杆 5 将压瓶滚轮 4 拉起，移动齿板将封口的安瓿移至下一位置，未封口的安瓿送入火焰位置进行下一个动作周期。

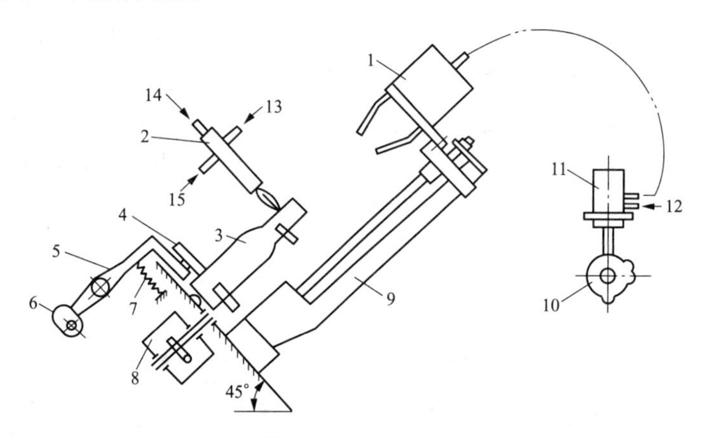

图 8－9　LAG1－2 安瓿拉丝灌封机气动拉丝封口机构结构示意图

1. 拉丝钳；2. 吹嘴；3. 安瓿；4. 压瓶滚轮；5. 摆杆；6. 压瓶凸轮；7. 拉簧；8. 蜗轮蜗杆箱；9. 拉丝钳座；10. 偏心凸轮；11. 启动气阀；12、13. 压缩空气；14. 煤气；15. 氧气

（三）安瓿灌封过程中常见问题及解决方法

注射剂安瓿的封口一般包括拦腰拉封和顶封两种方法，一般制药企业都会采用拦腰拉封的方法进行生产，该产品具有顶部光滑、结实、严密等优点。由于灌封机的灌注药液是由四个动作协调进行的：①移动齿档送安瓿；②灌注针头下降；③灌注药液入安瓿；④灌注针头上升后安瓿离开同时灌注器吸入药液。这四个动作按顺序进行，而且必须协调。一般情况下，生产的成品能够通过合格检验。但在实际应用过程中，许多因素都会影响安瓿灌封后的质量。诸如在生产过程中出现冲液现象、束液不良，封口出现泡头、瘪头、尖头、焦头等质量问题。

1. 冲液现象　冲液是指在灌注药液过程中，药液从安瓿内冲起溅在瓶颈上方或冲出瓶外，冲液的发生会造成容量不准、药液浪费、封口焦头和封口不严密等问题。

解决冲液现象的主要措施有以下几种：①注液针头出口多采用三角形的开口，中间拼拢形成“梅花形针端”，这样的设计能使药液在注液时沿安瓿瓶身进液，而不直冲瓶底，减少了液体注入瓶底的反冲力；②调节注液针头进入安瓿的位置使其恰到好处；③改进提供针头托架运动的凸轮设计，使针管吸液和针头注药的行程加长，非注液时的行程缩短，保证针头出液先急后缓。

2. 束液不良　束液是指注液结束时，针头上不得有液滴沾留挂在针尖上，若束液不良则液滴容易弄湿安瓿颈，既影响注射剂容量，又会出现焦头或封口时瓶颈破裂等问题。

解决束液不良现象的主要方法有以下几种：①改进灌药凸轮的设计，使其在注液结束时返回行程缩短、速度快；②设计使用有毛细孔的单向玻璃阀，使针筒在注液完成后对针筒内的药液有微小的倒吸作用；③一般生产时常在贮液瓶和针筒连接的导管上夹一只螺丝夹，靠乳胶管的弹性作用控制束液，可使束液效果更好。

3. 封口质量问题 封口质量直接受封口火焰温度的影响，若火焰温度过高，拉丝钳还未下来，安瓿丝头已被火焰加热熔化并下垂，拉丝钳无法拉丝；火焰温度过低，则拉丝钳下来时瓶颈玻璃还未完全熔融，不是拉不动，就是将整支安瓿拉起，影响生产操作。生产中，常因火焰温度控制不好而产生“泡头”“瘪头”“尖头”等问题，产生原因及解决措施如下。

（1）泡头 煤气太大、火力太强导致药液挥发，可调小火焰；预热火头太高，可适当降低火头位置；主火头摆动角度不当，一般摆动1°~2°角；安瓿压脚没压好，使瓶子上爬，应调整上下角度位置；拉丝钳子位置太低，造成钳去玻璃太多，玻璃瓶内药液挥发，压力增加，而成泡头，需将拉丝钳调到相应位置。

（2）瘪头（平头） 瓶口有水迹或药迹，拉丝后因瓶口液体挥发，压力减少，外界压力大而使瓶口倒吸形成平头，可通过调节灌装针头位置和大小，不使药液外冲；调节回火火焰不能太大，防止使已圆好口的瓶口重新熔融。

（3）尖头 煤气供给量过大，导致预热火焰、加热火过强、过大，使拉丝时丝头过长，可把煤气量调小些；火焰喷枪离瓶口过远，使加热温度太低，应调节中层火头，对准瓶口，离瓶3~4mm；压缩空气压力太大，造成火力急，导致温度低于玻璃的软化点，可将空气量调小一点。

（4）焦头 主要因安瓿颈部沾有药液，封口时炭化而致。例如，灌药室给药太急，溅起药液在安瓿内壁上；针头回药慢，针尖挂有药滴且针头不正，针头碰到安瓿内壁；瓶口粗细不均匀，碰到针头；压药与打药行程未配合好；针头升降不灵；火焰进入安瓿内等均可导致“焦头”。通过调换针筒或针头；更换合格安瓿；调整修理针头升降装置等加以解决。

此外，充惰性气体二氧化碳时容易发生瘪头、爆头，要引起注意。

由此可见，控制调节封口火焰的大小是封口质量好坏的关键，一般封口温度调节在1400℃，由煤气和氧气压力控制，煤气压力大于0.98kPa，氧气压力为0.02~0.05MPa。火焰头部与安瓿瓶颈间最佳距离为10mm，生产中拉丝火头前部还有预热火焰，当预热火焰使安瓿瓶颈加热到微红时，再移入拉丝火焰熔化拉丝，有些灌封机在封口火焰后还设有保温火焰，使封好的安瓿慢慢冷却，以防止安瓿因突然冷却而发生爆裂现象。

（四）安瓿灌封机维修与保养

灌封是注射剂装入容器的最后一道工序，也是注射剂生产中最重要的工序，安瓿灌封机也是小容量注射剂制备的关键设备之一，因此该设备能否运行正常，各部件运转是否良好，其配套设备能否配合协调，直接决定着注射剂的质量。

1. 灌封机自身的使用和保养

（1）每次开车前，应先进行过滤药液的可见性异物检查，待检查合格后，再对贮液罐进行检查。

（2）调整机器时，工具的选择及使用要适当，严禁用过大的工具或用力过猛。对松动的螺钉，一定要紧固。每次开车前，均应先用手轮摇动机器，查看各工位是否协调，待整个传动部位运转正常后，接通电源，方可开机。

（3）检查调整好针头（充药针头、吹气针头、通惰性气体针头），并在日光灯下挑选安瓿，剔除不合格安瓿（裂纹、破口、掉底、丝细、丝粗等）。将选好的安瓿轻轻倒入安瓿斗中。

（4）先轻微开启燃气（煤气）阀点燃灯火，再开助燃气（压缩空气）调整好火焰，开车检查充填和封口情况，如是否有擦瓶口、漏药（碳化）、容量不准，通气不均匀、或大或小等。并取出开车后灌封好的安瓿20～30支，检查封口是否严密、圆滑、药液可见性异物检查是否合格，随时剔除焦头、泡头、漏水等不合格品。检查合格后才能正常工作。

燃气头应该经常从火焰的大小来判断是否良好，因为燃气头的小孔使用一定时间后容易被积炭堵塞或小孔变形而影响火力。

灌封机火头上面要装排气管，用于排除热量及燃气过程中产生的少量灰尘，同时又能保持室内温度、湿度和清洁度，有利于产品质量和工作人员的健康。

（5）在生产时，充填惰性气体应该注意根据产品的要求通二氧化碳或氮气，并检查管路和针头是否通畅，有否漏气现象。还应注意通气量大小，一般以药液面微动为准。

（6）机器必须保持清洁，生产过程中应及时清除机器上的药液和玻璃碎屑，严禁机器上有油污，严防药液及水漏滴进电机或是插头部位，以保证电器安全。

（7）结束工作时，彻底清理卫生，应将机器各部件清洗一次。先用压缩空气吹净碎玻璃，再用水或酒精擦净机器上的油污和药液，要对所有的注油孔加油一次，并空车运转使其润滑。每周应彻底擦洗一次，特别是擦净平常使用中不易清洗到的地方。

课堂互动

停机时需注意哪些问题

1. 停机时，拉丝钳应避免停留在喷枪火焰区，防止拉丝钳口长时间受高温、潮湿而损伤。

2. 停机时，要先关电源，再依次关燃气（煤气）阀门和助燃气（压缩空气）阀门。

3. 在机器使用前后，应按照制造厂家提供的详细说明书等技术资料检验机器性能。

4. 灌封机每季度小修一次，每年大修一次。

2. 压缩空气贮罐的使用、维护和保养

（1）使用前，应检查压缩空气蒸汽预热保温是否正常（温度保持在50～60℃）。

（2）使用时，检查压力是否稳定，缓慢打开压缩空气阀，使压力控制在规定的压力范围内。

（3）安全装置每季度校正，一次压力表每半年校验一次。

3. 惰性气体使用方法

（1）第一次使用惰性气体时，需要调整定值器，定到所需气量。以后再使用时，就不能随意变动。

（2）使用惰性气体时，先打开总开关，拉开拉丝开关。然后，慢慢开启高压气瓶阀门。当电接点压力表指示的压力达到高限，高压信号电铃响起时，再将阀门开大一点即可。

（3）当听到低压限铃响起时，说明气瓶内气量不足，应该换新气瓶。

四、安瓿洗、烘、灌、封联动机

最终灭菌小容量注射剂洗、烘、灌、封联动机组灌装工艺流程示意图见图8－10。

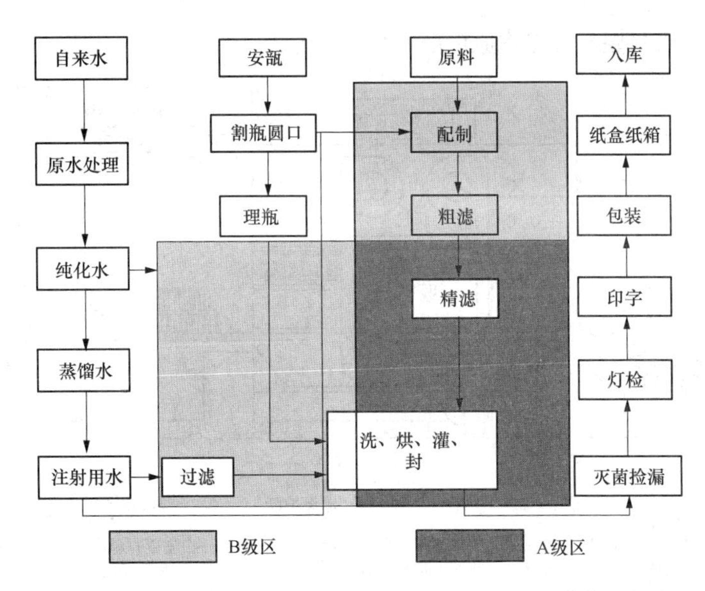

图 8－10　最终灭菌小容量注射剂洗、烘、灌、封联动机组灌装工艺流程示意图

安瓿洗、烘、灌、封联动机是一种将安瓿洗涤、烘干灭菌以及药液灌封三个步骤联合起来的生产线，联动机由安瓿超声波清洗机、隧道灭菌箱和多针拉丝安瓿灌封机三部分组成。联动机实现了注射剂生产承前联后同步协调操作，不仅节省了车间、厂房场地的投资，又减少了半成品的中间周转，将药物受污染的可能性降低到最小限度，因此具有整机结构紧凑、操作便利、质量稳定、经济效益高等优点。除了可以联动生产操作之外，每台单机还可以根据工艺需要，进行单独的生产操作。

1. 安瓿洗、烘、灌封联动机工艺流程　安瓿上料－喷淋水－超声波洗涤－第一次冲循环水－第二次冲循环水－压缩空气吹干－冲注射用水－三次吹压缩空气－预热－高温灭菌－冷却－螺杆分离进瓶－前充气－灌药－后充气－预热－拉丝封口－计数－出成品。安瓿洗、烘、灌封联动机主要部件有机座、传动装置、输送带、计重泵、拉丝结构、燃烧组、层流装置、电控柜等。

图 8－11 为 ACSD 安瓿超声波灌洗机，ACSD－2 型安瓿洗烘灌封联动机是使用 2ml 安瓿进行注射剂生产的专用机械设备。该机由 CAX－18Z/2m1 型超声波洗涤机、SMH－18/400 型隧道灭菌箱、DALG－6Z/2ml 型多针拉丝灌封机组成。

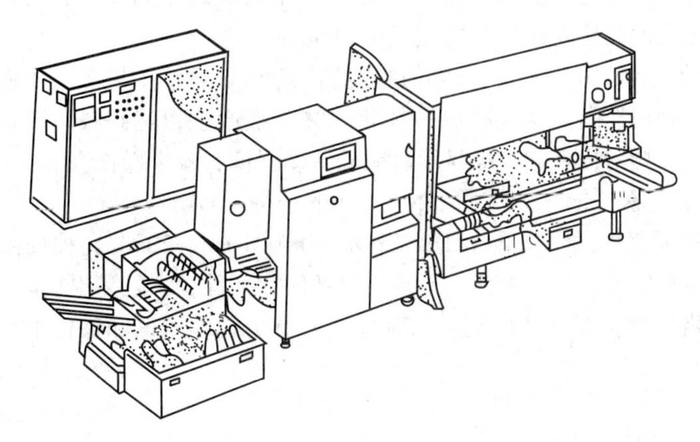

图 8－11　ACSD－2 型安瓿超声波洗烘灌封联动机外形示意图

安瓿洗、烘、灌封联动机工作原理如图 8－12 所示。

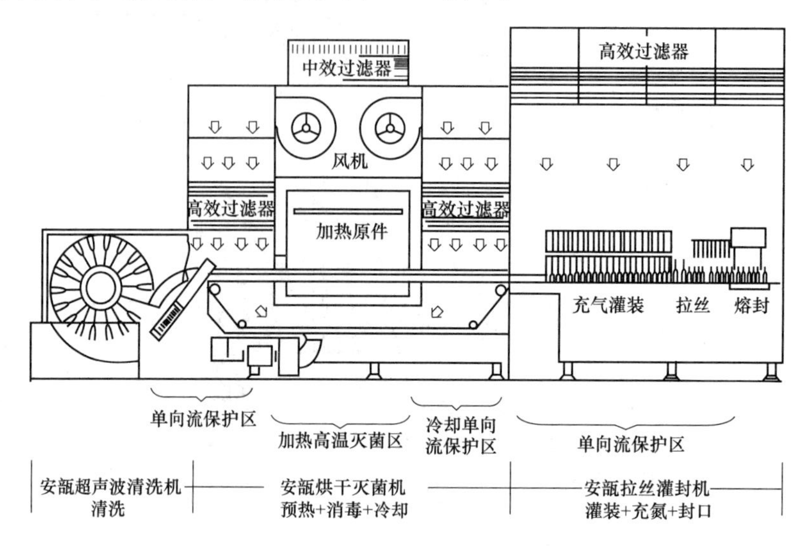

图 8－12　安瓿洗灌封联动机工作原理示意图

2. 安瓿洗、烘、灌封联动机主要特点

（1）采用了先进的超声波清洗技术对安瓿进行洗涤，并配合多针水气交替冲洗及安瓿倒置冲洗。洗涤用水是经孔径为 0.2～0.45μm 滤器过滤的新鲜注射用水，压缩空气也需经孔径 0.45μm 的滤器过滤，除去灰尘粒子、细菌及孢子体等。整个洗涤过程采用电气控制。

（2）采用隧道式红外线加热灭菌和热层流干热空气灭菌两种形式对安瓿进行烘干灭菌。在 A 级层流净化空气条件下，通常 350℃高温干热灭菌 5 分钟，即可去除生物粒子，杀灭细菌和破坏热原，并使安瓿达到完全干燥。

（3）安瓿在烘干灭菌后立即采用多针拉丝灌封机进行药液灌封。灌液泵采用无密封环的柱塞泵，可快速调节装量，还可进一步调整吸回量，避免药液溅溢。驱动机构中设有灌液安全装置，当灌液系统出现问题或灌装工位没有安瓿时，能立即停机止灌。每当停机时，拉丝钳钳口能自动停于高位，避免烧坏。

（4）在安瓿出口轨道上设有光电计数器，能随时显示产量。

（5）联动机中安瓿的进出采用串联式，减少了半成品的中间周转，可避免交叉污染，加之采用了层流净化技术，使安瓿成品的质量得到提高。

（6）联动机的设计充分地考虑了运转过程的稳定性、可靠性和自动化程度，采用先进的电子技术、实现计算机控制，实现机电一体化。整个生产过程达到自动平衡、监控保护、自动控温、自动记录、自动报警和故障显示，减轻劳动强度，减少操作人员。

（7）生产全过程是在密闭或层流条件下工作的，符合 GMP 要求。

（8）联动机的通用性强，适合于 1ml、2ml、5ml、10ml、20ml 五种安瓿规格，并且适合于我国使用的各种规格的安瓿。更换不同规格安瓿时，换件少，且易更换。

（9）该机价格昂贵，部件结构复杂，对操作人员的管理知识和操作水平要求较高，维修也较困难。

五、安瓿擦瓶机

安瓿擦瓶机是用来擦拭经消毒检漏后安瓿外表面的机器。安瓿经消毒检漏后，虽经热水冲淋，其外表面仍难免残留有水渍、色斑及其他影响印字等不清洁物质存在，个别破损的安瓿还会将药水污溢于其他安瓿的外表面，这样会给下道工序质量检查及印字带来困难。因此，消毒检漏后的安瓿需擦净安瓿的外表面，为此工艺上设有擦瓶机。在制药企业中以 AC－3 型安瓿擦瓶机最为常用。

1. 擦瓶机的工作原理 该机主要由进瓶盘、拨瓶轮轨道、擦辊与传送带、出瓶轨道、出瓶盘等部分组成。该机的工作原理是将经高温灭菌后的安瓿放入进瓶盘内，利用与水平面成60°倾角的进瓶盘（在图的右上方，未示出），使安瓿具有自动下行的动力，在进瓶盘的下口设有一个等速旋转的拨瓶轮，将安瓿依次在拨瓶爪作用下单个进入宽度仅容一个安瓿通过的下瓶轨道。轨道栏杆间距调节到只容许一只安瓿灵活通过的宽度。在传递带的带动下，安瓿一个接一个的进入擦辊和行走皮带之间。轨道底部有传送带，安瓿缓慢经过两组擦辊部位。擦辊由胶棒及干绒布套（或干毛巾套）组成。擦辊轴水平卧置于安瓿轨道一侧的中端处，它由链轮拖动旋转。当传送带将安瓿拖带到有擦辊处，受摩擦作用边自转边被传送带推着向前移动。擦辊在作连续转动的同时，与侧送而来的安瓿产生摩擦，从而完成擦拭动作。两组擦辊中第一只擦辊直径比第二只擦辊直径大 20～40mm。用于揩擦安瓿的中、上部，第二个擦辊直径稍小用于揩擦安瓿的中、下部，其直径差异应适于相应的安瓿的丝颈与瓶身直径的差异。这样，安瓿经过两只不同直径的擦辊摩擦后，安瓿不同高度的部位都被揩擦干净了。经辊擦干净的安瓿又于轨道末端的出瓶盘集中贮存。

2. 擦瓶机的使用方法 ①调整下瓶、出瓶轨道及行走皮带与擦辊之间的距离，以适应所擦安瓿的规格大小，使安瓿在揩擦中松紧适中，以既能顺利通过，姿势正确，又能揩擦干净为宜。②将灭菌后的安瓿装入进瓶盘，一般不应超过 600 支。开车前，操作者先用手使安瓿进入轨道，并使第一支安瓿进入揩擦区。然后，先按动点动按钮进行试车，待安瓿能顺利的通过揩擦区，并经过检查揩擦情况合格后，才能按动连续工作按钮，使机器连续运转工作。③连续工作开始后，要定时检查安瓿的揩擦质量，以防工作中调整部分的松动，而降低揩擦的质量。

3. 擦瓶机的注意事项 ①为了防止安瓿容易破碎情况的发生，最好使用符合标准规格要求的安瓿。在生产中，如果出现破瓶，应立即停车。用酒精或汽油（在允许使用汽油的情况下）将溅出的药液擦拭干净，清除玻璃碎片，以免引起粘连使机器运行不畅。如果揩擦黏性高药品的安瓿，如 50% 葡萄糖等，应及时对所有运行轨道用酒精（或汽油）进行擦洗，以除掉安瓿外面所黏带的药液，防止引起故障。②擦辊外面的大绒布套旋绕方向一定不要搞错，并要保持其清洁、干燥。

4. 擦瓶机的保养 ①定期检查机件，一般要每三个月检查一次。检查轴承、齿轮、链轮、链条及其他活动部分的转动灵活性及磨损情况，发现缺陷时，应及时修理，不得勉强使用，以免影响整机的寿命。对容易溅落上玻璃碎片的活动部件，要每班清理一次；②本机应安装在清洁干燥的室内使用，距离墙壁不得少于 700mm，以便于检修；③每班工作前，要对所有需要润滑的部位进行注油，特别注意给蜗轮减速器注油时，要注到标准位置；④机器如长期不使用时，要用防锈油涂盖，各镀铬抛光工作表面、传动部位，要用油封好。

六、安瓿的灯检设备

注射剂质量检查中，可见异物检查是否合格是保证注射剂质量的关键。因为注射剂生产过程中难免会带入一些异物，如未滤去的不溶物、容器或滤器的剥落物以及空气中的尘埃等。

微粒污染对人体所造成的危害已引起普遍关注，较大的微粒可引起血栓、微粒过多可造成水肿和静脉炎、异物侵入组织可引起肉芽肿，此外微粒还可以引起过敏反应，热原样反应。尤其像橡胶屑、碳黑、纤维、玻璃屑等异物在体内会引起肉芽肿、微血管阻塞及肿块等不同的损伤。这些带有异物的注射剂通过可见异物检查必须剔除。

经过真空灭菌检漏、外壁洗擦干净的安瓿通过一定照度的光线照射，用人工或光电设备可进一步判别是否存在破裂、漏气、装量过满或不足等问题。对于空瓶、焦头、泡头或有色点、浑浊、结晶、沉淀以及其他异物等不合格的安瓿加以剔除。

1. 人工灯检 人工灯检，要求灯检人员视力不低于0.9（每年必须定期检测视力）。人工目测检查主要是依据待测安瓿被振摇后药液中微粒的运动从而达到检测目的。按照我国GMP的相关规定，一个灯检室只能检查一个品种的安瓿。人工灯检的工作台及背景为不反光的黑色或白色（检查有色异物时用白色），目的是有明显的对比度，以提高检测效率；检查时一般采用40W青光的日光灯作光源，并用挡板遮挡以避免光线直射入眼内。要求检测时将待测安瓿置于检查灯下距光源200～250mm处轻轻转动安瓿，目测药液内有无异物微粒并按照《中国药典》的相关规定把不合格的安瓿加以剔除。

2. 安瓿异物光电自动检查仪 半自动或自动安瓿异物检查仪的原理是利用旋转的安瓿带动药液一起旋转，当安瓿突然停止转动时，药液由于惯性会继续旋转一段时间，此时只有药液是运动的。在安瓿停转的瞬间，以光束照射安瓿，在光束照射下产生变动的散射光或投影，背后的荧光屏上即同时出现安瓿及药液的图像。利用光电系统采集运动图像中微粒的大小和数量的信号，并排除静止的干扰物，经电路处理可直接得到不溶物的大小及多少的显示结果。再通过机械动作及时准确地将不合格安瓿剔除。

七、安瓿的印字包装设备

安瓿完成灌封、灭菌、检漏、擦瓶等各工序，并经灯检、热原、pH值等质量检查合格后，最后一道工序是印字和包装，其过程包括安瓿印字、装盒、加说明书。GMP明确规定，安瓿没有印字（或标记）不允许出厂或进入市场。这是因为许多注射剂的颜色都是一样的，不印字的注射剂，无法分辨药的品名及剂量。另外，任何药品都有有效期，不印字，人们也无法判断所用药品是否失效。不知道品名、剂量和有效期的注射剂是绝对不能用的。所以，必须在注射剂成品的安瓿上印字。印字内容包括普通人能读懂的药品名称、剂量、批号、有效期以及商标等标记。并将印字后的安瓿每10支装入贴有明确标签的纸盒里。安瓿印包机应由开盒机、印字机、装盒关盖机、贴签机、扎捆机等四个单机联动而成。印字包装生产线的流程如图8－13所示。现分述各单机的功能及结构原理。

（一）开盒机

安瓿的尺寸在国家标准中是有一定规定的，因此相应的装安瓿用纸盒的尺寸、规格也是标准的。开盒机就是按照标准纸盒的尺寸设计与工作的。开盒机的作用是将一叠叠堆放整齐的贮放安瓿的空纸盒盒盖翻开，以供贮放印好字的安瓿。

开盒机由传动机构、贮盒输送带、光电管、推盒板、翻盒爪、弹簧片、翻盒杆及机架等构件组成。

翻盒动作的机械过程是翻盒爪与往复推盒板做同步转动，当往复推盒板将一只纸盒推送到开盒台上翻盒爪（一对）的位置，翻盒爪与盒底相接触时，就给纸盒一定的压力，迫使纸盒底部向上翘，使纸盒底部越过弹簧片的高度，此时翻盒爪已转过盒底，纸盒上无外力，盒

底的自由下落将受到弹簧片的阻止，张开口的纸盒搁架在弹簧片上，并只能张着口被下一只盒子推向前方。后者在推盒板的推送下按图的方向自右向左移动。前进中的盒底在将要脱开弹簧片下落的瞬间，遇到曲线形的翻盒杆将盒底张口进一步扩大，直至将盒盖完全翻开，至此开盒机的工作已经完成。翻开的纸盒由另一条输送带输送到安瓿印字机下，等待印字后装盒。

翻盒爪需有一定的刚度和弹性，既要能撬开盒口，又不能压坏纸盒，翻盒爪的长度太长，将会使旋转受阻，翻盒爪若太短又不利于翻盒动作。因此对翻盒爪的材料及几何尺寸要求极为严格。

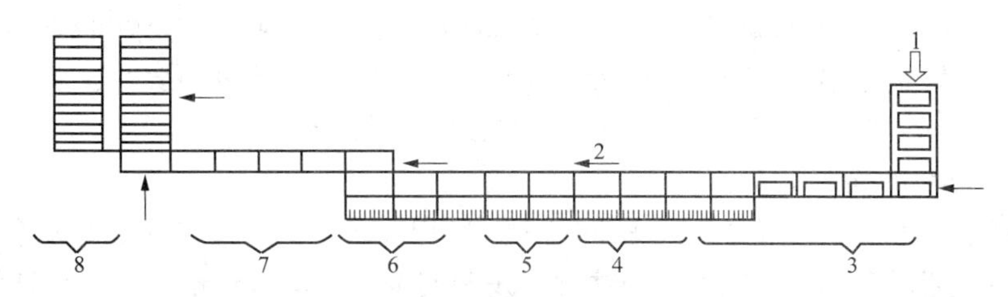

图 8－13　安瓿印包生产线流程示意图

1. 贮盒输送带；2. 传送带；3. 开盒区；4. 安瓿印字理放区；
5. 放说明书；6. 关盖区；7. 贴签区；8. 扎捆区

（二）安瓿印字机

为了方便、安全地使用安瓿剂，灌封、检验后的安瓿在包装时需在安瓿瓶体上用油墨印写清楚药品名称、有效日期、产品批号等，否则不许出厂和进入市场。

安瓿印字机除了往安瓿上印字外，还应完成将印好字的安瓿摆放于纸盒里的工序。

1. 工作原理　安瓿印字机由安瓿输送机构和印字机构两部分组成，其中关键的工作部分是印字机构，其作用是用油墨将字轮上的字清晰地复印在安瓿瓶身上。该机构由橡皮印字轮、字轮、上墨轮、钢质轮、匀墨轮等组成。两个反向转动的送瓶轮按着一定的速度将安瓿逐只自安瓿盘输送到推瓶板前，即送瓶轮、字轮的转速及推瓶板和纸盒输送带的前进速度等需要协调，这四者同步运行。作往复间歇运动的推瓶板每推送一只安瓿到橡皮印字轮下，也相应的将另一只印好字的安瓿推送到开盖的纸盒槽内。油墨是用人工的方法加到匀墨轮上。匀墨轮与钢质轮紧贴在一起，通过对滚，由钢质轮将油墨滚匀并传送给橡皮上墨轮。橡皮上墨轮与字轮（字轮上的字板可以更换）在转动中接触，随之油墨即滚加在字轮上，字轮在转动中与橡皮印字轮接触，将带墨的钢制字轮上正字模印翻印在橡皮印字轮上。

由安瓿盘的下滑轨道滚落下来的安瓿将直接落到镶有海绵垫的托瓶板上，以适应瓶身粗细不匀的变化。推瓶板将托瓶板及安瓿同步送至橡皮印字轮下。转动着的橡皮印字轮在压住安瓿的同时也拖着其反向滚动，将橡皮印字轮上的反字油墨字迹以正字形式印到安瓿上。印好字的安瓿从托瓶板的末端甩出，落入传送带上盒盖已打开的空纸盒内。将放入盒中的安瓿摆放整齐，并放入一张预先印刷好的使用说明书，最后再盖上盒盖，由输送带送往贴签机。

通常安瓿瓶身上需要印有三行字，其中第一、二行要印上厂名、剂量、商标、药名等字样，是用铜板排定固定不变的，第三行则是药品的批号。由于安瓿与橡皮印字轮滚动接触的周长只占其1/3，故全部字必须布置在小于1/3安瓿周长的范围内。而第三行药品的批号需要使用活版铅字，准备随时变动调整，这就使字轮的结构十分复杂且需紧凑。

如果印字机字轮上的弹簧强度控制的不合适，将导致印出的字迹不清晰，容易产生糊字现象，这也是油墨印字的缺点。同时油墨的质量也对字迹的清晰程度有影响。

2. 安瓿印字机的使用 在印字之前需在匀墨轮上涂好油墨。使油墨均匀后，安装好字版及进行药品批号的更换，并调整好与字轮的间距，再把经质量检查合格后的安瓿，由工人放入到倾斜的安瓿盘内。一次放200～500支安瓿为宜。然后进行印字。需要一名或两名工人负责印完字后的安瓿质量检查及整理盒盖等工作。

（1）开车前的准备工作 开车前，先要检查机器各部分有无故障，于齿轮和轴处加入润滑油。用少许油墨进行印字并观察印字范围及字迹是否清晰，调整到机器符合要求后，再开始印字。

（2）注意事项 ①涂油墨时，要遵循少而勤的原则；②发现字迹太浓和不整洁等现象时，需清理匀墨轮和橡皮印字轮，并用汽油擦洗字版；发现字迹太淡等现象时，需添加油墨；发现字迹前后浓淡不一等现象时，需调整字轮与橡皮印字轮的距离。

3. 安瓿印字机的保养

（1）要定期对机器进行检查，一般每三个月进行一次。重点检查轴承、齿轮、链轮、链条及活动部分是否转动灵活。观察磨损情况，发现问题应及时维修解决，不得勉强使用，以免损坏机器。

（2）该机器应安装在干燥、清洁的室内，离墙边600～800mm，以便于检修和保养。

（3）使用时，如有安瓿破损，应立即停车，擦干药液并清除玻璃碎屑后，再进行工作。

（4）机器不用时，应立即将匀墨轮、钢质轮、上墨轮、字轮和橡皮印字轮用汽油擦洗干净，并将印字部分用塑料布盖好，以保持清洁。

（三）贴标签机

贴标签工作可由贴标签机来完成，通常包括涂浆糊、贴标签两部分。装有安瓿和说明书的纸盒在传送带前端受到悬空的挡盒板的阻挡不能前进，而处于档板下边的推板在做间歇往复运动。当推板向右运动时，空出一个纸盒长使纸盒下落在工作台面上。在工作台面上纸盒是一个个相连的，因此推板每次向左运动时推送的是一串纸盒同时向左移动一个纸盒长。在胶水槽内贮有一定液面高度的胶水。由电机经减速后带动的大滚筒回转时将胶水带起，再借助一个中间滚筒可将胶水均布于上浆滚筒的表面上。上浆滚筒与左移过程中的纸盒接触时，自动将胶水滚涂于纸盒的表面上。做摆动的真空吸头摆至上部时吸住标签架上的最下面一张标签，当真空吸头向下摆动时将标签一端顺势拉下来，同时另一个做摆动的压辊恰从一端将标签压贴在纸盒盖上，此时真空系统切断，真空消失。由于推板使纸盒向前移动，压辊的压力即将标签从标签架上拉出并被滚压平贴在盒盖上。

当推板右移时，真空吸头及压辊也改为向上摆动，返回原来位置。此时吸头重新又获得真空度，开始下一周期的吸、贴标签动作。

贴标签机的工作要求送盒、吸签、压签等动作协调。两个摆动件的摆动幅度需能微量可调，吸头两端的真空度大小也需各自独立可调，方可保证标签及时吸下，并且不致贴歪。另外也可防止由于真空度过大，或是接真空时太猛而导致的双张标签同时吸下的现象。

（四）不干胶贴签机

现在大量使用不干胶代替胶水，可省去涂浆糊工序。目前不干胶贴签机已被广泛应用。标签直接印制在背面有胶的胶带纸上，并在印刷时预先沿标签边缘划有剪切线，胶带纸的背面贴有连续的背纸（也叫衬纸），所以剪切线并不会使标签与整个胶带纸分离。

印有标签的整盘胶带纸装在胶带纸轮上，经过多个中间张紧轮，引到剥离刃前。由于剥离刃处的突然转向，刚度大的标签纸保持前伸状态，被压签轮压贴到输送带上不断前进的纸盒面上。背纸是柔韧性较好的纸，被预先引到背纸轮上，背纸轮的缠绕速度应与输送带的前进速度协调，即随着背纸轮直径的变大，其转速需相应降低，完成贴标签动作。

（五）捆扎机

捆扎机的作用是将装入安瓿的药盒一组组捆扎在一起。具体操作过程是：先由压绳器压住绳子始端，再由插入器将绳子送到上、下绳嘴口附近，此时抬绳凸轮动作将绳子抬到绳嘴打结位置，并由绳嘴配合完成拉结动作，即将绳子在绳嘴上缠绕成圈。脱圈器脱下绳圈并使其成结，然后由割刀切断绳子即可。

（六）开盒印字贴标签联动机

该机由全自动开盒、自动印字、自动贴标签三个单机组成生产流水线，其运转稳定操作方便。既能联动又能单机生产，解决了包装工序的繁重体力劳动，节约劳动力，是机电、气一体化新型包装设备。

第二节　输液剂生产过程与设备

输液剂是指50ml以上的最终灭菌注射剂，简称大输液或输液。输液容器材料有玻璃、塑料。其中塑料中常用聚乙烯、聚丙烯、聚氯乙烯或复合膜等。

输液剂主要用于抢救危重病人，补充体液、电解质或提供营养物质等，使用范围广泛。由于输液剂的用量大而且是直接进入血液的，故质量要求高于小针注射剂，因此，生产条件的控制也应相对的严格一些，如配制输液的配药车间要求空气净化条件严格，为防止外界空气污染，要封闭，并设有满足要求的空气输入与排出系统。配药用器具、输液泵等应该使用特殊钢材制备。设备内腔需光滑无死角，易于蒸汽灭菌。配药缸及整个工艺管线要求封闭操作。配药缸分有单层及双层的，当需加热时，单层配药缸内将有不锈钢蒸汽加热管，双层配药缸则是利用夹层实现药液的冷却或加热的，一般配药缸内都装有搅拌器，以保证各种药液迅速混合均匀。此外输液剂的生产工艺与小针注射剂也有一定的差异，其生产过程中还有一些专用的设备。

目前，国内主要采用灭菌生产工艺制备输液剂，输液剂生产过程包括原辅料的准备、浓配、稀配、瓶外洗、粗洗、精洗、灌封、灭菌、质量检查、包装等工序。

输液剂按包装方式分为硬包装输液剂和软包装输液剂，硬包装输液剂又分为玻璃瓶和塑料瓶，玻璃瓶包装的特点是化学稳定性和物理稳定性好，玻璃瓶不易与药液发生化学反应，且其温度适应性、透明度、不溶性微粒、水蒸气渗透、溶出物试验等理化检验项目好；而塑料瓶的特点是质轻、耐热性好、机械性质好、透明性与表面光泽良好、耐药品性良好、耐环境应力龟裂性好、电气绝缘性好，易于保存和运输，且不可重复使用。软包装输液剂又分为软袋和软瓶，软包装具有塑料瓶包装的特点，但其穿刺力和穿刺部位不渗透性没有塑料瓶包装好，且易变形。因此，我们着重介绍输液剂玻璃瓶和塑料瓶的工艺流程及其生产设备。

一、玻璃瓶输液剂生产工艺流程及生产设备

玻璃瓶输液剂灌装工艺流程示意图见图8-14。

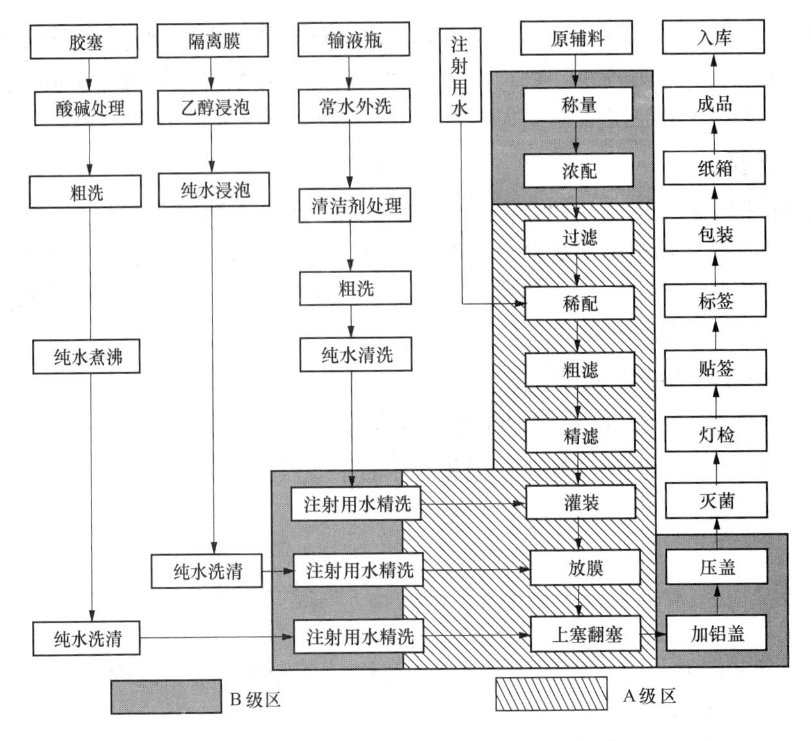

图 8－14　玻璃瓶输液剂工艺流程示意图

从图 8－14 可以看出，总流程由制水、空输液瓶的前处理、胶塞及隔离膜的处理、配料及成品等五部分组成。

输液剂在生产过程中，灌封前分为四条生产路径同时进行。

第一条路径是注射液的溶剂制备。注射液的溶剂常用注射用水。

第二条路径是空输液瓶的处理。为使输液瓶达到清洁要求，需要对输液瓶进行多次清洗，包括清洁剂处理、纯化水、注射用水清洗等工序。输液瓶的清洗可在洗瓶机上进行。洗涤后的输液瓶，即可进行灌封。

第三条路径是胶塞的处理。为了清除胶塞中的添加剂等杂质，需要对胶塞进行清洗处理。可在胶塞清洗机上进行。胶塞经酸碱处理，用纯化水煮沸后，去除胶塞的杂质，再经纯化水、注射用水清洗等工序，即可使用。隔离膜的处理在此不详细介绍。

第四条路径是输液剂的制备。其制备方法、工艺过程与水针剂的制备基本相同，所不同的是输液剂对原辅料的要求、生产设备及生产环境的要求更高，尤其是生产环境的条件控制，如在输液剂的灌装、上膜、上塞、翻塞工序，要求环境为局部 A 级。

输液剂经过输液瓶的前处理、胶塞与隔离膜的处理及制备三条路径，到灌封工序即汇集在一起，灌封后药液和输液瓶合为一体。

灌封后的输液瓶，应立即灭菌。灭菌时，可根据主药性质选择相应的灭菌方法和时间，必要时采用几种方法联合使用。既要保证不影响输液剂的质量指标，又要保证成品完全无菌。

灭菌后的输液剂即可以进行质量检查。检查合格后进行贴签与包装。贴签和包装在贴签机或印包联动机上完成。贴签、包装完毕，生产完成输液剂成品。

玻璃输液瓶由理瓶机（送瓶机组）理瓶经转盘送入外洗机，刷洗瓶外表面，然后由输送带进入滚筒式清洗机（或箱式洗瓶机），洗净的玻璃瓶直接进入灌装机，灌满药液立即封口（经盖膜、胶塞机、翻胶塞机、轧盖机）和灭菌。灭菌完成后，进行贴标签、打批号、装箱等工序，最后成品进入流通领域。

（一）理瓶机

由玻璃厂来的输液瓶，通常由人工拆除外包装，送入理瓶机。也有用真空或压缩空气拎取瓶子并送至理瓶机。再经过洗瓶机完成洗瓶工作。

理瓶机的作用是将拆包取出的瓶子按顺序排列起来，并逐个输送给洗瓶机。理瓶机型式很多，常见的有圆盘式理瓶机及等差式理瓶机。

圆盘式理瓶机工作原理为低速旋转的圆盘上搁置着待洗的玻璃输液瓶，固定的拨杆将运动着的瓶子拨向转盘周边，经由周边的固定围沿将瓶子引导至输送带上。

等差式理瓶机工作原理为数根平行等速的传送带被链轮拖动着一致向前，传送带上的瓶子随着传送带前进。与其相垂直布置有差速输送带，差速是为了达到在将瓶子引出机器的时避免形成堆积，从而保持逐个输入洗瓶的目的。

（二）外洗瓶机

洗瓶是输液剂生产中一个重要工序。国家标准 GB2639 - 90 规定，玻璃输液瓶有 A 型、B 型两种型号，分别有 50ml、100ml、250ml、500ml 及 1000ml 五种规格。

外洗瓶机是洗涤输液瓶外表面的设备。常用的有 WX6 型外洗机。通常有两种洗涤方式，一种洗涤方式为：毛刷旋转运动，瓶子通过时产生相对运动，使毛刷能全部洗净瓶子表面，毛刷上部安有喷淋水管，可及时冲走刷洗的污物。另一种洗涤方式为毛刷固定两边，瓶子在输送带的带动下从毛刷中间通过，以达到清洗目的。

（三）玻璃瓶清洗机

大多数输液剂采用玻璃瓶灌装，且多数为重复使用。为了消除各种可能存在的危害到产品质量及使用安全的因素，必须在使用输液瓶之前对其进行认真清洗。所以洗瓶工序是输液剂生产中的一个重要工序，其洗涤质量的好坏直接影响产品质量。

玻璃瓶清洗机主要用来清洗玻璃输液瓶内腔。其种类很多，常用洗瓶设备有滚筒式洗瓶机和箱式洗瓶机。

1. 滚筒式洗瓶机 滚筒式清洗机是一种带毛刷刷洗玻璃瓶内腔的清洗机。该机的主要优点是结构简单、操作可靠、维修方便、占地面积小，粗洗、精洗可分别置于不同洁净级别的生产区内，不产生交叉污染。单班年生产量为 200 万 ~600 万瓶，适合于中小规模的输液剂生产厂。滚筒式洗瓶机由两组滚筒组成，其设备外形及工作位置示意图如图 8 - 15 所示。一组滚筒为粗洗段，另一组滚筒为精洗段，中间用长 2m 的输送带连接。滚筒作间歇转动。常见的设备如 CX200/JX200 滚筒式洗瓶机。

（1）工作原理

①粗洗段：是由前滚筒与后滚筒组成，滚筒的运转是由马氏机构控制作间歇转动。当载有玻璃输液瓶的滚筒转动到工位 1 时，碱液注入瓶内，冲洗。当带有碱液的玻璃瓶处于水平位置时，即进入工位 3 时，毛刷进入瓶内带碱液刷洗瓶内壁约 3 秒，之后毛刷退出。滚筒继续转动，在下两个工位逐一由喷液管对瓶内腔冲碱液；当滚筒载瓶转到进瓶通道停歇位置时，进瓶拨轮同步送来待洗空瓶将冲洗后的瓶子推向后滚筒，进行常水外淋、内刷、内冲洗，即

在工位1，进行热水外淋洗。在工位3，用毛刷进行内刷洗。在工位4、6、7进行热水冲洗。

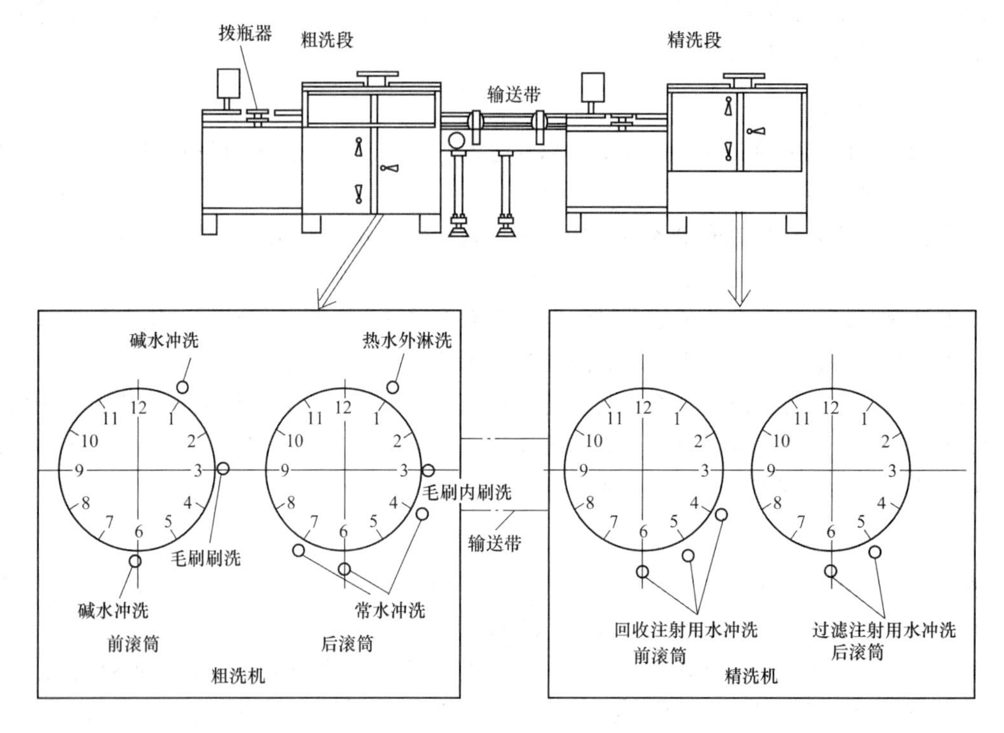

图8-15　滚筒式洗瓶机设备外形及工作位置示意图

②精洗段：粗洗后的玻璃瓶经输送带送入精洗滚筒进行清洗。精洗段同样由前滚筒、后滚筒组成。其结构及工作原理与粗洗滚筒相同，只是精洗滚筒取消了毛刷部分。滚筒下部设置了注射用水回收装置和注射用水的喷嘴，粗洗后的玻璃输液瓶利用回收注射用水在前滚筒进行外淋洗、内冲洗。在后滚筒，首先利用新鲜注射用水冲洗，然后沥水。精洗段设置在洁净区，洗净的玻璃输液瓶不会被空气污染而直接进入灌装工序，从而保证了洗瓶质量。

进入滚筒的空瓶数由设置在滚筒前端的拨瓶轮控制，一次可拨两瓶、三瓶、四瓶或更多瓶；通过更换不同齿数的拨瓶轮得到所需要的进瓶数。

（2）CX200/JX200滚筒式洗瓶机的工作流程　玻璃瓶经外洗后进入本机组清洗。清洗滚筒按顺序分别完成冲碱→内刷→冲碱→冲自来水→冲热水→内刷→冲热水→冲去离子水→冲注射用水→沥尽余水等工序。

（3）CX200/JX200滚筒式洗瓶机的性能特点　①可用于100ml、250ml、500ml的A、B玻璃输液瓶内腔的清洗；②每段清洗滚筒可单独拆卸，方便了产量调整及更换规格；③分度凸轮机构延长了停歇时间（动停比为1∶6），保证各工位的工作时间，特别延长了沥水时间，有效控制玻璃瓶内的残留液量；④设有自动进出瓶检出装置，缺瓶、卡瓶自动停车保护装置。

（4）CX200/JX200滚筒式洗瓶机的主要技术参数　如表8-1所示。

表 8－1　CX200/JX200 滚筒式洗瓶机的主要技术参数

技术参数	CX200 粗洗机	JX200 精洗机
适用规格	100～500ml 输液瓶	100～500ml 输液瓶
生产能力（500ml）	150～200 瓶/分	150～200 瓶/分
每次最大进瓶数（500ml）	20 瓶	20 瓶
机器功率（kW）	≤3.5	≤1.5
外形尺寸（mm）	4200×1600×1200	4200×900×1200
机器重量（kg）	1200	900

2. 箱式洗瓶机　箱式洗瓶机有带毛刷和不带毛刷清洗两种方式。不带毛刷的全自动箱式洗瓶机采用全冲洗方式。对于在制造及贮运过程中受到污染的玻璃输液瓶，仅靠冲洗难以保证将瓶洗净，故多在箱式洗瓶机前端，配置毛刷粗洗工序。目前，带毛刷的履带行列式箱式洗瓶机应用较广泛。随着国内外包装材料制作设备的现代化和对包装材料生产 GMP 的实施，全冲洗式洗瓶机将得到更广泛使用。

带毛刷的履带行列式箱式洗瓶机是较大型的箱式洗瓶机，洗瓶产量大，单班年生产量约1000 万瓶。箱式洗瓶机是个密闭系统，是由不锈钢铁皮或有机玻璃罩子罩起来工作的，没有交叉污染，冲刷准确、洗涤效果可靠，此外，玻璃输液瓶采用倒立式装夹进入各洗涤工位，洗净后瓶内不挂余水。全机采用变频调速、程序控制，带自动停车报警装置。

履带行列式箱式洗瓶机工位介绍如下。

（1）履带行列式箱式洗瓶机洗瓶工艺流程

热水喷淋－碱液喷淋－热水喷淋－冷水喷淋－喷水毛刷清洗－冷水喷淋－注射用水喷淋－沥干
（两道）（两道）（两道）（两道）（两道）（两道）（三喷两淋）（三工位）

其中“喷”是指 φ1 的喷嘴由下向上往瓶内喷射具有一定压力的流体，可产生较大的冲刷力。“淋”是指用 φ1.5 的淋头，提供较多的洗水由上向下淋洗瓶外，以达到将脏物带走的目的（图 8－16）。

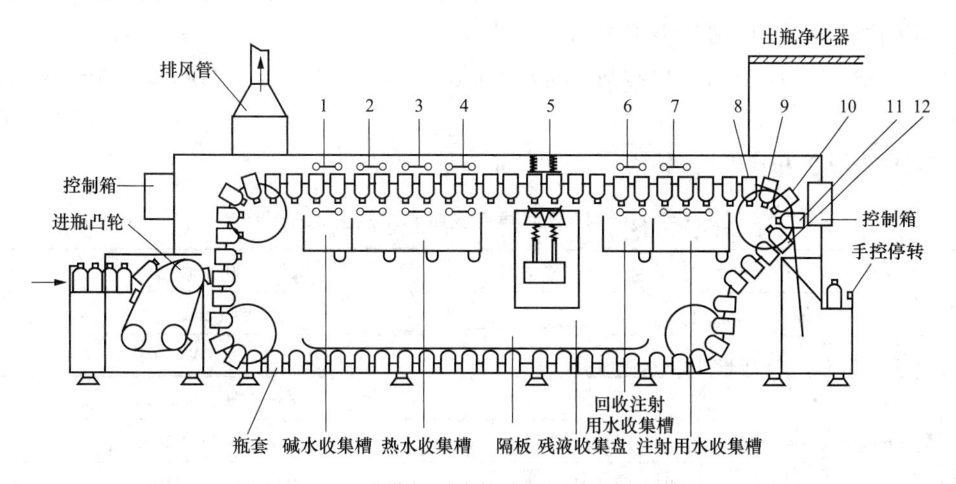

图 8－16　履带行列式箱式洗瓶机工位示意图

1、3. 热水喷淋；2. 碱水喷淋；4、6. 冷水喷淋；5. 毛刷带冷喷；7. 注射用水喷淋；8～12. 倒置沥水

洗瓶机的上部装有引风机，可将热水蒸气、碱蒸气强制排出，并保证机内空气是由净化段流向箱内。各工位装置都在同一水平面内呈直线排列，见图8－16所示。在各种不同淋液装置的下部均设有单独的液体收集槽，其中碱液是循环使用的。

（2）工作原理　带毛刷的履带行列式箱式洗瓶机的工作原理为：玻璃输液瓶外洗后，首先单列输入进瓶装置，玻璃瓶在进入洗瓶机轨道之前是瓶口朝上的，利用一个翻转轨道将瓶口翻转向下，再经分瓶螺杆将输入的瓶等距离分成10个一排，由进瓶凸轮可靠地送入瓶套，瓶套随履带间歇运动到各洗涤工位，因为各工位喷嘴要对准瓶口喷射，所以要求瓶子相对喷嘴有一定的停留时间。同时旋转的毛刷也有探入、伸出瓶口和在瓶内作相对停留时间（3.5秒）的要求，这样的洗刷效果才能较为理想。

（3）洗瓶机的使用与保养　①洗瓶机工作前，应仔细检查各机构动作是否同步、动作顺序是否准确；毛刷和冲洗水喷嘴的中心线是否对准瓶口中心线；拨盘进瓶、毛刷刷洗与喷水动作是否在滚筒或吊篮停止位置进行。如动作不同步，应及时调整，直到准确无误方可开车。②使用洗瓶机时应经常注意毛刷的清洁及损耗情况，以使洗刷机处于正常的运转状态，保证洗瓶质量。③工作结束时应清除机内所有的输液瓶，使机器免受负载。此外，应经常性检查各送液泵及喷淋头的过滤装置，发现脏物及时清除，以免因喷淋压力或流量变化而影响洗涤效果。④更换玻璃输液瓶规格时，因瓶的尺寸发生了变化，相应的进瓶拨轮或绞龙，滚筒上的拦瓶架或履带上的瓶套、刷瓶毛刷等规格件必须更换。规格件更换后需重新调整所处的位置及其间隙，以便洗瓶各工位都能正常工作。⑤玻璃输液瓶在洗净后，均需进行一次洗瓶质量检查。检测方法：用目视检测瓶壁，应没有污点、流痕及无光泽的薄层。装入注射用水后检查可见异物，不得有异物、白点少于或等于3个；检测pH值，应为中性。

3. 超声波洗瓶机　在安瓿剂的洗涤设备中已经详细地介绍了超声波洗瓶机的清洗原理、工作原理、工艺流程及使用注意事项等，在此仅介绍输液剂超声波洗瓶机的性能特点与主要技术参数。常用的设备如CSX100/500型超声波洗瓶机、QCG24/8超声波洗瓶灌装机等。

（1）性能特点　①采用超声波洗瓶，能有效地清洗玻璃瓶内、外表面残留的微粒、油污。避免毛刷刷瓶时出现的洗瓶有死角和破瓶。②常水代替碱水，降低能耗，有利于环保。③可将内部粗、精洗区域完全隔开，有利于提高产品质量。④更换100ml、250ml、500ml各种规格方便。

（2）QCG24/8超声波洗瓶灌装机主要技术参数　见表8－2。

表8－2　QCG24/8超声波洗瓶灌装机主要技术参数

<table>
<tr><td colspan="2">适用规格</td><td>100～500ml输液瓶</td></tr>
<tr><td colspan="2">最大生产能力</td><td>35瓶/min</td></tr>
<tr><td colspan="2">电容量</td><td>10.5kW，380V，50Hz</td></tr>
<tr><td rowspan="3">水耗量（ml）/压力（MPa）</td><td>自来水</td><td>1000ml/瓶，0.2MPa</td></tr>
<tr><td>去离子水</td><td>200ml/瓶，0.2MPa</td></tr>
<tr><td>蒸馏水</td><td>300ml/瓶，0.2MPa</td></tr>
<tr><td colspan="2">外形尺寸（mm）</td><td>4500×2250×1700</td></tr>
<tr><td colspan="2">机器净重（kg）</td><td>1500</td></tr>
</table>

（四）胶塞清洗设备

胶塞所使用的橡胶有天然橡胶、合成橡胶及硅橡胶等。天然橡胶为了便于成型加有大量的附加剂以赋予其一定的理化性质。这些附加剂主要有填充剂如氧化锌、碳酸钙；硫化剂如硫黄；防老化剂如 N-苯基 β-萘胺；润滑剂如石蜡、矿物油；着色剂如立德粉等。总之，胶塞的组成比较复杂，注射液与胶塞接触后，其中一些物质能够进入药液，使药液出现混浊或产生异物；另外有些药物还可能与这些成分发生化学反应。因此天然橡胶制成的胶塞在处理时，除了进行酸碱蒸煮、纯化水清洗外，在使用时还需在药液与胶塞之间加隔离膜。合成橡胶具有较高弹性、稳定性增强等特点。硅橡胶是完全饱和的惰性体，性质稳定，可以经多次高压灭菌，在较大的温度范围内仍能保持其弹性，但价格较贵，限制了它的应用。国家推荐使用丁基橡胶输液瓶塞（YY0169.1－94），以逐步取代天然橡胶输液瓶塞，达到不用隔离膜衬垫。

制药工业中瓶用胶塞使用量极大，皆需要经过清洗、灭菌、干燥方可使用。下面介绍几种胶塞的处理设备。

1. 超声波胶塞清洗罐 超声清洗是利用超声在液体中传播，使液体在超声场中受到强烈的压缩和拉伸，产生空腔、空化作用，空腔不断产生、不断移动，不断消失，空腔完全闭合时产生自中心向外具有很大能量的微激波，形成微冲流，强烈地冲击被清洗的胶塞，大大削减了污物的附着力，经一定时间的微激波冲击将污物清洗干净。常用的设备如 CXS 型超声波胶塞清洗罐，如图 8－17 所示。

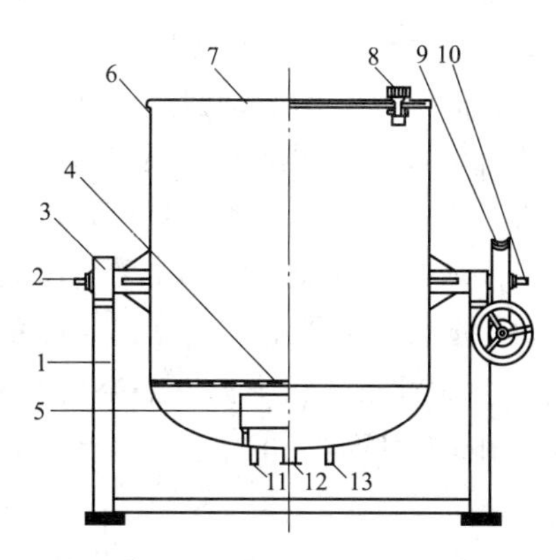

图 8－17 CXS 型超声波胶塞清洗罐结构示意图

1. 支架；2. 蒸汽进口；3. 轴壳；4. 分隔板；5. 超声波发生器；6. 罐体；7. 上盖；8. 锁紧；9. 蜗轮蜗杆；10 进水口；11. 冷凝水出口；12. 排污口；13. 压缩空气进口

2. 胶塞清洗机 常用的胶塞清洗机有容器型机组和水平多室圆筒型机组两种，其特点是：集胶塞的清洗、硅化、灭菌、干燥于一体；全电脑控制；可用于大输液的丁基橡胶塞和西林瓶橡胶塞的清洗。其清洗器为圆筒形，安装时，器身置于洁净室内，机身（支架及传动装置）置于洁净室外。常用设备如 JS－90 型胶塞灭菌干燥联合机组，其外观及内部结构示意图见图 8－18。

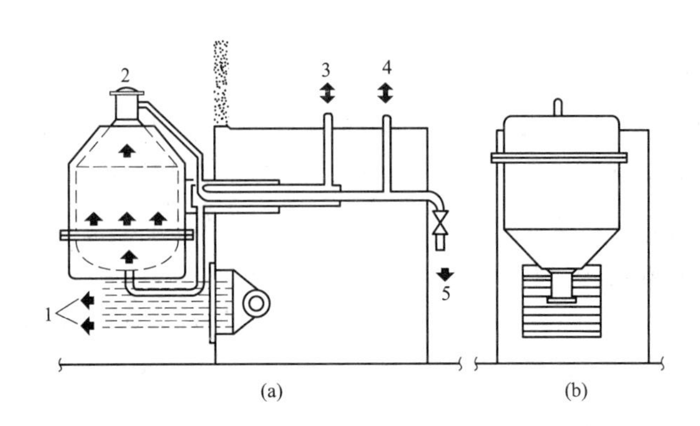

图 8－18　JS－90 型胶塞灭菌干燥联合机组的外观及内部结构示意图

1. A 级空气层流；2. 洁净区；3. 准备区；4. 洁净水进出口、蒸汽进出口、热空气进出口；5. 胶塞

该机组主要由清洗灭菌干燥容器、抽真空系统、洁净空气输入系统、洁净水、蒸汽、热空气输入系统以及控制系统组成。利用真空将胶塞吸入容器内，洁净水经过分布器流至分布板形成向上的层流，同时间断鼓入适量的灭菌空气，使胶塞在洁净水中不断翻动，脱落的颗粒状杂质随水、空气一同排出器外，器身向左右各作 90°摆动，使附着于胶塞上的较大颗粒及杂质与胶塞迅速分离而排出。采用直接湿热空气（121℃）灭菌 30 分钟后，灭菌热空气由上至下将胶塞吹干，器身自动摇动或手动旋转，以防止胶塞凹处积水并使传热均匀，卸料时器身旋转 180°，使锥顶向下，并在层流洁净空气流的保护下，在洁净室内倒出经处理的胶塞。

其主要特点为：①在同一容器中完成清洗、硅化、灭菌、干燥工序。可自动进料，出料在洁净室中进行，有效地避免了传统处理方法中各工序之间易污染的缺陷，保证了清洗的质量。操作比较方便、安全，同时降低了人员的劳动强度。②通过悬臂轴使胶塞、洁净水、蒸汽、热空气进入容器内，并使容器自由摆动或旋转，提高了机器对胶塞的清洗和干燥能力。③为了防止分布板被洗下的尘粉杂质堵塞，采用了低阻力防堵结构，并且为了使流体均匀地流向分布板，应用了液体分布器，以保证清洗均匀。④采用摆线针轴变速箱减速，用齿轮与主机齿合传动，避免了链条传动在运转时的滞后晃动，同时配备强力制动系统，可保证器身在允许范围内，于任何角度定位。⑤可输入较高温度热空气，提高机组的干燥能力和效率，根据需要，胶塞水分可有效地控制在 0.05% 以下。

（五）输液剂的灌装设备

输液剂的灌装是将配制合格的药液，由输液灌装机灌入清洗合格的输液瓶（或袋）内的过程。灌装机是将经含量测定、可见异物检查合格的药液灌入洁净的容器中的生产设备。

灌装工作室的局部洁净度为 A 级。灌装误差按《中国药典》规定为标准容积的 0%～2%。根据灌装工序的质量要求，灌装后首先检查药液的可见异物，其次是灌装误差。

需要使用输液剂灌装设备将配制好的药液灌注到容器中时，对输液剂灌装设备的基本要求是：灌装易氧化的药液时，设备应有充惰性气体的装置；与药液接触的零部件因摩擦有可能产生微粒时，如计量泵注射式，此种灌装设备须加终端过滤器等，以保证产品质量。

分类的依据不同，灌装机的形式也不同。按灌装方式的不同可分为常压灌装、负压灌装、正压灌装和恒压灌装 4 种；按计量方式的不同可分为流量定时式、量杯容积式、计量泵注射式 3 种；按运动形式的不同可分为直线式间歇运动、旋转式连续运动 2 种。旋转式灌装机广泛应用于饮料、糖浆剂等液体的灌装中，由于是连续式运动，机械设计较为复杂；直线式灌装

机则属于间歇式运动，机械结构相对简单，主要用于灌装500ml输液剂。如果使用塑料瓶灌装药液，则常在吹塑机上成型后于模具中立即灌装和封口，再脱模出瓶，这样更易实现无菌生产。目前，国内使用的输液灌装机主要为用于玻璃瓶输液的计量泵注射式灌装机、恒压式灌装机等，还有用于塑料瓶、塑料袋的输液灌装机。

几种常用的输液剂灌装机：

1. 计量泵注射式灌装机 计量泵注射式灌装机是通过计量泵对药液进行计量，并在活塞的压力下，将药液充填于容器中。计量泵式计量器是以活塞的往复运动进行充填，为常压灌装。计量原理是以容积计量。既有粗调定位装置控制药液装量，又有微调装置控制装量精度（图8－19）。调整计量时，首先粗调活塞行程达到灌装量，装量精度由下部的微调螺母来调整，从而达到很高的计量精度。

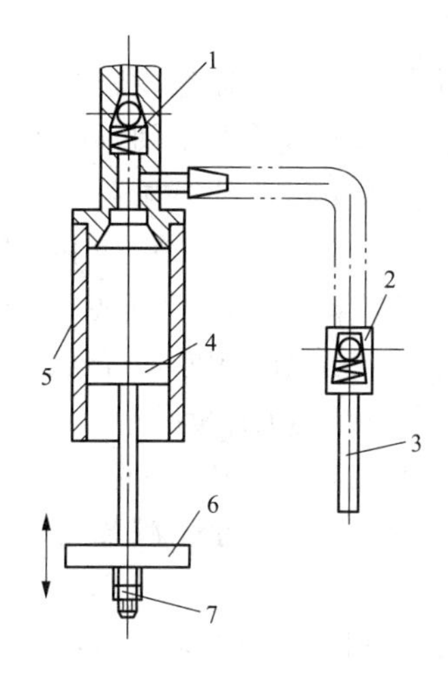

图8－19 计量泵工作原理示意图

1、2. 单向阀；3. 灌装管；4. 活塞；5. 计量缸；6. 活塞升降板；7. 微调螺母

计量泵注射式灌装机有直线式和回转式两种机型，前者输液瓶作间歇运动，产量较低；后者为连续作业，产量则较高。充填头有二头、四头、六头、八头、十二头等，如八泵直线式灌装机有八个充填头，是较常用计量泵注射式灌装机。

该机具有如下优点：①通过改变进液阀出口形式可对不同容器进行灌装。除玻璃瓶外，还有塑料瓶、塑料袋及其他容器。②为活塞式强制充填液体，适应不同浓度液体的灌装。③无瓶时，计量泵转阀不打开，保证无瓶不灌液。④采用计量泵式计量。计量泵与药液接触的零部件少，没有不易清洗的死角，清洗消毒方便。⑤采用容积式计量。计量调节范围较广，从100～500ml之间可按需要调整。

2. 量杯式负压灌装机 量杯式负压灌装机是以量杯的容积计量，负压灌装。量杯式计量调节方式，如图8－20所示，是以容积定量，当药液超过液流缺口时，药液自动从缺口流入盛料桶进行计量粗定位。计量精确调节是通过计量调节块5在计量杯4中所占的体积而定的，即旋动调节螺母2，使计量调节块5上升或下降，调节其在计量杯4内所占的体积以控制装量精度。吸液管1与真空管路接通，使计量杯4内药液负压流入输液瓶内。计量杯4下部的凹坑可保证将药液吸净。

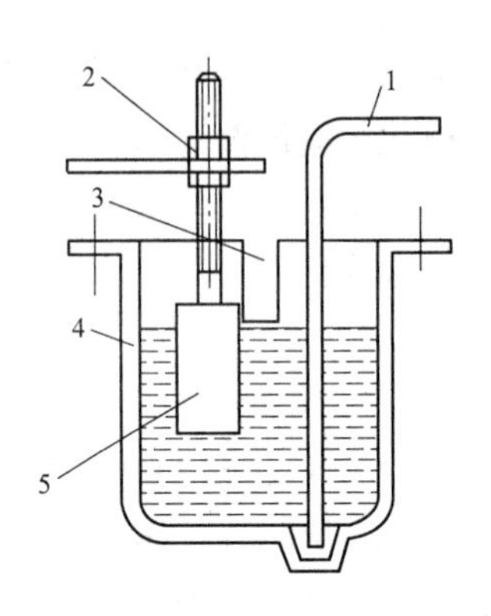

图 8－20　量杯式计量器结构示意图

1. 吸液管；2. 调节螺母；3. 量杯缺口；4. 计量杯；5. 计量调节块

量杯式负压灌装机中输液瓶由螺杆式输瓶器经拨瓶星轮送入转盘的托瓶装置，托瓶装置由圆柱凸轮控制升降，灌装头套住瓶肩形成密封空间，计量杯与灌装头由硅橡胶管连接，通过真空管道抽真空，真空吸液管将药液负压吸入瓶内。

该机具有如下特点：①量杯计量、负压灌装；药液与其接触的零部件无相对机械摩擦，没有微粒产生，不需加终端过滤器，保证药液在灌装过程中的可见异物检查合格；②计量块计量调节，调节方便简捷；③机器设有无瓶不灌装等自动保护装置；④该机为回转式，产量约为 60 瓶/分钟；⑤机器回转速度加快时，量杯药液易产生偏斜造成计量误差。

3. 恒压式灌装机　恒压式灌装机为输液瓶压力-时间式灌装机，计量由时间和流量确定。输液瓶输入处有检测计数及缺瓶不灌装装置。整个灌装过程均由计算机程序控制，自动化程度高。常用的设备如 GZ200 型灌装机。

（1）工作流程　由分瓶机构将排列成单排的玻璃输液瓶自动分成双排进入灌装机，每排 16 只玻璃瓶，间歇灌装，一个灌装周期可灌装 32 瓶。本机的灌装量是由置于每个灌装头上的蠕动阀通过 PLC 单个时间控制。

（2）GZ200 型灌装机特点　①输液瓶以直线列队形式，被推入灌装工位。灌装头不动，托瓶机构在凸轮作用下，自动上升托起输液瓶，瓶肩与灌装头橡胶套定位，灌注针头进入瓶内灌液及充氮，运行平稳。因灌装头固定，没有抖动和偏斜，故针管可相对加粗，减小流体压力，使消泡功能更好。②液体装量调节范围广。每只用于液体灌装的液体阀单独由计算机控制，计量精度可逐个调节，时间单位以毫秒为计量单位，灌装精度高。③液体通道无机械摩擦，不会产生异物并保证了可见异物检查合格。液体阀品质高，无残留液、无死角，保证了灌注液的质量。④该机不需拆卸，可用消毒液和注射用水实现在线清洗消毒，故又称不拆卸清洗灌装机。⑤灌装故障可在屏幕上显示。⑥更换规格、调整装量及充氮时简便，根据需要均可在触摸屏上直接设定或修改。

4. 漏斗式灌装机　漏斗式灌装机灌装容积是利用时间和流量来控制计量。直线式输液灌装机主要用于灌装 500ml 输液。该机输送带的前后端分别安装有进瓶螺杆、进瓶拨盘与输瓶拨盘。通过进瓶螺杆输瓶器和进瓶拨盘共同将输液瓶输入灌装机，最后再采用出瓶拨盘将灌满药液的输液瓶输出灌装机。

漏斗式灌装机结构简单，与药液接触的零部件无相对运动，不产生摩擦，无微粒进入药液，保证了药液的纯度。此外，该机还装有无级变速器，生产能力可在 1200～3600 瓶/小时范围内任意调节，生产灵活性较大。

但该机计量准确度不易调控，其主要缺点是当遇到破损输液瓶时，机器无法停止灌装药液，既浪费药液，又污染机器。目前国内已趋于淘汰，很少使用。

5. 输液灌装机的检查与调整

（1）灌装机在开机前，通常应先校准灌装头与瓶口中心线一致；进、出瓶拨轮与灌装工位同步；输瓶机高度和灌装机工作台面高度一致，使瓶进出平稳。

（2）灌装机在变更输液瓶规格时，需更换进出瓶的螺杆输瓶器、进瓶拨轮，以及调整定位卡瓶、灌装头高度与输液瓶规格相配套。

（六）输液剂的封口设备

玻璃瓶输液剂的一般封口过程包括盖隔离膜、塞胶塞及轧铝盖三步。封口设备是与灌装机配套使用的设备，药液灌装后必须在洁净区内立即封口，免除药品的污染和氧化。必须在胶塞的外面再盖铝盖并轧紧，封口完毕。

目前，我国使用的胶塞有翻边型橡胶塞（符合国家标准 GB9890－88）和“T”型橡胶塞两种规格，多采用天然橡胶制成。为避免胶塞可能脱落微粒影响输液质量，在塞胶塞前需人工加盖薄膜，把胶塞与药液隔开。国家药品监督管理局规定：2004 年底前，一律停止使用天然橡胶塞，而使用合成橡胶塞，这样即省去了盖薄膜过程。铝盖（仅玻璃输液瓶用）应符合国家标准 GB5197－96。

封口设备由塞胶塞机、翻胶塞机、轧盖机构成，下面分别简述。

1. 塞胶塞机　塞胶塞机主要用于“T”型胶塞对 A 型玻璃输液瓶封口，可自动完成输瓶、螺杆同步送瓶、理塞、送塞、塞塞等工序。该机设有无瓶不供塞、堆瓶自动停机装置。待故障消除后，机器可自动恢复正常运转。常见的设备如 SSJ－6 型塞塞机。

（1）工作原理　塞胶塞机属于压力式封口机械。如图 8－21 所示。

灌好药液的玻璃输液瓶在输瓶轨道上经螺杆按设定的节距分隔开来。再经拨轮送入回转工作台的托盘上。“T”型橡胶塞在理塞料斗中经垂直振荡装置，沿螺旋形轨道送入水平轨道。水平振荡将胶塞送至扣塞头内的夹塞爪 3 上（机械手），夹塞爪 3 抓住“T”型塞 4，当玻璃瓶瓶托在凸轮作用下上升时，扣塞头下降套住瓶肩，密封圈 5 套住瓶肩形成密封区间，此时，真空泵向瓶内抽真空，真空吸孔 1 充满负压，玻璃瓶继续上升，同时夹塞爪 3 对准瓶口中心，在凸轮控制和瓶内真空的作用下，将塞插入瓶口，弹簧 2 始终压住密封圈接触瓶肩。在塞胶塞的同时抽真空，使瓶内形成负压，胶塞易于塞好，同时防止药液氧化变质。

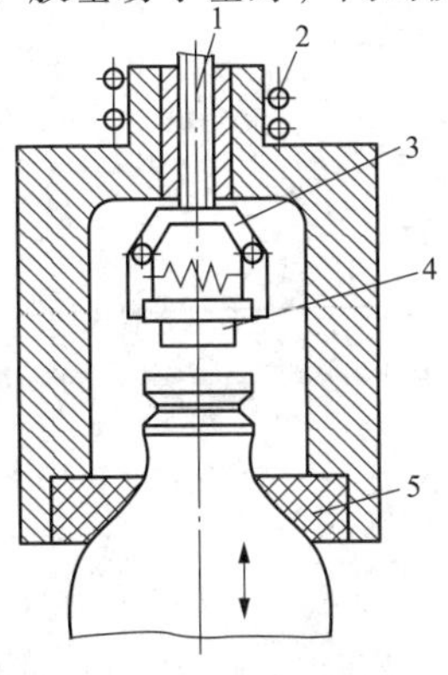

图 8－21　“T”型塞塞胶塞机扣塞头结构与工作原理示意图

1. 真空吸孔；2. 弹簧；3. 夹塞爪；4. “T”型塞；5. 密封圈

（2）SSJ－6型塞塞机的主要技术参数　见表8－3。

表8－3　SSJ－6型塞塞机的主要技术参数

适用规格	50～500ml（输液瓶）
生产能力	1400～7200瓶/小时
主机功率	0．75kW，380V
输瓶功率	0．55kW，380V
外形尺寸	360mm×1100mm×1600mm
机器净重	800kg

2. 塞塞翻塞机　塞塞翻塞机主要用于翻边形胶塞对B型玻璃输液瓶进行封口，可自动完成输瓶、理塞、送塞、塞塞、翻塞等工序的工作。该机采用变频无级调速，并设有无瓶不送塞、不塞塞、瓶口无塞停机补塞、输送带上前缺瓶或后堆瓶自动停启，以及电机过载自动停车等全套自动保护装置。常用设备如FS200翻塞机。

（1）工作原理　塞塞翻塞机由理塞振荡料斗、水平振荡输送装置和主机组成。理塞振荡料斗和水平振荡输送装置的结构原理与塞胶塞机的相同。主机由进瓶输瓶机、塞胶塞机构、翻胶塞机构、传动系统及控制柜等机构组成。主要介绍塞胶塞机构与翻胶塞机构。

①塞塞动作：图8－22所示为翻边胶塞的塞塞机构示意图。当装满药液的玻璃输液瓶经输送带进入拨瓶转盘时，在料斗内，胶塞经垂直振荡沿料斗螺旋轨道上升到水平轨道，再经水平振荡送入分塞装置，加塞头5插入胶塞的翻口时，真空吸孔3吸住胶塞对准瓶口时，加塞头5下压，杆上销钉4沿螺旋槽运动，塞头既有向瓶口压塞的功能，又有由真空加塞头模拟人手的动作，将胶塞旋转地塞入瓶口内，即模拟人手旋转胶塞向下按的动作。

②翻塞动作：胶塞塞入输液瓶口后，其翻塞动作由翻塞杆机构完成。如图8－23所示为翻塞杆机构示意图。塞好胶塞的输液瓶由拨瓶轮转送至翻塞杆机构下，整个翻塞机构随主轴作回转运动，翻塞杆在平面凸轮或圆柱凸轮轨道上作上下运动。玻璃输液瓶进入回转的托盘后，瓶颈由V形块或花盘定位，瓶口对准胶塞，翻塞杆沿凸轮槽下降，翻塞爪插入橡胶塞，翻塞芯杆由于下降距离的限制，抵住胶塞大头内径平面停止下降，而翻塞爪张开并继续向下运动，将胶塞翻边头翻下，并平整地将瓶口外表面包住，达到张开塞子翻口的作用。

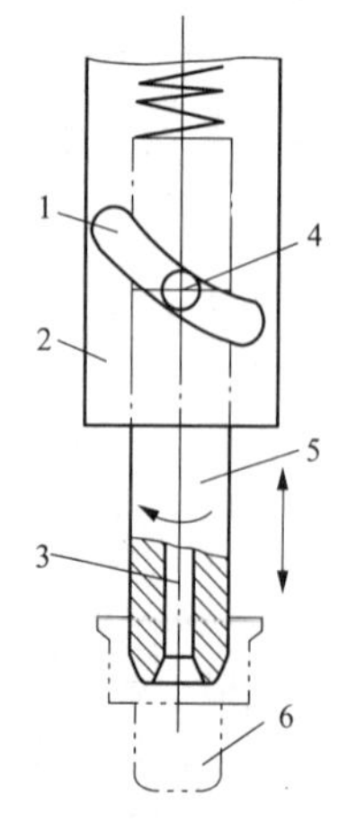

图8－22　翻边胶塞的塞塞结构及原理示意图

1. 螺旋槽；2. 轴套；3. 真空吸孔；4. 销；5. 加塞头；6. 翻边胶塞

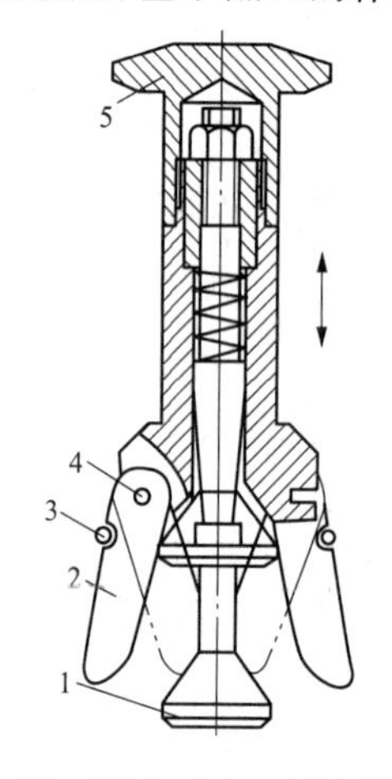

图8－23　翻塞杆机构示意图

1. 芯杆；2. 爪子；3. 弹簧；4. 铰链；5. 顶杆

要求翻塞杆机构翻塞效果好，且不损坏胶塞，普遍设计为五爪式翻塞机，爪子平时靠弹簧收拢。

（2）FS200 翻塞机的主要技术参数　见表 8－4。

表 8－4　FS200 翻塞机的主要技术参数

适用规格	100～500mmB 型玻璃输液瓶（GB2639－90 标准）
	18.5×23.5×31 翻边胶塞（GB9890－80 标准）
生产能力（瓶/分钟）	150～200
工作头数（个）	16
功率（kW）	≤1.5
外形尺寸（mm）	2000×1613×1950
机器净重（kg）	2200

3. 玻璃输液瓶轧盖机　铝盖既有适用于翻边型橡胶塞，也有适用于“T”型橡胶塞的，近年来又开发了易拉盖式铝盖、铝塑复合盖，方便于医务人员操作。轧盖机适用于各种类型的铝盖。

4. 封口设备的调整

（1）规格调整　更换输液瓶规格时，需要更换拨瓶盘、输瓶螺杆等配件，并调整瓶颈定位块和输瓶栏杆位置与相应规格的输液瓶配套。

（2）产量调整　通过对设备调速，调整产量。常采用变频调速和无级变速的方式。后者用变径皮带轮组实现，其结构简单、成本低廉、易于操作维修，但调节范围和灵敏度与前者差距较大，多用于一般调速。

（七）输液瓶贴签机

输液瓶贴签机（湿胶式）主要由压瓶转盘、压瓶轨道、拨盘、上胶盘、签槽、吸签手、贴签轨道等部件组成。常用设备如 GZT20/1000 型高速贴签机。

（1）工作程序　输瓶－涂胶－取签－印批号－贴标签。

（2）性能特点　①采用变频调速，配有光电自控系统，堆瓶、缺瓶能自动停机；②设有无瓶不递签、不涂浆、不贴签等保护装置。

（3）工作原理　瓶签由吸签手用真空方式从签槽内吸出，并送到吸签轮处，此时吸签手真空关闭，而吸签轮的真空打开，瓶签被反向吸在吸签轮上六个真空吸孔处，并随之转运，胶水轮依靠海绵的作用将胶水涂在瓶签的反面，胶水量可由胶水刮片调节，随着 O 形三角胶带的运动，使一旁用海绵墙板受力的瓶子旋转，当瓶子旋转到位时，使标签纸也相应旋贴在瓶上并压紧黏牢，吸签轮真空泵随之关闭。

（八）玻璃瓶大输液生产联动线

目前，国内在大输液生产中，常采用生产联动线。其具有生产速度高、灌装精度准、性能稳定、运行平稳、机电一体化程度高及产品质量可靠等特点。图 8－25 为我国较为常见的玻璃瓶大输液生产线。常用的生产联动线如 BSX200 玻璃瓶大输液生产联动线，是由 JP200 进瓶机、WX200 外洗机、CX200 粗洗机、JX200 精洗机、GZ200 灌装机、FS200 翻塞机、ZG200 扎盖机等单机组成，由 S－200 输瓶机连接。

知识拓展

FGL1 单头扎盖机

目前，国内普遍使用的单头间歇式玻璃输液瓶轧盖机由振动落盖装置、揿盖头、轧盖头及无级变速器等机构组成。机电一体化水平高，具有一机多能、结构紧凑、效率高等优点。常用设备如 FGL1 单头扎盖机。

（1）工作原理工艺流程　理盖－输瓶－取盖－落盖－压盖－轧盖。当玻璃输液瓶由输瓶机送入拨盘时，拨盘作间歇运动，每运动一个工位经电磁振荡输送依次完成整理铝盖、挂铝盖、轧盖等功能。图 8－24 所示为轧盖机轧头结构示意图。轧头沿主轴旋转，在凸轮作用下，上下运动。轧头上设有三把轧刀 5（图中只绘出一把），呈正三角形布置。轧刀 5 收紧是由凸轮控制。三把轧刀均能自行以转销 4 为轴进行转动，轧刀 5 的旋转是由专门的一组皮带变速机构来实现的，且轧刀的位置和转速均可调。轧盖时，瓶子不转动，轧刀 5 绕瓶旋转，压瓶头 6 抵住铝盖平面，凸轮收口座 1 继续下降，滚轮 2 沿斜面运动使三把轧刀向铝盖下沿收紧并滚压，即起到轧紧铝盖作用。轧盖过程中，拨盘对玻璃输液瓶粗定位与轧头上的压盖头准确定位相结合，保证轧盖质量。

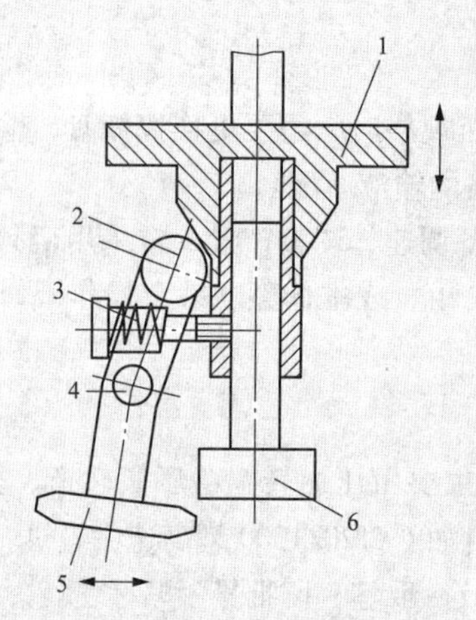

图 8－24　轧盖机轧头结构示意图

1. 凸轮收口座；2. 滚轮；3. 弹簧；4. 转销；5. 轧刀；6. 压瓶头

（2）FGL1 单头轧盖机的主要技术参数　见表 8－5。

表 8－5　FGL1 单头轧盖机的主要技术参数

适用规格	100～500mm 玻璃输液瓶（GB2639－90）
	铝盖（GB5197－96）、铝塑复合盖、易拉盖
生产能力（瓶/分钟）	10～40
功率	0. 75kW，380V，50Hz
外形尺寸（mm）	2490×1200×1700
机器净重（kg）	800

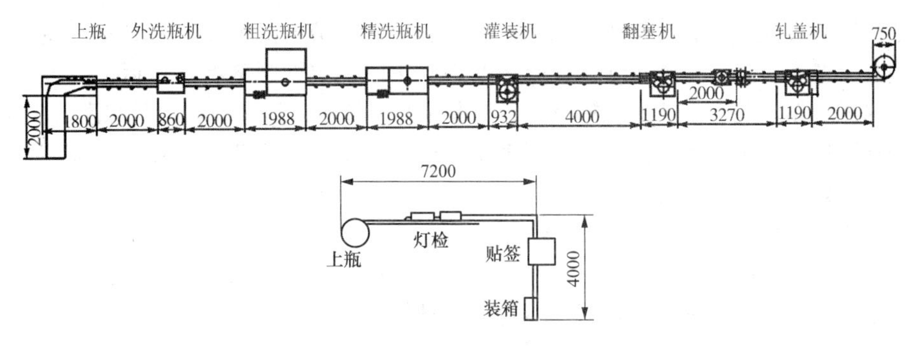

图 8－25　玻璃瓶大输液生产线示意图

BSX200 玻璃瓶大输液生产联动线的主要技术参数，见表 8－6。

表 8－6　BSX200 玻璃瓶大输液生产联动线的主要技术参数

生产规格	100～500ml 玻璃输液瓶
生产能力	200 瓶/小时（按 500ml 玻璃瓶计）
工作台面高度	800～850mm
总功率	12kW
最小直线配置长度	38m

二、塑料瓶输液剂生产工艺流程及生产设备

最终灭菌大容量注射剂塑料瓶生产工艺流程与环境区域划分示意图见图 8－26。

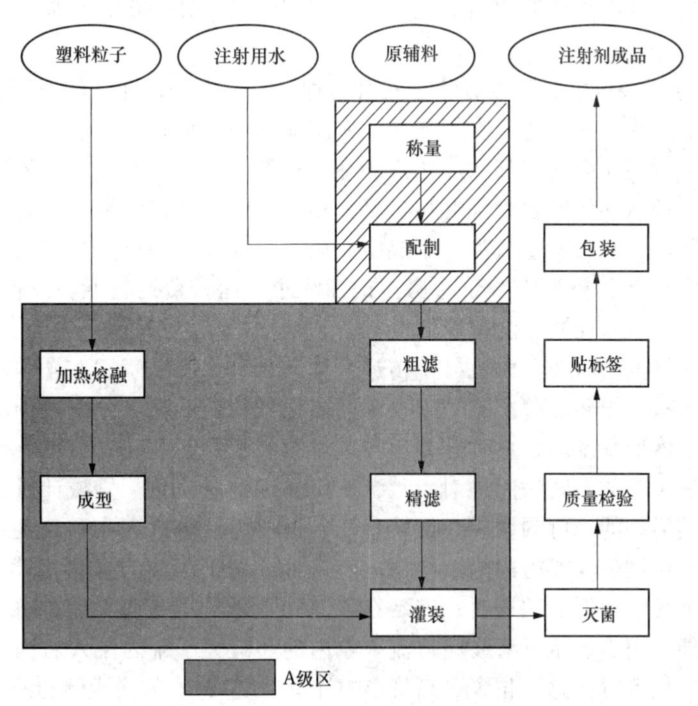

图 8－26　最终灭菌大容量注射剂塑料瓶生产工艺流程

目前，国内外大多数制药企业已采用塑料容器灌装输液产品。如聚丙烯塑料瓶可耐水耐腐蚀，具有无毒、质轻、耐热性好、机械强度高、化学稳定性强的特点，运输方便、不易破损，可以热压灭菌。此外由于塑料输液瓶为一次性使用容器，且其制备均是在灌装工序之前，省去了用水洗瓶这一步工序。使用无菌压缩空气的塑料吹塑机将瓶子直接吹制成型，计量装置即将规定容量的液体灌入瓶内，紧接着将瓶口封住。这样的生产流水线体积小，配合紧凑，完全符合 GMP 要求，进一步确保了输液剂产品的质量，并且大大地降低了能耗，对环境起到保护作用。但是在临床的使用过程中也常常发生一些问题值得研究，如湿气和空气可穿透塑料容器，影响贮存期的质量等。目前大容量注射剂塑料瓶的应用发展迅速，应用较多，且主要为塑料瓶联动机组，下面简要介绍 KGGF32/24 型塑料瓶洗灌封联动机组。

KGGF32/24 型塑料瓶大输液洗灌封联动机为塑料瓶大输液生产中洗瓶、灌装、焊盖三个工位合为一体的一台包装机。洗、灌、封三工位均采用主体旋转型式，整机采用机械手夹持瓶颈定位并交接，绝不擦伤瓶身及瓶底，既提高了生产效率，又保证了输液生产质量。

1. 工作原理 全机由进瓶机构，出瓶轨道，机架传动部件，洗瓶部件，灌装部件，焊盖部件，交接部件，理盖、送盖、拔盖部件，加热部件、机架外罩及电器控制系统等主要部分组成。

（1）洗瓶部分 经吹瓶机出来的合格塑料瓶，通过传动链条上的机械手输送到洗瓶部位的机械手上夹住瓶颈后，将塑料瓶翻转 180°使瓶口朝下进行洗瓶。洗瓶喷针配置有独立的离子发生装置，喷针在上升凸轮的引导下插进瓶内并将瓶口密封，喷针顶部产生的离子由洁净压缩空气吹入瓶内，以消除瓶内的静电，同时将瓶内已消除静电的塑料微粒及其他杂物吹动，使其漂浮在瓶内的空间，喷针底部配置的真空装置，将悬浮在空间的微粒及杂物吸入到密封的储罐内。喷针自插入瓶内起，一直跟踪塑料瓶同步运动，直到离开塑料瓶。保证了塑料瓶有足够的清洗时间。喷针离开瓶内后，机械手再将塑料瓶翻转 180°，使瓶口朝上并输送到灌装部位。

（2）灌装部分 塑料瓶的输液灌装方式有两种：①分步法，即从塑料颗粒处理开始，通过采用吹塑或注塑、注拉吹、挤拉吹等方式，先制成塑料空瓶，再将制出的空瓶经过整形处理、去除静电。采用高压净化空气吹净之后，灌装药液，最后封口。药液灌装方式与玻璃瓶相似。②一步法，即从塑料颗粒处理开始，将制瓶、灌装、封口三道工序合并在一台机器上完成，即吹塑机将塑料粒料吹塑成型，制成空瓶后，立即在同一模具内进行灌装和封口，然后脱模出瓶。该法生产污染环节少，厂房占地面积小，运行费用较低，设备自动化程度高，能够在线清洗灭菌，没有存瓶、洗瓶等工序。

本机将气洗完毕的塑料瓶，由机械手传递到灌装部位，灌装嘴跟踪塑料瓶实施灌装。灌装部位的上部配置有一个药液分配罐。来自车间高位槽的药液通过分配罐顶部的电磁阀流入罐内，达到设定的液面高度后，主机开始运转进行灌装程序。灌装计量由一个机械凸轮和机械手控制，每个灌装头的灌装时间绝对一致，从而保证计量一致。机械计量凸轮由上下两层组成，上面一层是活动的，可围绕中心旋转移动，根据灌装量的大小移动到合适的位置。在正常状态下，由高位槽进入罐内的药液与罐内流入各个瓶子药液的总和相等，罐内液面始终不会变化。当灌装喷管的下部缺瓶时，安装在该喷管上部的电磁阀关闭，将药液切断，实现无瓶不灌装的功能。由于无瓶不灌装使得流入自内的药液大于罐内流入瓶内的药液造成罐内液面升高，到一定位置时（这一位置过高将影响计量精度），安装在罐侧的液位控制装置将发出指令到罐上部的电磁阀，使其自动关闭（或关小）。等液面降到设定高度后再自动开启（或开大）。从而保证了灌装程序的有效运转。

（3）焊盖部分　该部分主要用于塑料瓶输液生产过程中药液灌装后输液药瓶的焊盖封口。采用双层加热板进行非接触热熔式焊盖封口。

灌药后的瓶子经出瓶机构、交接部件、焊盖进瓶机构进入焊盖部位，机械手夹住瓶颈，同时瓶盖由理盖斗整理、供送至输盖轨道。焊盖进瓶处设置有瓶身振动扶正装置，以利于焊盖和排气。当进瓶机构处光电开光感应瓶子时，输盖轨道末端挡盖气缸推出，瓶盖往前进入取盖机构，拨盖盘拨出瓶盖，运行至交接处时，取盖头沿凸轮曲线下行抓取瓶盖。几乎在挡盖气缸推出的同时，加热机构推进气缸推出，加热机构将瓶盖与瓶口端面同时加热熔化成糊状，然后取盖头再沿凸轮曲线下行将瓶盖与瓶口压合熔焊在一起。在压合之前，根据实际生产工艺要求，可调节排气机构以排出瓶内的适量空气再进行压合熔焊，以保证后续工序的质量。之后取盖头沿凸轮曲线上行脱离，焊盖后的瓶子经出瓶机构送入出瓶轨道，进入灭菌工序。

2. 性能特点

（1）结构紧凑、安装简捷、操作简单、自动化程度高，操作人员减少，生产效率高。生产线长度大为缩短，节省空间。

（2）既适用于普通塑料输液瓶又适用于直立式软袋。

（3）由于采用机械手夹持瓶颈定位交接，绝不擦伤瓶身及瓶底且规格调整极为方便。更换规格时只须更换少数几件。

（4）采用独特的离子气加真空跟踪洗瓶方式，大大节约了能耗，保证了洗瓶的洁净度。

（5）焊盖封口系统采用上下双层加热板，加热温度分别控制，以适应瓶口和瓶盖熔封时的不同温度要求，并采用可调式机械手夹持瓶颈定位，独特的取盖簧抓盖，对中准确。瓶口熔封处支承面积大、受力均匀、刚性好、定位精确，最大限度降低焊盖熔封时“错位”的可能性，可靠地保证了封口后的质量。

（6）可延长、选择加热及压合时间，以适应不同生产速度熔封要求。特别是对各加热片发热功率的一致性没有要求，很容易保证封口质量。

（7）加热片发热后变形小，加热片安装高度随需要可调节，易保证同瓶口、瓶盖之间的最小间隙，提高热效率。

（8）封口前配置了瓶口吹干装置和瓶身振动扶正装置，以便于焊盖，并具有焊盖时瓶内排气装置，排气量可调节。

（9）自动化程度高。具有缺瓶不送盖、无瓶或无盖不加热等功能。

第三节　湿热灭菌设备

湿热灭菌设备是利用高温高压的水蒸气或其他热力学灭菌手段杀灭细菌的设备，湿热灭菌设备可分以下几类。按蒸汽灭菌方法分：高压蒸汽灭菌器和流通蒸汽灭菌器；按灭菌工艺分：高压蒸汽灭菌器、快速冷却灭菌器、水浴式灭菌器、回转水浴式灭菌器；按灭菌柜的形状分：长方形和圆形灭菌柜。

一、高压蒸汽灭菌器

应用最早、最普遍的一种灭菌设备，以蒸汽为灭菌介质，用一定压力的饱和蒸汽，直接通入灭菌柜中，对待灭菌品进行加热，冷凝后的饱和水及过剩的蒸汽由柜体底部排出。用于输液瓶、口服液的灭菌，操作简单方便。高压蒸汽灭菌器的主要特点是升温阶段靠在入口处控制蒸汽阀门，用阀门产生的节流作用来调节进入柜内的蒸汽量和蒸汽压力，降温时截断蒸汽，随柜冷却至一定温度值才能开启柜门，自然冷却。空气不能完全排净，传热慢，使柜内温度分布不均匀，存在上下死角，温度较低，灭菌不彻底。降温靠自然冷却，时间长容易使药液变黄。开启柜门冷却时，温差大，容易引起爆瓶和安全事故。高压蒸汽灭菌器常用的有手提式、卧式、立式热压灭菌器。

热压灭菌器的种类很多，但其基本结构相似。凡热压灭菌器应密闭耐压，有排气口、安全阀、压力表和温度计等部件。中药制药企业常用的有真空灭菌器、安瓿灭菌器等。

1. 手动脉动真空灭菌器 适用于耐高温的物料及器具的灭菌（常用 XG1. PS 型）。

操作规程：

（1）灭菌前准备及检查 ①打开蒸气控制阀门，在蒸气进入夹层之前，应先将管道中冷凝水排放干净。②打开水阀为真空泵的正常运转做准备。③接通电源：动力电源和控制电源开关合闸送电，然后将控制器上的电源开关拨向“开”端，为程序运行做好准备。

（2）灭菌操作过程 ①预置各灭菌参数：预置记录仪上下限控制温度，即非液体类物品推荐温度为 132℃，上限温度预置在 134℃，液体类设下限温度预置在 121℃；预置灭菌时间：由灭菌数字开关直接预置定时，时间范围 0 ~ 99 分钟。非液体类物品在 132℃ 灭菌时间预置 3 ~ 4 分钟，对于 300mm × 300mm × 500mm 的最大包裹，灭菌时间预置在 5 分钟以上，液体灭菌 121℃ 时间预置在 30 分钟；预置干燥时间及脉动次数：一般器械、织物、器皿、橡胶手套、非液体类物品预置时间 6 ~ 8 分钟，而脉动一般为 3 次，若灭菌效果不好可将脉动次数设为 4 次。②在开门状态下，打开电源开关，此时“开门”灯亮，将所要灭菌的药品或物品安放在搁架上。将门轻轻转到关闭位，使门上齿进入主体齿条内，并靠近主体然后按压“关门”按钮，密封门徐徐下降，到密封位置时，门自动停止下降，“关门”指示灯亮，“开门”指示灯灭，同时门密封。压缩气体经过阀门进入，实现密封。③打开程控电源开关，“真空”“液体”指示灯同时闪烁，按下“真空”程序按钮后，“真空”灯亮程序按顺序逐一进行。升温阶段：“升温”指示灯亮，真空泵启动，抽空阀和进气阀交替开启进行脉动真空，脉动次数达到预置值后，真空泵停止运转，抽空阀关闭，进气阀开启，进行升温，温度达到记录仪下限值，“升温”灯灭，进入灭菌阶段。灭菌阶段：灭菌计时开始时“灭菌”灯亮，计时时间达到预置值，进入排气阶段。排气阶段：“灭菌”灯灭，排气灯亮，真空泵重新启动，抽空阀打开，内柜压力迅速下降，当内柜压力下降到 0.005MPa 时“排气”指示灯灭，“干燥”指示灯亮。真空干燥阶段：内柜压力降到 0.005MPa，“干燥”指示灯亮的同时，开始干燥计时，干燥时间到达预置值，真空泵停止运转，空气阀打开，内室压力回升至 0.005MPa 时，“结束”指示灯亮，进入结束阶段。结束阶段：空气阀继续开启，蜂鸣器呼叫（内室压力为零），按压力“复位”或“开门”按钮。密封用压缩气体被真空泵抽出，密封门徐徐升起，当升到开启位置时，“开门”指示灯亮，此时便可拉开密封门。灭菌结束后，切断电源（前门后门电源开关都关闭），关闭蒸气阀，关闭供水阀门。

（3）操作注意事项 ①开门、关门时应密切注意门升降情况，如有异常，立即按压相应按钮，停止门的动作，查看故障并排除。②关门时，用力不要过猛，以免破坏门开关。③当设备出现故障或停止时，若需开门，必须在确认内室压力为零时，将门罩取下，用手动扳手旋转驱动装置上的手动齿轮，将门升起，然后打开门。④水压低于 0.1MPa 时，切不可启动真空泵。⑤非灭菌过程，柜门不要关紧，以防门密封圈长期压缩变形而影响门的密封性能和寿命。

2. 安瓿灭菌器 适用于安瓿的灭菌（常用 XG1. OD 系列机动门安瓿灭菌器）。

操作规程：

（1）开机前准备工作　①启动压缩机，使压力上升到需要值，然后打开压缩气阀。②将蒸气管道内的冷凝水排放干净，然后打开与灭菌器连接的蒸气源开关，并检查其压力是否达到0.3～0.5MPa。③打开清洗水阀门，为程序进行做准备。④打开真空泵水源阀门，并检查水源压力是否达到规定压力值（0.15～0.30MPa）。⑤接通动力电源和控制电源。

（2）灭菌程序操作　①打开密封门，将装载灭菌物品的内车推入灭菌室。②关闭密封门，选择灭菌程序，设置灭菌参数，当确认灭菌参数不需要修改后，启动灭菌程序。③灭菌过程中，操作人员应密切观察设备的运行情况，如有异常，及时处理。④灭菌结束后，待室内压力回零后，方可打开后门取出灭菌物品。⑤关闭压缩空气阀、蒸气源开关、清洗水阀门、真空泵水源阀门。⑥关闭电源。注意灭菌结束后，应打开一个门，使室内处于无压状态。

二、快速冷却灭菌器

快速冷却灭菌器采用先进的快速冷却技术，设备的温度、时间显示器符合GMP要求，具有灭菌可靠，时间短，节约能源，程序控制先进、缩短药品受热时间可防止药品变质等优点。广泛用于对瓶装液体、软包装进行消毒和灭菌的设备。其缺点是柜内温度不均匀，快速冷却容易出现爆瓶现象。

工作基本原理是通过饱和蒸汽冷凝放出的潜热对玻璃瓶装液体进行灭菌，并通过冷水喷淋冷却、快速降温，灭菌时间、灭菌温度、冷却温度均可调，柜内设有测温探头，可测任意两点灭菌物内部的温度，并由温度记录仪反映出来，全自动三档控制器能按预选灭菌温度、时间、压力自动检测补偿完成升温、灭菌、冷却等全过程。

1. 操作程序

（1）操作前准备与检查　①检查水、电、汽的供应情况。②排放汽源管路内的冷凝水。

（2）操作准备过程　①打开电源开关、蒸汽阀门、水源阀门，并开启空气压缩机及其控制阀。②设置参数。③在关门状态下，按“前开门”按钮开机门，开门指示灯亮。将所需灭菌的药品置于灭菌器内、室内关机门，使门板上啮合齿进入主体齿条内，然后按下“前关门”按钮，门自动下降至关闭位置，“前门状态”指示灯亮，“准备”指示灯亮。④选择“瓶装程序”按钮。

（3）升温阶段　进汽阀、排汽阀、慢排阀自动打开，进行置换，同时小进水阀自动打开，升温灯闪烁，当进水至上水位后，小进水阀自动关闭，升温灯常亮，置换时间达到设定值、升温至灭菌温度下限值时，进入灭菌阶段。

（4）灭菌阶段　灭菌灯亮，进汽阀自动打开，灭菌时间自动计时，当达到设定时间时，灭菌灯灭，进入排汽过程。

（5）排汽阶段　排汽灯亮，慢排阀自动打开，排出内室的蒸汽，排汽时间达到设定值时，慢排阀自动关闭，进入冷却过程。

（6）冷却阶段　冷却灯亮，水泵开1分钟后，水阀自动打开，内室开始降温，4分钟后，排汽阀自动打开排出室内热水。当内室温度降至冷却温度下限值时，大进水阀自动打开，延时3分钟后关闭，排水阀打开，内室排水至下水位时，延时30秒水泵停，进入结束阶段。

（7）操作结束　①当内室压力回零，按“后开门”键，打开后机门，取出灭菌药品。②切断电源、关闭蒸汽阀、水源阀、压缩空气阀。③按快速冷却灭菌器清洁规程进行清洁。

2. 维护保养　①每日做好日常的维护工作。②严格执行操作过程和维护保养规程。③每周用饮用水对水位计进行清洁，防止水垢附在探针上，而导致水位计失灵。④每周用饮用水对喷淋盘进行清洗，清除内部污物，以免降低冷却效果。⑤每月将蒸汽过滤器及水过滤器下端的螺母拆下，取出滤网用注射用水冲洗干净后重新装入。⑥定期用生物指示剂等检测灭菌效果，以防灭菌效果达不到要求。⑦灭菌柜每年应做一次再验证。

三、水浴式灭菌器

水浴式灭菌器广泛用于安瓿瓶、口服液瓶等制剂的灭菌，还可用于塑料瓶、塑料袋的灭菌，食品行业的灭菌也适用。采用计算机控制，可实现 F_0 值的自动计算监控灭菌过程，灭菌质量高，先进可靠。采用高温热水直接喷淋方式灭菌，灭菌结束后，又采用冷水间接喷淋进行冷却，既能保证药品温度降至50℃以下，又克服了快速冷却容易引起的爆瓶事故。去离子水作为载热介质对输液瓶进行加热、升温、保温（灭菌）、冷却。加热和冷却都在柜体外的板式交换器中进行。

1. 操作规程 打开电脑，进入操作界面。同时用钥匙打开灭菌柜开关。进入输入查询，根据工艺要求填写品名、数量、规格以及配方，点击退出。点击程序运行，选择设置好的品名、规格、数量以及配方号，最后依据工艺要求填写批号。打开压缩空气阀门，打开用水阀门，灭菌柜装药，插好温度探头，关闭灭菌柜。打开工业蒸汽阀门，在电脑操作界面点击程序启动。根据灭菌流程需要打开有色水罐与纯化水罐抽水泵开关。灭菌过程结束后关闭工业蒸汽阀门。待灭菌流程结束，温度降到室温，压力回到室压，即可打开柜门取药。

2. 维护保养 安全阀调好后，应每隔一月，将其放汽手柄拉起反复排汽数次，防止长时间不用发生黏堵。探头内探测元件为易碎件，使用时应避免碰撞。灭菌室外探头连线不得用力拉扯，并防止挤压碾致变形。每半月将灭菌室内顶部喷淋盘拆下清洗盘内污垢后复装。每月将灭菌室内底部的底隔板拆下清洗水箱内污垢后复装。定期检查压力表，定期校对温度传感器探头。每天排放压缩空气管路上的分水过滤器内存水。经常注意观察换热器疏水阀工作情况。定期擦拭测温探头的探针部分，清除表面的黏合物，保证温度信息的准确性。定期擦拭液位计的探针部分，清除表面的油污及黏合物，保证水位信息的准确性。清洗设备时不得将水溅到电器元件上，以防止短路。设备试运行一周后，将管路系统上的蒸汽及水过滤器的过滤网拆下清洗。以后每隔半年清洗一次。

铂热电阻与设备内部的测温探头有两线制、三线制、四线制三种方式，如果它们自身的电气线不够长，需要延长它们的接线，接线时一定要按照它们的自身的线制进行连接，严禁在中间连接点处就把两根线短接（注：改变箔热电阻的自身线制将导致测温的不准确或不稳定），延长线的接线处应当用锡焊加固以防止导线的氧化。

3. 常见故障及处理方法 见表8－7、表8－8。

表8－7 常见故障及处理方法

故障现象	原因分析	排除方法
1. 微机不能启动	1. 未接通电源 2. 微机故障	1. 检查电源 2. 请微机专业技术人员检修微机
2. 微机不能进入操作界面	1. 鼠标损坏 2. 控制程序文件丢失	1. 更换或检修鼠标 2. 与制造商联系或重装程序文件
3. 微机灭菌参数设置界面变大	1. 屏幕分辨率被修改 2. 显卡驱动程序丢失	1. 修改屏幕分辨率为800×600 2. 返回win98平台重装显卡驱动程序

续表

故障现象	原因分析	排除方法
4. 灭菌室不进水	1. 压缩气源未达到规定压力 2. 未打开水源阀门 3. 水位传感器故障 4. 水过滤器阻塞	1. 保证压缩气源压力不低于0.3MPa 2. 打开水源阀门 3. 检修或更换水位传感器 4. 拆修水过滤器
5. 灭菌室进水不止	1. 水位传感器故障 2. 进水阀 F1、F7 因故未关严	1. 检修或更换水位传感器 2. 检查阀门或程序
6. 升温速度太慢	1. 汽源压力低 2. 蒸汽饱和度低 3. 疏水器故障	1. 汽源压力不得低于0.3MPa 2. 使用饱和水蒸气 3. 检查疏水器
7. 灭菌过程温度及压力不恒定	1. 汽源压力低 2. 灭菌室内异常进水	1. 汽源压力不得低于0.3MPa 2. 检查阀门或程序
8. 冷却开始时有爆瓶现象	1. 冷却水温太低 2. 换热器泄漏 3. F5 阀前的调节阀未调好	1. 保证冷却水的温度不低于15 2. 检查和更换换热器 3. 重新调节进水截止阀的开度
9. 冷却速度太慢	1. 冷却水温太高 2. 循环泵因气蚀打空 3. 外排水管道不畅	1. 保证冷却水的温度不高于35℃ 2. 暂停循环泵3～5秒后再启动 3. 疏通外排水管道
10. 排水速度太慢	1. 内室压力过低 2. 循环水管道不畅	1. 检查压缩气情况 2. 疏通循环水管道

表8-8 常见故障及处理方法

故障类别	故障现象	故障分析
门故障	1. 门打不开	（1）门密封胶条不抽回，喷射器不动作，检查信号 （2）喷射器动作，门密封胶条抽不回去，检查压缩空气压力是否不够或压缩空气含水量是否过高 （3）低温下打不开门属正常现象，下班后应关好灭菌柜后门，打开灭菌柜前门
	2. 关门后密封胶条不密封	检查门关位的限位开关是否到位，重新调整位置
	3. 门在开、关的过程中不动作	检查支架或门罩，此为机械故障
	4. 灭菌后自动开门	开门的24V电信号受到强电信号的影响
	5. 门无法密封	检查压缩空气的压力是否低于0.3MPa
电气故障	1. 压力无显示	检查通信电缆和压力变送器是否正确连接
	2. 温度无显示	检查通信电缆和压力变送器是否正确连接
	3. 温度跳跃不稳	检查探头是否损坏
	4. 温度停止在一个数值上不变化	检查探头接口处或内部是否进水
	5. 通讯中断或时断时续	检查通信线的各个接口是否接触良好，检查下位机的信号地线是否符合电气规范
	6. 水位无显示或断不开时	检查：水位探针积有污垢，不能接通；水位探针接头处进水，造成短路；水位探针的地线接在有防锈漆的设备外壳上，导致水位检测电气回路不流畅；注：运行过程中，上水位无显示，下水位有显示，属正常情况

续表

故障类别	故障现象	故障分析
泵故障	运行过程中，泵突然停止	泵保护启动，把泵保护复位（自动复位）后，重新关、开泵一次使泵重新运行起来。通讯中断
泵打空	运行过程中所有的温度变化缓慢或长时间停留在某一数值上	大部分情况是因为设备内部的水量少而导致泵打空，作为应急措施，可先停止泵 10 秒，再重新启动泵。要彻底避免这个现象，需要重新调整设备内的水位
冷却或升温停止	设备内的纯化水在程序运行过程中排泄出去	检查设备上的排泄阀 F7，是否被异物卡住
探头故障	升温过程或者降温过程中的 t_1、t_2、t_3、t_4 的温度的差异超过 10℃	检查温度的接线方式，探头的接线方式必须遵循其自身提供的线制方式来连接，禁止在中间把两线短接
数据存储故障	运行过程中，看不到趋势和报表	检查流程图界面上的门关信号是否正常，如果门关信号不正常，重新调整门驱动气缸的检测关门的磁感应开关到正常位置
软件故障	无法关机或无法启动程序	由于上次退出程序时没有完全退出，可软启动计算机
	流程图界面中鼠标和键盘不能操作，但温度和压力数据能自动刷新	部分程序软件故障，可强制关机后，重新启动微机，用断点恢复重新进入灭菌流程
	压力或温度跳变频繁或者通信偶尔中断	首先检查系统的所有的信号地线和公用线的连接方式，如不能解决问题，可修改下位机软件中的通信延时
	所有的阀件出现瞬间全开现象	属于通信干扰现象，可检查信号地线和接地线的连接状况是否良好，或者在程序中做互锁措施
	程序出现非正常跳转	该情况属于设定数据传输错误，解决办法检查信号地线和接地线的连接状况是否良好，可以考虑更换 PLC 主机，或者修改软件检测错误传输数据
	死机故障	正常运行时处理外部事件（如拷贝软盘）容易死机
其他	PC 机指示灯亮，但对应阀件无动作	检查压缩空气压力是否低于 0.3MPa，阀导是否有电

四、回转水浴式灭菌器

回转水浴式灭菌器与水浴式灭菌器的结构基本相同，工作过程也大致相同，分为准备过程、注水过程、升温过程、灭菌过程、排水排汽过程、结束七个过程，维护保养也基本相同；区别在于回转水浴式灭菌器灭菌时药液瓶随柜内的旋转内筒转动，再加上喷淋水的强制对流，形成强力扰动的均匀趋化温度场，使药液传热快、灭菌温度均匀，提高了灭菌质量，缩短了灭菌时间。

五、湿热灭菌设备的要求

湿热灭菌设备是严格按照国家有关的压力容器标准制造，设备能够承受灭菌工艺所需的蒸汽压力。灭菌柜的形式以方形和圆形最为普遍。保证灭菌柜内具有蒸汽热分布均匀性，在灭菌柜内部任何一点的温度都应达到工艺规定的温度。保证灭菌柜适应于不同规格和不同的包装容器，并且有不同的装卸方式。应有蒸汽夹套及隔热层，以便在使用蒸汽灭菌前使设备预热，有利于降低能耗，减少散热。灭菌柜应有自动计算温度、压力、F_0 值控制检测系统，保证灭菌柜压力调节，确保灭菌温度。灭菌柜应有必要的检测记录仪表装置，要有周期定时器、顺序控制器，同时应配有灭菌车等。筒体和大门均应有安全连锁保护装置，保证灭菌柜密封门不能打开。

本章小结

本章主要对注射剂、输液剂生产工艺、常用设备进行介绍，使对无菌制剂有深刻的认识，同时对所使用的设备提出了具体要求，尤其是在无菌的要求方面，介绍了湿热灭菌各种不同设备的使用方法。

思考题

1. 气水喷射式安瓿洗瓶机组使用时注意事项是什么？
2. 解决冲液现象的主要措施有哪些？
3. 擦瓶机的使用方法是什么？
4. 安瓿印字机的保养包括哪些内容？
5. 输液剂在生产过程中，灌封前分为几条生产路径，分别是什么？
6. KGGF32/24 型塑料瓶大输液洗灌封联动机有哪些性能特点？

（刘永忠　王沛）

第九章　制药单元操作设备

学习导引

知识要求

1. **掌握**　蒸发设备和制药用水设备的结构、工作原理。
2. **熟悉**　蒸发设备和制药用水设备的操作规程及使用注意事项。
3. **了解**　蒸发器的节能及其节能思路。

能力要求

1. 熟练掌握设备使用和操作技能。
2. 学会根据设备的日常操作规程及使用范围解决常见问题。

制药单元操作通常是指在药物制备过程中，能够独立自成体系的一系列操作过程，诸如粉碎操作、混合操作、分离操作、蒸发操作、蒸馏操作、干燥操作等，在这些操作过程中所涉及的机械设备，常被称为单元操作设备。作为药物剂型制备过程中所能涉及的单元操作，较为重要的当属蒸发单元操作和制药工艺用水制备单元操作，制药过程一般离不开蒸发浓缩过程，也就免不了需要蒸发器具；同样，制药就一定需要制药用水，否则什么药物也无法制成。基于此，我们重点叙述蒸发单元操作和制药工艺用水单元操作所涉及的机械设备。

第一节　蒸发设备

蒸发浓缩是将稀溶液中的溶剂部分汽化并不断排除，使溶液增浓的过程。蒸发过程多处在沸腾状态下，因沸腾状态下传热系数高，蒸发速率快。对于热敏性物料可以采用真空低温蒸发，或采用在相对较高的温度下的膜式瞬时蒸发，以保证产品的质量。膜式蒸发时，溶液在加热壁面以很薄的液层流过并迅速受热升温、汽化、浓缩，溶液在加热室停留约几秒至几十秒，受热时间短，可以较好地保证产品质量。

能够完成蒸发操作的设备称为蒸发器（蒸发设备），属于传热设备，对各类蒸发设备的基本要求是：应有充足的加热热源，以维持溶液的沸腾状态和补充溶剂汽化所带走的热量；应及时排除蒸发所产生的二次蒸汽；应有一定的传热面积以保证足够的传热量。根据蒸发器加热室的结构和蒸发操作时溶液在加热室壁面的流动情况，可将间壁式加热蒸发器分为循环型（非膜式）和单程型（膜式）两大类。蒸发器按操作方式不同又分为间歇式和连续式，小规模多品种的蒸发多采用间歇操作，大规模的蒸发多采用连续操作，应根据溶液的物性及工艺要求选择适宜的蒸发器。

一、循环型蒸发器

在循环型（非膜式）蒸发器的蒸发操作过程中，溶液在蒸发器的加热室和分离室中作连续的循环运动，从而提高传热效果、减少污垢热阻，但溶液在加热室滞留量大且停留时间长，不适宜热敏性溶液的蒸发。按促使溶液循环的动因，循环型蒸发器分为自然循环型和强制循环型。自然循环型是靠溶液在加热室位置不同，溶液因受热程度不同产生密度差，轻者上浮重者下沉，从而引起溶液的循环流动，循环速度较慢（0.5~1.5m/s）；强制循环型是靠外加动力使溶液沿一定方向作循环运动，循环速度较快（1.5~5m/s），但动力消耗高。

1. 中央循环管型蒸发器 中央循环管型蒸发器属于自然循环型，又称标准式蒸发器，如（图9-1）所示，主要由加热室、分离室及除沫器等组成。中央循环管型蒸发器的加热室与列管换热器的结构类似，在直立的较细的加热管束中有一根直径较大的中央循环管，循环管的横截面积为加热管束总横截面积的20%～40%。加热室的管束间通入加热蒸汽，将管束内的溶液加热至沸腾汽化，加热蒸汽冷凝液由冷凝水排出口经疏水器排出。由于中央循环管的直径比加热管束的直径大得多，在中央循环管中单位体积溶液占有的传热面积比加热管束中的要小得多，致使循环管中溶液的汽化程度低，溶液的密度比加热管束中的大，密度差异造成溶液在加热管内上升而在中央循环管内下降的循环流动，从而提高了传热速率，强化了蒸发过程。在蒸发器加热室的上方为分离室，也叫蒸发室，加热管束内溶液沸腾产生的二次蒸汽及夹带的雾沫、液滴在分离室得到初步分离，液体从中央循环管向下流动从而产生循环流动，而二次蒸汽通过蒸发室顶部的除沫器除沫后排出，进入冷凝器冷凝。

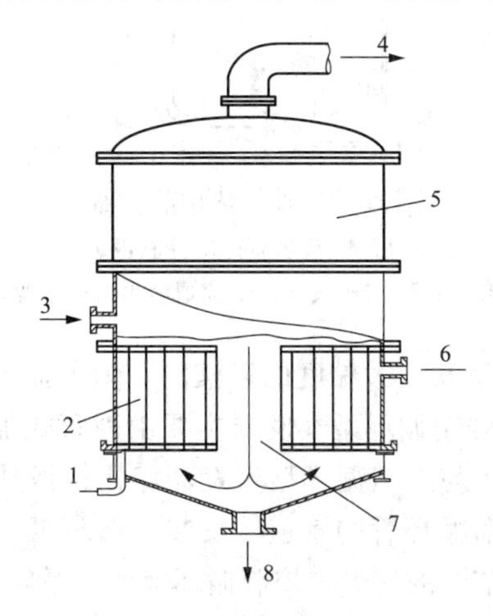

图9-1 中央循环管型蒸发器

1. 冷凝水出口；2. 加热室；3. 原料液进口；4. 二次蒸汽；
5. 分离式；6. 加热蒸汽进口；7. 中央循环管；8. 完成液出口

中央循环管型蒸发器的循环速率与溶液的密度及加热管长度有关，密度差越大，加热管越长，循环速率越大。通常加热管长1～2m，加热管直径25～75mm，长径比20～40。

中央循环管型蒸发器的结构简单、紧凑，制造较方便，操作可靠，有“标准”蒸发器之称。但检修、清洗复杂，溶液的循环速率低（小于0.5m/s），传热系数小。适宜黏度不高、不易结晶结垢、腐蚀性小且密度随温度变化较大的溶液的蒸发。

2. 外加热型蒸发器 外加热型蒸发器属于自然循环型蒸发器，其结构如图9－2所示，主要由列管式加热室、蒸发室及循环管组成。加热室与蒸发室分开，加热室安装在蒸发室旁边，特点是降低了蒸发器的总高度，有利于设备的清洗和更换，并且避免大量溶液同时长时间受热。外加热型蒸发器的加热管较长。溶液在加热管内被管间的加热蒸汽加热至沸腾汽化，加热蒸汽冷凝液经疏水器排出，溶液蒸发生产的二次蒸汽夹带部分溶液上升至蒸发室，在蒸发室实现气液分离，二次蒸汽从蒸发室顶部经除沫器除沫后进入冷凝器冷凝。蒸发室下部的溶液沿循环管下降，循环管内溶液不受蒸汽加热，其密度比加热管内的大，形成循环运动，循环速率可达1.5m/s，完成液最后从蒸发室底部排出。外加热型蒸发器的循环速率较高，传热系数较大［一般1400～3500W/（m^2·℃）］，并可减少结垢。外加热型蒸发器的适应性较广，传热面积受限较小，但设备尺寸较高，结构不紧凑，热损失较大。

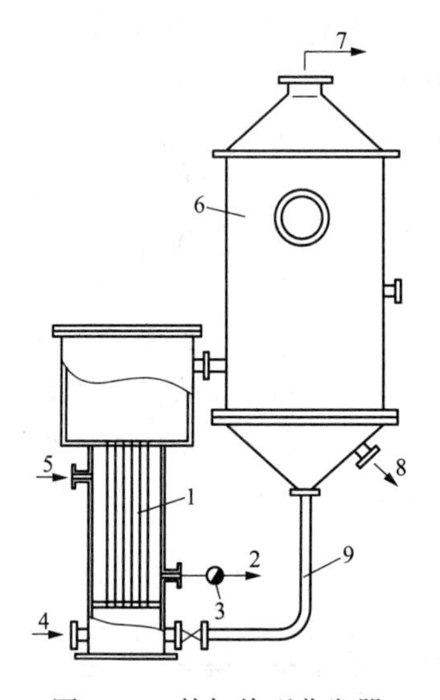

图9－2 外加热型蒸发器

1. 加热室；2. 冷凝水出口；3. 疏水器；4. 原料液进口；5. 加热蒸汽入口；
6. 分离室；7. 二次蒸汽；8. 完成液出口；9. 循环管

3. 强制循环型蒸发器 在蒸发较大黏度的溶液时，为了提高循环速率，常采用强制循环型蒸发器，其结构见图9－3。强制循环型蒸发器主要由列管式加热室、分离室、除沫器、循环管、循环泵及疏水器等组成。与自然循环型蒸发器相比，强制循环型蒸发器中溶液的循环运动主要依赖于外力，在蒸发器循环管的管道上安装有循环泵，循环泵迫使溶液沿一定方向以较高速率循环流动，通过调节泵的流量来控制循环速率，循环速率可达1.5～5m/s。溶液被循环泵输送到加热管的管内并被管间的加热蒸汽加热至沸腾汽化，产生的二次蒸汽夹带液滴向上进入分离室，在分离室二次蒸汽向上通过除沫器除沫后排出，溶液沿循环管向下再经泵循环运动。

强制循环型蒸发器的传热系数比自然循环型蒸发器的大，蒸发速率高，但其能量消耗较大，每平方米加热面积耗能0.4～0.8kW。强制循环型蒸发器适于处理高黏度、易结垢及易结晶溶液的蒸发。

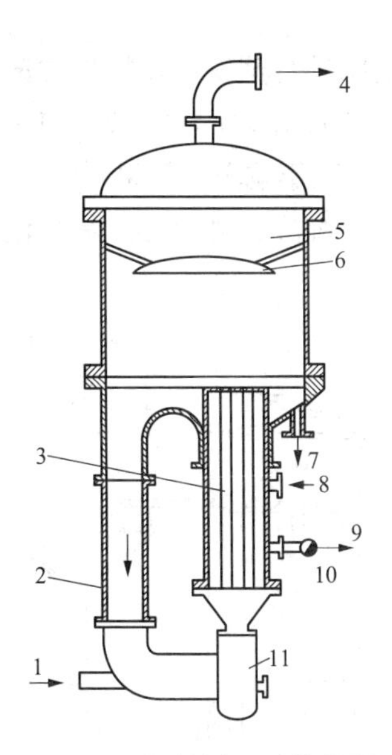

图9-3　强制循环型蒸发器

1. 原料液进口；2. 循环管；3. 加热室；4. 二次蒸汽；5. 分离室；6. 除沫器；
7. 完成液出口；8. 加热蒸汽进口；9. 冷凝水出口；10. 疏水器；11. 循环泵

二、单程型蒸发器

单程型（膜式）蒸发器的基本特点是溶液只通过加热室一次即达到所需要的浓度，溶液在加热室仅停留几秒至十几秒，停留时间短，溶液在加热室滞留量少，蒸发速率高，适宜热敏性溶液的蒸发。在单程型蒸发器的操作中，要求溶液在加热壁面呈膜状流动并可被快速蒸发，离开加热室的溶液又可得到及时冷却，溶液流速快，传热效果佳，但对蒸发器的设计和操作要求较高。

1. 升膜式蒸发器　在升膜式蒸发器中，溶液形成的液膜与蒸发产生二次蒸汽的气流方向相同，由下而上并流上升，在分离室气液得到分离。升膜式蒸发器的结构如图9－4所示。主要由列管式加热室及分离室组成，其加热管由细长的垂直管束组成，管子直径为25～80mm，加热管长径比为1:（1～3）。原料液经预热器预热至近沸点温度后从蒸发器底部进入，溶液在加热管内受热迅速沸腾汽化，生成的二次蒸汽在加热管中高速上升，溶液则被高速上升的蒸汽带动，从而沿加热管壁面成膜状向上流动，并在此过程中不断蒸发。为了使溶液在加热管壁面有效地成膜，要求上升蒸汽的气速应达到一定的值，在常压下加热室出口速率不应小于10m/s，一般为20～50m/s，减压下的气速可达到100～160m/s或更高。气液混合物在分离室内分离，浓缩液由分离室底部排出，二次蒸汽在分离室顶部经除沫后导出，加热室中的冷凝水经疏水器排出。

在对升膜式蒸发器设计时要满足溶液只通过加热管一次即达到要求的浓度。加热管的长径比、进料温度、加热管内外的温度差、进料量等都会影响成膜效果、蒸发速率及溶液的浓度等。加热管过短溶液浓度达不到要求，过长则在加热管子上端出现干壁现象，加重结垢现象且不易清洗，影响传热效果。加热蒸汽与溶液沸点间的温差也要适当，温差大，蒸发速率较高，蒸汽的速率高，成膜效果好一些，但加热管上部易产生干壁现象且能耗高。原料液最好预热到近沸点温度再进入蒸发室中进行蒸发，如果将常温下的溶液直接引入加热室进行蒸发，在加热室底部需要有一部分传热面用来加热溶液，使其达到沸点后才能汽化，溶液在这部分加热壁面上不能呈膜状流动，从而影响蒸发效果。

升膜式蒸发器适于蒸发量大、稀溶液、热敏性及易生泡溶液的蒸发；不适于黏度高、易结晶结垢溶液的蒸发。

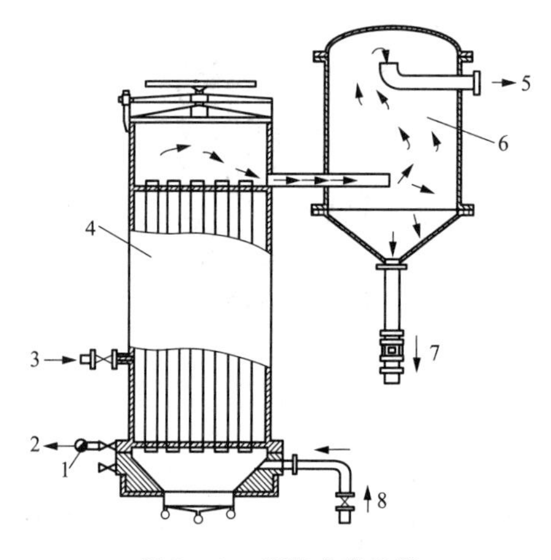

图9－4　升膜式蒸发器

1. 疏水器；2. 冷凝水出口；3. 加热蒸汽进口；4. 加热室；
5. 二次蒸汽；6. 分离室；7. 完成液出口；8. 原料液进口

2. 降膜式蒸发器　降膜式蒸发器的结构如图9－5所示，其结构与升膜式蒸发器大致相同，也是由列管式加热室及分离室组成，但分离室处于加热室的下方，在加热管束上管板的上方装有液体分布板或分配头。原料液由加热室顶部进入，通过液体分布板或分配头均匀进入每根换热管，并沿管壁呈膜状流下同时被管外的加热蒸汽加热至沸腾汽化，气液混合物由加热室底部进入分离室分离，完成液由分离室底部排出，二次蒸汽由分离室顶部经除沫后排出。在降膜式蒸发器中，液体的运动是靠本身的重力和二次蒸汽运动的拖带力的作用，溶液下降的速度比较快，因此成膜所需的汽速较小，对黏度较高的液体也较易成膜。

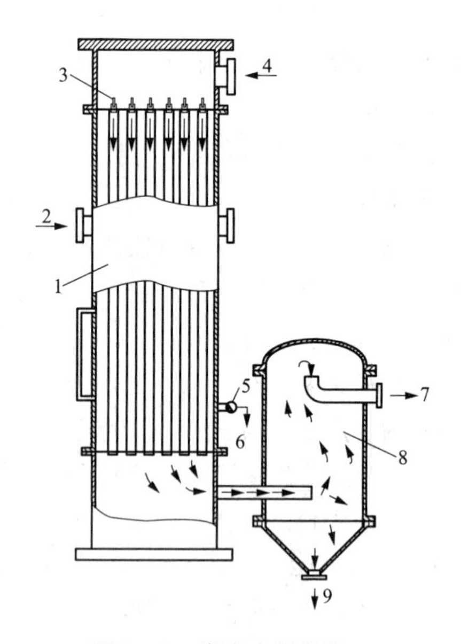

图9－5　降膜式蒸发器

1. 加热室；2. 加热蒸汽进口；3. 液体分布装置；
4. 原料液进口；5. 疏水器；6. 冷凝水出口；
7. 二次蒸汽；8. 分离室；9. 完成液出口

降膜式蒸发器的加热管长径比为1:（1～2.5），原料液从加热管上部至下部即可完成浓缩。若蒸发一次达不到浓缩要求，可用泵将料液进行循环蒸发。

降膜式蒸发器可用于热敏性、浓度较大和黏度较大的溶液的蒸发，但不适宜易结晶结垢溶液的蒸发。

3. 升－降膜式蒸发器 当制药车间厂房高度受限制时，也可采用升－降膜式蒸发器，如图9－6所示，将升膜式蒸发器和降膜式蒸发器装置在一个圆筒形壳体内，也即将加热室管束平均分成两部分，蒸发室的下封头用隔板隔开。原料液由泵经预热器预热近沸点温度后从加热室底部进入，溶液受热蒸发汽化产生的二次蒸汽夹带溶液在加热室壁面呈膜状上升。在蒸发室顶部，蒸汽夹带溶液通过加热管束顶部的液体分布器，向下呈膜状流动并再次被蒸发，气液混合物从加热室底部进入分离室，完成气液分离，完成液从分离室底部排出。

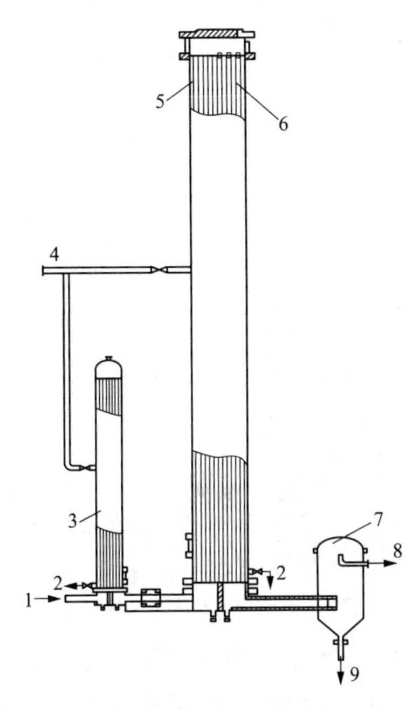

图9－6 升－降膜式蒸发器

1. 原料液进口；2. 冷凝水出口；3. 预热器；4. 加热蒸汽进口；
5. 升膜加热室；6. 降膜加热室；7. 分离室；8. 二次蒸汽出口；9. 完成液出口

实例分析

实例： 某中药厂药液浓缩车间，欲将某抗氧化活性的略黏稠中药提取液浓缩，选择膜式蒸发器合理吗？

分析： 合理。膜式蒸发速度快，受热时间短，适用于中药提取液的浓缩，尤其是刮板搅拌式蒸发器，加热表面和蒸发表面不断被更新，传热系数较高，物料在加热区停留时间段，适用热敏感性、抗氧化活性成分的提取液的浓缩，亦适用于浓缩高黏度液料或含有悬浮颗粒的液料的蒸发。

4. 刮板搅拌式蒸发器 刮板搅拌式蒸发器是通过旋转的刮板使液料形成液膜的蒸发设备，图9－7所示为可以分段加热的刮板搅拌式蒸发器，主要由分离室、夹套式加热室、刮板、轴承、动力装置等组成。夹套内通入加热蒸汽加热蒸发筒内的溶液，刮板由轴带动旋转，刮板的边缘与夹套内壁之间的缝隙很小，一般0.5～1.5mm。原料液经预热后沿圆筒壁的切线方向进入，在重力及旋转刮板的作用下在夹套内壁形成下旋液膜，液膜在下降时不断被夹套内蒸汽加热蒸发浓缩，完成液由圆筒底部排出，产生的二次蒸汽夹带雾沫由刮板的空隙向上运动，旋转的带孔刮板也可把二次蒸汽所夹带的液沫甩向加热壁面，在分离室进行气液分离后，二次蒸汽从分离室顶部经除沫后排出。

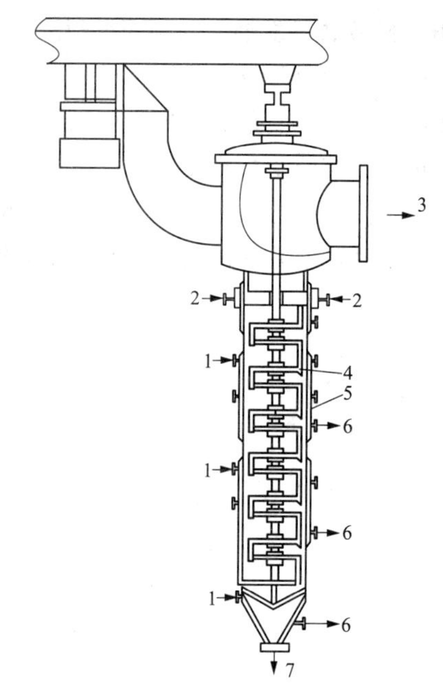

图9－7　刮板搅拌式蒸发器

1. 加热蒸汽；2. 原料液进口；3. 二次蒸汽出口；4. 刮板；5. 夹套加热；6. 冷凝水出口；7. 完成液出口

刮板搅拌式蒸发器的蒸发室是一个圆筒，圆筒高度与工艺要求有关，当浓缩比较大时，加热蒸发室长度较大，此时可选择分段加热，采用不同的加热温度来蒸发不同的液料，以保证产品质量。加大圆筒直径可相应地加大传热面积，但也增加了刮板转动轴传递的力矩，增加了功率消耗，一般圆筒直径以300～500mm为宜。

刮板搅拌式蒸发器采用刮板的旋转来成膜、翻膜，液层薄膜不断被搅动，加热表面和蒸发表面不断被更新，传热系数较高。液料在加热区停留时间较短，一般几秒至几十秒，蒸发器的高度、刮板导向角、转速等因素会影响蒸发效果。刮板搅拌式蒸发器的结构比较简单，但因具有转动装置且多真空操作，对设备加工精度要求较高，并且传热面积较小。刮板搅拌式蒸发器适用于浓缩高黏度液料或含有悬浮颗粒的液料的蒸发。

5. 离心薄膜式蒸发器　离心薄膜式蒸发器是利用高速旋转的锥形碟片所产生的离心力对溶液的周边分布作用而形成薄薄的液膜，其结构如图9－8所示。杯形的离心转鼓内部叠放着几组梯形离心碟片，转鼓底部与主轴相连。每组离心碟片都是由上、下两个碟片组成的中空的梯形结构，两碟片上底在弯角处紧贴密封，下底分别固定在套环的上端和中部，构成一个三角形的碟片间隙，起到夹套加热的作用。两组离心碟片相隔的空间是蒸发空间，它们上大下小，并能从套环的孔道垂直相连作为原液料的通道，各离心碟片组的套环叠合面用O形密封圈密封，上面加上压紧环将碟组压紧。压紧环上焊有挡板，它与离心碟片构成环形液槽。

蒸发器运转时原料液从进料管进入，由各个喷嘴分别向各碟片组下表面喷出，并均匀分布于碟片锥顶的表面，液体受惯性离心力的作用向周边运动扩散形成液膜，液膜在碟片表面被夹层的加热蒸汽加热蒸发浓缩，浓缩液流到碟片周边就沿套环的垂直通道上升到环形液槽，由吸料管抽出作为完成液。从碟片表面蒸发出的二次蒸汽通过碟片中部的大孔上升，汇集后经除沫再进入冷凝器冷凝。加热蒸汽由旋转的空心轴通入，并由小通道进入碟片组间隙加热室，冷凝水受离心作用迅速离开冷凝表面，从小通道甩出落到转鼓的最低位置，并从固定的中心管排出。

离心薄膜式蒸发器是在离心力场的作用下成膜的，料液在加热面上受离心力的作用，液流湍动剧烈，同时蒸汽气泡能迅速被挤压分离，成膜厚度很薄，一般膜厚 0.05～0.1mm，原料液在加热壁面停留时间不超过一秒，蒸发迅速，加热面不易结垢，传热系数高，可以真空操作，适宜热敏性、黏度较高的料液的蒸发。

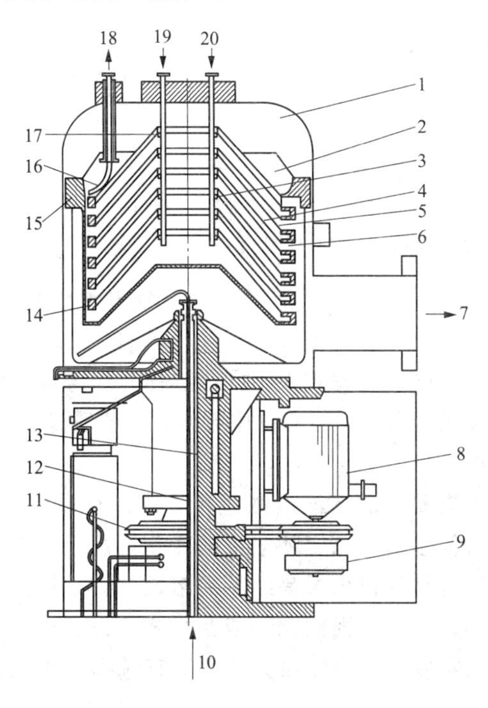

图 9－8　离心薄膜式蒸发器结构

1. 蒸发器外壳；2. 浓缩液槽；3. 物料喷嘴；4. 上碟片；5. 下碟片；6. 蒸汽通道，7. 二次蒸汽出口；8. 马达；9. 液力联轴器；10. 加热蒸汽进口；11. 皮带轮；12. 排冷凝水管；13. 进蒸汽管；14. 浓液通道；15. 离心转鼓；16. 浓缩液吸管；17. 清洗喷嘴；18. 完成液出口；19. 清洗液进口；20. 原料液进口

三、板式蒸发器

板式蒸发器的结构如图 9－9 及图 9－10 所示，主要由长方形加热板、机架、固定板及压紧板、螺栓、进出口组成。在薄的长方形不锈钢板上用压力机压出一定形状的花纹作为加热板，每块加热板上都有一对原料液及加热蒸汽的进出口，将加热板装配在机架上，加热板四周及进出口周边都由密封圈密封，加热板的一侧流动原料液，另一侧流动加热蒸汽从而实现加热蒸发过程。一般四块加热板为一组，在一台板式蒸发器中可设置数组，以实现连续蒸发操作。

板式蒸发器的传热系数高，蒸发速率快，液体在加热室停留时间短、滞留量少，板式蒸发器易于拆卸及清洗，可以减少结垢，并且加热面积可以根据需要而增减。但板式蒸发器加热板的四周都用密封圈密封，密封圈易老化，容易泄漏，热损失较大，应用较少。

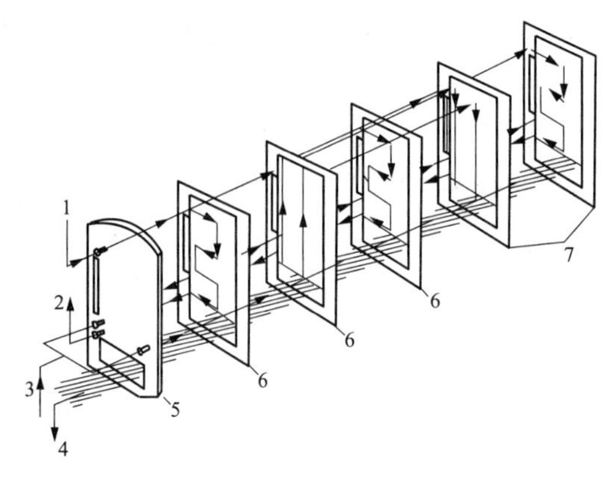

图9－9　板式蒸发器

1. 加热蒸汽进口；2. 冷凝水出口；3. 原料液进口；4. 二次蒸汽出口；5. 压紧板；6. 加热板；7. 密封橡胶圈

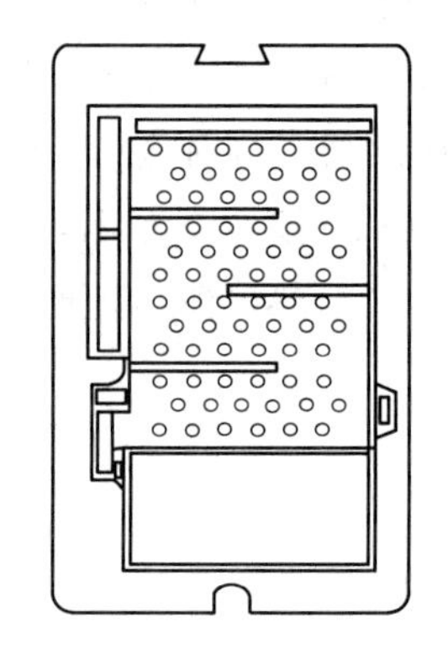

图9－10　板式蒸发器板片

四、蒸发器的选型

各种蒸发器的基本结构不同，蒸发效果不同，选择时应考虑：满足生产工艺的要求并保证产品质量；生产能力大；结构简单，维修操作方便；单位质量二次蒸汽所需加热蒸汽越少，经济性越好。

实际选择蒸发设备时首先要考虑溶液增浓过程中溶液性质的变化，如是否有结晶生成、传热面上是否易结垢、是否易生泡、黏度随浓度的变化情况、溶液的热敏感性问题、溶液是否有腐蚀性等。蒸发过程中有结晶析出及易结垢的溶液，宜采用循环速度高、易除垢的蒸发器；黏度较大、流动性差的，宜采用强制循环或刮板式蒸发器；若为热敏性溶液，应选择蒸发时间短、滞留量少的膜式蒸发器；蒸发量大的不适宜选择刮板搅拌式蒸发器，应选择多效蒸发过程。

第二节　蒸发器的节能

蒸发过程需要消耗大量的饱和蒸汽作为加热热源，蒸发过程产生的二次蒸汽又需要用冷却水进行冷凝，同时也需要有一定面积的加热室及冷凝器以确保蒸发过程的顺利进行。因此蒸发过程的节能问题直接影响药品的生产成本和经济效益。蒸发过程的节能主要从如下几方面考虑：①充分利用蒸发过程中产生的二次蒸汽的潜热，如采用多效蒸发；②加热蒸汽的冷凝液多在饱和温度下排出，可以将其加压使其温度升高再返回该蒸发器代替生蒸汽作为加热热源；③将加热蒸汽的冷凝液减压使其产生自蒸过程，将获得的蒸汽作为后一效蒸发器的补充加热热源。

一、多效蒸发原理与计算

在单效蒸发过程中，每蒸发1kg的水都要消耗略多于1kg的加热蒸汽，若要蒸发大量的水分必然要消耗更大量的加热蒸汽。为了减少加热蒸汽的消耗量，降低药品的生产成本，对于生产规模较大、蒸发水量较大、需消耗大量加热蒸汽的蒸发过程，生产中多采用多效蒸发操作。

1. 多效蒸发的原理 多效蒸发指将前一效产生的二次蒸汽引入后一效蒸发器，作为后一效蒸发器的加热热源，而后一效蒸发器则为前一效的冷凝器。多效蒸发过程是多个蒸发器串联操作，第一效蒸发器用生蒸汽作为加热热源，其他各效用前一效的二次蒸汽作为加热热源，末效蒸发器产生的二次蒸汽直接引入冷凝器冷凝。因此，多效蒸发时蒸发1kg的水，可以消耗少于1kg的生蒸汽，使二次蒸汽的潜热得到充分利用，节约加热蒸汽，降低药品成本，节约能源，保护环境。

2. 多效蒸发的计算 多效蒸发时，本效产生的二次蒸汽的温度、压力均比本效加热蒸汽的低，所以，只有后一效蒸发器内溶液的沸点及操作压力比前一效产生的二次蒸汽的低，才可以将前一效的二次蒸汽作为后一效的加热热源，此时后一效为前一效的冷凝器。

要使多效蒸发能正常运行，系统中除一效外，其他任一效蒸发器的温度和操作压力均要低于上一效蒸发器的温度和操作压力。多效蒸发器的效数以及每效的温度和操作压力主要取决于生产工艺和生产条件。

二、多效蒸发的流程

多效蒸发过程中，常见的加料方式有并流加料、逆流加料、平流加料及错流加料。下面以三效蒸发为例来说明不同加料方式的工艺流程及特点，若多效蒸发的效数增加或减少时，其工艺流程及特点类似。

1. 并流（顺流）加料多效蒸发 最常见的多效蒸发流程为并流加料多效蒸发，三效并流（顺流）加料的蒸发流程如图9-11所示。三个传热面积及结构相同的蒸发器串联在一起，需要蒸发的溶液和加热蒸汽的流向一致，都是从第一效顺序流至末效，这种流程即称为并流加料法。在三效并流蒸发流程中，第一效采用生蒸汽作为加热热源，生蒸汽通入第一效的加热室使溶液沸腾，第一效产生的二次蒸汽作为第二效的加热热源，第二效产生的二次蒸汽作为末效的加热热源，末效产生的二次蒸汽则直接引入末效冷凝器冷凝并排出；与此同时，需要蒸发的溶液首先进入第一效进行蒸发，第一效的完成液作为第二效的原料液，第二效的完成液作为末效的原料液，末效的完成液作为产品直接取出。

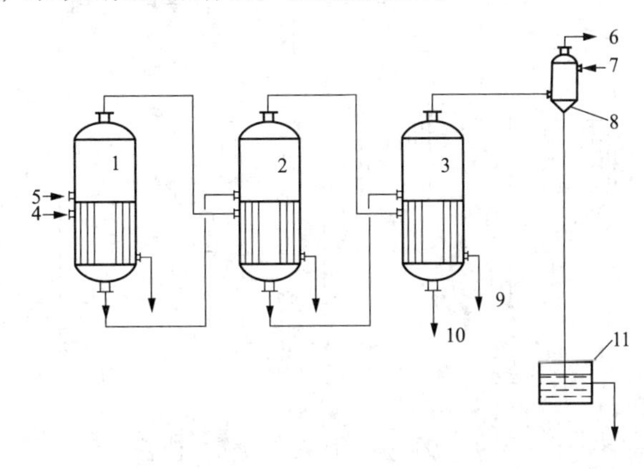

图9-11 并流加料三效蒸发流程

1. 一效蒸发器；2. 二效蒸发器；3. 三效蒸发器；4. 加热蒸汽进口；5. 原料液进口；6. 不凝气体排出口；7. 冷却水进口；8. 末效冷凝器；9. 冷凝水出口；10. 完成液出口；11. 溢流水箱

知识链接

并流加料多效蒸发的特点

①原料液的流向与加热蒸汽流向相同，顺序由一效到末效；②后一效蒸发室的操作压力比前一效的低，溶液在各效间的流动是利用效间的压力差，而不需要泵的输送，可以节约动力消耗和设备费用；③后一效蒸发器中溶液的沸点比前一效的低，前一效溶液进入后一效可产生自蒸发过程，自蒸发指因前一效完成液在沸点温度下被排出并进入后一效蒸发器，而后一效溶液的沸点比前一效的低，溶液进入后一效即可呈过热状态而自动蒸发的过程，自蒸发可产生更多的二次蒸汽，减少热量的消耗；④后一效中溶液的浓度比前一效的高，而溶液的沸点温度反而低一些，因此各效溶液的浓度依次增高，而沸点反而依次降低，沿溶液流动的方向黏度逐渐增高，导致各效的传热系数逐渐降低，故对于黏度随浓度迅速增加的溶液不宜采用并流加料工艺，并流加料蒸发适宜热敏性溶液的蒸发过程。

2. 逆流加料多效蒸发　三效逆流加料的蒸发流程如图 9 - 12 所示，加热蒸汽的流向依次由一效至末效，而原料液由末效加入，末效产生的完成液由泵输送到第二效作为原料液，第二效的完成液也由泵输送至第一效作为原料液，而第一效的完成液作为产品采出，这种蒸发过程称为逆流加料多效蒸发。

逆流加料多效蒸发适宜处理黏度随温度、浓度变化较大的溶液的蒸发，不适宜热敏性溶液的蒸发。

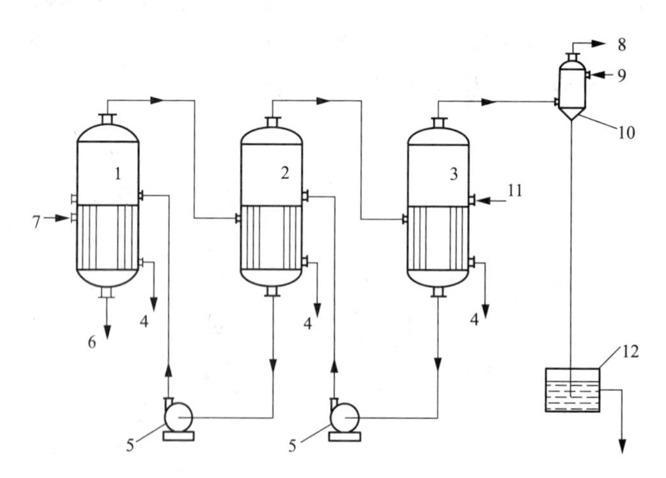

图 9 - 12　逆流加料三效蒸发流程

1. 一效蒸发器；2. 二效蒸发器；3. 三效蒸发器；4. 冷凝水出口；5. 泵；6. 完成液出口；7. 加热蒸汽进口；8. 不凝气体排出口；9. 冷却水进口；10. 末效冷凝器；11. 原料液进口；12. 溢流水箱

逆流加料多效蒸发的特点

逆流加料多效蒸发特点：①原料液由末效进入，并由泵输送到前一效，加热蒸汽由一效顺序至末效。②溶液浓度沿流动方向不断提高，溶液的沸点温度也逐渐升高，浓度增加黏度上升与温度升高黏度下降的影响基本上可以抵消，因此各效溶液的黏度变化不大，各效传热系数相差不大；③后一效蒸发室的操作压力比前一效的低，故后一效的完成液需要由泵输送到前一效作为其原料液，能量消耗及设备费用会增加；④各效的进料温度均低于其沸点温度，与并流加料流程比较，逆流加料过程不会产生自蒸发，产生的二次蒸汽量会减少。

3. 平流加料多效蒸发 平流加料三效蒸发的流程如图9－13所示，加热蒸汽依次由一效至末效，而每一效都通入新鲜的原料液，每一效的完成液都作为产品采出。平流加料蒸发流程适合于在蒸发过程中易析出结晶的溶液。溶液在蒸发过程中若有结晶析出，不便于各效间输送，同时还易结垢影响传热效果，故采用平流加料蒸发流程。

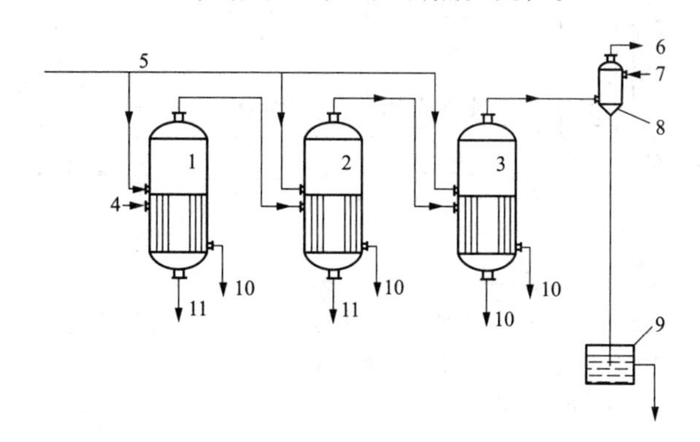

图9－13 平流加料三效蒸发流程

1. 一效蒸发器；2. 二效蒸发器；3. 三效蒸发器；4. 加热蒸汽入口；5. 原料液入口；6. 不凝气体排出口；7. 冷却水进口；8. 末效冷凝器；9. 溢流水箱；10. 冷凝水排出口；11. 完成液排出口

4. 错流加料多效蒸发 错流加料三效蒸发流程如图9－14所示，错流加料的流程中采用部分并流加料和部分逆流加料，其目的是利用两者的优点，克服或减轻两者的缺点，一般末尾几效采用并流加料以利用其不需泵输送和自蒸发等优点。图9－15所示为三效蒸发设备流程简图，可用于中药水提取液及乙醇液的蒸发浓缩过程。可以连续并流蒸发，也可以间歇蒸发，得到较高的浓缩比，浓缩液的相对密度可大于1.1。

在实际的蒸发过程中，选择蒸发流程的主要依据是物料的特性及工艺要求等，并且要求操作简便、能耗低，产品质量稳定等。采用多效蒸发流程时，原料液需经适当的预热再进料，同时，为了防止液沫夹带现象，各效间应加装气液分离装置，并且及时排放二次蒸汽中的不凝性气体。

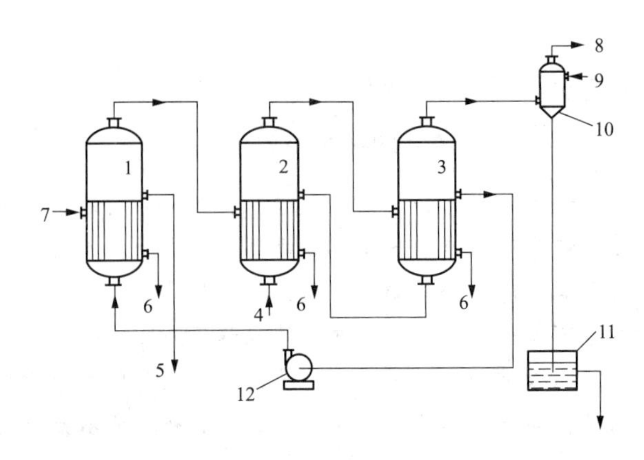

图9－14　错流加料三效蒸发流程

1. 一效蒸发器；2. 二效蒸发器；3. 三效蒸发器；4. 原料液进口；5. 完成液出口；6. 冷凝水出口；7. 加热蒸汽进口；8. 不凝气体排出口；9. 冷却水进口；10. 末效冷凝器；11. 溢流水箱；12. 泵

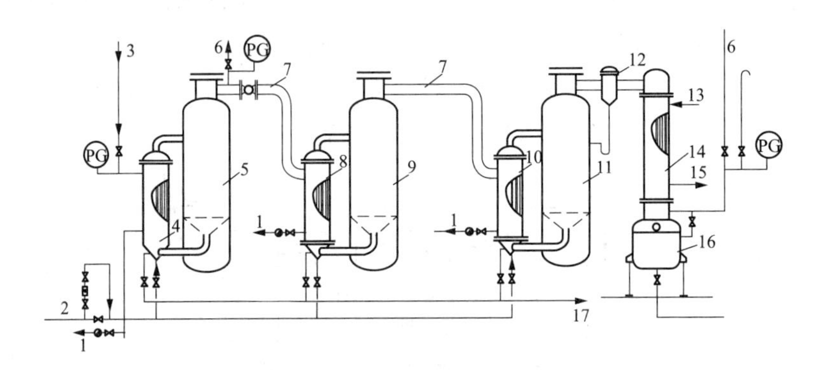

图9－15　三效蒸发设备流程简图

1. 冷凝水出口；2. 原料液进口；3. 加热蒸汽进口；4. 一效加热室；5. 一效分离室；6. 抽真空；7. 二次蒸汽；8. 二效加热室；9. 二效分离室；10. 三效加热室；11. 三效分离室；12. 气液分离器；13. 冷却水进口；14. 末效冷凝器；15. 冷凝水出口；16. 冷凝液接收槽；17. 完成液出口

第三节　水的纯化及设备

水是由氢、氧两种元素组成的无机化合物，无色、无毒。在常温常压状态下为无色无味的透明液体，是人类生命的源泉。水包括天然水（河流、湖泊、大气水、海水、地下水等）、人工制水（通过化学反应使氢氧原子结合得到的水）。水是地球上最常见的物质之一，是一切有机化合物和生命物质的基础，是人类赖以生存的宝贵资源，也是生物体最重要的组成部分。

水也是药品生产不可缺少的重要原辅材料。其在药物生产中用量大、使用广，用于生产过程及药物制剂的制备过程。制药工业中所用的水，特别是用来制造药物产品的水的质量，直接影响药物产品的质量。因此它必须同药品生产的其他原辅材料一样，达到《中国药典》规定的质量指标。制药用水的原水通常为饮用水。制药用水的制备从系统设计、材质选择、制备过程、贮存、分配和使用均应符合药品生产质量管理规范的要求。

课堂互动

饮用水卫生标准

2012年最新《生活饮用水卫生标准》强制性国家标准发布。饮用水卫生标准大幅提高，由原来的35项增至106项，增加了检测甲醛、苯、甲苯和二甲苯的含量等项目。国家标准委和卫生部（现卫计委）联合发布了《生活饮用水卫生标准》（GB 5749－2006）强制性国家标准，该标准是1985年首次发布后的第一次修订，将自2007年7月1日起实施，最迟于2012年7月1日强制实施。规定指标由原标准的35项增至106项，其中重金属、有机物等毒理学指标增加了59项。此次大幅度提高生活饮用水卫生标准的指标数量，主要是由于我国地域广阔，一些地方水源水质较差。中国疾病预防控制中心环境所研究员鄂学礼介绍，《生活饮用水卫生标准》适用于城乡各类集中式供水的生活饮用水，也适用于分散式供水的生活饮用水。新标准要求，生活饮用水中不得含有病原微生物，其中的化学物质和放射性物质不得危害人体健康，感官性状良好，且必须经过消毒处理等。《生活饮用水卫生标准》规定：有机化合物指标包括绝大多数农药、环境激素、持久性化合物，是评价饮水与健康关系的重点；同时增加检测甲醛、苯、甲苯和二甲苯的含量。

饮用水为天然水经净化处理所得的水，其质量必须符合现行中华人民共和国国家标准《生活饮用水卫生标准》。饮用水可作为药材净制时的漂洗、制药用具的粗洗用水。除另有规定外，也可作为饮片的提取溶剂。纯化水为饮用水经蒸馏法、离子交换法、反渗透法或其他适宜的方法制备的制药用水。不含任何附加剂，其质量应符合纯化水项下的规定。注射用水为纯化水经蒸馏所得的水，应符合细菌内毒素试验要求。注射用水必须在防止细菌内毒素产生的设计条件下生产、贮藏与分装。其质量应符合注射用水项下的规定。灭菌注射用水为注射用水按照注射剂生产工艺制备所得，不含任何添加剂，主要用于注射用灭菌粉末的溶剂或注射剂的稀释剂，其质量应符合灭菌注射用水项下的规定。

纯化水可作为配制普通药物制剂用的溶剂或试验用水；可作为中药注射剂、滴眼剂等灭菌制剂所用饮片的提取溶剂，口服、外用制剂配制用溶剂或稀释剂，非灭菌制剂用器具的精洗用水。也用作非灭菌制剂所用饮片的提取溶剂。纯化水不得用于注射剂的配制与稀释。纯化水有多种制备方法，制备过程中，应严格监测各生产环节，防止微生物污染，确保使用的水质达标。

一、水的纯化

为适应制药工业的要求，不同来源的饮用水需要经逐级提纯水质，以达到药典规定的纯化水标准，通常采用的纯化技术包括前处理技术、脱盐技术、后处理技术等。

（一）前处理技术

城市的自来水作为原水虽然已经达到饮用水标准，但仍残留少量的悬浮颗粒、有机物和残余氯、钙、镁等离子，为了把这些杂质除去，需要对原水进行前处理以去除原水中的悬浮物、胶体、微生物；降低原水中过高的浊度和硬度。前处理技术通常包括多介质过滤、活性炭过滤、软化处理、精密过滤和保安过滤等步骤。

多介质过滤：主要是滤出水中的悬浮性物质。多介质过滤器使用前要进行反洗和正洗，运行时多介质过滤器内必须完全充满水。多介质过滤器每运行 2 天，需反洗 1 ~ 2 次（先反洗后正洗，正洗完毕后再运行）。

活性炭过滤：主要是滤出水中的有机物、胶体物质。活性炭过滤器用前要进行反洗和正洗，运行时活性炭过滤器内必须完全充满水。活性炭过滤器每运行 2 天，需反洗、正洗 1 ~ 2 次（先反洗后正洗）。因复合膜不耐余氯，活性炭过滤器是为除余氯而设，因此，绝不能使未经过活性炭过滤器的水进入反渗透膜，否则膜的损坏无法恢复。

软化处理：是去除原水中易于沉积在反渗透膜上的钙、镁离子等。软化法是利用离子交换树脂与水中的钙镁离子进行交换，将水中的钙镁离子去除。软化器能自动完成反洗、再洗、冲洗、运行工作。

精密过滤：是采用 3 ~ 5μm 的精密滤芯，滤出 5μm 以上的粒子。精密过滤器的滤芯一般 90 天或每个过滤器的压力下降大于 0.1MPa 时更换或清洗一次。

保安过滤：是原水过滤的最后一道屏障，保安过滤器是保障处理系统安全的过滤器，又称滤芯过滤器。一般情况下保安过滤器放置在石英砂、活性炭、树脂等之后，是去除大颗粒杂质的最后保障，以防止反渗透膜被损坏。从广义上讲，精密过滤器也属于保安过滤器。保安过滤器的滤芯一般 90 天或每个过滤器的压力下降大于 0.1MPa 时更换或清洗一次。滤芯的清洗方法为 3% ~5% NaOH 泡 12 小时以上，冲洗干净，再用 3% ~5% HCl 泡 12 小时以上，冲洗干净，晾干待用。

然而根据水质情况的特点，所选择的处理技术与设备也要有相应的调整变化，通常可以按下述情况具体应对。

1. 水源中悬浮物含量较高，需设置砂滤（多介质过滤器），选用多介质过滤器和软化器，则要求有反洗或再生功能，食盐的装卸方便，盐水配制、贮存、输送须防腐。

2. 水源中硬度高，需增加软化工序。

3. 水源中有机物含量较高，需增加凝聚，活性炭吸附选用活性炭过滤器，要求设有机物存放地，并有反洗、消毒功能。

4. 水源中氯离子较高，为防止对后工序离子交换、反渗透的影响，需加氧化 - 还原处理（通常加 $NaHSO_3$）装置。

5. 水源中 CO_2 含量高时，需采用脱气装置。

6. 水源中细菌较多，需采用加氯或臭氧，或紫外灭菌以达到灭菌的效果。

（二）脱盐技术

根据原水中含有各类盐的数量，通常采用电渗析、离子交换、反渗透技术除盐，或三者的不同组合。

离子交换系统使用带电荷的树脂，利用树脂离子交换的性能，去除水中的金属离子。离子交换系统须用酸和碱定期再生处理。一般阳离子树脂用盐酸或硫酸再生，即用氢离子置换被捕获的阳离子；阴离子树脂用氢氧化钠再生，即用氢氧根离子置换被捕获的阴离子。由于这种再生剂都具有杀菌效果，因而同时也可控制离子交换系统中微生物。离子交换系统既可设计成阴床、阳床分开，也可以设计成混合床形式。

电渗析（electric dialysis，ED）使用的工艺同电去离子技术（electrode ionization，EDI）相似，它利用静电及选择性渗透膜分离浓缩，并将金属离子从水流中冲洗出去。由于它不含有提高离子去除能力的树脂，该系统效率低于 EDI 系统，而且电渗析系统要求定期交换阴阳两极和冲洗，以保证系统的处理能力。因此，电渗析系统多使用于纯化水系统的前处理工序，作为提高纯化水水质的辅助措施。

反渗透法制备纯化水的技术是20世纪60年代以来，随着膜工艺技术的进步发展起来的一种膜分离技术，已经越来越广泛地使用在水处理过程中。反渗透膜对于水来说，具有好的透过性。反渗透法的工艺操作简单，除盐效率高，同时还能去除大部分微生物、热原、胶体等，而且也比较经济。

（三）后处理技术

原水经过前处理和脱盐，纯度基本达标，但仍然会有少量细菌存在，通常采用紫外杀菌、臭氧杀菌、微孔过滤等方法最终除去细菌。尽管整个纯化水系统通过以上的各个流程处理，使水质达到了供水水质的要求，但为了防止管道中的滞留水及容器管道内壁滋生细菌而影响供水质量，在反渗透处理单元进出口的供水管道末端均应设置大功率的紫外线杀菌器，以保护反渗透处理单元免受水系统可能产生的微生物污染，杜绝或延缓管道系统内微生物的滋生。紫外线杀菌的原理较为复杂，一般认为它与对生物体内代谢、遗传、变异等现象起着决定性作用的核酸相关。在紫外光作用下，核酸的功能团发生变化，出现紫外损伤，当核酸吸收的能量达到细菌致死量而紫外光的照射又能保持一定时间时，细菌便大量死亡。紫外线杀菌装置结构，由外壳、低压汞灯、石英套管及电气设施等组成。外壳由铝镁合金或不锈钢等材料制成，以不锈钢制品为好。其壳筒内壁有很高的光洁度要求，要求对紫外线的反射率达85%左右。

在水处理系统中，水箱、交换柱以及各种过滤器、膜和管道，均会不断的滋生和繁殖细菌。消毒杀菌的方法虽然都提供了除去细菌和微生物的能力，但这些方法没有哪一种能够在多级水处理系统中除去全部细菌及水溶性的有机污染。目前在高纯水系统中能连续去除细菌和病毒的最好方法是用臭氧消毒。

二、纯化水设备

纯化水设备是用于满足各行业需求制取纯化水的设备，多用于医药、生物化学、化工、医院等行业，整个系统都由SUS304L或SUS316L全不锈钢材质组合而成，而且在用水点之前都必须装备紫外线及臭氧杀菌装置（部分国家不允许使用臭氧，故而系统采用巴氏消毒）。纯化水设备核心技术采用反渗透、EDI等最新工艺，比较有针对性地设计出成套高纯水处理工艺，以满足药厂、医院的纯化水制取，以及大输液制取的用水要求。

（一）离子交换制水设备

离子交换树脂是指具有离子交换基团的高分子化合物。它具有一般聚合物所没有的新功能——离子交换功能，本质上属于反应性聚合物。

离子交换树脂是最早出现的功能高分子材料，其历史可追溯到20世纪30年代。1935年英国科学家Adams和Holmes发表了关于酚醛树脂和苯胺甲醛树脂的离子交换性能的工作报告，开创了离子交换树脂领域，同时也开创了功能高分子领域。离子交换树脂可以使水不经过蒸馏而脱盐，既简便又节约能源。

离子交换树脂是由交联结构的高分子骨架与能离解的基团两个基本组分所构成的不溶性、多孔的、固体高分子电解质。它能在液相中与带相同电荷的离子进行交换反应，此交换反应是可逆的，即可用适当的电解质冲洗，使树脂恢复原有状态，可供再次利用（再生）。

离子交换法除盐一般用于电渗析或反渗透等除盐设备之后，将盐类去除至纯化水要求，出水电阻率可控制在1～18MΩ·cm之间。

1. 基本原理 离子交换法是利用阴阳离子交换树脂中含有的氢氧根离子和氢离子与原水中的电解质离解出的阴阳离子进行交换，原水中的离子被吸附在树脂上，而从树脂上交换下来的氢离子和氢氧根离子则结合成水，从而达到去除水中盐的目的，如图9－16所示。

具体步骤是：溶液内离子扩散至树脂表面→由表面扩散到树脂内部→离子交换→被交换的离子从树脂内部扩散至表面→被交换的离子再扩散至溶液中。

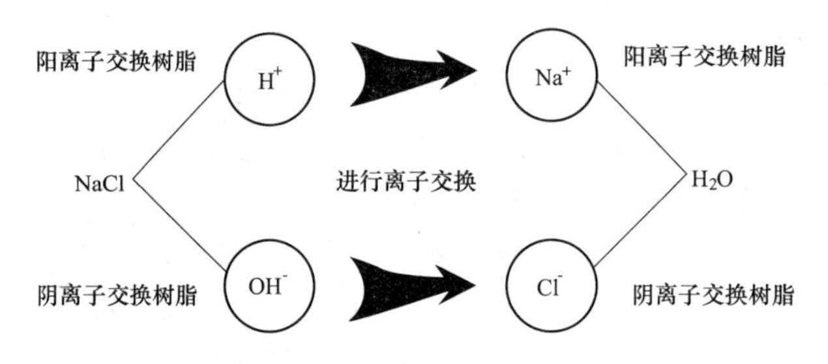

图9－16 离子交换示意图

2. 离子交换器 离子交换设备分为有机玻璃柱和钢衬胶柱体两种，一般以阳柱、阴柱（填2/3柱高）、混合柱（填3/5柱高；阴：阳树脂比例为2：1）顺序配置，一般装填的树脂为聚胶型苯乙烯，系强酸、强碱树脂，型号为0017和2017。

有机玻璃柱：产水量$5m^3/h$以下，高径比5～10。

钢衬胶圆筒：产水量$5m^3/h$以下，高径比2～5。

离子交换器结构包括进水口、排气阀、上排污口、上布水板、树脂装入口、树脂排出口、下布水板、下排污口、出水阀、出水口、淋洗排水阀，如图9－17所示。

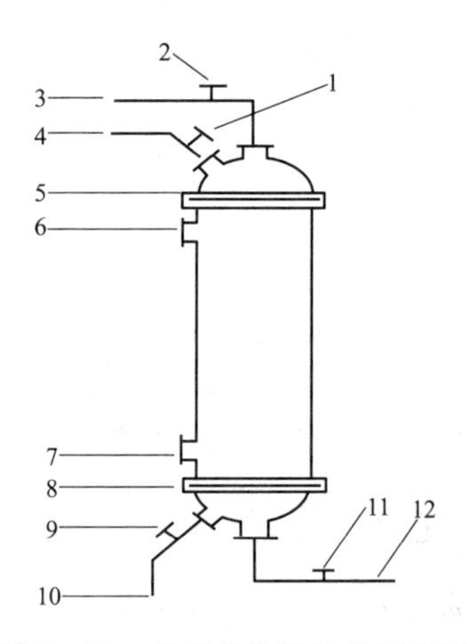

图9－17 离子交换柱结构示意图

1. 排气阀；2. 进水阀；3. 进水口；4. 上排污口；5. 上布水板；6. 树脂装入口；7. 树脂排出口；8. 下布水板；9. 冲洗排水阀；10. 下排污口；11. 出水阀；12. 下出水口

3. 离子交换法的主要特点 ①设备简单，节约能源与冷却水，成本低；②所得水化学纯度较高，对热源和细菌也有一定的清除作用；③对新树脂需要进行预处理，老化后的树脂需要再生处理，消耗大量的酸碱。

4. 运行操作 离子交换一般以阳柱－阴柱－混合柱的顺序配置，一般操作步骤是打开全部排气阀，依次进行如下操作：开阳床进水阀并调节其流量，阳床排气阀出水－开阳床出水阀，开阴床出水阀－关阳床排气阀，阴床排气阀出水－开阴床出水阀，开混合床进水阀－关阴床排气阀，混合床排气阀出水－开混合床下排阀－检查水质合格后－开混合床出水阀，送出合格水，再关下排阀。

（二）电渗析技术

电渗析（electric dialysis，ED）技术是20世纪50年代发展起来的一种膜分离技术。膜

分离法实际上是一般过滤法的发展和延续。一般过滤法不是分子级水平的，它是利用相的不同将固体从液体或气体中分离出来；而膜分离是分子级水平的分离方法，该法关键在于过程中使用的过滤介质是膜。电渗析是在电位差推动力的作用下，溶液中的带电离子选择性地透过离子交换（选择透过）膜（荷电膜）的过程，是从水溶液中分离离子的一种分离技术。

1. 主要结构 电渗析器主要由隔板、离子交换膜、电极等部件组成。由1张阳膜、1张淡水隔板，1张阴膜、1张浓水隔板按一定顺序组成的电渗析器膜堆的最小脱盐单元称为一个膜对；若干个膜对构成膜堆；电渗析器中一对电极之间所包含的膜堆称为一级，一台电渗析器的电极对数就是这台电渗析器的级数；电渗析器中淡水水流方向相同的膜堆称为一段，可按级段组装成各种方式，增加级数可降低电渗析的总电压，增加段数可以增加脱盐流程长度，提高脱盐率，一般每段内的膜对数为150～200对；用锁紧装置将电渗析器各部件锁紧成一个整体就是一台电渗析器，每台电渗析器的总膜对数不超过400～500对；将多台电渗析器串联起来成为一个脱盐整体就是一个系列。

2. 工作原理 电渗析是利用直流电场的作用使水中阴、阳离子定向迁移，并利用阴、阳离子交换膜对水溶液中阴、阳离子具有选择性透过性，使原水在通过电渗析器时，一部分水被淡化，另一部分则被浓缩，从而达到分离溶质和溶剂的目的。

3. 工作过程 离子交换膜对电解质离子具有选择透过性，阳离子交换膜（简称阳膜）只能通过阳离子，同样阴离子交换膜（简称阴膜）只能通过阴离子，在外加直流电场作用下，水中离子作定向迁移以达到淡化和浓缩的目的。如图9－18所示：在两极间，由阴阳离子交换膜和隔板多组交替排列，构成浓室和淡室。在直流电场作用下，淡室中阳离子向负极方向迁移，通过阳膜进入浓室，阴离子向正极方向迁移，通过阴膜也进入浓室，这样淡室出来的水就减少了阴阳离子数而成为淡水。浓室水中的阳离子向负极方向迁移时遇到阴膜受阻，阴离子向正电极方向迁移时遇到阳膜受阻，这样本室的离子迁移不出，而邻室阴、阳离子源源不断涌入，故称为浓缩水（浓水）。在正负两个电机端的仓室里阴离子和阳离子的浓度增加且不为电中性，故称为极水。

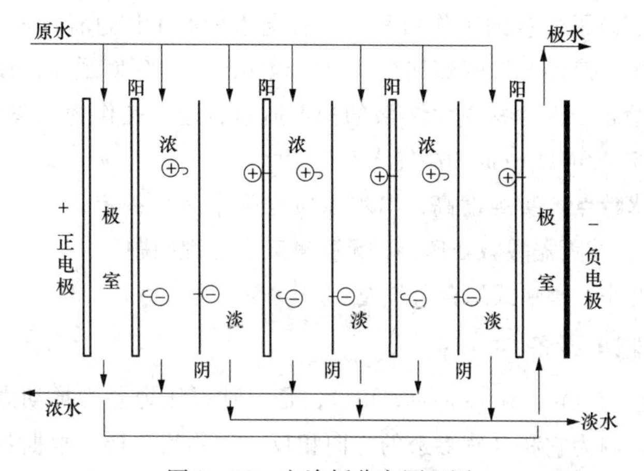

图9－18 电渗析分离原理图

4. 特点 除盐率比较任意；消耗电量低；不消耗酸碱，对环境无污染；装置设计灵活、使用寿命长、操作维修方便；但制得的水比电阻较低，一般在5万～10万Ω·cm。

5. 电渗析器操作注意事项 ①先通水后通电，先停电后停水；②要缓缓开启、关闭阀门，保证膜两端受压均匀，防止膜变形；③淡水压可略高于极水压；④化学清洗（酸洗、碱洗）绝对不能开整流器；⑤电渗析通电后，膜上有电，不可触摸膜堆，以防触电；⑥进电渗析器水的压力不得大于0.3MPa。

（三）电去离子技术

电去离子技术（electrode ionization，EDI），实际上是在电渗析器的淡水室中填入混床树脂，其结构如图9－19所示。

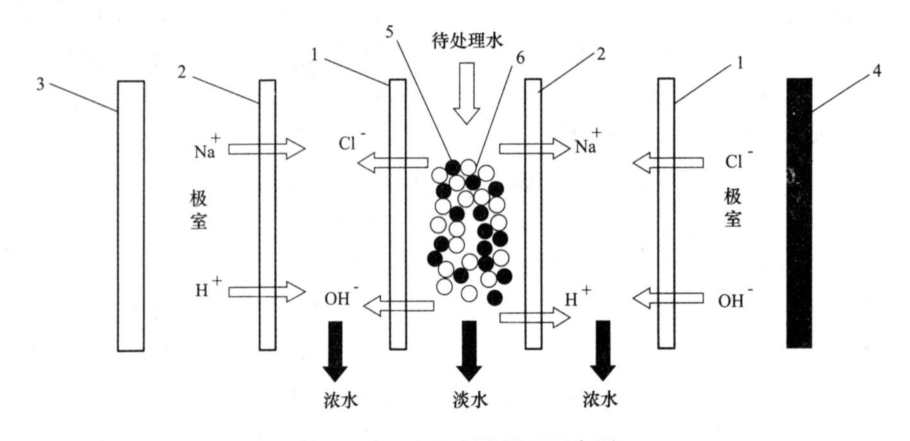

图9－19　电去离子原理示意图

1. 阴离子交换膜；2. 阳离子交换膜；3. 正电极；4. 负电极；5. 阴离子交换树脂；6. 阳离子交换树脂

1. 工作原理 EDI装置将离子交换树脂充夹在阴、阳离子交换膜之间形成EDI单元。EDI单元中间充填了离子交换树脂的间隔为淡水室。EDI单元中阴离子交换膜只允许阴离子透过，不允许阳离子透过；而阳离子交换膜只允许阳离子透过，不允许阴离子透过。

在EDI中，既有离子交换的工作过程，又有电渗析的工作过程，还有树脂的再生过程，这三个过程同时发生，使得EDI能够连续、稳定地实现水的深度脱盐，提供高纯水或者超纯水。目前EDI技术适合于低含盐量水溶液的深度脱盐，通常是作为反渗透的后级处理工艺，提供产水电阻率在5～16MΩ·cm的高纯水及超纯水。

2. EDI技术制水特点 ①纯度高，出水水质电阻率高且稳定；②连续运行及自动再生，可24小时不断供水；③无需酸碱处理，更无酸碱废水处理问题；④运行成本低，操作简单及维护方便；占地空间小，模块式组合可扩充。

（四）反渗透制水设备

反渗透又称逆渗透（reverse osmosis，RO），是一种以压力差为推动力，从溶液中分离出溶剂的膜分离操作。因为它和自然渗透的方向相反，故称反渗透。根据各种物料的不同渗透压，就可以使用大于渗透压的反渗透压力，即反渗透法，达到分离、提取、纯化和浓缩的目的。

1. 工作原理 对膜一侧的料液施加压力，当压力超过它的渗透压时，溶剂会逆着自然渗透的方向作反向渗透。从而在膜的低压侧得到透过的溶剂，即渗透液；高压侧得到浓缩的溶液，即浓缩液，工作原理如图9－20所示。用反渗透法制备纯化水常用的膜有醋酸纤维膜和聚酰胺膜。

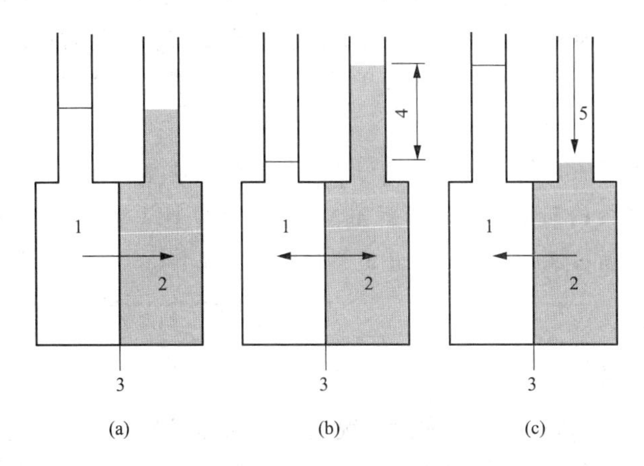

图9－20 反渗透基本原理图

（a）渗透；（b）渗透平衡；（c）反渗透

1. 纯水；2. 盐溶液；3. 半透膜；4. 渗透压；5. 外加压力

2. 反渗透装置 反渗透装置主要有板框式、管式（管束式）、螺旋卷式及中空纤维式四种类型。对装置的共同要求是：①对膜能提供合适的机械支撑；②能将高压盐水和纯水良好地分隔开；③在最小消耗能量的情况下，维持高压盐水在膜面上均匀分布和良好的流动状态以减少浓度差极化；④单位体积中膜的有效面积要大；⑤便于膜的装拆，装置牢固、安全可靠、价格低廉、制造维修方便。

3. 反渗透装置操作 通常反渗透操作包括运行操作、关机操作、系统清洗、停机操作等项内容。

运行操作：当反渗透运行时，打开电源开关，启动运行按钮，反渗透可按编程控制，发出工作指令，高压泵自动开启，相应的工作阀门打开运行，机上的仪表开始进入工作状态，检查各工作点是否有异常情况（故障指示灯正常时均不亮），如无异常反渗透即投入正常运行。

关机操作：分为正常关机和非正常关机两种。系统正常关机：停机前首先缓慢开大浓水阀，随后用反渗透水低压（0.3～0.5MPa）冲洗膜元件5分钟左右，至浓水电导率达到进水电导率后，关闭高压泵电源及所有运行阀门，保证设备必须注满水，设备进入关机状态；系统非正常关机：若遇到紧急特殊情况，如突然停电/停水或无法估计的事件发生，则首先关高压泵，依次关纯水泵－药泵－原水泵，随后关电源，然后关闭所有阀门和水源。

系统清洗：当产水量比初始降低10%～20%或脱盐率下降10%时，需对系统进行清洗。常用清洗液为枸橼酸，用反渗透水配制，枸橼酸约为2%浓度，用分析纯氨调节pH值至3.0。

停机操作：当工作结束后，按开机操作反向关机；取下运行标志牌，按照相应清洁标准操作规程进行清洁检查，合格后，挂上“清洁合格”状态标志牌。

实例分析

实例：暑假结束后，负责实训大楼制水的老师去开启多天没有使用的二级反渗透器，结果发现原水预处理器压力表所显示的压力高于正常值，同时一级加压泵的浓水流量已经调至很小，也没有能达到二级加压泵进水流量的要求。请问这是为什么？应如何解决？

分析：应该是因长时间停用，导致污垢等堆积堵塞滤棒。可以先停机，将一级加压泵前原水预处理器内的三根织物滤棒拆出，用0.5%的HCl浸泡24小时后，再用纯化水冲洗至中性，重新安装后，二级反渗透器即可正常工作。

（五）纯化水系统

工业生产中制备纯化水，要根据实际情况选择不同的工艺流程，才能彻底地除尽原水中的杂质，使引出的纯水符合制药用水的质量标准。通常采用由几种纯水制备设备联合起来的系统来完成对原水的处理。

1. 二级反渗透纯化水系统 原水→多介质过滤器→活性炭过滤器→软化器→精密过滤器→保安过滤器→一级反渗透→二级反渗透→紫外线杀菌器→纯化水。

2. 二级反渗透＋离子交换纯化水系统 原水→多介质过滤器→活性炭过滤器→软化器→精密过滤器→保安过滤器→一级反渗透→二级反渗透→阳床→阴床→混合床→紫外线杀菌器→纯化水。

3. 二级反渗透＋电去离子技术系统 原水→多介质过滤器→活性炭过滤器→软化器→精密过滤器→保安过滤器→一级反渗透→二级反渗透→电去离子技术系统（EDI）→紫外线杀菌器→纯化水。如图9－21、图9－22所示。

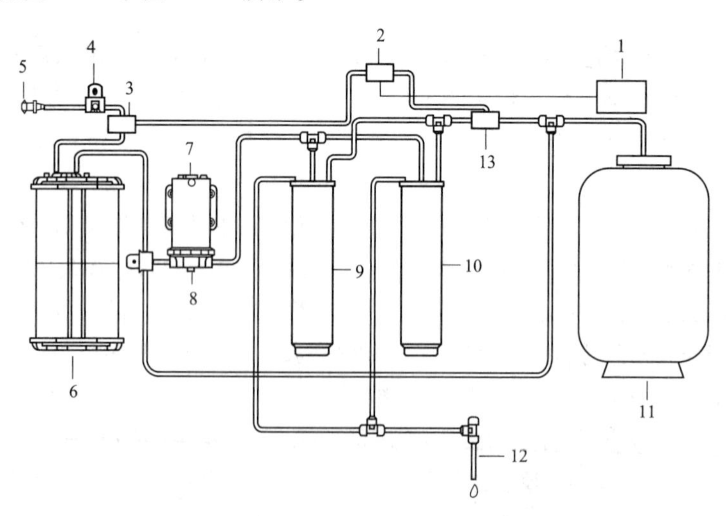

图9－21　EDI制水系统组成简图

1. 显示屏；2. 电导率分析（LED）；3. 电导率检测仪；4. 水压调节器；5. 进水口；6. 预处理柱；7. 泵；8. 电磁阀；9. 反渗柱－1；10. 反渗柱－2；11. 压力水箱；12. 排水管；13. 电导率检测仪

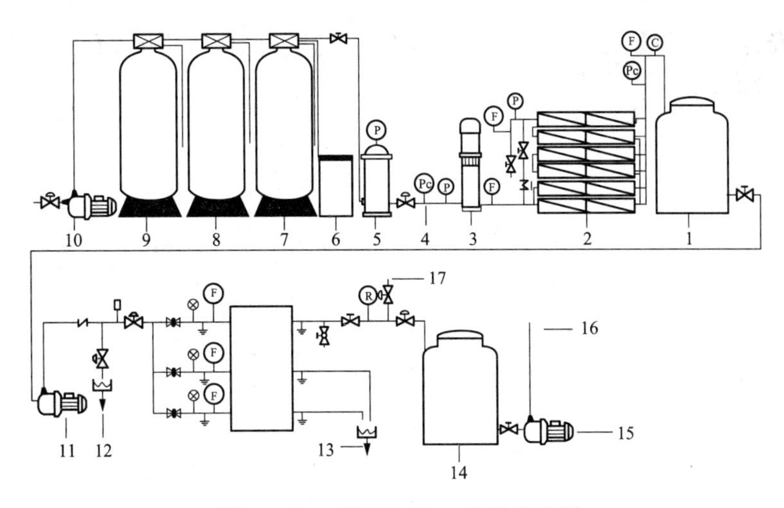

图9-22 反渗透+EDI流程示意图

1. RO水箱；2. 反渗透主机；3. 高压泵；4. 压力表；5. 保安过滤器；6. 盐箱；7. 软化器；8. 碳柱；9. 砂柱；10. 原水泵；11. 增压泵；12、13. 排放口；14. 高纯水箱；15. 输送泵；16. 去用水点；17. 回RO贮水箱

第四节　制备注射用水设备

注射用水是指符合《中国药典》注射用水项下规定的水。注射用水为纯化水经蒸馏所得的制药用水。为了有效控制微生物污染且同时控制细菌内毒素的水平，纯化水、注射用水系统的设计和制造出现了两大特点：一是在系统中越来越多地采用消毒/灭菌设施；二是管路分配系统从传统的送水管路演变为循环管路。注射用水的制备、贮存和分配应能防止微生物的滋生和污染，其中《药品生产质量管理规范》规定，“纯化水、注射用水储罐和输送管道所用材料应当无毒、耐腐蚀；储罐的通气口应当安装不脱落纤维的疏水性除菌滤器；管道的设计和安装应当避免死角、盲管。纯化水、注射用水的制备、贮存和分配应当能够防止微生物的滋生。纯化水可采用循环，注射用水可采用70℃以上保温循环。”

蒸馏水器是用电加热自来水制取纯水，利用液体遇热汽化遇冷液化的原理制备蒸馏水。化验室等部门使用蒸馏水器一般都是采用优质的不锈钢材料，经过特殊处理后加工而成。这样不仅充分保证了蒸馏水的质量，而且也大大提高了设备的使用寿命。

常用的蒸馏水器主要包括：电热式单蒸馏水器、汽压式蒸馏水器、盘管式多效蒸馏水器等。

一、电热式单蒸馏水器

1. 基本组成　电热式单蒸馏水器结构组成为蒸发锅、隔沫装置、废气排出器和冷凝器等（图9-23）。

2. 工作原理　原水→冷凝器（预热并将蒸汽冷却）→蒸发锅（加热沸腾）→除沫器（除去蒸汽携带的泡沫、雾滴）→冷凝器（与原水热交换形成蒸馏水）→出水（蒸馏水）。单蒸馏水器的作用是可除去不挥发性有机、无机杂质，如悬浮体、胶体、细菌、病毒及热原等。

3. 工作特点 电热式单蒸馏水器是一次蒸馏，出水只能作为纯化水使用；产量小，电加热，适于无汽源的场合。

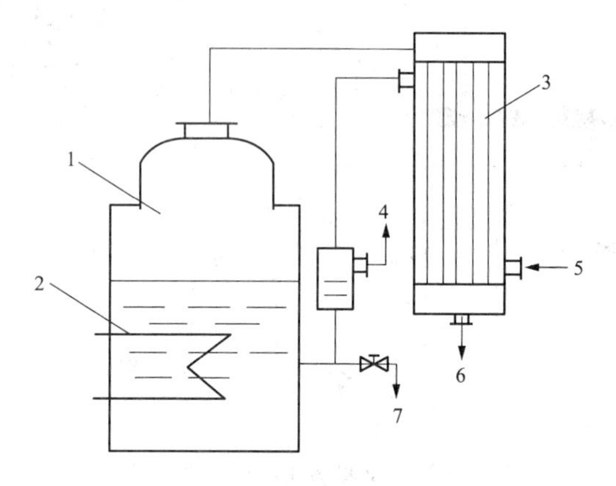

图 9－23 电热式单蒸馏水器

1. 蒸发器；2. 电热器；3. 冷凝器；4. 废气排放；5. 饮用水；6. 蒸馏水；7. 废水排放

二、汽压式蒸馏水器

1. 基本组成 汽压式蒸馏水器又称为热压式蒸馏水器，如图 9－24 所示，其结构主要由自动进水器、蒸馏水换热器、不凝气换热器、蒸发冷凝器、蒸汽压缩及循环罐、泵等组成。

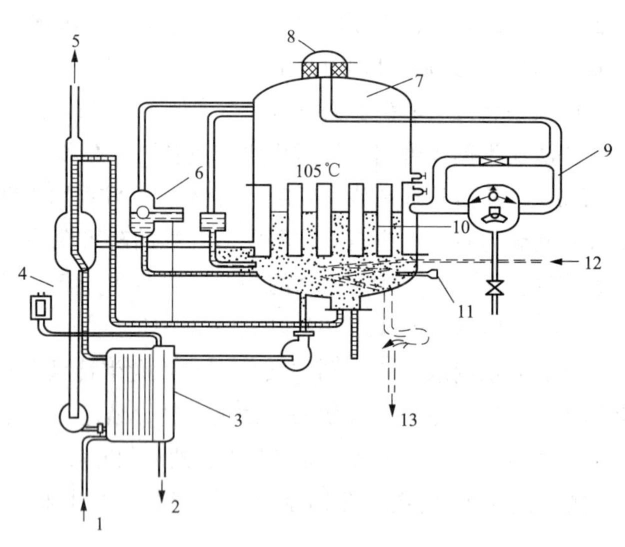

图 9－24 汽压式蒸馏水器

1. 进料水口；2. 浓缩液出口；3. 换热器；4. 蒸馏水出口；5. 不凝性气体排出口；6. 液位控制器；7. 蒸发室；8. 除沫器；9. 蒸汽压缩机；10. 蒸发室内加热管；11. 电加热器；12. 蒸汽进口；13. 冷凝水排出口

2. 工作原理 将进料水加热，使其沸腾汽化，产生二次蒸汽；把二次蒸汽压缩，其压强、温度同时升高；再使压缩的蒸汽冷凝，其冷凝液就是所制备的蒸馏水，蒸汽冷凝所放出的潜热作为加热原水的热源使用。

3. 基本操作流程 进料水以 0.2～0.3MPa 的压力经换热器 3，被预热后进入蒸发室 7 内，在蒸发室内被外来蒸汽加热蒸发成纯蒸汽（105℃），纯蒸汽由蒸发除沫器 8 上部除去其中夹带的雾沫和杂质，进入蒸汽压缩机 9 被压缩，被压缩的纯蒸汽，其温度升高到 120℃，将该高温压缩蒸汽再送回到蒸发室 7 中的蒸发加热管 10 中，作为热源加热蒸发管外的进料水，其本身被冷却形成蒸馏水。蒸馏水经循环管进入换热器 3，对进料水进行加热，纯净的蒸馏水由蒸馏水出口 4 排出。不凝性气体经 5 排入大气，除去其中的不凝性气体（CO_2、NH_3）等。如此反复进行。整个过程，只需消耗蒸汽压缩机的电能及蒸发冷凝器补充加热用的少量蒸汽热量。

4. 汽压式蒸馏水器主要特点 是在制备蒸馏水的整个生产过程中不需要用冷凝水；热交换器具有回收蒸馏水中余热的作用，同时对原水进行预热；从二次蒸汽经过净化、压缩、冷凝等过程，在高温下停留 45 分钟，可以保证蒸馏水无菌、无热原；自动型的汽压式蒸馏水机，当机器运行正常后，即可实现自动控制；产水量大，工业用汽压式蒸馏水机的产水量为 $0.5m^3/h$，最高可达到 $10m^3/h$，耗汽量很少，具有很高的节能效果，但价格较高。

三、盘管式多效蒸馏水器

多效蒸馏水器的特点是耗能低、产量高、质量优，并有自动控制系统，是近年发展起来的制备注射用水的重要设备。

多效蒸馏水器根据组装方式可分为垂直串接式和水平串接式多效蒸馏水器。根据换热单元结构又可分为列管式、盘管式和板式三种。

1. 盘管式多效蒸馏水器基本组成 采用盘管式多效蒸馏水器制取蒸馏水，因各效重叠排列，又称塔式多效蒸馏水器，蒸发器是属于蛇管降膜蒸发器，板式现尚未广泛使用。盘管式多效蒸馏水器属于垂直串接式多效蒸馏水器，系采用盘管式多效蒸发来制取蒸馏水的设备。如图 9－25 所示，由进水泵、冷凝器、预热器、各效蒸发器、汽液分离器（分离不凝性气体）、除沫等装置组成。蒸发传热面是蛇管结构，蛇管上方设有进料水分布器，将料水均匀地分布到蛇管的外表。

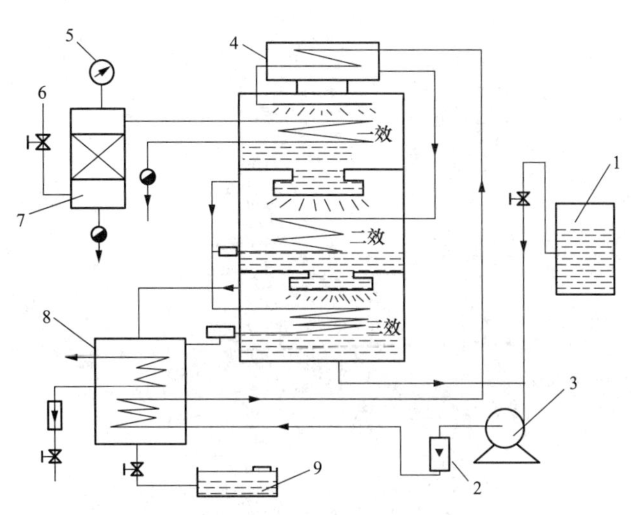

图 9－25 垂直串接式多效蒸馏水器

1. 去离子水；2. 转子计量器；3. 泵；4. 分布器；5. 压力表；
6. 一次蒸汽；7. 汽液分离器；8. 热交换器；9. 蒸馏水接收器

2. 蒸发原理 由锅炉来的蒸汽进入第一效蛇管内，冷凝水排出。进料水经进料水分布器，均匀地分布到蛇管上，蛇管内通入热蒸汽，将进料水部分蒸发，剩余的水流至器底排出。二次蒸汽经丝网除沫，将外来进料水预热，出蒸发器，作为下一效的加热蒸汽。依次到下一效。二次蒸汽的冷凝水汇流到蒸馏水贮罐，蒸馏水温度 95～98℃。由于以上的工作原理，所以盘管式多效蒸馏水器具有传热系数大、安装不需支架、操作稳定等优点。

本章小结

本章主要介绍了蒸发设备和制药用水设备的结构、工作原理及操作流程和适用范围等内容。通过对该章的学习使学生掌握蒸发设备的分类、各种型号的工作原理；生产用水纯化流程及涉及的主要设备；以及生产应用中可能存在的一般性问题及解决思路和方法。

思考题

1. 什么叫蒸发？蒸发进行的必要条件是什么？
2. 简述常用蒸发器的基本组成及气液分离器的作用。
3. 薄膜蒸发有何优点？试比较几种薄膜蒸发器的结构特点和适用范围。
4. 如何选用适宜的蒸发设备？

（甘春丽　刘永忠）

第十章　输送机械设备

学习导引

知识要求

1. **掌握**　离心泵的基本结构、工作原理、性能参数；往复泵的工作原理、主要构造和正位移特性、流量调节等。

2. **熟悉**　漩涡泵、齿轮泵、真空泵等其他类型液体输送机械的工作原理和适用范围；离心式风机的性能参数等；往复式压缩机的工作原理和特性；带式输送机、振动式输送机、螺旋式输送机的结构和特点，气力输送装置的工作原理和系统组成。

能力要求

1. 熟练掌握制药生产中常用流体输送机械设备的工作原理、主要结构和调控特性，学会流体输送机械的工艺计算及应用。

2. 熟练掌握物料特性、输送要求与输送机械的合理选用原则，具备根据实际工况正确选择输送机械设备，使之有效运转的能力。

在制药生产过程中，常需要使用多种输送机械设备以完成对各种原料、辅料、半成品和成品等的输送，进而保证生产的连续性，提高生产率和产品质量、减轻工人劳动强度、减少污染、保证药品卫生以及缩短生产周期，故输送机械设备是现代制药生产中必不可少的设备。

药品生产中需要输送的物料种类繁多，性质各异且生产操作条件往往相差也很大，为了满足不同情况下的输送要求，则需要不同结构和特性的输送机械设备。按被输送物料种类的不同，输送机械设备可分为液体输送设备、气体输送设备和固体输送设备。通常，用于输送液体的机械称为泵，用于输送气体的机械按其产生的压强高低不同称为通风机、鼓风机、压缩机和真空泵，这两类输送设备又统称为流体输送设备，它通过对流体做功，提高流体机械能从而完成输送任务。固体输送设备输送的是块状、粒状及粉状固体，种类较多，如带式输送机、链式输送机、螺旋式输送机、振动输送机等。本章主要介绍常见输送机械的工作原理、基本构造及特性，以达到正确选择和使用输送机械设备，保证输送机械的高效运行。

第一节　液体输送设备

液体输送设备是能够对液体做功，使液体流过它后获得能量，从而完成输送任务，将液体从低位送到高位，或由低压液体变为高压液体，再或从一个生产岗位送到另一个生产岗位等。液体输送机械的种类很多，主要是各种类型的泵，按工作原理的不同主要分为离心泵、往复泵、齿轮泵和旋涡泵等。

一、离心泵

离心泵是制药生产中应用最广泛的一种液体输送机械，具有结构简单、容易操作、流量均匀且易调节控制、适应性强、效率较高等特点。本节将重点讨论离心泵的基本构造、工作原理、性能特点和选用原则等。

（一）离心泵的基本结构

离心泵的型号很多，但工作原理相同，构造亦无大的差异，图 10－1 为离心泵结构简图。离心泵主要由叶轮、泵壳、轴和轴封等部分组成。

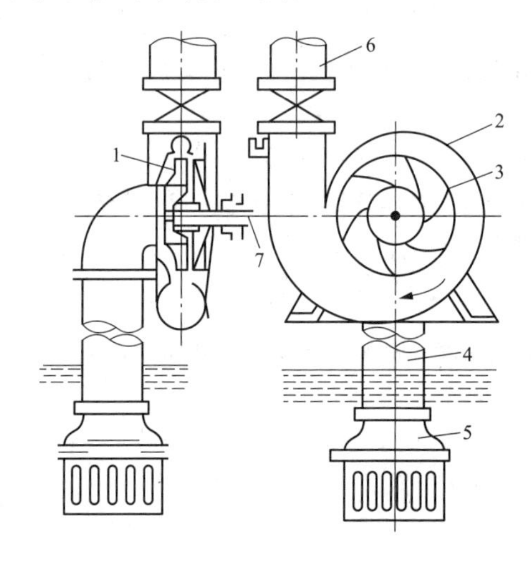

图 10－1　离心泵结构简图

1. 叶轮；2. 泵壳；3. 叶片；4. 吸入管；5. 底阀；6. 压出管；7. 泵轴

1. 叶轮　叶轮是离心泵的核心部件，作用是将原动力的机械能直接传递给液体，增加液体的机械能（主要是静压能）。叶轮一般有 6～12 片后弯的叶片（叶片弯曲方向与叶轮旋转方向相反），安装在泵轴上，由电动机带动而快速旋转。根据叶片两侧有无盖板可分为闭式、半开式和开式三种，如图 10－2 所示。

闭式叶轮是叶片两侧带有前后盖板，效率高，适用于输送清洁液体。开式叶轮的叶片两侧没有前后盖板，而只有一侧有后盖板的称为半开式叶轮，制药生产中使用的卫生泵叶轮一般为开式叶轮。开式叶轮和半开式叶轮由于流道不易堵塞，清洗方便，适用于输送含有固体颗粒的液体物料，效率较低。闭式或半开式叶轮在运行时，离开叶轮的部分高压液体可进入到叶轮与泵壳间的两侧空间内，因叶轮前侧吸入口处为低压，致使叶轮向吸入口一侧窜动，引起叶轮与泵壳间接触磨损，严重时造成泵的振动，破坏泵的正常操作。简单的解决方法可以在叶轮后盖板上做一些平衡孔，使一部分高压液体可以漏到低压区以减小叶轮两侧的压力差，但也会同时降低泵的效率。

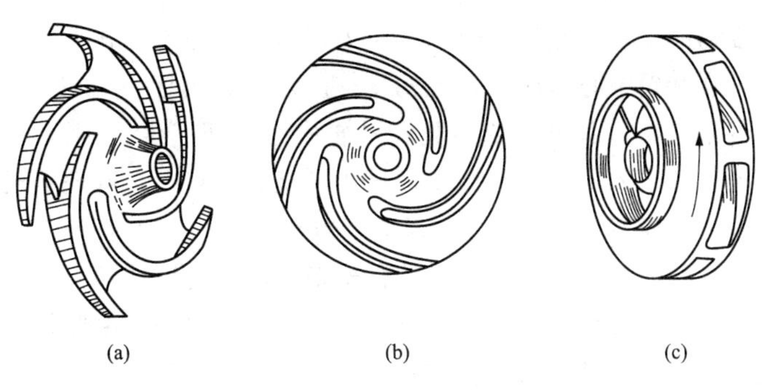

图 10－2　离心泵叶轮的类型

（a）开式；（b）半开式；（c）闭式

2. 泵壳　离心泵的泵壳通常制成蜗牛壳形，故泵壳又被称为蜗壳。液体由叶轮外缘高速流出后，流过蜗形通道时流速将逐渐减小，部分动能有效地转变为静压能，因此泵壳的作用不仅是封闭叶轮，汇集叶轮甩出的液体，同时本身又是能量转换的装置。

为了减少液体离开叶轮直接冲击泵壳而造成的能量损失，在叶轮的外周还安装有固定不动且带有叶片的导轮，如图 10－3 所示，导轮除了可减小能量损失，因其有很多逐渐转向的流动，还可使部分动能转变为静压能。

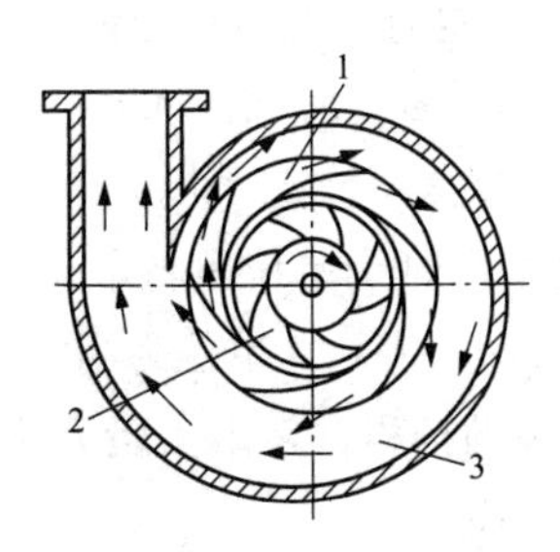

图 10－3　叶轮与导轮

1. 导轮；2. 叶轮；3. 蜗壳

3. 轴封装置　轴封装置是用来实现泵壳和轴之间密封的装置，防止泵内高压液体沿泵壳与轴间的间隙漏出，或外界空气以相反方向进入到泵内。离心泵常用的密封方式有填料函密封和机械密封。

课堂互动

填料函密封和机械密封在实际生产中应如何进行选择?

（二）离心泵的工作原理

离心泵在启动前要先灌满所输送的液体。启动后，叶轮由泵轴带动作高速旋转产生离心力。在离心力的作用下，叶片间的液体从叶轮中心被抛向叶轮外周，压力增高，过程中液体获得动能和静压能，并以较高速度离开叶轮进入蜗壳。液体在泵壳中随流道逐渐扩大而减速，将大部分的动能转变为静压能，然后以较高的压力从排出口进入排出管路。与此同时，由于叶轮内液体被抛出，在叶轮中心形成了一定的真空，泵的吸入管一端与叶轮中心相通，而另一端浸没在被输送的液体内，如此在吸液处与叶轮中心之间产生了压差，在此压差作用下，液体经吸入管路不断地被吸入泵内，补充泵内排出的液体。可见，叶轮旋转的过程中，一面不断给液体一定能量，一面不断吸入液体，保证泵的连续、正常运转。

离心泵启动前，泵体内如果存有空气而没有充满被输送的液体，由于空气密度远小于液体的密度，则产生的离心力很小，在叶轮中心形成的真空度也小，由此在吸液处与叶轮中心之间的压差很小而不能将液体吸入泵内，这种由于离心泵内存有空气造成泵不能吸液的现象称为气缚现象。离心泵没有自吸能力，因此为了防止气缚现象发生，离心泵在启动时须先灌泵，即向泵内灌满被输送液体，为了防止灌入泵内的液体因重力作用流入到低位槽内，可在吸入管路安装底阀。但如果离心泵的位置低于吸入液面，因借助位差液体可自动流入泵内，故启动前无需灌泵。

（三）离心泵的主要性能参数

若要选择和使用适宜的离心泵并使之高效运转从而完成输送任务，就必须要了解离心泵的性能。离心泵的主要性能参数有流量、扬程、功率和轴功率等，这些性能参数与它们之间的关系会被泵生产厂标注在铭牌或产品说明书中，供使用者参考选择。

1. 流量　流量表示离心泵的输液能力，是指单位时间内从离心泵内排出的液体体积量，一般用 V_s 或 V_h 表示，常用单位为 m^3/s 或 m^3/h。流量的大小与离心泵的结构、尺寸（主要是叶轮的直径及叶片宽度等）和转速等有关。

2. 扬程　扬程又称压头，是离心泵赋予单位重量液体的有效能量，或单位重量的液体流经离心泵时获得能量，一般常用 H 或 H_e 表示，单位为米液柱。扬程的大小取决于离心泵的结构、转速和流量。一定的流量下，泵的扬程常常由实验方法测定，实验装置如图 10－4 所示，在泵的入口和出口间列伯努利方程，得：

$$Z_1 + \frac{u_1^2}{2g} + \frac{p_1}{\rho g} + H' = Z_2 + \frac{u_2^2}{2g} + \frac{p_2}{\rho g} + \sum H_f \qquad (10-1)$$

式中，H' 为离心泵对液体所做的功，m；$\sum H_f$ 为泵内各种阻力损失，m。

离心泵的扬程为：

$$H = H' - \sum H_f = \frac{p_2 - p_1}{\rho g} + \frac{u_2^2 - u_1^2}{2g} + Z_2 - Z_1 \qquad (10-2)$$

由于泵吸入管与排出管的直径相近，则：

$$H = \frac{p_2 - p_1}{\rho g} + h_0 \qquad (10-3)$$

$$h_0 = Z_2 - Z_1$$

由泵进口和出口分别安装的真空表和压力表，测定两处的真空度和压力，即可利用式（10－3）计算得到一定流量下泵的扬程。离心泵的扬程随流量的大小而改变。离心泵铭牌上的扬程是泵在额定流量下的扬程。对管路系统中两截面间（包括离心泵）列伯努利方程并整理可得：

$$H = \left(\frac{p_2 - p_1}{\rho g}\right) + \left(\frac{u_2^2 - u_1^2}{2g}\right) + (Z_2 - Z_1) + \sum H_{1-2} \qquad (10-4)$$

由式（10－4）可以看出，升举高度仅仅是扬程的一部分，决不能误以为扬程就是液体的升举高度。离心泵扬程测定实验装置如图 10－4 所示。

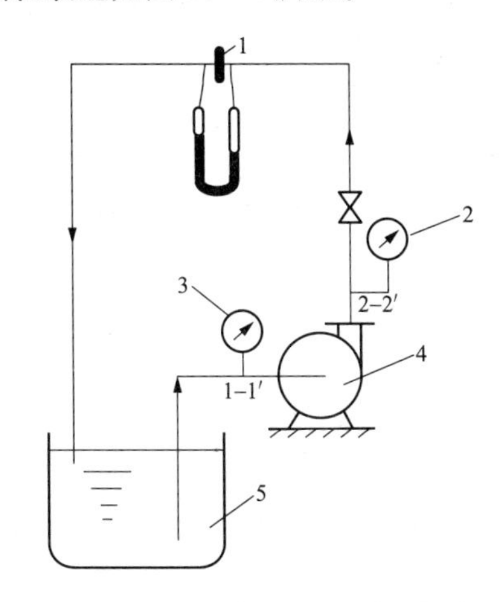

图 10－4　离心泵扬程测定实验装置示意图

1. 流量计；2. 压力表；3. 真空表；4. 离心泵；5. 贮液槽

3. 轴功率与效率　单位时间内液体流经离心泵所获得的机械能，或离心泵单位时间内实际传递给液体的能量，称为有效功率，以 N_e 表示，单位为 W 或 kW。其值大小可由式（10－5）计算得到。

$$N_e = V_S \cdot H \cdot \rho \cdot g \tag{10-5}$$

式中，V_S 为离心泵的流量，m^3/s；H 为离心泵的扬程，m；ρ 为液体密度，kg/m^3；g 为重力加速度，m/s^2；N_e 为离心泵的有效功率，W。

离心泵的轴功率是指单位时间内电动机供给离心泵的机械能。离心泵输送液体过程中，能量通过叶轮传递给液体时，不能全部被液体获得，离心泵的有效功率总是小于其轴功率，两者的差别通常用效率表示，故效率是反映离心泵利用能量情况的参数。

$$\eta = \frac{N_e}{N_{轴}} \times 100\% \tag{10-6}$$

式中，η 为离心泵的效率；$N_{轴}$ 为离心泵的轴功率，W。

离心泵的有效功率之所以低于其轴功率，是由于液体流经泵的过程中产生了种种不可避免的能量损失，如容积损失（因泵泄漏而造成的能量损失）、水力损失（因液体在泵内流动而产生的能量损失）和机械损失（因机械摩擦而产生的能量损失）。离心泵的效率反映了各种能量的损失总和，与离心泵的大小、结构、制造精密度以及液体性质有关。一般小型泵的效率为 50%～70%，大型泵的效率可达 90%。

轴功率由实验测定，是选配电动机的依据。在选配电机时，依据轴功率，同时还需考虑传动效率和电动机超负荷的可能性。一般可按传动效率计算电机功率，或在按最大流量计算出轴功率后，取其 1.1～1.2 倍，作为所选电机的功率。

（四）离心泵的特性曲线

离心泵的特性曲线是将由实验测定的泵主要性能参数流量 V_S、扬程 H、轴功率 $N_{轴}$ 和效率 η 绘制在同一坐标纸上，所得到的一组参数间的关系曲线，又称为工作性能曲线，如图 10－5

所示。该曲线由泵的制造厂家提供，附在泵的说明书中，以供使用中选泵或操作时参考。尽管各种型号的离心泵都有各自的特性曲线，但它们的形状基本相同，具有以下共同点。

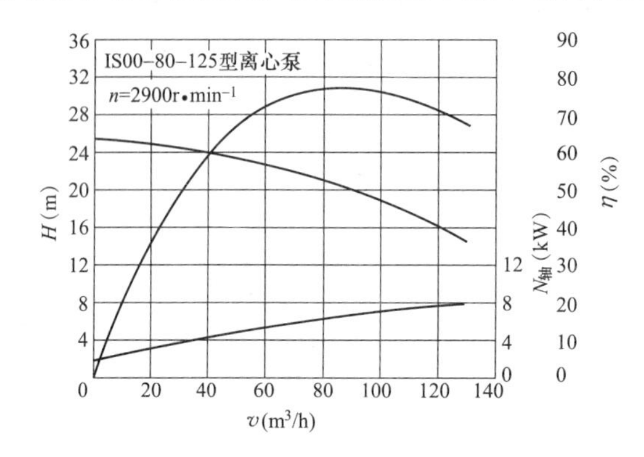

图 10-5　IS00-80-125 型离心泵的特性曲线

1. $H-V_S$线　表示离心泵的扬程与流量的关系，离心泵的扬程随流量的增大而下降（在流量极小时可能有例外），这是离心泵的一个重要特性。

2. $N_{轴}-V_S$线　表示离心泵的轴功率与流量的关系，离心泵的轴功率随着流量的增大而上升。当流量为零时轴功率最小，所以在离心泵启动时，应先将出口阀门关闭，使启动电流最小以保护电机，待启动后再逐渐打开出口阀，调节到适合的流量。

3. $\eta-V_S$线　表示离心泵的效率与流量的关系。当流量 V_S 为零时，效率 η 等于零；开始时，随着流量的增大效率上升，并达到最大值；此后随着流量的增大效率反而下降。这说明在一定转速下运转的离心泵有一个最高效率点，称为泵的设计点。与最高效率点相对应的流量、扬程及轴功率值称为最佳工况参数，离心泵铭牌上标出的性能参数就是该离心泵在效率最高点运行时的状况参数。根据实际工艺输送任务的要求，离心泵不可能恰好在最佳工况状态下运转，所以一般只能规定一个工作范围，称为泵的高效率区，通常为最高效率的 92% 左右。选用离心泵时，应尽可能使其在此范围内工作。

【例 10-1】 用 20℃ 清水测定一台离心泵的特性曲线。实验测得一组数据如下：水的流量为 $10m^3/h$，离心泵出口处压力表的示值为 1.72×10^5Pa（表压），泵进口处真空表的示值为 2.13×10^4Pa（真空度），电动机消耗的功率 1.19kW，电动机销量为 90%，泵的转速为 2900r/min，真空表和压力表两测压截面的垂直距离为 0.5m，试计算在此流量下离心泵的扬程 H、轴功率 $N_{轴}$ 和效率 η。

解：(1) 泵的扬程　在真空表及压强表所在的两截面间列伯努利方程，即：

$$Z_1+\frac{p_1}{\rho g}+\frac{u_1^2}{2g}+H=Z_2+\frac{p_2}{\rho g}+\frac{u_2^2}{2g}+\sum H_{f1-2}$$

式中，$Z_1-Z_2=0.5m$，$p_1=-2.13\times10^4Pa$（表压），$p_2=1.72\times10^5Pa$（表压）。

由于泵吸入管与排出管的直径相近，$u_1\approx u_2$，两测压口间的管路很短，其间阻力损失可忽略不计，故

$$H=\frac{p_2-p_1}{\rho g}+Z_2-Z_1=\frac{1.72\times10^5+2.13\times10^4}{10^3\times9.81}+0.5=20.2m$$

(2) 泵的轴功率　泵轴直接由电动机带动，除电动机本身消耗一部分功率，电动机输出功率等于泵的轴功率，故

$$N_{轴} = 1.19 \times 0.9 = 1.07\text{kW}$$

（3）泵的效率

$$\eta = \frac{N_e}{N_{轴}} = \frac{V_S \cdot H_e \cdot \rho \cdot g}{N_{轴}} = \frac{10/3600 \times 20.2 \times 1000 \times 9.81}{1.07 \times 1000} \times 100\% = 51.5\%$$

可见，在实验测定中如果不断改变出口阀门的开度，测出不同流量下的有关数据，即可计算得到相应的 H、$N_{轴}$ 和 η 值，将这些数据绘于坐标纸上，即得该离心泵在固定转速下的特性曲线。

泵生产厂所提供的离心泵特性曲线一般都是在一定转速和常压下，以20℃清水为工作介质测得的。但实际生产中输送的液体多种多样，往往不是清水且非常温常压下，此时液体的密度、黏度等物性与清水的相差较大，所以此时须注意离心泵的特性曲线会发生变化。

（1）液体密度的影响　离心泵的流量、扬程和效率均与液体密度无关，所以液体密度改变不会影响 $H-V_S$ 线和 $\eta-V_S$ 线。但是，泵的轴功率与液体密度有关，且随液体密度的增大而增大，此时产品说明书中 $N_{轴}-V_S$ 线将不再适用，应按式（10－5）和式（10－6）进行校正。

（2）液体黏度的影响　如果被输送液体黏度大于常温下清水的黏度，则液体在泵体内的能量损失增大，泵的扬程、流量减小，效率下降，但轴功率增加，泵的特性曲线将发生变化。通常，当液体的运动黏度小于 $20\times10^{-6}\text{m}^2/\text{s}$ 时，如汽油、煤油、轻柴油等，对原来的特性曲线可以不进行修正；当运动黏度大于 $20\times10^{-6}\text{m}^2/\text{s}$ 时，应按照有关资料进行修正。此外，叶轮转速、叶轮直径对泵的特性曲线也会有影响。

（五）离心泵的工作点与流量调节

1. 管路特性与离心泵的工作点　管路的特性是指对于一个特定的管路，液体的流量与其所需压头之间的关系。该关系可以在管路中两截面间列伯努利方程得到。液体流过管路两截面间所需的压头为：

$$H = (Z_2 - Z_1) + \left(\frac{p_2 - p_1}{\rho g}\right) + \left(\frac{u_2^2 - u_1^2}{2g}\right) + \lambda\left(\frac{l + \sum l_e}{d}\right)\left(\frac{u^2}{2g}\right) \quad (10-7)$$

式中，由于 $(u_2^2 - u_1^2)/2g$ 数值很小，可以忽略不计，而流速 $u = V_S/A$，则式（10－7）可以表示为：

$$H = (Z_2 - Z_1) + \left(\frac{p_2 - p_1}{\rho g}\right) + \lambda\left(\frac{l + \sum l_e}{d}\right)\left(\frac{4V_S}{\pi d^2}\right)^2\left(\frac{1}{2g}\right) \quad (10-8)$$

对于一个特定的管路，式（10－8）中除 λ 和 V_S 之外，都是定值，而 λ 是 Re 的函数，若所输送的液体已经确定，则 Re 所包括的各量除 u 外，也都是定值，于是 λ 也仅是 V_S 的函数，从而式（10－8）中的最后一项 $\sum H_f$ 也可以表示成 V_S 的函数，即 $\sum H_f = f(V_S)$，则式（10－8）还可以表示为：

$$H = \Delta Z + \frac{\Delta p}{\rho g} + f(V_S) = k + bV_S^2 \quad (10-9)$$

对于一个特定的管路，式（10－9）中的 ΔZ 和 $\Delta p/\rho g$ 两项为定值，则该式表明了输送液体所需压头 H 随流量 V_S 变化的关系，随流量的增大输送液体所需的压头增大，即管路的特性方程，按此关系式绘制出的曲线称管路特性曲线，如图10－6，将其绘制在离心泵特性曲线图中，它与离心泵的 $H-V_S$ 线有一交点M，被称为离心泵的工作点，该点的流量正好是离心泵实际所提供的压头与管路所需要的压头相匹配时的流量，可见，它是由离心泵的特性和管路的特性共同决定的。

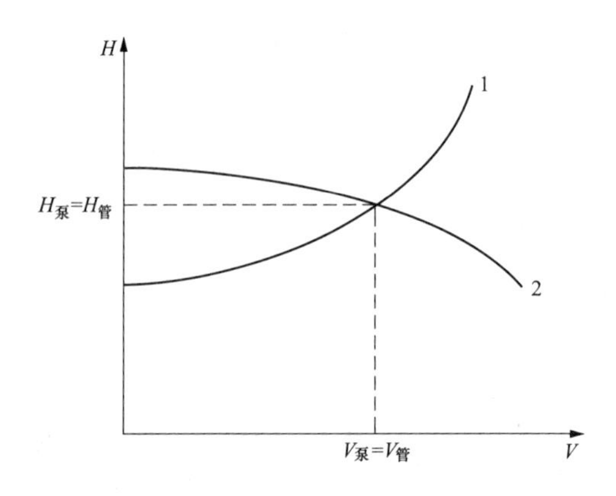

图 10-6　管路特性曲线和泵的工作点

1. 管路特性曲线；2. 离心泵的 $H-V_S$ 曲线

2. 离心泵的流量调节　实际生产工作中，往往需要增大或减小流量，即改变离心泵的工作点，以适应输送任务的变化，满足生产的要求。因离心泵的工作点是由泵的特性曲线和管路特性曲线共同决定的，所以改变两者之一都可达到调节离心泵工作点的目的。

（1）改变管路特性　改变管路特性的最简单办法是直接调节泵出口管路上阀门的开度，改变管路中的阻力系数，使管路的特性曲线位置改变，进而与离心泵特性曲线的交点即工作点位置发生改变，达到调节流量的目的。如图 10-7 所示，泵出口阀门开度减小，管路的局部阻力增大，管路特性曲线变陡，工作点由点 M 移至点 M_1，流量由 V_M 降至 V_{M1}；反之，出口阀门开大，管路的局部阻力减小，管路特性曲线变缓，流量加大。此种流量调节方法，通过阀门开度调节简便快捷，可在最大流量与零流量间自由变动，在工业生产中被广泛采用，但该法不仅增加了管路阻力损失（当阀门关小时），且使泵在低效率点下工作，在经济上并不合算。适于调节幅度不大但需经常调节改变流量的生产场合，一般在较小流量的离心泵管路系统中使用。

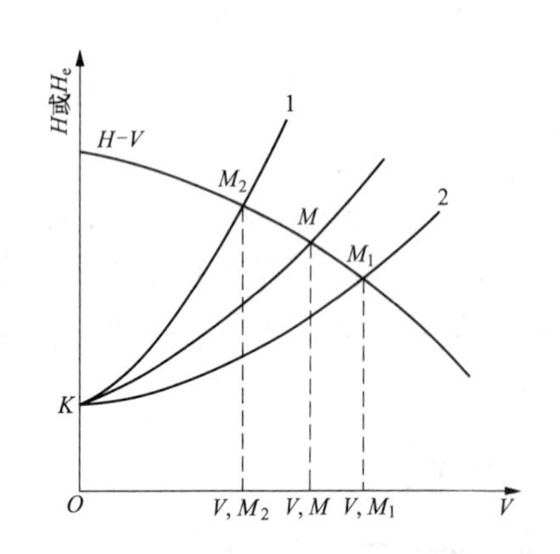

图 10-7　改变出口阀开度调节流量示意图

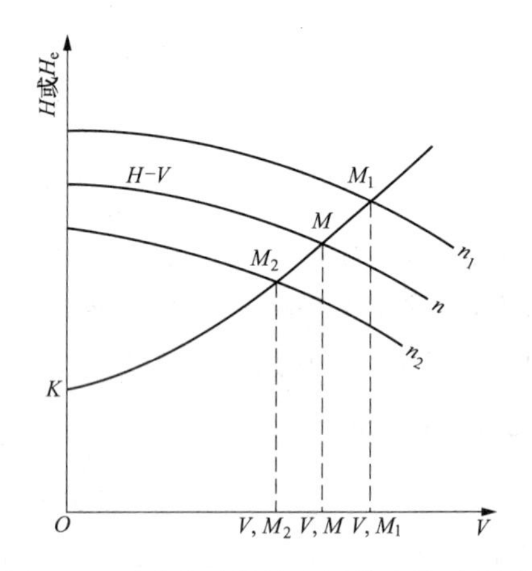

图 10-8　改变叶轮转速调节流量示意图

（2）改变离心泵特性曲线　改变离心泵特性曲线的方法主要有两种，即改变叶轮的转速和改变叶轮的直径（车削叶轮或用小直径的叶轮）。如图 10-8 所示，当离心泵的转速增大时，泵的特性曲线向上平移，工作点由点 M 移至点 M_1，流量增大；反之，泵的转速减小时，泵特性曲线向下平移，工作点移至点 M_2，流量减少。用此种变速方法调节流量，没有调节流量引起的额外管路能量损失，可在一定范围保持泵在高效率区工作，能量利用较为经济，但调节不方便，需要变速装置或能变速的原动机，如直流电动机、汽轮机等。一般在调节幅度大、操作周期长的季节性调节生产中使用。须注意的是改变叶轮转速时，不能超过泵的额定转速，以免叶轮强度和电动机负荷超过允许值。

若转速变化不大，可认为对泵效率影响不大，则 V、H、$N_{轴}$ 随转速 n 而改变的关系，可按式（10－10）做粗略的估算。

$$\frac{V}{V'}=\frac{n}{n'}\quad \frac{H}{H'}=\left(\frac{n}{n'}\right)^2\quad \frac{N_{轴}}{N_{轴}'}=\left(\frac{n}{n'}\right)^3 \tag{10-10}$$

若叶轮直径 D 的变化不超过 10%（宽度不变），则 V、H、$N_{轴}$ 随 D 而改变的关系如式（10－11）所示。

$$\frac{V}{V'}=\frac{D}{D'}\quad \frac{H}{H'}=\left(\frac{D}{D'}\right)^2\quad \frac{N_{轴}}{N_{轴}'}=\left(\frac{D}{D'}\right)^3 \tag{10-11}$$

（六）离心泵的安装高度

离心泵的安装高度是指被输送的液体所在贮槽的液面（吸入截面）与离心泵入口处之间的垂直距离，常用 H_g 表示。如图 10－9 所示，若设贮液槽液面压强为 p_0，泵入口压强为 p_1，液体的密度为 ρ，吸入管路中液体的流速为 u_1，阻力损失为 $\sum H_{f,0-1}$，在液面（截面 0－0）至泵入口（截面 1－1）间列伯努利方程式，则可得：

$$Z_0+\frac{p_0}{\rho g}=Z_1+\frac{p_1}{\rho g}+\frac{u_1^2}{2g}+\sum H_{f,0-1}$$

整理可得：

$$H_g=Z_1-Z_0=\frac{p_0-p_1}{\rho g}-\frac{u_1^2}{2g}-\sum H_{f,0-1} \tag{10-12}$$

式中，H_g 为离心泵的安装高度，m。

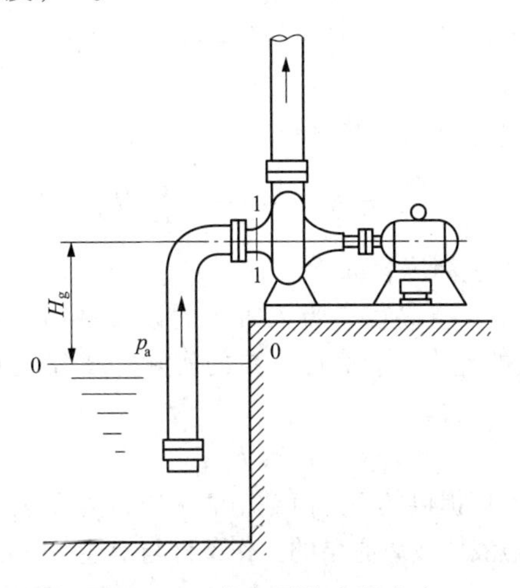

图 10－9　离心泵的安装高度

1. 汽蚀现象　如图 10－9 所示，在贮液槽液面（截面 0－0）和离心泵入口（截面 1－1）间没有外加机械能，液体能流动完全借助于两截面间的静压差，即式（10－12）还可整理得：

$$\frac{p_0-p_1}{\rho g}=H_g+\frac{u_1^2}{2g}+\sum H_{f,0-1} \tag{10-13}$$

由式（10－13）可以看出，当贮液槽液面压力 p_0 一定时，若安装高度 H_g 增加，则泵入口的压力 p_1 就会下降。当安装高度 H_g 增大至某一高度，会使泵入口处的压强 p_1 降低至等于或小于操作温度下被输送液体的饱和蒸气压 p_v，此时会引起液体部分气化，同时因压力减小还有溶解于液体的气体解析出来，生成了大量气泡随液体一起进入叶轮。叶轮由于压强升高引起气泡破裂，产生局部真空，使得周围的液体以极大的速度冲向刚消失的气泡中心，从而产生很高的局部压力，不断冲击叶轮或泵壳的表面，金属表面受到压力大、频率高的冲击而剥蚀，此外气泡内夹带的少量氧气对金属表面的电化学腐蚀等，使叶轮或泵壳表面呈现海绵状、鱼鳞状破坏，甚至出现裂缝，使泵体遭到破坏，这种现象称为“汽蚀”。

离心泵若在汽蚀情况下运转，将会发出噪音，引起泵体振动，泵的流量、扬程和效率也会明显下降，严重时泵内液体连续性流动遭到破坏，将无法正常运转工作。为了避免汽蚀现象的发生，泵的安装高度应适当，保证叶轮中心处的压强高于液体的饱和蒸气压。

2. 最大吸上真空高度 对离心泵的安装高度加以限制以免发生汽蚀现象，可以采用的一种方法是规定泵进口处的真空度不能超过某一数值。式（10－12）等号右侧（p_0-p_1）/ρg 项是以液体的液柱高度表示的泵入口截面1-1处的真空度，常被称为吸上真空高度，以 H_s 表示。泵入口处的压强 p_1 须大于液体在该温度下的饱和蒸气压 p_v，以防止汽蚀现象的发生，即将吸上真空高度限定为一允许值，称为允许吸上真空高度，以 $H_{s,允}$ 表示。而对应于汽蚀现象发生时的吸上真空高度，称为最大吸上真空高度 $H_{s,max}$，则：

$$H_{s,max}=\frac{p_0-p_v}{\rho g} \tag{10-14}$$

式中，p_0 为贮液槽液面上方的大气压强，Pa；p_1 为液体在操作温度下的饱和蒸气压，Pa。

为了保证泵运转时不发生汽蚀现象，我国生产的离心泵都会标出允许吸上真空高度 $H_{s,允}$，因考虑从泵入口到叶轮入口，液体要消耗一定能量，为安全起见，它是在最大吸上真空高度的基础上留有规定0.3m的安全量，即：

$$H_{s,允}=H_{s,max}-0.3 \tag{10-15}$$

$H_{s,允}$ 值的大小与泵的结构、流量、被输送液体的性质（p_v、ρ）以及泵使用地点的大气压等有关。

将 $H_{s,允}$ 值代入式（10－12）中，则可得：

$$H_{g,允}=H_{s,允}-\frac{u_1^2}{2g}-\sum H_{f,0-1} \tag{10-16}$$

式中，$H_{g,允}$ 为离心泵的允许安装高度，m。

显然，只要泵的允许吸上真空高度、吸入管阻力以及液体在泵入口处速度已知，就可利用式（10－16）确定离心泵的允许安装高度，泵的实际安装高度 H_g 应当不超过泵的允许安装高度 $H_{g,允}$，即：

$$H_g \leqslant H_{g,允} \tag{10-17}$$

需指出的是，离心泵生产厂提供的 $H_{s允}$ 值是用清水作为实验介质，在大气压下，20℃条件下测定的实验结果。若输送其他液体或离心泵的工作条件与上述条件不同，则应进行如下校正。

$$H'_{s,允}=\left(H_{s,允}+\frac{p'_0-p_0}{\rho g}-\frac{p'_v-p_v}{\rho g}\right)\frac{1000}{\rho} \tag{10-18}$$

式中，$H'_{s,允}$ 为校正后的允许吸上真空高度，m液柱；p' 为使用地点的大气压，Pa；p'_v 为被输送液体的饱和蒸气压，Pa；ρ 为被输送液体的密度，kg/m^3。

3. 最小汽蚀余量 实验发现，当泵入口处的压强 p_1 还没有低至液体的饱和蒸气压 p_v 时，汽蚀现象也会发生。这是因为泵内压强最低的地方并不是泵入口处，当液体从泵入口进入叶轮中心时，由于其流速的大小和方向的改变，压强还会进一步降低。为了防止汽蚀现象发生，须使泵入口处液体的动压头 $u_1^2/2g$ 与静压头 $p_1/\rho g$ 两项之和大于饱和液体的静压头 $p_v/\rho g$，差值常以 Δh 表示，称为汽蚀余量。而对应于泵发生汽蚀时的汽蚀余量，称为最小汽蚀余量，以 Δh_{min}表示，此值的大小由实验测得。为了保证泵正常运行，使用时应在最小汽蚀余量的基础上加 0.3m 的安全余量，得到允许汽蚀余量 $\Delta h_{允}$，即

$$\Delta h_{允} = \Delta h_{min} + 0.3 \tag{10-19}$$

$\Delta h_{允}$值由泵生产厂提供，是决定泵安装高度所采用的最低数值，由 $\Delta h_{允}$所算得的安装高度即为允许安装高度 $H_{g,允}$，现推导如下：

$$\Delta h_{允} = \left(\frac{p_1}{\rho g} + \frac{u_1^2}{2g}\right) - \frac{p_v}{\rho g} \tag{10-20}$$

进一步整理可得：

$$\frac{p_1}{\rho g} = \Delta h_{允} - \frac{p_{v1}}{\rho g} - \frac{u_1^2}{2g} \tag{10-21}$$

将式（10－21）代入式（10－12）中，则可得泵的允许安装高度 $H_{g,允}$：

$$H_{g,允} = \frac{p_0 - p_v}{\rho g} - \Delta h_{允} - \sum H_{f,0-1} \tag{10-22}$$

比较式（10－16）与式（10－22），$u_1^2/2g$ 值一般很小可以忽略，则可得：

$$\Delta h_{允} = \frac{p_0 - p_v}{\rho g} - H_{s,允} \tag{10-23}$$

将清水在20℃时的数值 $(p_0 - p_v)/\rho g = 10m$ 代入上式，得：

$$\Delta h_{允} = 10 - H_{s,允} \tag{10-24}$$

式（10－22）是用汽蚀余量确定泵的允许安装高度的。泵生产厂提供的 $\Delta h_{允}$是用 20℃清水为实验介质时得到的实验结果，当输送其他液体时须进行校正。但校正系数一般小于 1，为安全起见不再校正。离心泵的实际安装高度数值比使用式（10－16）或式（10－22）计算出的数值再低 0.5～1.0m 作为安全余量。

【例 10－2】用离心泵将低位敞口槽中的 65℃热水送往高位槽中，槽内液面恒定，已知输水量为 $50m^3/h$，吸入管的内径为 100mm，吸入管路的所有压头损失为 0.9m，泵安装地点的大气压为 0.1MPa，已知泵的允许吸上真空高度 $H_{s,允}=5m$，试确定离心泵的安装高度。

解：查阅相关资料手册可得，20℃水的饱和蒸汽压 $p_v = 2.338$ kPa；65℃水的饱和蒸汽压 $p_v' = 24.998kPa$，$\rho = 980.5kg/m^3$。

依题已知 $p_0' = 0.1MPa$，$H_{s,允} = 5m$，输送条件发生改变，则允许安装高度须进行校正，利用式（10－18）可校正计算得：

$$H'_{s,允} = \left(5 + \frac{0.1 \times 10^6 - 98.1 \times 10^3}{980.5 \times 9.81} - \frac{24.998 \times 10^3 - 2.338 \times 10^3}{980.5 \times 9.81}\right) \times \frac{1000}{980.5} = 2.90m$$

由输送的流量和管径大小可计算得到流速，即：

$$u = \frac{4V}{\pi d^2} = \frac{4 \times 50}{3600 \times 3.14 \times 0.1^2} = 1.77m/s$$

则

$$H_{g,允} = 2.90 - \frac{1.77^2}{2 \times 9.81} - 0.9 = 1.84m$$

为了安全起见，该泵在此工作条件下的实际安装高度应小于 1.84m。

（七）离心泵的类型及选用

离心泵性能稳定、操作方便、适应范围广，故应用广泛，种类很多，相应的分类方法也

是多种多样。按所输送液体性质的不同，可分为清水泵、耐腐蚀泵、油泵、杂质泵等；按吸液方式的不同，可分为单吸泵和双吸泵；按叶轮数目的不同，可分为单级泵和多级泵。按使用条件的不同，可分为液下泵、管道泵、高温泵、高压泵等。按安装形式不同可分为卧式泵和立式泵。下面介绍几种常用的泵型。

1. 离心泵的类型

（1）清水泵　清水泵常用来输送清水和物理化学性质与水相似的其他液体，是药厂生产中使用最普遍的一种泵型。材质可分为铸铁、碳钢和不锈钢，不锈钢又可分为304、316等。常用的清水泵包括IS型、D型和Sh型等。

IS型泵（原B型）是应用最广泛的离心泵，如图10－10所示，具有检修方便，不用拆卸泵体、管路和电机等优点，用于输送温度不高于80℃的清水以及物理、化学性质类似于水的清洁液体，IS系列扬程范围5～125m，流量范围6.3～400m^3/h。型号表示由符号和数字组成，如IS-100-65-200，IS表示单级单吸离心泵，吸入口直径为100mm，排出口直径为65mm，叶轮的直径为200mm。

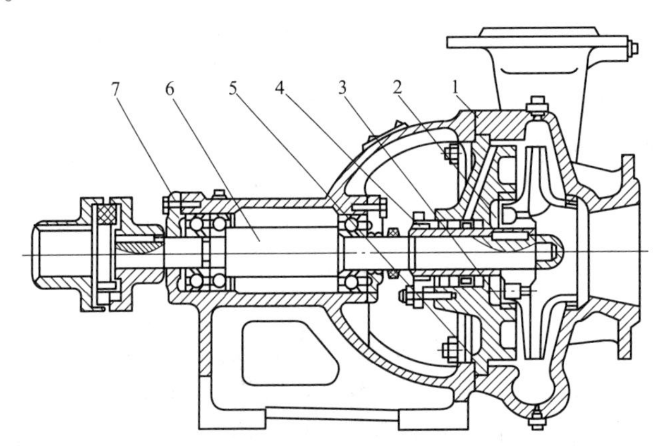

图10－10　IS型离心泵的结构图

1. 泵体；2. 叶轮；3. 密封环；4. 护轴；5. 后盖；6. 泵轴；7. 托架

当输送的液体量较大而扬程不高时，可选择使用S型泵（双吸式离心泵）；而当所需要的扬程较大时，则可选择D型泵（多级离心泵）。

（2）耐腐蚀泵　耐腐蚀泵的主要特点是泵内与液体接触的各个部件均采用耐腐蚀材料制造而成，密封要求高，常采用机械密封装置，故常用于输送酸、碱等腐蚀性液体，代号为“F”，F后的字母代表材料，如FB型（铬镍合金）、FM型（铬镍钼钛铁合金钢）。

（3）油泵　油泵是用于输送油类及石油产品的泵，因这些液体多数是易燃易爆的，所以该类型泵要求具有高的密封性，当输送472K以上的高温油品时，油泵的轴封和轴封装置还配有水冷夹套，系列代号：单吸为Y，双吸为YS。全系列流量为5～1270m^3/h，扬程为5～1740m，输送温度228K～673K。如100Y－120×2，其中，100为泵的吸入口直径，mm；Y为单吸离心油泵；120为泵的单级扬程，m；2为泵的叶轮级数。

（4）杂质泵　杂质泵的叶轮流道宽，叶片数目少，一般常采用半开式或开式叶轮，不易堵塞，容易拆卸，有些泵壳内衬以耐磨材料，主要用于输送悬浮液或稠厚的浆液等，代号为“P”。

（5）屏蔽泵　屏蔽泵的叶轮和驱动电机联为一个整体被密封在同一个泵壳内，无轴封装置，具有完全无泄漏的特点。常用于输送对人体及环境有害的、不安全的液体和贵重液体等，如易燃、易爆、剧毒及放射性等液体，缺点是效率较低。

（6）磁力泵　磁力泵是一种新型完全无泄漏耐腐蚀泵，磁力泵的泵体全封闭，泵与电机的联结采用磁钢互吸驱动，是输送易燃、易爆、有毒、稀有贵重液体及腐蚀性液体的理想设备。新型磁力泵适用于输送不含硬颗粒和纤维的液体。

2. 离心泵的选用　选择离心泵的基本原则是以能满足液体输送的工艺要求为前提，通常根据生产任务，由泵的产品说明书及各类泵的样本进行合理选择，可按以下步骤和方法进行。

（1）确定输送系统的流量和扬程　输送液体的流量一般是由生产任务决定的，如果流量是变化的，应按最大流量考虑。压头要根据输送管路的条件，利用伯努利方程计算获得。

（2）确定泵的类型　根据被输送液体的性质和操作条件，确定泵的类型。

（3）确定泵的型号　根据已确定的输送管路要求的流量和扬程，选定合适的离心泵型号。选择时应使所选泵的流量和扬程比实际任务需求稍大，要考虑为操作条件变化留有一定余量。若有几个型号同时适合，应列表进行比较，而后按选定的型号，进一步查取详细性能数据。

（4）校核泵的特性参数　如果被输送液体的密度和黏度与水相差较大时，应对泵的流量和扬程进行核算。

实例分析

实例： 某药厂现需要将低位水池中60℃的热水用离心泵输送到10m高的凉水塔进行冷却处理，已知输水量为80～85m³/h，输水管路的内径为106mm，管路总长为100m（包括局部阻力的当量长度），管路摩擦系数为0.025，试选择一台合适的离心泵。

分析： 若要选择一台合适的离心泵，首先要确定输送管路系统的流量及所需的扬程。扬程可利用伯努利方程，在低位水池和凉水塔喷嘴截面进行衡算获得。

$$Z_1+\frac{p_1}{\rho g}+\frac{u_1^2}{2g}+H=Z_2+\frac{p_2}{\rho g}+\frac{u_2^2}{2g}+\sum H_f$$

式中，$p_1=p_2$，$u_1=0$，$Z_2-Z_1=10\text{m}$

$$u_2=\frac{4V}{\pi d^2}=\frac{4\times 85}{3.14\times 0.106^2\times 3600}=2.68\text{m/s}$$

$$\sum H_f=\lambda\frac{\sum l+l_e}{d}\cdot\frac{u_2^2}{2g}=0.025\times\frac{100}{0.106}\times\frac{2.68^2}{2\times 9.81}=8.6\text{m}$$

则：$H=10+8.6=18.6\text{m}$

根据操作条件可确定选择清水泵，然后结合确定的流量和扬程（按最大流量），可选择型号为IS100－80－125的离心泵。在最高效率下，其性能参数如下：

$$V=100\text{m}^3/\text{h},\ H=20\text{m},\ \eta=78\%,\ N_{轴}=7\text{kW}$$

（八）离心泵的安装、操作与维护

各种型号离心泵出厂时都附有说明书，对其的性能、安装、使用、维护等加以较详细的说明，供使用者参考使用。下面仅从理论上介绍一般应当注意的事项。

1. 泵的安装高度必须小于或等于允许安装高度，确保不发生汽蚀现象或吸不上液体。同时应尽可能地降低吸入管路的阻力，管路应尽可能短而直，管子直径不得小于吸入口的直径。

2. 在离心泵启动前，进行“灌泵”，即向泵体和吸入管内充满被输送的液体，以免发生气缚现象。

3. 离心泵应在出口阀门关闭状态下启动，以减少泵的启动功率，防止烧坏电极，待电机运转正常后，再逐渐打开出口阀并调节到所需要的流量。

4. 离心泵运转时，注意泵有无噪音，观察压力表是否正常，并定期检查是否泄漏及轴承是否过热等情况，保证泵的正常工作。

5. 停泵前应首先关闭出口阀，再停电机，以免压出管线的高压液体倒流冲入泵内，造成叶轮高速反转以致损坏。若停泵时间长，应将泵和管路内的液体放尽，以免锈蚀和冬季冻结。

知识拓展

离心泵的常见故障及相应排除方法

序号	故障现象	产生原因	排除方法
1	泵灌不满	1. 吸入管路泄漏或底阀未关闭 2. 底阀损坏	1. 消除泄漏或关闭底阀 2. 更换或修理底阀
2	V泵不吸液，真空表指示高真空度	1. 底阀未打开或滤网淤塞 2. 吸液管阻力太大 3. 吸入高度过高 4. 吸液位置浸没深度不够	1. 打开底阀或清理滤网淤塞 2. 更换或清洗吸液管 3. 适当降低吸水高度 4. 增大浸没深度
3	泵不吸液，真空表和压力表的指针剧烈跳动	1. 启泵前，泵内空气没有排空 2. 吸液系统管道或仪表漏气 3. 吸液管未浸没在液体中或浸入深度不够	1. 停泵，将泵内空气排除 2. 检查吸液管和仪表，消除漏气 3. 将吸液管浸入液面下或增大浸没深度
4	压力表虽然有压力，但排液管不出液体	1. 排液管阻力太大 2. 泵叶轮的转动方向不对 3. 叶轮的流道发生堵塞	1. 减少弯头 2. 检查电动机是否安装错误 3. 清理叶轮流道，消除堵塞
5	泵排液后中断排液	1. 吸入管路漏气 2. 灌泵时气体未排完 3. 吸入大量气体 4. 吸入侧突然被异物堵住	1. 检查吸入侧管道连接处及填料密封函 2. 重新灌泵 3. 检查吸入口是否有漩涡，淹没深度是否太浅 4. 停泵，清理异物
6	流量不足	1. 密封环径向间隙增大，内漏增加 2. 泵叶轮的流道堵塞 3. 吸液部分阻力太大	1. 检修 2. 清理叶轮流道 3. 清洗滤网，减少弯头
7	扬程不够	1. 灌泵不足 2. 泵的转向错误 3. 泵的转速低	1. 重新灌泵 2. 检查旋转方向，调整 3. 检查并提高转速
8	振动	1. 叶轮磨损不均匀或部分流道堵塞造成叶轮不平衡 2. 轴承磨损 3. 泵轴发生弯曲	1. 平衡校正叶轮或清理流道 2. 修理或更换轴承 3. 校直或更换泵轴
9	轴承温度高	轴承损坏或缺失润滑油	更换轴承或加注润滑油

二、往复泵

往复泵属于容积式泵的一种形式，它是利用往复运动的活塞或柱塞直接增加液体的静压能，从而完成液体输送任务的装置。一般应用于压力高、流量小、黏度大的液体输送以及要求精确计量和流量随压力变化不大情况下的液体输送。

（一）往复泵的作用原理

往复泵主要由泵缸、活塞、活塞杆、吸入阀和排出阀等部分构成，如图 10－11 所示，吸入阀和排出阀均为单向阀。活塞杆借曲柄连杆机构与电动机相连，把电动机的旋转运动转变为直线运动，使活塞作往复运动。当活塞由左侧向右侧移动时，泵缸的容积扩大进而形成低压，此时排出阀受排出管内液体压力作用而关闭，而吸入阀则因受贮液槽和泵缸内压差作用而打开，液体被吸入泵内。当活塞向左移动时，泵内液体因受到活塞的推压而压强增高，吸入阀受压而关闭，排出阀则被顶开，使液体排出泵外，完成一个工作循环。如此活塞不断地往复运动，周期性改变密闭泵缸的工作容积，液体便间断地吸入和排出。可见，往复泵是通过活塞往复位移运动使被输送液体的压强直接升高，将能量直接传给液体，完成输液任务，这与离心泵的工作原理完全不同。活塞在泵缸内左右两端间移动的距离称为冲程。

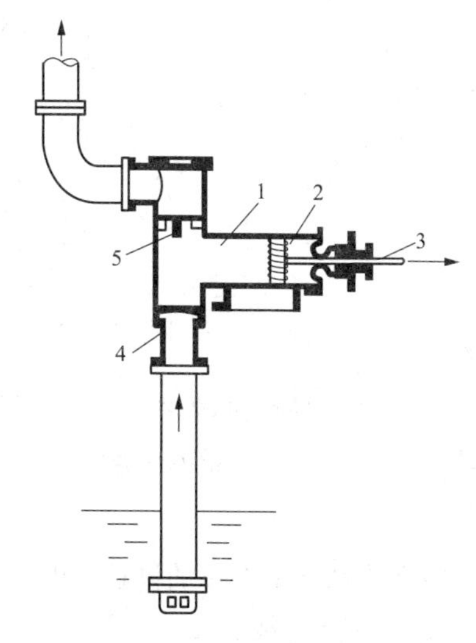

图 10－11　往复泵的结构简图

1. 泵缸；2. 活塞；3. 活塞杆；4. 排出阀；5. 吸入阀

往复泵内的低压是由工作室的扩张造成的，所以在泵启动前无需先向泵内灌满液体，往复泵有自吸作用，能自动吸入液体。但实际操作中，启动时若缸内有液体，不仅可以立即吸、排液，还可以减少活塞在泵缸内干摩擦。往复泵的转速（往复频率）对其自吸能力也有影响，如果转速太大，液体流动阻力增大，当泵缸内压力小于液体饱和蒸气压，会造成泵的抽空而失去吸液能力。此外，实际使用时，由于往复泵依靠液面的大气压吸入液体，所以其安装高度也是有一定限制的。

（二）往复泵流量的不均匀性和固定性

在一个工作循环周期中，如果只有一次吸入和一次排出称为单动泵，输液过程周期性间断进行，是不连续的脉动过程；而如果无论活塞向左还是向右运动，都有液体吸入和排出，即往复运动一次，吸液二次、排液二次，则称为双动泵，可以通过在活塞两侧都安装吸入阀和排出阀实现，如图 10－12 所示。双动泵虽然可以不间断排液，但流量仍不均匀。因为往复泵的瞬间流量是由活塞面积与其瞬时运动速度决定的，而活塞在每个行程中速度是不断变化的，由始点至中点作加速运动，速度由零增至最大；由中点至终点为减速运动，速度由最大减至零，所以往复泵的流量是不均匀的。虽然往复泵的瞬时流量是不均匀的，但是在一段时间内液体的量是固定的，这仅取决于活塞的面积、冲程及往复频率。

流量不均匀是往复泵的严重缺点，使其不能用于某些流量均匀性要求高的场合，且还会使整个管路内的液体处于变速运动状态，增加能量损失。采用多缸泵可以提高流量的均匀性，如果将三台单动泵连接在同一曲轴的 3 个曲柄上，并使每台泵活塞运动的相位差为 2π/3，可以改善流量的不均匀性，这种 3 台泵联合操作称为三联泵，其瞬时流量等于同一瞬时 3 缸流量之和，如图 10－13 所示。

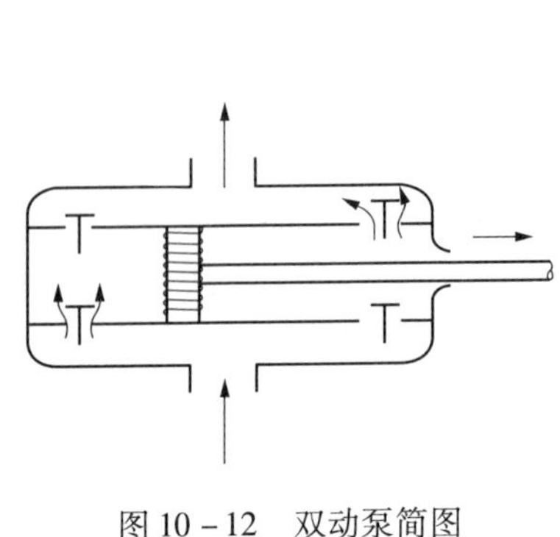

图 10－12　双动泵简图

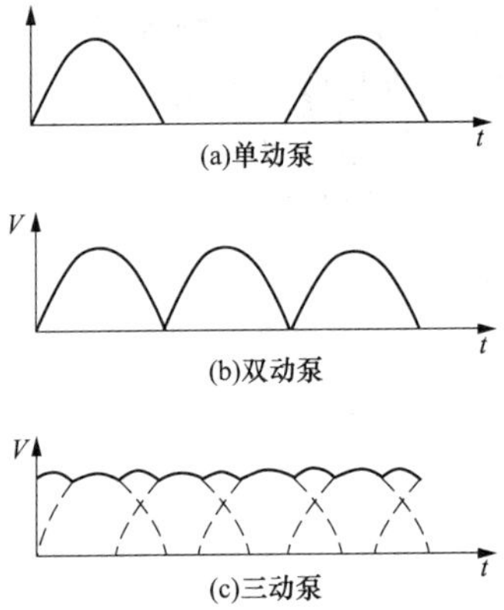

(a)单动泵

(b)双动泵

(c)三动泵

图 10－13　往复泵流量周期性变化示意图

提高往复泵流量均匀性的另一个方法是在泵的进、出口增设空气室，利用气体的压缩和膨胀来贮存和排出部分液体，从而减少管路中流量的不均匀性。

（三）往复泵的理论平均流量

单动泵的理论流量等于单位时间内活塞所扫过的体积，即：

$$V_{理} = 60A \cdot L \cdot n \qquad (10-25)$$

双动泵的理论流量为

$$V_{理} = 60L \cdot n(2A - A_f) \qquad (10-25)$$

两式中，A 为活塞的截面积，m^2；A_f为活塞杆的截面积，m^2；L 为活塞的冲程，m；n 为活塞的往复频率，min^{-1}；$V_{理}$为理论流量，m^3/h。

实际工作时，因填料函、活塞、活门等处密封不严漏液，吸入阀门和排出阀门启闭不及时等原因，往复泵的实际平均流量总是小于其理论平均流量，两者之比称为容积效率 η_v，一般输送常温清水的 η_v为 80% ～98%，输送黏稠性液体时，其值还要小 5% ～10%。

（四）往复泵的扬程及其正位移特性

往复泵是靠活塞运动将静压能直接传给液体，其扬程与流量几乎无关，理论上可以任意的高，即只要泵的机械强度和原动机功率足够，外界要求多高的压头，往复泵就能提供多大的压头。实际由于材质强度有限，泵内有泄漏，往复泵的扬程还是有限度的，并且如果压头太大，会使电机负载过大而损坏。

由式（10－25）可知，往复泵的理论流量只取决于活塞的位移运动，与管路的情况无关。而往复泵提供的压头则只取决于管路情况，管路阻力大，排出阀在较高的压力下开启，供压能力必然大；反之，压头减小，这种压头与泵无关，只取决于管路情况的特性称为正位移特性，具有这种特性的泵称为正位移泵，往复泵属于正位移泵。因此，往复泵的特性曲线是一条垂直线，实际由于压头泄漏量增大，流量略有降低，使得实际特性曲线比理论的略向左偏斜，如图 10－14 中的虚线所示。

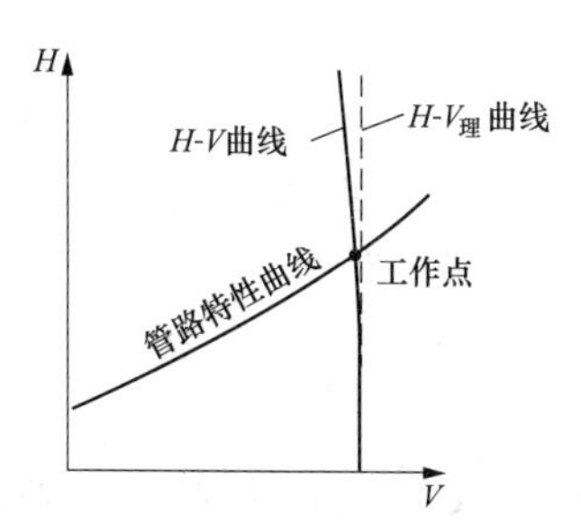

图 10－14　往复泵的特性曲线

（五）往复泵的流量调节

往复泵的流量与扬程无关，无论扬程为多大，只要活塞往复运动一次，就能排出一定体积的液体，故改变泵出口阀的开度是不能进行流量调节的，与离心泵的不同。

1. 旁路调节　因往复泵具有正位移特性，如果用改变出口阀的开度调节流量，有可能会因为阀的开启过小或完全关闭，液体不能及时排出，导致泵内压强急剧增大而造成事故。因此，经常使用的是旁路调节的方法，如图 10－15 所示，通过改变旁路阀门的开度，增减泵出口回流到进口的液体量来调节进入管路系统的流量，即当泵的出口压力超过规定值时，旁路的阀门被高压液体顶开，液体回流到进口处，泵出口压力减少，这种方法操作简单可行，但增加功率消耗使效率下降，不经济，一般适用于流量变化幅度小、经常性的调节。

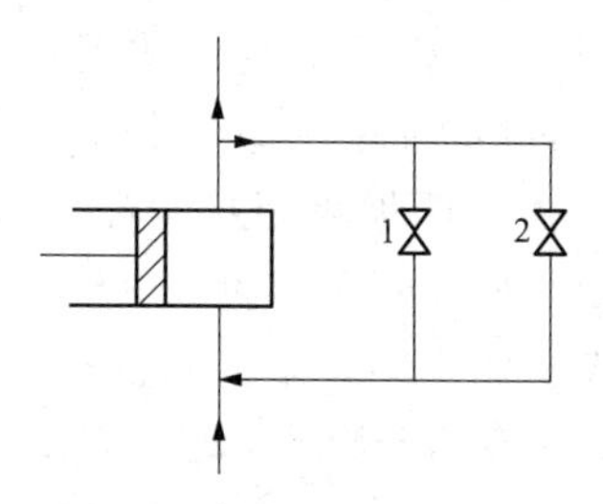

图 10－15　往复泵旁路调节流量示意图

1. 旁路阀；2. 安全阀

2. 改变原动机的转速　改变原动机的转速，以调节活塞往复运动的频率，从而达到调节管路中的流量。

3. 改变活塞的冲程　根据往复泵理论平均流量计算式可知，改变活塞的冲程可以进行流量大小的调节。若泵是依靠偏心轮使电机的旋转运动变为柱塞的往复运动，如计量泵（往复泵的一种），在一定转速下，改变偏心轮的偏心距从而改变柱塞的行程，可调节流量。通过改变活塞往复的频率和冲程调节流量，不够灵活，但较为经济。

往复泵适用于小流量，所需压头较高液体的输送，也可以用于输送黏度很大的液体，但是不适宜直接输送含有固体颗粒的悬浮液和腐蚀性液体，因会被颗粒磨损、卡住或泵内的阀门、活塞被腐蚀，导致严重的泄漏。

知识拓展

计量泵和隔膜泵简介

计量泵是利用往复泵流量固定的特点而发展起来的，其工作原理和基本结构与往复泵相同，它由电动机带动偏心轮从而实现柱塞的往复运动。通过调整偏心轮的偏心度使柱塞的冲程发生变化，从而实现流量调节。如果使用一台电机带动几台计量泵，可使每台泵的液体按照一定比例输出，所以又称为比例泵。计量泵能够很好地满足生产中对液体输送流量要求很精确的情况且便于流量调节，适用于要求十分精确地输送液体至某设备的场合。

隔膜泵亦属于往复泵的一种，它是用弹性薄膜（耐腐蚀橡胶或弹性金属片）将被输送液体和活塞分隔成两部分。活塞的往复运动通过介质的传递，迫使隔膜亦作往复运动，从而实现被输送液体的吸入和排出。在实际工业生产中，隔膜泵适宜输送腐蚀性液体，含有固体颗粒的液体，高黏度、易挥发、剧毒的液体。

三、齿轮泵

齿轮泵亦属于正位移泵，它主要由椭圆泵壳和一对互相啮合的齿轮组成，两个齿轮把泵体内分成吸入腔和排出腔两个空间，见图 10－16。两个齿轮中的一个由电动机带动，称为主动轮，而另一个为从动轮，与主动轮相啮合而随之作反向旋转。当齿轮按箭头方向转动时，吸入腔由于两轮的齿互相分开，空间增大，形成低压而将液体吸入。被吸入的液体在齿缝中因齿轮的旋转而被带动，分两路沿壳壁进入排出腔。排出腔内，由于两齿轮相互啮合，液体受挤压形成高压而将液体排出，如此依靠齿轮的旋转位移吸入和排出液体。齿轮泵能产生较高压头，流量较均匀，但其齿缝的空间有限，流量较小，适用于流量小、不含固体颗粒的黏稠液体以至膏状物料的输送，具有构造简单、维修方便、运转可靠等优点。

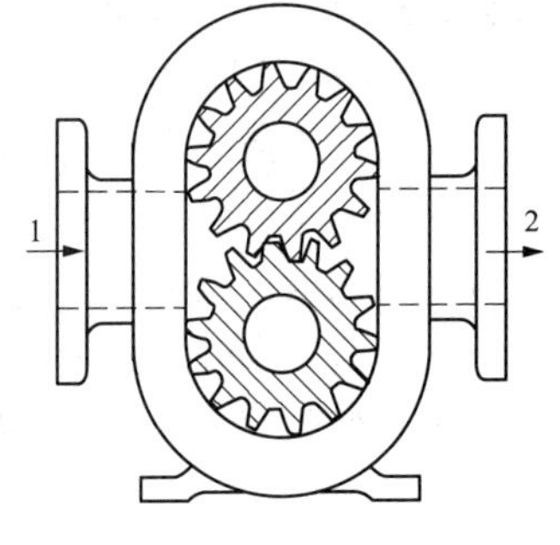

图 10－16　齿轮泵结构简图

1. 吸入口；2. 排出口

四、旋涡泵

旋涡泵是一种特殊类型的离心泵，工作原理与多级离心泵相似，也是基于离心力的作用。

旋涡泵的外形和构造如图 10－17 所示，它由叶轮及与叶轮呈同心的正圆形泵壳（非蜗壳形）组成。吸入口和排出口均在泵壳的顶部，两者间由一个隔板隔开，并使吸入腔和排出腔分开。圆盘形叶轮两侧的四周边缘处，沿半径方向铣有或铸有许多条形小凹槽，形成呈辐射状排列的叶片，叶轮与泵壳间的间隙很小，形成了液体的流道。

泵壳内充满液体后，当星形叶轮旋转时产生了离心力，在此离心力作用下，叶片间的液体流入叶片根部并被抛向外周，进入两侧盖板的槽道中。这部分液体随着叶片作圆周运动具有一定的动能，在槽道中动能转变为静压能，之后又被叶片攫取。液体从吸入口流到排出口的过程中，在叶片和环形流道间进行反复运动，因而被叶片拍击多次，能量逐渐增加，就像液体在离心泵中受多级叶轮作用一样，但是，由于剧烈的旋涡运动，能量损失较大，故效率相当低，一般为20% ~50%。当液体流到截止点时，因槽道被堵塞而从出口流出。

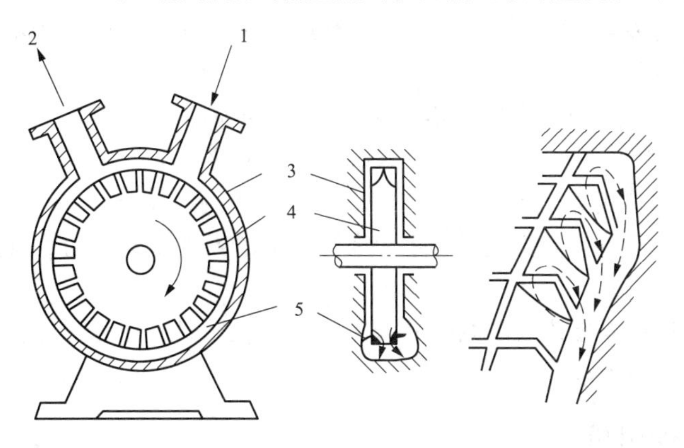

图 10－17　旋涡泵示意图

1. 吸入口；2. 排出口；3. 泵壳；4. 叶轮；5. 通道

液体在叶片和槽道间的反复运动，依靠离心力和叶片的正压力获得能量，所以旋涡泵在启动前也需要灌液。液体在旋涡泵中所获得的能量，与液体在流动过程中进入叶轮的次数有关。当流量减小时，液体流入叶轮的次数增多，泵的压头必然快速增大，轴功率也增大，这与离心泵的不同（图 10－18）；流量增大时，则情况相反。故旋涡泵启动时，应把出口阀打开，以避免电动机启动时功率过大而烧毁。调节流量时，也应该采用旁路调节的办法。

旋涡泵的流量小、扬程高、结构简单、加工容易、体积小，适用于流量小、压头较高、黏度不大液体的输送。

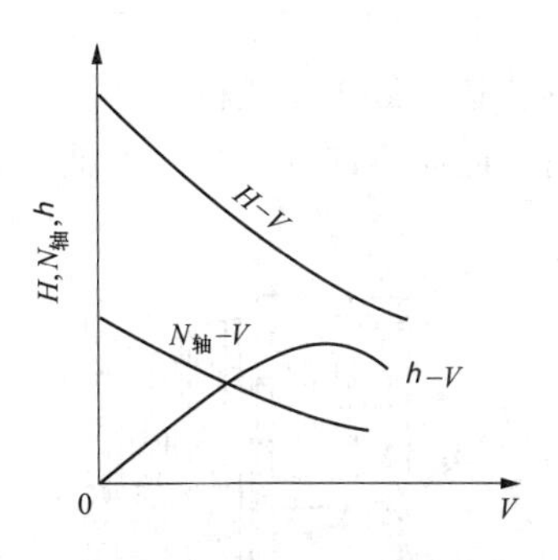

图 10－18　旋涡泵的特性曲线

第二节　气体输送设备

压缩和输送气体的机械设备统称为气体输送机械设备，它在制药工业生产中应用十分广泛，主要用于克服气体在管路中的流动阻力或产生一定的高压和真空度。气体输送机械具有以下主要特点：

（1）动力消耗大，质量流量一定的条件下，因气体的密度小，则其体积流量很大，所以气体输送管道中的流速要比液体的大很多。

（2）气体输送机械的体积一般很庞大，出口压力高的机械更是如此。

（3）由于气体具有可压缩性，在输送机械内部气体压力变化时，其体积和温度也将随着发生变化。这些变化对气体输送机械的结构、形状有很大的影响。

气体输送机械的种类很多，按出口压力（终压）和压缩比（气体排出与吸入绝对压力的比值）的不同进行分类。

（1）通风机　出口压力（表压）不大于15kPa，压缩比1～1.5。

（2）鼓风机　出口压力（表压）15～300kPa，压缩比小于4。

（3）压缩机　出口压力（表压）在300kPa以上，压缩比大于4。

（4）真空泵　用于设备内排气，产生和维持一定的真空度终压为大气压，压缩比由真空度决定。

气体输送设备还可以按其工作原理分为离心式、旋转式、往复式以及喷射式等类型，其中以离心式和往复式最为常用。

一、离心式通风机

离心式通风机结构简单、制造方便，其主要结构和工作原理与离心泵相似，适用于送气量较大而气体压力要求不太高的场合。

（一）离心式通风机的工作原理与基本结构

离心式通风机的工作原理与离心泵的相似，依靠叶轮的旋转运动产生离心力，提高其压强。工作时，电机带动叶轮高速旋转，在离心力的作用下，叶轮内的气体被甩出，其静压能和速度都有增加，气体进入泵壳内的流道后流速逐渐减慢而转变为静压能，所以气体流经通风机提高了机械能。同时，叶轮中心处产生了低压，将气体不断地吸入壳内。

离心式通风机的基本结构与单级离心泵相似，如图10－19所示，在机壳内装有一叶轮，叶轮上叶片的数目较多，它的机壳亦为蜗壳形，但机壳断面有矩形和圆形两种。低、中压风机多用矩形，高压风机多为圆形流道。低压通风机的叶片数目较多但长度较短，叶片多是平直的，与轴心呈辐射状。中、高压通风机的叶片多是弯曲的。根据叶片的大小、形状分为多翼式风机和涡轮式风机。

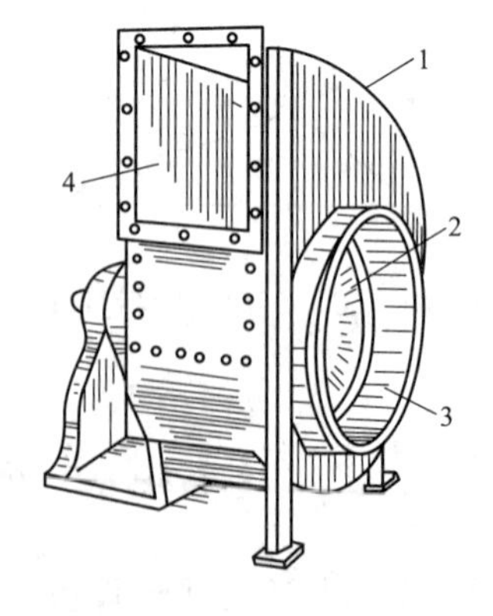

图10－19　离心式通风机

1. 机壳；2. 叶轮；3. 吸入口；4. 排出口

多翼式离心风机，叶轮的内外径之比较大，有36~64片前弯叶片，叶片的径向长度较短，宽度较大，约为叶轮外径的1/2。此种风机的尺寸小，结构上适用大风量、低风压及低转速，其功率和噪声均较小，通常用于通风换气和空调设备。

涡轮式离心风机的叶片数目相比较少，为12~24片，与离心泵的叶片相似，呈后弯状。此种风机的风压较高，性能稳定、效率较高，应用较广泛。

（二）离心式通风机的性能参数

1. 风量 风量是指单位时间内从风机出口排出的气体的体积，用q_v表示，单位为m^3/h或m^3/s。气体的体积与其状态有关，风量按风机入口气体状态计。一般通风机内的气体压力变化不大，可以忽略气体的可压缩性，故通风机的流量是指单位时间内流过通风机内任一处的气体体积。通风机铭牌上的风量是用压力为101.3kPa、温度20℃、密度为1.2kg/m的空气标定的，常以q_{v0}表示。

2. 风压 风压是指单位体积的气体通过风机时获得的能量，用H_t表示，单位为Pa。与离心泵相似，离心式通风机的风压通过实验测定。气体通过风机后压强增加不大，可以看作是不可压缩流体，现以$1m^3$气体为基准，在通风机进、出口两截面（分别以下标1、2表示）间列伯努利方程（忽略内部阻力损失），可得：

$$H_t = (Z_2 - Z_1)\rho g + (p_2 - p_1) + \frac{\rho(u_2^2 - u_1^2)}{2} \quad (10-27)$$

式中，$(Z_2 - Z_1)\rho g$的值较小，可以忽略。一般风机与大气相通，空气直接由大气进入风机，所以u_1可忽略，则式（10-27）可简化为：

$$H_t = (p_2 - p_1) + \frac{\rho u_2^2}{2} \quad (10-28)$$

令 $H_{st} = p_2 - p_1$，$H_k = \rho u_2^2/2$

则
$$H_t = H_{st} + H_k \quad (10-29)$$

由式（10-29）可以看出，风压是由H_{st}和H_k两部分组成。其中H_{st}表示单位体积气体在通风机出口处与入口处静压能或静压之差，称为静风压；H_k表示单位体积气体在通风机出口处与入口处动压能之差，称为动风压。通风机出口风速很大，所以动风压不能忽略，且由于通风机的压缩比很低，动风压在全风压中所占的比例较高。静风压与动风压两者之和称为全风压H_t，如无说明均指全风压。同时可以看出只要测定通风机进出口的压强和出口的流速就可以确定全风压。

离心式通风机的风压与所输送的气体密度有关，通风机样本中所提供的性能参数是在压强为101.33kPa、温度20℃时，以空气为实验介质实验测得的。若输送的气体密度与实验介质的密度相差较大，则应进行如下换算：

$$H_t' = \frac{\rho'}{\rho} H_t \quad (10-30)$$

式中，H_t为性能曲线上查得的全风压（此时$\rho = 1.2\ kg/m^3$），Pa；H_t'为输送密度为ρ'的气体时风机的全风压，Pa。

3. 轴功率和效率 通常可由全风压H_t、全风压效率η计算轴功率$N_轴$，即：

$$N_{轴} = \frac{H_t \cdot q_v}{\eta} \quad (10-31)$$

（三）离心式通风机的特性曲线

与离心泵相似，离心式通风机的性能参数风压、轴功率、效率亦与风量呈一定关系，并可标绘成曲线，称为离心通风机的特性曲线，见图 10－20。它由生产厂提供的，是在一定转速下，标定条件 20℃、101.3Pa 下用空气为实验介质测定的，但离心式通风机多了一条静压风性能曲线。

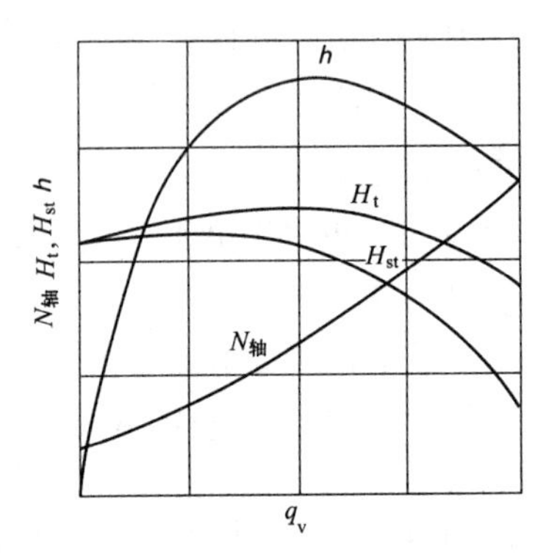

图 10－20　离心式通风机的特性曲线

（四）离心式通风机的选用

与离心泵的选用原则相似，首先根据被输送气体的性质、操作条件选定风机类型，然后根据实际风量（以进口状态计）和计算的全风压选择合适的风机型号，最后列出主要性能参数并核算轴功率。

选用时注意，当实际操作条件与实验条件不符时，需将风机的风压换算为实验条件下的风压。通风机广泛用于制药车间、冷却塔和建筑物等的通风、排尘和冷却，空气调节设备和家用电器设备中的冷却和通风。

【例 10－3】 用离心式通风机将 20℃、流量为 38000kg/h 的空气送入预热器中加热到 100℃，然后送入常压设备内，输送系统所需全风压为 1200 Pa（以 60℃，常压计），选择一台合适的风机。若将已选的风机置于加热器之后，核算是否仍能完成输送任务。

解：(1) 输送的气体是空气，故考虑选用一般通风机 T4－72 型。

风机进口为常压，20℃，空气密度为 1.2kg/m³，故风量为：

$$q_v = \frac{38000}{1.2} = 31667\mathrm{m^3/h}$$

60℃，常压下空气密度 $\rho' = 1.06\mathrm{kg/m^3}$，则实验条件下风压为：

$$H_t = \frac{H'_t \rho}{\rho'} = \frac{1200 \times 1.2}{1.06} = 1359\mathrm{Pa}$$

按 $q_v = 31670\mathrm{m^3/h}$，$H_t = 1359\mathrm{Pa}$，查得 4－72－11No. 10C 型离心通风机可满足要求，其性能参数为：$n = 1000\mathrm{r/min}$，$q_v = 31670\mathrm{m^3/h}$，$H_t = 1359\mathrm{Pa}$，$N_{轴} = 16.5\mathrm{kW}$

核算轴功率，

$$N'_{轴} = \frac{\rho'}{\rho} N_{轴} = \frac{1.06}{1.2} \times 16.5 = 14.6\mathrm{kW}$$

故满足要求。

(2) 风机置于加热器后，100℃，常压条件下 $\rho' = 0.946\mathrm{kg/m^3}$，故风量为：

$$q_v = \frac{38000}{0.946} = 40170\mathrm{m^3/h}$$

风压为：
$$H_t = \frac{H'_t \rho}{\rho'} = \frac{1200 \times 1.2}{0.946} = 1522\text{Pa} > 1422\text{Pa}$$

可见，原风机在同样转速下已不能满足要求。

二、离心式鼓风机

离心鼓风机又称透平鼓风机，其工作原理与离心通风机相同。因单级叶轮的鼓风机进、出口的最大压力差为20kPa，不能产生很高的风压，所以常采用多级，与多级离心泵相似，有许多相同之处。图10－21所示为一五级离心式鼓风机的示意。气体自吸入口进入后，经过第一级的叶轮和导轮后进入第二级叶轮的入口，如此依次通过以后的所有叶轮和导轮，最后由排出口排出。

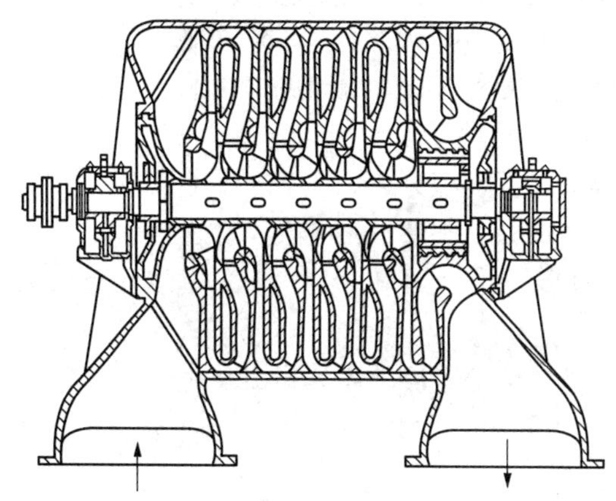

图10－21　五级离心式鼓风机

离心式鼓风机的蜗壳形流道是圆形，但外壳直径和厚度之比较大。叶片的数目较多，转速较高，叶轮外周装有导轮。

离心鼓风机的出口压强一般不超过303.99 kPa（表压），压缩比不大，所以不需要冷却装置，且因级数不多，各级叶轮大小基本相同。其选型方法与离心式通风机相同。

三、旋转式鼓风机

旋转式鼓风机的类型很多，其中罗茨鼓风机是应用最广泛的一种，工作原理与齿轮泵相似。其结构如图10－22所示，机壳内有两个呈哑铃形或三星形的转子，转子与机壳、转子与转子之间的缝隙很小，保证转子可以自由旋转，同时又不会有泄漏。当转子作旋转渐开时，形成负压吸入气体；两转子靠近时可将气体强行排出。如此两转子的旋转方向相反，可将气体从一侧吸入，从另一侧排出。如果改变转子的旋转方向，可使吸入口与排出口互换。

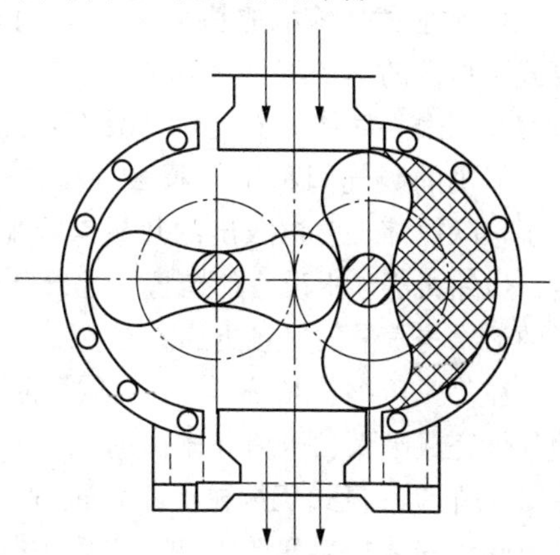

图10－22　罗茨鼓风机

罗茨鼓风机的风量与转速成正比，而与出口压强无关，称容积式鼓风机，属正位移式气体输送机械，流量一般采用旁路调节。其风量范围为2～500m^3/min，出口压强不超过81.06kPa（表压）。出口压强太高，泄漏量增加，效率降低。可直接按生产需要的风量和风压进行选用。罗茨鼓风机的进口应安装除尘、除污装置，出口应安装稳压罐和安全阀，工作时，温度不能超过85℃，否则容易因转子受热膨胀发生卡住现象。

知识链接

罗茨鼓风机的常见故障及排除

故障1：风量波动或不足

(1) 进口过滤堵塞。处理方法：清除过滤器的灰尘和堵塞物。

(2) 叶轮磨损，间隙增大。处理方法：修复间隙。

(3) 进口压力损失大。处理方法：调整进口压力达到规定值。

故障2：叶轮与叶轮磨擦

(1) 叶轮上有污染杂质。处理方法：清除污物。

(2) 齿轮磨损。处理方法：调整齿轮间隙。

(3) 轴承磨损。处理方法：更换轴承。

故障3：漏油

(1) 油位箱太高。处理方法：降低油位或换油。

(2) 密封磨损。处理方法：更换密封。

四、往复式压缩机

往复式压缩机属于容积式压缩机的一种类型，其基本结构和工作原理与往复泵相似，但是由于气体的密度小、可压缩性大，压缩过程中温度变化明显，所以其工作过程和结构与往复泵又有区别。

1. 往复式压缩机的基本结构和工作原理 往复式压缩机的主要部件有气缸、活塞、吸气阀和排气阀。因为气体的密度小、具有可压缩性，所以压缩机的吸气阀和排气阀必须更加灵巧精密。为了移除压缩、磨擦放出的热量来降低气体的温度，压缩机必须附设冷却装置。此外，往复压缩机的活塞与气缸的接触更加紧密。

往复式压缩机依靠气缸内活塞的往复运动，使气体完成吸入、压缩和排出的工作循环。图10-23为单动往复式压缩机的工作过程，吸入阀和排出阀均安装在活塞的一侧，先后进行吸气和排气。为了防止活塞撞击气缸盖，机械结构设置使得活塞运动到气缸的最左端时，压出行程结束，

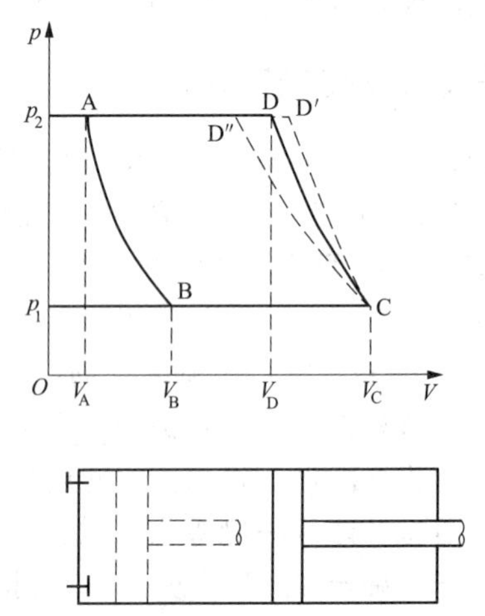

图10-23 单动往复式压缩机的工作过程

虽然活塞已达最左端，但活塞的端面和气缸盖间还有一定的间隙，此间隙称为余隙，余隙容

积的大小称为余隙容积 V_A。由于余隙的存在，吸入行程开始阶段，余隙内压强为 p_2 的高压气体膨胀，直至压强降至吸入气压 p_1（图 10－23 中 B 点）时吸入阀才被顶开，压强为 p_1 的气体被吸入气缸内。整个吸气过程中，压强 p_1 基本保持不变，直至活塞移至最右端（图 10－23 中 C 点），吸气行程结束。活塞向左运动压缩行程开始，气缸内气体受到挤压而压强增大，吸入阀关闭，但排出阀并不立即开启，缸内气体被压缩。当缸内气体的压强增大直至稍高于 p_2（图 10－23 中 D 点），排出阀被开启，气体从缸体排出直至活塞移至最左端，排出过程结束。在排出过程中，压强 p_2 基本保持不变。可见，往复压缩机的一个工作循环是由膨胀、吸入、压缩和排出四个阶段组成。

根据气体和外界换热情况的不同，气体压缩过程分为等温、绝热和多变压缩。同等情况下，等位压缩功最小，所以希望通过冷却降温使压缩过程达到等温过程，但实际很难做到。实际压缩过程都是介于两者间，即多变压缩过程。忽略余隙且气体视为理想气体，气体压缩后的温度为：

$$T_2 = T_1\left(\frac{p_2}{p_1}\right)^{\frac{\gamma-1}{\gamma}} \quad (10-32)$$

对于绝热过程，γ 称为绝热指数；等温压缩过程，$\gamma=1$；多变压缩过程，γ 为多变指数 k。

一个循环活塞对气体所做的轴功 W 为：

$$W = p_1 V\frac{k}{k-1}\left[\left(\frac{p_2}{p_1}\right)^{\frac{k-1}{k}} - 1\right] \quad (10-33)$$

由式（10－32）和式（10－33）可知，气体出口温度 T_2 与压缩比 p_2/p_1 成正比；吸气量 V 越大，轴功 W 越大；多变系数 k 越大，出口温度和轴功 W 越大，气体不同，γ 值也不同，所以同一台压缩机压缩不同气体，出口温度和轴功 W 不同，应注意超温和超负荷情况。

每压缩一次允许的压缩比不能太大，如果要得到高压气体，压缩比太大时可采用多级压缩，每一级的压缩比可减小。多级压缩的各级间设有中间冷凝器，可降低气体温度而减少压缩功。但级数太多，减少的动力费用将会被设备增加费用抵消，实际压缩级数取决于最终压力和压缩机的排气量。

2. 往复式压缩机的生产能力 往复式压缩机的生产能力是指压缩机的排气量，以符号 V 表示，单位为 m^3/s 或 m^3/min。其理论值等于在单位时间内活塞所扫过的容积，这与往复泵相同。

由于余隙内高压气体的膨胀，会占据一部分气缸容积，加之吸入气体进入气缸后，受缸壁的加热而膨胀，减少了吸气量，以及气体通过填料函、阀门、活塞等处泄漏等，实际的送气量 $V_{实}$ 总比理论上的送气量 $V_{理}$ 小，即：

$$V_{实} = \lambda V_{理} \quad (10-34)$$

式中，λ 称为送气系数，由实验测出或取自经验数据。一般压缩机当 $p_2 < 709.31kPa$（表压）时，λ 为 0.86～0.92；小型压缩机 λ 为 0.7 左右。

3. 往复式压缩机的分类 往复式压缩机的型式很多，根据不同的特点，有不同的分类方法。

（1）按压缩气体的种类，分为空气压缩机、氧气压缩机、氢气压缩机、氮气压缩机、氨压缩机和石油气压缩机等。

（2）按吸气和排气方式，分为单动压缩机和双动压缩机。

（3）按气体受压缩的次数，分为单级压缩机、双级压缩机和多级压缩机。

（4）按出口压强的高低，分为低压（1013.3kPa以下）、中压（1013.3～10133kPa）、高压（10133～101330kPa）和超高压（101330kPa以上）压缩机。

（5）按气缸在空间的位置，分为卧式压缩机、立式压缩机和角式压缩机。

（6）按气缸的排列方式，分单列（气缸在同一中心线上）、双列及对称平衡式（几列气缸对称分布于电机飞轮的两侧）压缩机。

选用压缩机时，首先应根据压缩气体的性质，确定压缩机的种类。然后根据使用环境的具体条件选定压缩机的结构型式。最后根据生产能力和排气压强，从产品样本中选定合适的型号。但应注意，压缩机样本中所列的排气量是在20℃、101.33kPa状态下的气体体积量。

与往复泵一样，往复式压缩机的排气量也是脉动的，为使管路内流量稳定，压缩机出口应连接贮气罐，其还兼起沉降器的作用，气体中夹带的油沫和水沫在此沉降，定期排放。为安全起见，贮气罐要安装压力表和安全阀。压缩机的吸入口需装过滤器，以免吸入灰尘杂物，造成机件的磨损。

往复式压缩机的特点是适应性强，排出压力范围广，从低压到高压都适用。但其结构较复杂、外形尺寸大、气流脉动，常被用于中、小流量和压力较高的场合。

五、离心式压缩机

离心式压缩机又称透平压缩机，其作用原理与离心鼓风机完全相同。离心式压缩机之所以能产生高压强（一般为405.32～1013.3kPa），除级数较多（通常为10级以上）外，更主要的是采用了高转速（3500～8500r/min）。由于压缩比高、气体体积变化大，气体出口温度很高可达到100℃以上，所以需要冷却装置降温。冷却方法可以在机壳外侧安装冷水夹套，还可以将多级叶轮分成几段，每段有2～3级叶轮，各段间设置中间冷却器。因为气体的体积逐级缩小，所以叶轮直径逐级缩小，叶轮宽度也逐级略有缩小。

与往复式压缩机相比，离心式压缩机具有结构紧凑、体积小、运转平稳可靠、调节容易、维修方便、流量大而均匀、压缩气体可不与润滑系统接触而不受油污染等优点。因此，近年来有取代往复式压缩机的趋势。在我国，离心式压缩机在25.333Pa～30.399kPa的范围内使用已获得成功。离心式压缩机的缺点是制造精度要求高，当流量偏离额定值时效率较低。

六、真空泵

生产中，许多操作是在低于大气压的状态下进行的。真空泵就是从设备或系统抽气，使其中的绝对压强低于大气压的气体输送机械，用来维持系统所要求的真空状态。

（一）真空泵的主要性能

真空泵的最主要特性是极限真空和抽气速率。

1. 极限真空（残余压强） 真空泵可以达到的最低压强，习惯上以绝对压强表示，单位为Pa。

2. 抽气速率 在吸入口的温度和残余压强下，单位时间内真空泵吸入口吸进的气体体积，常以m^3/h表示。

（二）常用的真空泵

1. 往复真空泵 往复真空泵的基本结构和原理与往复式压缩机基本相同，如果要达到较高的真空度，真空泵的压缩比会很高，如对于95%的真空度，压缩比约为20，所抽吸气体的密度更小，余隙中的气体对真空泵的抽气速率会有很大的影响。为减小余隙的影响，真空泵设有一条连通活塞两端的平衡气道，在排出行程结束时，平衡气道接通一个短暂时间，使余隙中的残留气体由活塞的一侧流到另一侧，以提高实际的生产能力。真空泵是在低压条件下操作的，气缸内外压差相对要小，排出和吸入阀门必须更加轻巧，启闭灵活方便。

我国生产的往复真空泵为“W”系列，属干式真空泵。抽气速率为60～770m^3/h，残余压强可达1330Pa或更低些。

2. 水环真空泵 水环真空泵的外壳呈圆形，壳内有一偏心安装的叶轮，如图10－24所示。工作时，泵内须注入一定量的水，当叶轮旋转时，由于离心力的作用将水甩至壳壁形成水环，故称为水环真空泵。由于叶轮的偏心安装使得叶片间的空隙形成许多大小不同的小室，叶轮的旋转运动时，开始时小室体积由小变大形成真空，将气体从进入口吸入，继而小室的体积又由大变小，气体由排出口被压出。该泵在吸气过程中允许夹带少量液体，属湿式、旋转真空泵，真空度一般可达83.4kPa左右。

水环真空泵的结构紧凑简单、没有阀门、经久耐用。但为了维持泵内液封和冷却泵体，需要不断地向泵内冲水保持需要的水位。

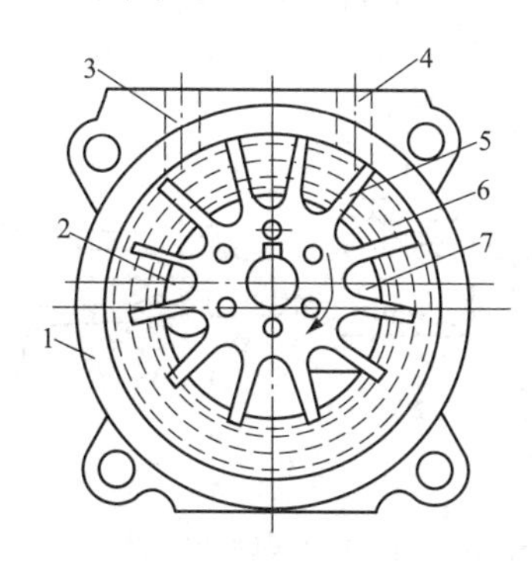

图10－24 水环真空泵

1. 泵壳；2. 排气孔；3. 排气口；4. 吸气口；5. 叶轮；6 水环；7. 吸气孔

3. 液环真空泵 液环真空泵又称纳氏泵，见图10－25，其泵外壳呈椭圆形，其中装有叶轮，工作时，泵内也要充入一定的液体。叶轮旋转时，液体在离心力作用下被甩向四周，沿壁成一椭圆形液环。壳内充液量应使液环在椭圆短轴处充满泵壳和叶轮的间隙，而在长轴方向上形成月牙形的工作腔。与水环真空泵一样，其工作腔也是由一些大小不同的小室组成的，但水环真空泵只有一个因叶轮偏心安装而形成的工作腔，而液环真空泵的工作腔有两个，是因泵壳的椭圆形状所形成。由于叶轮的旋转运动，每个工作腔的小室逐渐由小变大，从吸入口吸进气体。然后小室又由大变小，将气体强行排出。液环真空泵共有两个吸入口和两个排出口。

工作时，液环泵所输送的气体不与泵壳直接接触，因此只要叶轮用耐蚀材料制成，液环真空泵便可输送腐蚀气体，仅要求泵内所充液体不与气体起化学反应。液环真空泵亦可用作压缩机，产生的压强可达506.65～607.98kPa（表压）。但在152.45～182.39kPa（表压）时效率最高。

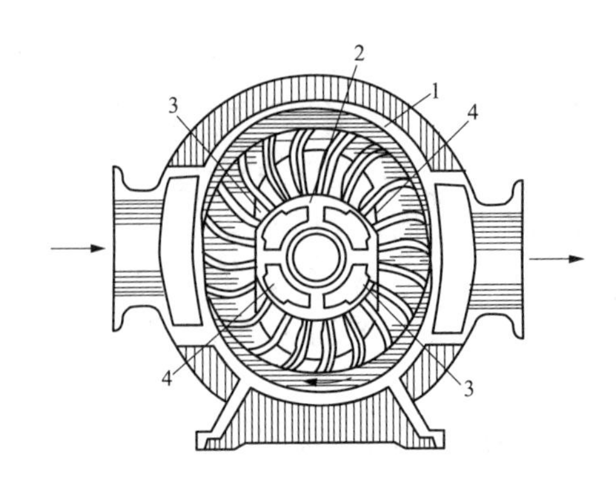

图 10－25　液环真空泵

1. 泵壳；2. 通吸入空间；3. 叶片；4. 通压出空间

4. 喷射泵　喷射泵属于流体动力作用式的流体输送机械，它是用高速流体的射流，使静压能转换为动能所形成的真空将气体或液体吸入泵内，后又经混合室、扩散管将动能转换为静压能而一同压出泵外。喷射泵的工作流体一般为水蒸气或高压水，前者称蒸气喷射泵，后者称水喷射泵。图 10－26 为单级蒸气喷射泵，水蒸气在高压下以很高的速度由喷嘴喷出，喷射过程中水蒸气的静压能转变为动能，产生低压而将气体吸入，吸入的气体和水蒸气混合后进入扩散管，动能逐渐降低，静压能逐渐升高，而后从排出口排出。

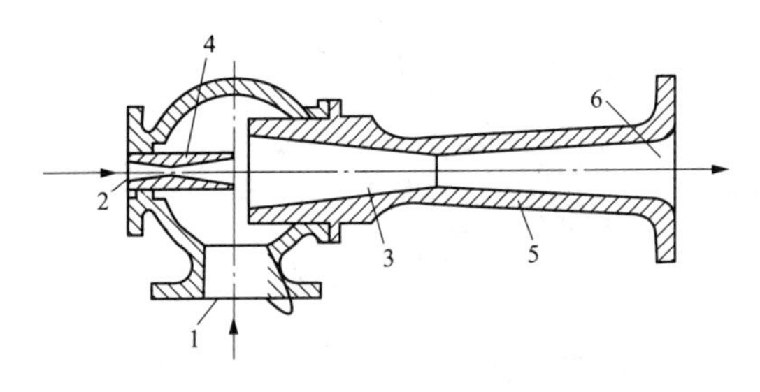

图 10－26　单级蒸气喷射泵

1. 气体吸入口；2. 工作蒸气入口；3. 混合室；4. 喷嘴；5. 扩散管；6. 压出口

喷射泵有单级喷射泵和多级喷射泵，多级喷射泵可以达到更高的真空度。喷射泵的主要优点是结构简单紧凑、制造方便，没有传动装置，工作压强范围广、适应性强（可抽送含尘、易燃、腐蚀性气体）；缺点是蒸气消耗量大、效率低，一般效率只有 10% ~25% 。因此，喷射泵多用于抽真空，如真空蒸发、真空过滤、真空结晶、干燥等，很少用于输送目的。

第三节　固体输送设备

固体输送系统的设备主要分为机械输送及气力输送两大类。机械输送设备一般由驱动装置、牵引装置、张紧装置、料斗、机体组成，如带式输送机、螺旋输送机、斗式提升机、刮板输送机等，该类设备比较适宜短距离、大输送量设备，机件局部磨损严重，维修工作量大；气力输送装置一般由发送器、进料阀、排气阀、自动控制部分及输送管道组成，负压抽吸输送、高压气力输送、空气输送斜槽等均属气力输送设备。气力输送设备结构简单、工艺布置灵活，便于自动化操作、一次性投资较小，适于长距离输送，易密封，广泛用于石油、化工、医药及建材等工业领域。以下介绍几种典型的固体物料输送装置。

一、带式输送机

带式输送机是药品生产中应用很广泛的一种连续式输送设备，不仅适用于各种块状、粒状、粉状物料及成件物品的水平或倾斜方向的输送，还可作为清洗、选择、处理、检查物料的操作台，用在原料预处理、选择装填和成品包装等工段。

带式输送机的构造如图 10－27 所示。封闭的输送带绕在传动滚筒和改向滚筒上，由张紧装置张紧，并在其长度方向上用上下托辊支承。工作时，驱动装置驱动传动滚筒回转，输送带在其与驱动滚筒间摩擦力的作用下，连续在传动滚筒和改向滚筒间运转，将加到输送带上的物料输送到所需要的位置。

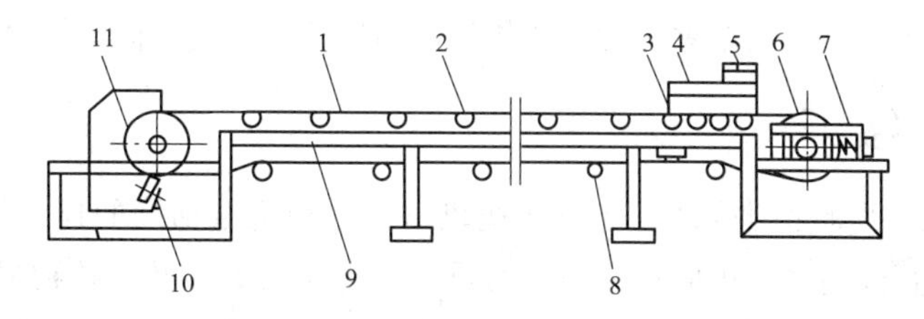

图 10－27　带式输送机示意图

1. 输送带；2. 上托辊；3. 缓冲托辊；4. 导料板；5. 加料斗；6. 改向滚筒；7. 张紧装置；8. 下托辊；9. 中间架；10. 弹簧清扫器；11. 传动滚筒

输送带既是带式输送机中的承载件又是牵引件，它是最易磨损的部件，要求其强度高、耐磨性强、延伸率及吸水性小。常用的输送带有橡胶带、纤维带、塑料带、钢带和网带等。橡胶带不易清理，在使用一段时间后会伸长，需定期调整滚筒的拉紧装置，但其构造简单，多用于对卫生无特殊要求的场合。钢带由不锈钢片或改性聚甲醛塑料制成，表面光滑、不易生锈，多用于对卫生条件有一定要求的场合。金属丝网带可耐高温和低温，因带上有网孔，故其也可用于要求排水性好的洗涤装置或透气性好的干燥装置中。

滚筒按其所起作用的不同可分为驱动滚筒、改向滚筒、张紧滚筒等。驱动滚筒是传递动力的主要部件，输送带借助于滚筒之间摩擦力运行。改向滚筒可改变输送带的走向，又可用来增大驱动滚筒和胶带间的包角。张紧滚筒和托辊对输送带起到张紧和支撑作用。

带式输送机输送距离长，输送能力高，构造简单，工作可靠，运行平稳，噪声小。其缺点是输送不密封，输送轻质粉状料时易产生粉尘，输送带易磨损、易跑偏，不适用倾角较大的场合。

二、螺旋输送机

螺旋输送机是利用螺旋叶片的旋转进行输送物料的，它是一种不具有牵引构件的连续输送设备，主要用于输送粉粒状和小块状物料。

螺旋输送机可分为水平式螺旋输送机、垂直式输送机和弹簧螺旋输送机。图 10－28 所示为应用最为广泛的水平式螺旋输送机，主要由料槽、输送螺旋轴和驱动装置组成，当机长较长时应加中间悬挂轴承。工作时，驱动装置带动螺旋轴旋转，加入到槽内的物料由于重力和摩擦作用，沿着固定料槽向前移动，而不是随旋转轴一起旋转，最终由加料端移动到卸料端，完成输送任务。

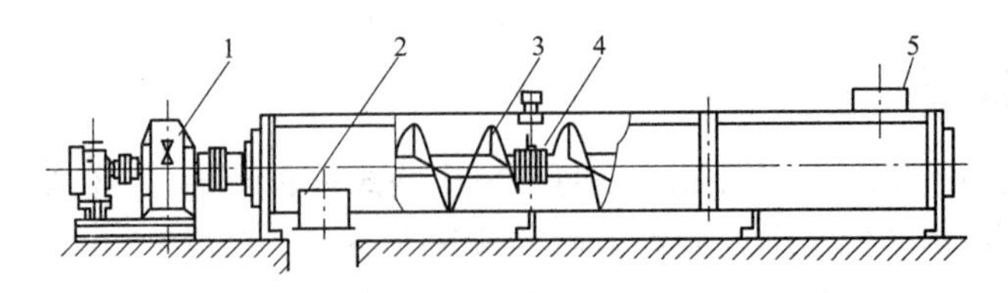

图 10－28　螺旋输送机示意图

1. 驱动装置；2. 出料口；3. 螺旋轴；4. 中间吊挂轴承；5. 进料口

螺旋输送机的优点是构造简单、横截面小、制造成本低、操作安全方便、容易实现密封输送，而且便于改变加料和卸料位置。其缺点是由于旋转作用输送过程中物料易被破碎，输送机零部件摩擦阻力大、磨损较重，动力消耗大，输送长度较小，输送能力较低。

三、振动输送机

振动输送机是一种无牵引构件的连续输送机械，它利用振动槽的连续振动，使槽内的物料沿着一定方向滑行或抛移，进而达到输送的目的，主要用于松散颗粒物料的中短距离输送，一般不宜输送黏性大的或过于潮湿的物料。振动输送机具有结构简单、安装维修方便、能耗低、对物料的磨损及破碎较轻等优点。

振动输送机的基本结构如图 10－29 所示，主要由激振器、输送槽、平衡底架、进卸料装置等构成。工作时，输送槽在激振器作用下做定向振动，当槽体向前振动时，物料依靠与槽体的摩擦力向前运动，方向与槽体振动方向相同。而当槽体向后振动时，物料由于惯性作用仍继续向前运动，而后由于阻力物料运动一段距离后回落到槽体上，当槽体再次向前振动时，物料因受到加速而被输送向前，如此重复循环，实现物料的输送。

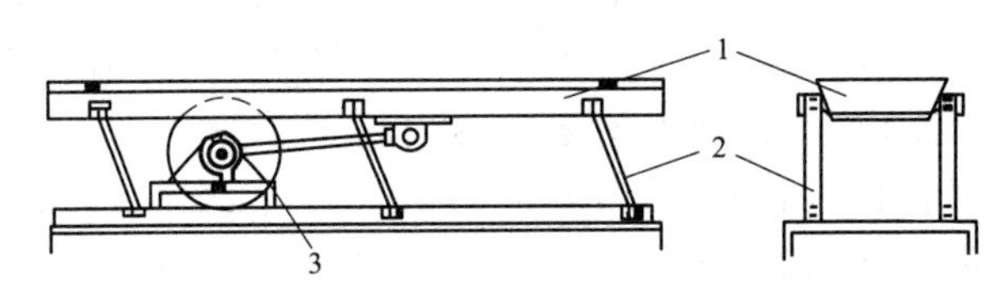

图 10－29　振动输送机示意图

1. 输送槽；2. 摇臂；3. 曲柄连杆机构

常用的振动输送机主要有弹性连杆式、电磁式和惯性式三种。弹性连杆式由偏心轴、连杆、连杆端部弹簧和料槽等组成。偏心轴旋转使连杆端部作往复运动，激起料槽作定向振动。促使槽内物料不断地向前移动。一般采用低频率、大振幅或中等频率与中等振幅。电磁式由铁芯、线圈、衔铁和料槽等组成。整流后的电流通过线圈时，产生周期变化的电磁吸力，激起料槽产生振动。一般采用高频率、小振幅。惯性式由偏心块、主轴、料槽等组成，偏心块旋转时产生的离心惯性力激起料槽振动。一般采用中等频率和振幅。

四、斗式提升机

斗式提升机是利用均匀安装在带或链条等环形牵引件上若干料斗来连续运送物料的运输设备，是一种应用较广泛的垂直输送设备。斗式提升机的优点是占地面积小，结构简单，可垂直或接近垂直方向向上提升，提升高度大，提升稳定和有良好的密闭性、不易产生粉尘等，其缺点是不能水平输送，料斗和牵引件容易磨损，过载能力较差。

图 10－30 所示为西林瓶理瓶机中倾斜提升机构。平行的两链条间固定有提升链板，在料斗中链板把西林瓶提升到顶部进入中间料仓。链条的提升速度不变，而提升的瓶量可通过调节料斗中挡板的缝隙高度进行控制。物体被等速提升到顶部链轮后进行卸料，卸料的方式与物体的运动速度、链轮直径等有关。物料的提升速度较慢时，物料转过链轮后由于重力而下落卸料的称为重力式，该法适用于提升大块、密度较大、磨损性大和易碎的物料，可保持物料的完整性；当物料提升速度较快时，在料斗升至顶端时，利用离心力将物料抛出的称为离心式，该法适用于输送干燥且流动性好、磨损性小的物料，不适用于易破碎及易飞扬的粉状物料；物料受重力和离心力的联合作用而卸料的称为混合式，适用于流动性差的散状、纤维状物料以及潮湿物料。

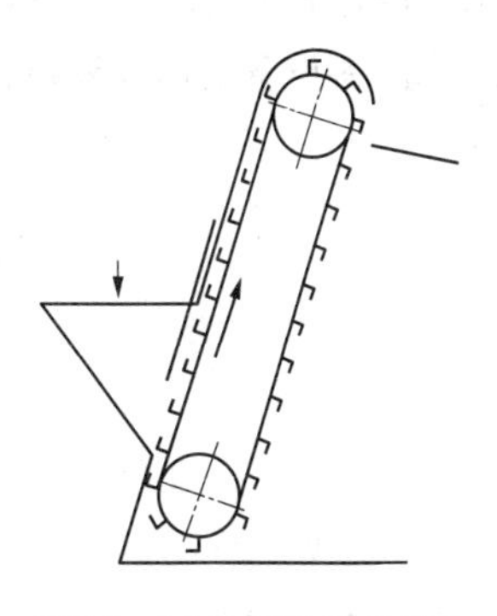

图 10－30　倾斜提升机构

五、气力输送装置

气力输送装置是借助于高速气流，将粉粒状物料在管道内从一处输送到另一处的连续输送设备，它具有以下特点：①可实现长距离的连续集中输送和分散输送，劳动生产率高；②输送物料可以从粉状到颗粒状，甚至到块状或片状，范围较广；③可与混合、粉碎、干燥、加热、除尘等生产工艺结合，且管理方便，易于实现自动化；④输送过程中可避免物料受潮、污染或混入杂质，且无粉尘飞扬，生产环境较好。⑤动力消耗大，不适用于潮湿易结块、黏结性及易碎物料的输送。

按工作原理的不同，气力输送设备可分为吸入式、压送式和混合式三种。

（一）吸入式气力输送装置

该装置是利用吸嘴将空气和物料混合后一起吸入，而后物料随气流一起沿输料管被输送到分离器中分离出来，再通过卸料器卸出。而含尘气体经过除尘器净化后，由风机排出，如图 10－31 所示。吸入式气力输送装置供料简便并能实现多点供料，工作时系统内始终保持一定的负压，故无粉尘飞扬，生产环境较好。因风机处于系统的末端，水分、油分不易混入物料，对于药物的输送是非常有利的。但其缺点主要是动力消耗较大，输送距离短。在制药生产中，该装置适合于粉状药物的输送。

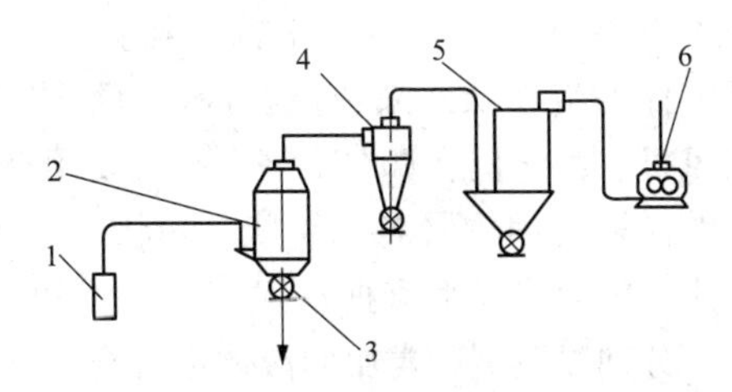

图 10－31　吸入式气力输送流程示意

1. 吸嘴；2. 分离器；3. 卸料器；4. 一级除尘器；5. 二级除尘器；6. 风机

（二）压送式气力输送装置

该装置的风机装在系统的最前部，排出的高于大气压的空气流在输料管内与物料形成混合气流，进入分离器中将物料分出，含尘气体进入除尘器经除尘后排出，流程如图 10－32 所示。压送式气力输送系统采用正压输送，工作压力较大，适用于大容量和长距离的输送，缺点是供料设备结构较复杂，须有完善的密封措施。

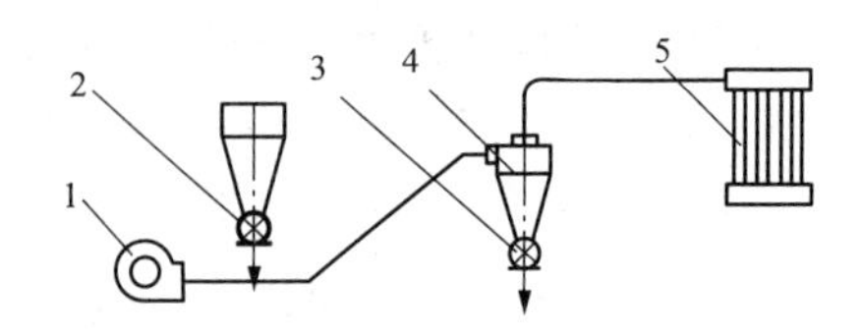

图 10－32　压送式气力输送流程示意图

1. 风机；2. 料斗；3. 卸料器；4. 分离器；5. 除尘器

（三）混合式气力输送装置

该系统是吸入式和压送式气力输送装置的组合。如图 10－33 所示，整个系统被风机分为前后两部分，风机之前与吸入式类似属真空系统，风机之后与压送式类似属正压系统，因此混合式具有吸入式和压送式两者的共同优点。混合式气力输送装置输送距离长，特别适用于多点进料、分散输送的场合，但系统较复杂、工作条件较差，风机易受磨损，生产上较少采用。

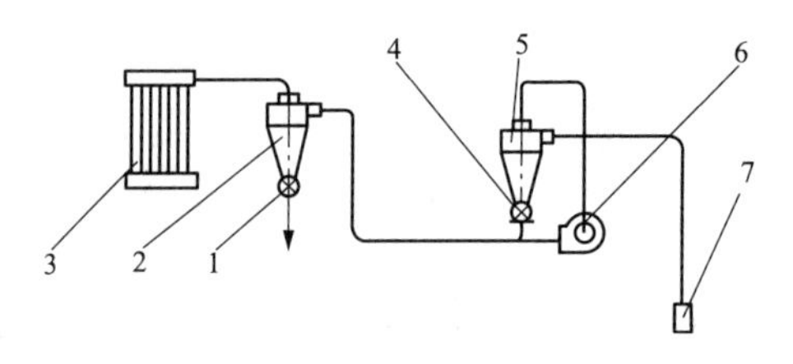

图 10－33　混合式气力输送流程示意图

1. 卸料器；2. 分离器；3. 除尘器；4. 供料器；5. 分离器；6. 风机；7. 吸嘴

第四节　典型设备规范操作

制药企业实际生产过程中为液体（指的是清液、混悬液等可流动物料）提供能量的输送设备包括离心泵、往复泵、旋转泵、旋涡泵、计量泵、齿轮泵、螺杆泵等。对于比重较轻又不很黏稠的液体，可以用压缩气体或抽真空设备来输送物料，主要靠各种泵类设备来输送。根据液体的性质和要求以及流体的流动状态来选择设备。为气体提供能量的输送设备叫风机或压缩机：包括通风机、鼓风机、压缩机、真空泵等。空气要用空气压缩泵如涡轮式空压机、往复式空压机、螺杆压缩机等。输送固体（各种块状、粉状、粒状等非黏性物料的输送）设备有：带式、斗式、螺旋管式、气力式、垂直振动式等。由于物性的不同，各个输送设备的操作条件也不尽相同。在此，分别以典型且常用的液体物料输送设备 SK 系列水环式真空泵和固体物料输送设备垂直振动输送机为例，详细介绍其规范操作方法和注意事项等。

一、水环式真空泵

水环式真空泵主要适用于化工、医药、食品等工业企业及科研部门的真空干燥、真空过滤、真空蒸发、真空消毒、真空浓缩等工艺过程。其中以 SK 系列型水环式真空泵最为常用。

1. 工作原理 泵的叶轮装于转动轴上，叶轮与泵体成一偏心安装，当叶轮顺时针转动时，迫使工作液在泵体内形成液环，在吸气阶段，液环逐渐远离轮毂，将泵送介质沿轴向从吸气口吸入空腔内；在排气阶段，液环逐渐逼近轮毂，将泵送介质沿轴向从排气口经泵盖排气通道排出，叶轮连续不断地旋转，、就能不断地抽去密封容器中的气体，使容器形成真空，达到设计目的。

2. 结构特征与技术参数 泵由泵体、前后端盖、叶轮、轴等零件组成。进气管和排气管通过安装在端盖圆盘之上的吸气孔及排气孔与泵腔相连，叶轮用键固定于轴上，偏心地安装在泵体中。泵两端的总间隙由泵体和圆盘之间的垫片来调整，叶轮与前、后圆盘之间的间隙由轴套（SK－1.5/3/6）推动叶轮来调整，两端间隙保证均匀。而 SK－12 以上泵，轴与叶轮为过盈配合，此间隙由前端定位时确定。SK－120 无轴套，其余结构与 SK－6/12/30/42/60/85 相同。叶轮两端面与前、后圆盘的间隙决定了气体在泵腔内由进气口至排气口流动中损失的大小及其极限压力。SK 系列型水环式真空泵技术参数见表 10－1。

表 10－1 SK 系列型水环式真空泵技术参数

型号	抽气量（m^3/min）		极限压力（mmHg）	电机功率（kW）	泵转速（r/min）	吸排气口径（mm）	泵重（整机）（kg）	推荐替代产品
	最大气量	吸入压力 －0.041MPa						
SK－0.15	0.15	0.12	－670	0.75	2850	G1"	30	2BV2060
SK－0.4	0.4	0.36	－670	1.5	2850	G1″	50	2BV2060
SK－0.8	0.8	0.75	－670	2.2	2850	G1″	80	2BV2061
SK－1.5	1.5	1.35	－700	4.0	1440	70	200	2BV5110
SK－3	3.0	2.80	－700	5.5	1440	70	320	2BV5111
SK－6	6.0	5.40	－700	11.0	1440	80	460	2BV5131

3. 设备特点 本型泵是在吸收国内外水环式真空泵优点的基础上而设计制造的新型水环泵。本型泵采用机械密封，且运转平稳，具有真空度高、噪音低、耗能少、结构简单、维修方便等特点。尚可用于抽吸含水分数量较大的气体、含少量腐蚀性气体和含少量粉尘气体等流体的输送。

4. 操作方法 操作步骤总体上分为启动泵和停泵两个部分。

（1）启动泵 ①启动前，检查电机运转，确认转动灵活（因长期不用会产生锈斑卡住）。②关闭水环泵进气口的阀门，打开辅助阀（放气阀）通向大气，点动水环泵，确认转向符合规定要求。③启动后，即开供水阀门，调节好供水流量（严禁在泵腔内放满水后启动，以免电机过载或叶轮、叶片打碎）。④打开泵进气口的阀门，关闭辅助阀门（放气阀），泵在正常工作时，当达到极限压力时，由于泵内产生物理现象会发出尖叫声（气蚀现象），请打开辅助阀或打开泵导气管上小阀门，真空度略有下降，此时噪声将下降。泵严禁在极限压力下工作，否则会产生气蚀，使泵的叶轮和机械密封等部件逐渐损坏。

（2）停泵 ①关闭泵进气管口的阀门，使之与真空系统断开。②关闭供水管上阀门（流量调节阀不关闭），使泵体水排空。③断水数秒后，关闭水环式真空泵电源，使完全停止（泵不允许无水连续工作，否则会损坏机械密封）。

5. 维护保养 水环式真空泵采用机械密封，比原先填料式密封更可靠，如发现真空度下降，查看是否机械松动及磨损或损坏，请及时修理或更换。正常工作时电机用轴承一般每年进行一次清洗并更换润滑油。水环式真空泵被抽介质温度不得超过80℃，建议进口管路上加上冷却器，并适当增加供水流量，否则会影响真空度。水环式真空泵被抽介质遇水会产生沉淀时，或使用硬水工作液时，要经常用溶剂清洗，或用除垢剂浸泡后冲洗即可。水环式真空泵在长时间不使用时，应把泵体内水排尽后加入防锈液，以免叶轮在泵体内抱死。如果泵在低温场合下使用，每次使用后应排尽泵腔内的水，以防冻裂。长时间停止运转时，若电机不能起动，请将电机的风叶罩打开，转动风叶数圈，然后起动电机。

6. 故障排除 见表10－2。

表10－2 SK系列型水环真空泵故障原因及消除方法

故障	产生原因	消除方法
抽气量不够	1. 选泵过小，系统过大	1. 重新选配
	2. 机械密封损坏	2. 更换机械密封
	3. 进水水量过高	3. 降低水温
	4. 系统漏气	4. 检查连接法兰垫片，拧紧螺栓，容器补焊等
	5. 叶轮两侧间隙不均	5. 调整间隙
	6. 电压过低，转速过慢	6. 调整电压
真空度降低	1. 系统漏气	1. 检查连接法兰垫片，拧紧螺栓，容器补焊等
	2. 机械密封损坏	2. 更换机械密封
	3. 叶轮两侧间隙不均	3. 调整间隙
	4. 进水水温过高	4. 降低水温
振动或异声	1. 地脚螺栓松动	1. 拧紧地脚螺栓
	2. 泵腔内有异物摩擦	2. 停泵拆泵取出异物
	3. 叶片断裂脱落	3. 更换叶轮
	4. 叶轮与吸排气盘摩擦	4. 调整叶轮位置
	5. 气蚀噪音	5. 打开管路上的辅助阀，调节噪音
	6. 轴承损坏	6. 更换轴承
启动困难	1. 叶轮与吸排气盘摩擦	1. 调整叶轮位置
	2. 泵腔内有异物	2. 取出异物
	3. 电机缺一相电	3. 重新接线
	4. 电机电压低	4. 调整电压

二、垂直振动输送机

垂直振动输送机是为制药企业在输送固体物料，如颗粒状、块状、丸状等物料的垂直提升输送而设计的，尤其适合物料直接进入微波干燥设备、灭菌之前使用。采用振动电机作振动源，利用两台振动电机的合成振幅，将物料沿螺旋输送槽向上输送，达到设计目的。

1. 工作原理 利用振动电机激振的原理，使物料在圆形螺旋盘中被激振起来，沿螺旋盘方向移位，经多层旋转－上升，物料被垂直输送到高处。同时，提升过程中物料获得一定程度的干燥，达到其预热处理与干燥目的。

2. 结构特征与技术参数 垂直振动输送机是由提升槽、振动电机、减振系统和底座等组成。该系列垂直振动输送机是采用振动电机作为振动源，固定在提升槽上的两台相同型号的振动电机中心线交叉一定角度安装，并做相反方向自同步旋转，振动电机所带的偏心块在旋转时各个瞬间位置所产生的离心力之分力沿抛掷方向作往复运动，使支承在减振器上的整个机体不停振动，使物料在提升槽内被抛起的同时向上运动，物料落入入料槽后，开始被抛起，此时可以使物料与空气充分接触，还可以起到散热冷却的作用。该垂直振动输送机对粉状、块状和短纤维状的固体物料（有黏性和易结块的除外）都可垂直输送，还可以完成对物料的干燥、冷却作用。分敞开式、封闭式两种结构。垂直振动输送机技术参数见表 10－3。

表 10－3 垂直振动输送机技术参数

参数	数值
输送机送料高度（mm）	1420
电机功率（kW）	0.2×2
电热功率（kW）	5.6
旋振盘直径（mm）	600
机器重量（kg）	350
外形尺寸（mm）	1100×1000×1920

3. 设备特点 该机具有结构简单、技术参数先进、安装调整方便、维修量小、占地面积小及对技术无特殊要求等特点，而且设备费用和运行费用均较低。在有特殊要求时可同时完成冷却、干燥等多种工艺过程，是一种理想的物料垂直输送设备。

4. 操作方法 机器的具体操作步骤：①逐级合上电源进户开关。②打开电控箱，合上 QF1－QF4 断路器。③右旋“加热”开关，三组全开，进行预加热。预热时间由用户根据药性试验确定，一般约 20 分钟。④打开急停按钮 1（红色）。⑤按绿色启动按钮，同时灯亮，振动开始。⑥加料开始工作。⑦如果一组温度偏高，二组温度开关可任意选择停、开。⑧主机转速可在任何方式下调整。⑨停机程序与上述步骤相反。

5. 维护保养 检查密封和轴承座有无裂纹、气孔或沙眼等缺陷，主轴是否存在裂纹、伤痕或沟槽等；对于轴颈来说，其接触交合面不应有伤痕，表面粗糙度应不大于 0.6；传动系统中的所有零部件，在接触合处，圆柱度偏差与圆度偏差不应大于 0.05mm/m；输送机的机体要保持清洁，应对各部位螺栓的紧固程度进行检查；经常检查轴承是否温度过高或有无杂音，一般规定，其温度不能超过 60℃；经常检查密封装置是否有漏油现象，皮带的摆动是否异常；输送机的润滑油系统是否正常，是否严格执行标准，螺旋槽产生的积料要定期进行清除；定期检查输送机的运转情况，如有异常现象应及时处理，不得延误。

6. 注意事项 机器应安装在－10～400℃环境温度中，空气相对湿度不超过 85%，无粉尘，不含腐蚀性气体的场所；定期进行检查与日常维护工作，主要检查各部位螺丝有无松动，电线接头是否松脱；安装时应保证支撑管与水平垂直，其轴线不垂直度不应大于总高的 2/1000；地脚螺钉固定，接地保护；属于振动型的一定要固定好；提升机不允许与周围物件有刚性连接，并留有一定的活动间隙，以防影响或振动产生噪音。正确选择垂直振动输送机的方向；垂直振动输送机，采用两台振动电机驱动，可以是双主轴的，也可以是单主轴的，交叉安装在底盘上，整机支撑在隔振弹簧上；当两台交叉安装的振动电机旋转时，其不平衡质量产生惯性力，水平分量产生的惯性力矩使输送机绕轴线产生旋转振动；垂直分量惯性力使输送机产生上下振动，合成振动的振动方向通常与水平面的夹角为35°~45°。

7. 故障排除 见表10-4。

表10-4 垂直振动输送机故障表现与排除

序号	故障	表现形式	原因分析
1	机器不能启动	1. 电机不转，出现嗡嗡声 2. 电动机稍有转动，但不能进行正常运转 3. 皮带打滑，机器不振动	1. 一相断路 2. 外加力矩过大 3. 皮带过松
2	出现噪音或冲击声音	1. 隔振簧出现噪音 2. 驱动弹簧出现噪音 3. 主振弹簧出现噪音 4. 电机出现噪音 5. 底架配重块出现噪音	1. 机身未垫平或压缩量过小或弹簧断裂 2. 压缩量过小或弹簧断裂 3. 螺栓松动或碰撞或弹簧断裂 4. 风扇松动 5. 螺栓松动或有间隙
3	料槽堵料	1. 出料少、进料口发胀 2. 进料口发胀 3. 出料口发胀 4. 某些区段振幅小	1. 料槽进水，槽底板结 2. 加料过多 3. 受料设备堵塞 4. 槽体弹性弯曲振动
4	驱动部运转不灵活	1. 轴承座轴承温升过高 2. 偏心套轴承温升过高	1. 轴承缺油 2. 卡塞或损坏
5	机器出现摇摆或跳动	摇摆跳动	1. 隔振弹簧压缩量不均 2. 加料过多或堵料

本章小结

本章主要介绍了制药生产中常用的输送机械的基本结构、工作原理和操作特性。如离心泵的主要结构、工作原理、性能参数及特性曲线、离心泵工作点的确定、流量调节及合理选型；往复泵的工作原理、主要构造、正位移特性及流量调节；其他类型液体输送机械的工作原理和适用范围，离心式风机的性能参数、特性曲线、流量调节及合理选型；往复式压缩机的工作原理和特性；带式输送机、振动式输送机、螺旋式输送机的结构和特点，气力输送装置的工作原理和系统组成，以便能够依据被输送物料的特性，结合实际生产的工艺要求，正确地选择和使用输送机械。具体地说，就是根据输送任务，通过运算正确地选择输送机械的类型和规格，决定输送机械在管路中的位置，科学的完成设备的运行管理，解决和排除生产中出现的实际问题，使输送机械能在高效率下安全、可靠、有效地运行。

思考题

1. 什么是液体输送机械的扬程？液体的流量、黏度及泵的转速对扬程有何影响？
2. 离心泵的工作点是如何确定的？其流量调节的常用方法有哪些？
3. 离心泵操作系统中管路特性方程是如何推导的？表示的什么关系？
4. 为什么离心泵启泵前和停泵前都要关闭出口阀？
5. 离心泵的特性曲线是否与连接的管路有关？
6. 什么是离心泵的汽蚀现象？会产生哪些危害？如何预防？

7. 根据齿轮泵的工作原理，提出其流量调节方法，齿轮泵能否用排出管路上的阀门来调节？

8. 试比较离心泵和往复泵的工作原理，操作上有何异同？

9. 往复泵的流量调节方法有哪几种？如何进行操作？

10. 为什么通风机的全风压与气体的密度有关？而离心泵的扬程却与液体的密度无关？

11. 常用固体物料输送设备主要有哪些？说明各自的特点及应用。

12. 气力输送设备按工作原理不同主要分为哪些类型？

（礼彤　庞红）

主要参考文献

[1] 陈利群. 制药厂设计与实践. 上海：同济大学出版社，2006
[2] 张素萍. 中药制药工艺与设备. 北京：化学工业出版社，2006
[3] 江丰制. 制剂技术与设备. 北京：人民卫生出版社，2005
[4] 朱宏吉. 制药设备与工程设计. 北京：化学工业出版社，2006
[5] 沈宝亨. 现代制剂生产关键技术. 北京：化学工业出版社，2006
[6] 宋功业. 洁净厂房工程施工技术与质量控制. 北京：机械工业出版社，2009
[7] 唐燕辉. 药物制剂生产设备及车间工艺设计. 第2版. 北京：化学工业出版社，2009
[8] 董天梅. 药剂设备应用技术. 北京：中国医药科技出版社，2010
[9] 任晓文. 药物制剂工艺及设备选型. 北京：化学工业出版社，2010
[10] 宋连珍. 制药过程原理及设备. 北京：中国医药科技出版社，2011
[11] 周丽莉. 制药设备与车间设计. 北京：中国医药科技出版社，2011
[12] 王泽. 制剂设备. 北京：中国医药科技出版社，2013
[13] 郝晶晶. 固体制剂技术及设备. 北京：中国医药科技出版社，2014
[14] 郝晶晶. 液体与其他制剂技术及设备. 北京：中国医药科技出版社，2014
[15] 王沛. 制药设备与车间设计. 北京：人民卫生出版社，2014
[16] 蓝天梅. 药剂设备应用技术. 北京：中国医药科技出版社，2015